普通高等教育土建类系列教材

土木工程制图

主　编　张　爽　丁　江
副主编　董艳秋　尼姝丽
参　编　杨圣元　董　萍
主　审　马桂军

机械工业出版社

本书根据最新制图标准 GB/T 50103—2010《总图制图标准》、GB/T 50104—2010《建筑制图标准》、GB/T 50105—2010《建筑结构制图标准》、GB/T 50001—2010《房屋建筑制图统一标准》、GB/T 50106—2010《建筑给水排水制图标准》、GB/T 50114—2010《暖通空调制图标准》以及最新的土木工程专业规范（如 GB 50010—2010《混凝土结构设计规范》）编写，包括画法几何和土木工程专业制图两大部分，共分为十二章。内容包括：国家制图标准与制图基本知识，投影的基本知识，立体表面元素的投影，立体的投影，轴测图，建筑形体的表达方法，建筑施工图，结构施工图，建筑装饰施工图，给水排水施工图，暖通空调施工图，建筑电气施工图。本书为了适应不同培养方向的需要，对部分内容进行了适当的加深和拓宽，文字精练，言简意赅，图文并茂。

同步出版的《土木工程制图习题集》与本书配套使用。

本书可作为高等学校土木工程类和工程管理类各专业本科教材，也可供成人教育、职业教育、函授教育等相关专业本、专科学生选用，还可供有关工程技术人员参考。

图书在版编目（CIP）数据

土木工程制图/张爽，丁江主编．—北京：机械工业出版社，2011.12（2024.9 重印）
普通高等教育土建类系列教材
ISBN 978-7-111-34349-3

Ⅰ.①土… Ⅱ.①张… ②丁… Ⅲ.①土木工程－建筑制图－高等学校－教材 Ⅳ.①TU204

中国版本图书馆 CIP 数据核字（2011）第 203565 号

机械工业出版社（北京市百万庄大街 22 号 邮政编码 100037）
策划编辑：马军平 责任编辑：马军平 臧程程
版式设计：霍永明 责任校对：刘志文
封面设计：张 静 责任印制：常天培
固安县铭成印刷有限公司印刷
2024 年 9 月第 1 版第 6 次印刷
184mm×260mm · 17.25 印张 · 427 千字
标准书号：ISBN 978-7-111-34349-3
定价：49.00 元

电话服务
客服电话：010-88361066
010-88379833
010-68326294

网络服务
机 工 官 网：www.cmpbook.com
机 工 官 博：weibo.com/cmp1952
金 书 网：www.golden-book.com
机工教育服务网：www.cmpedu.com

前　言

本书是普通高等学校原画法几何、土木工程制图等课程的合编教材。本教材是编者在贯彻高等学校工科制图课程教学指导委员会制定的《画法几何及土木建筑制图课程教学基本要求》的主要精神，参考国内外同类教材，总结多年的教学经验，特别是近年来本课程教学改革的实践经验的基础上编写而成的。

本书采用了原建设部2001年11月1日批准并颁布的《技术制图》标准有关规定及各专业现行制图标准：GB/T 50001—2010《房屋建筑制图统一标准》、GB/T 50104—2010《建筑制图标准》、GB/T 50105—2010《建筑结构制图标准》、GB/T 50106—2010《建筑给水排水制图标准》、GB/T 50114—2010《暖通空调制图标准》和 GB 50162—1992《道路工程制图标准》。

本书在编写过程中，充分体现土木工程系列专业类型的特点，在内容和例题的选择上，尽量贴近实际，突出了时代性、科学性及工程实践性的特点，从而达到教材内容与工程实际相适应，推进土木类工程图学的教学改革。

由张爽、丁江主编与本教材配套的《土木工程制图习题集》也将同步出版。本书由张爽、丁江任主编，董艳秋、尼姝丽任副主编，全书由张爽、丁江统稿。具体编写分工为：黑龙江工程学院张爽：绪论、第一、十、十一、十二章；黑龙江工程学院董艳秋：第二、三章；东北林业大学尼姝丽：第五、六章；云南农业大学丁江：第七及第八章第一节；云南农业大学杨圣元：第八章第二至六节；云南农业大学董萍：第四、九章。黑龙江工程学院马桂军教授任主审。

本书在编写过程中，参考了部分同学科的教材、习题集等文献，在此对参考文献的作者表示感谢。

由于编者水平有限，本书会存在一些缺点，恳请读者和同行批评指正。

编　者

目　　录

绪　论

一、本课程的学习目的

在建筑工程中，即使是对工程对象最详尽的语言说明或文字描述，也不可能使人充分领会而得出关于该工程对象的完整而明确的概念。最有效且适用的方法，莫过于用图样来表达。因此工程图样被誉为“工程技术界的语言”，是表达和交流技术思想的重要技术文件，也是指导生产、施工管理等必不可少的技术资料。因此，准备从事建筑工程的技术人员，必须掌握建筑工程图样的绘制和识读方法，否则将是既不会“写”又不会“看”的“文盲”。对于学术交流、技术交流、国际合作、引进项目等交流活动，工程图作为“工程师的国际语言”更是必不可少。

二、本课程的性质和任务

土木工程制图是建立工程概念、培养空间思维能力、培养图形表达能力的课程，它是普通高等学校土建类各专业必修的一门主干技术基础课。本课程的主要任务是：

1）学习各种投影法（主要是正投影法）的基本理论及其应用。

2）培养对三维形体及其相关位置的空间逻辑思维和形象思维能力。

3）培养运用投影理论，结合国家制图标准，正确表达工程图样的能力。

4）培养学生表达形体的图示能力、几何构形的创新能力。

5）培养绘制和阅读土木工程专业图样的初步能力。

6）培养分析和解决工程实际问题的能力，以及认真负责的工作态度和严谨细致的工作作风。

三、本课程的内容和要求

本课程的主要内容包括画法几何和土木工程制图两大部分。

画法几何部分主要研究用投影法在二维平面上图示空间形体，并完成在平面上图解空间几何问题；土木工程制图部分是训练投影法在实践中的运用，目的是培养学生绘制和阅读工程图样的能力，提高工程素养。

学完本课程后，应达到如下要求：

1）画法几何部分的学习不仅为工程制图的学习建立理论基础，也为培养学生的空间想象能力、空间构思能力打下基础。

2）通过学习制图的基本知识与技能，应熟悉并遵守国家标准规定的制图基本规范，学会正确使用绘图工具和仪器，掌握绘图的方法与技巧。

3）通过学习土木工程制图，培养学生绘制和阅读土木工程图样的能力，熟悉制图的基本知识和有关制图标准规定，培养制图的操作技能，熟悉工程图样的内容和图示特点。

4）随着计算机技术的发展与普及，计算机绘图将逐步代替手工绘图。但必须指出，计算机绘图的出现与普及，并不意味着可以降低对手工绘图的技能要求，正如计算器的发明并不能否认珠算的作用一样，只有在掌握绘图的基本技能的基础上用计算机辅助绘图方能得心应手。

本课程只是为学生的绘图和读图打下一定基础，还需要后续课程、相关实习及课程设计配合，以使学生具备更专业的技能。

四、本课程的学习方法

本课程的画法几何和土木工程制图两部分既相互联系又各有特点，画法几何是工程制图的理论基础，工程制图是投影理论的具体应用。前者比较抽象，系统性和理论性较强，后者比较实际具体，实践性较强。不论学习哪一部分内容，除了理论的学习外，都必须耐心完成一系列的绘图作业，方能领会其内容实质。

这门课程将学生领进了图学领域，这一领域对许多同学来说可能很陌生。为了使同学们能够主动、有效地学习，下面就本课程的特点及学习方法提出几点建议，供同学们学习时参考。

1）学习画法几何部分时，培养空间想象能力，即从二维的平面图形想象出三维形体的形状，是本课程的重点和难点之一。初学时可借用模型或立体图，加强图物对照的感性认识，但要逐步减少对其的依赖性，直至可以完全依靠自己的空间想象能力，看懂图形。

2）在作业或课堂训练时，应在理解几何形体的投影特性的基础上，通过想象形体之间的相对位置进行分析，通过形象思维和逻辑推理确定解决图示空间几何形体和图解空间几何问题的步骤，然后循序作图。

3）养成良好的学习习惯，提高自学能力。课前应预习，带着预习中的疑难问题听课，课后要及时复习和完成作业，这种习惯的养成有助于所学内容的理解。画法几何部分每个环节理论知识联系非常紧密，如果问题没及时消化，势必会造成后续内容学习困难，因此应及时发现问题，解决问题，培养自学能力。

4）学习土木工程制图部分时，首先应熟练掌握制图基础相关知识，养成正确使用制图工具、仪器，以及正确地循序制图和准确作图的习惯。在学习土木工程制图时，必须在读懂已有图样的基础上制图，继续进行制图技能的操作训练，严格遵守制图标准的各项规定，坚持培养认真负责的态度和严谨细致的工作作风，从而达到培养绘制和阅读专业图样的初步能力的预期要求。

5）培养认真负责、一丝不苟的工作作风。工程图样是施工的依据，往往由于一条线的疏忽或一个数字的差错造成严重的返工浪费。因此，从初学制图开始，就要严格遵守国家制图标准，培养认真负责、一丝不苟的工作作风。同时，良好的职业道德和敬业精神是现代企业对工程技术人员的基本要求，所以初学者一定不要忽视这种职业素质的训练。

第一章　国家制图标准与制图基本知识

第一节　国家制图标准的基本规定

图样是现代化建筑生产中的重要技术文件之一，它被喻为工程界的语言，用来指导生产建设和技术交流。本节主要介绍《技术制图图纸幅面和格式》（GB/T 14689—1993）、GB/T 14690—1993《技术制图　比例》、GB/T 14691—1993《技术制图　字体》和 GB/T 50001—2010《房屋建筑制图统一标准》中的部分内容。

一、图纸幅面和格式

1. 图纸幅面

图纸幅面指的是指图纸宽度与长度组成的图面。图纸上限定绘图区域的线框称为图框，图框线用粗实线绘制。绘制图样时，图纸幅面及图框尺寸，应符合表 1-1 规定。必要时也允许选用规定的加长幅面，图纸的短边一般不应加长，长边可加长，但应符合表 1-2 的规定。

表 1-1　幅面及图框尺寸　（单位：mm）

幅面代号 / 尺寸代号	A0	A1	A2	A3	A4
$b \times l$	841×1189	594×841	420×594	297×420	210×297
c	10			5	
a	25				

表 1-2　图纸长边加长尺寸　（单位：mm）

图幅尺寸	长边尺寸	长边加长后尺寸
A0	1189	1486　1635　1783　1932　2080　2230　2378
A1	841	1051　1261　1471　1682　1892　2102
A2	594	743　891　1041　1189　1338　1486　1635　1783　1932　2080
A3	420	630　841　1051　1261　1471　1682　1892

注：有特殊需要的图纸，可采用 $b \times l$ 为 841mm×891mm 与 1189mm×1261mm 的幅面。

图纸通常有两种形式：横式和立式。图纸以短边作为垂直边称为横式；以短边作为水平边称为立式，如图 1-1 所示。需要缩微复制的图样，可采用对中标志。对中标志应画在图纸各边长的中点处，线宽应为 0.35mm，应伸入框内边，在框外为 5mm。

2. 标题栏与会签栏

不论图纸是横式还是立式，图纸的下方或右方都应画出标题栏。标题栏是由名称及代号区、签字区、更改区和其他区组成的栏目，是图样不可缺少的内容。标题栏应按图 1-2 所示根据工程需要选择确定其尺寸、格式及分区。涉外工程的图标应在内容下方附加译文，设计

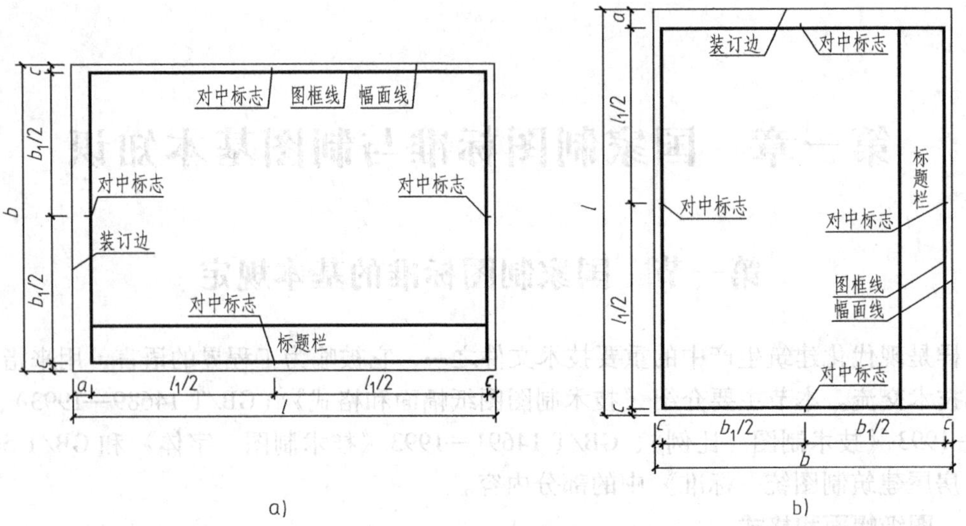

图 1-1　图纸的形式和幅面代号的意义

a）横式幅面　b）立式幅面

单位的上方或左方名称应加“中华人民共和国”的字样。但在学生制图作业中，标题栏的格式建议采用图 1-3 的形式。标题栏的外框线 A0、A1 幅面用中线，A2 ~ A4 幅面用中粗线，其右边和底边与图框线重合。填写的字体，除图名、校名用 10 号字外，其余用 5 号字。

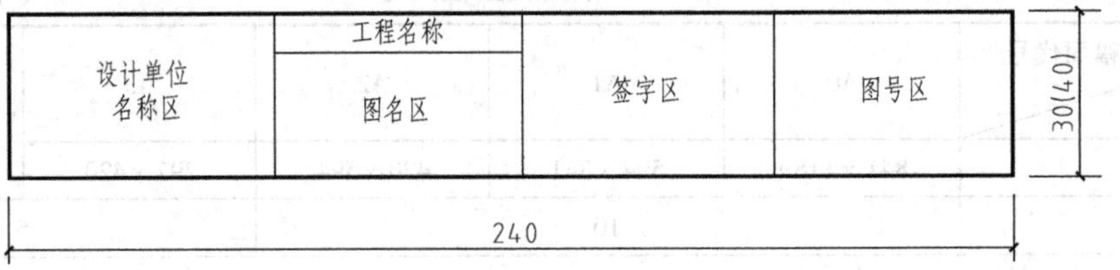

图 1-2　标题栏

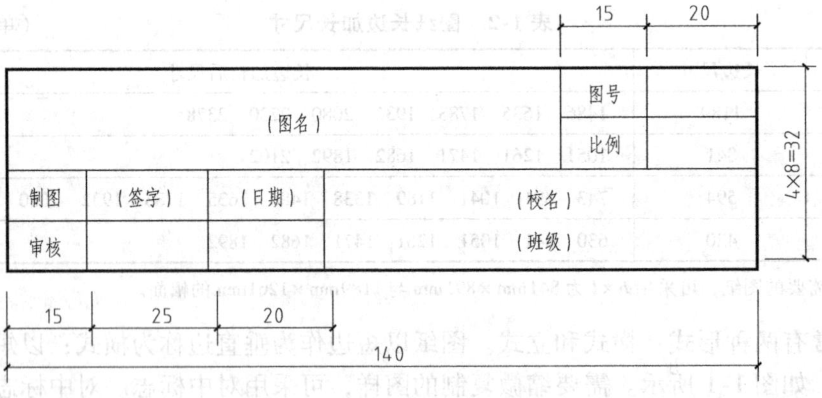

图 1-3　制图作业的标题栏

会签栏是各工种负责人签字签署专业、姓名、日期用的表格，会签栏画在图纸左侧上方的图框线外，如图 1-4 所示。

图纸标题栏与会签栏的具体格式和内容没有统一规定，可根据需要自行拟定。不需会签的图样可不设会签栏。

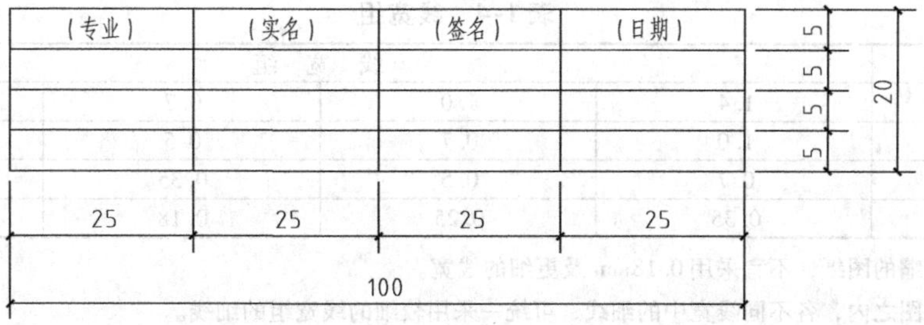

图 1-4　会签栏

二、图线

1. 图线的种类和用途

工程建设制图应选用表 1-3 所示的图线。在工程建设制图中，每种图线又分粗、中、细三种不同的线宽，图线的宽度 b，宜从 1.4mm、1.0mm、0.7mm、0.5mm、0.35mm、0.25mm、0.18mm、0.13mm 线宽系列中选取。图线宽度不应小于 0.1mm。图线的种类有实线、虚线、单点长画线、双点长画线、折断线、波浪线等。每个图样，应根据复杂程度与比例大小，选定基本线宽 b，再选用表 1-4 中相应的线宽组。

表 1-3　图线的种类和用途

名　称		线　型	线宽	一般用途
实线	粗	——	b	主要可见轮廓线
	中粗	——	$0.7b$	可见轮廓线
	中	——	$0.5b$	可见轮廓线、尺寸线、变更云线
	细	——	$0.25b$	图例填充线、家具线
虚线	粗	– – – –	b	见各有关专业制图标准
	中粗	– – – –	$0.7b$	不可见轮廓线
	中	– – – –	$0.5b$	不可见轮廓线、图例线
	细	– – – –	$0.25b$	图例填充线、家具线
单点长画线	粗	—·—	b	见各有关专业制图标准
	中	—·—	$0.5b$	见各有关专业制图标准
	细	—·—	$0.25b$	中心线、对称线、轴线
双点长画线	粗	—··—	b	见各有关专业制图标准
	中	—··—	$0.5b$	见各有关专业制图标准
	细	—··—	$0.25b$	假想轮廓线、成型前原始轮廓线
折断线		—\/—	$0.25b$	断开界线
波浪线		～～	$0.25b$	断开界线

表 1-4　线宽组　　（单位：mm）

线宽比	线宽组			
b	1.4	1.0	0.7	0.5
$0.7b$	1.0	0.7	0.5	0.35
$0.5b$	0.7	0.5	0.35	0.25
$0.25b$	0.35	0.25	0.18	0.13

注：1. 需要微缩的图纸，不宜采用0.18mm及更细的线宽。

2. 同一张图之内，各不同线宽中的细线，可统一采用较细的线宽组的细线。

2. 图线的画法及注意事项

1）同一张图纸内，相同比例的各图样，应选用相同的线宽组。

2）相互平行的图例线，其净间隙或线中间隙不宜小于0.2mm。

3）虚线、单点长画线或双点长画线的线段长度和间隔，宜各自相等。

4）在较小的图形上绘制单点长画线或双点长画线有困难时，可用细实线代替，如图1-5b所示。

5）单点长画线或双点长画线的两端，不应是点。单点长画线或双点长画线和其他图线交接或它们自身交接时，应是线段交接。

6）虚线与虚线交接或虚线与其他图线交接时，应是线段交接。虚线为实线的延长线时，不得与实线连接，如图1-5c所示。

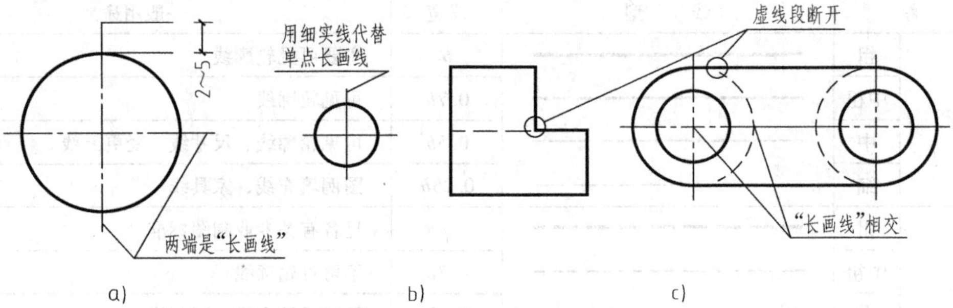

图 1-5　单点长画线、虚线的画法

7）图线不得与文字、数字或符号重叠，混淆。不可避免时，应首先保证文字、数字或符号的清晰。

8）成图后各种图线的浓淡要一致，不要误以为细线就是轻轻地画，细和轻是不同的概念。

9）图纸的图框、标题栏线，可按表1-5选用线宽。

表 1-5　图框、标题栏的线宽

图幅代号	图框线	标题栏	
		外框线	分格线
A0、A1	b	$0.5b$	$0.25b$
A2、A3、A4	b	$0.7b$	$0.35b$

三、字体

字体指的是图纸上汉字、数字、字母和符号的书写形式。

国家标准规定工程图中字体应做到：笔画清晰、字体端正、排列整齐；标点符号应清楚正确。字体高度（用 h 表示）应从如下系列中选用：3.5mm、5mm、7mm、10mm、14mm、20mm。

1. 汉字

图样上的汉字应写成长仿宋体，并采用国家推行的《汉字简化方案》规定的简化字。长仿宋体的字高与字宽的比例大约为1∶0.7。长仿宋体字的基本笔画及示例见表1-6。长仿宋体书写要领是：横平竖直，起落有锋，结构匀称，填满方格，如图1-6所示。

书写长仿宋体字时，特别要注意起笔、落笔、转折和收笔，务必做到干净利落，笔画不可有歪曲、重叠和脱节等现象，同时要按照整字结构类型的特点，灵活地调整笔画间隔，以使整字匀称和美观。

表1-6　长仿宋体字的基本笔画及示例

名称	横	竖	撇	捺	挑	点	钩
形状							
笔法							

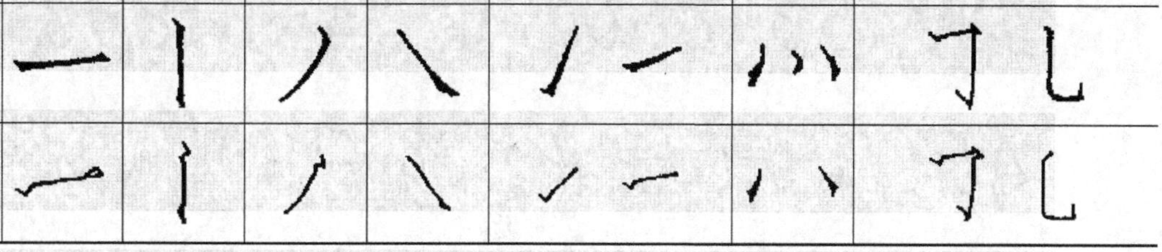

工	业	民	用	建	筑	厂	房	屋	平	立	剖	面	详	图
结	构	施	说	明	比	例	尺	寸	长	宽	高	厚	砖	瓦
木	石	土	砂	浆	水	泥	钢	筋	混	凝	截	校	核	梯
门	窗	基	础	地	层	楼	板	梁	柱	墙	厕	浴	标	号
轴	材	料	设	备	标	号	节	点	东	南	西	北	校	核
制	审	定	日	期	一	二	三	四	五	六	七	八	九	十

图1-6　长仿宋体字示例

2. 拉丁字母和数字

拉丁字母和数字（包括阿拉伯数字和罗马数字及少数希腊字母）有一般字体和窄字体两种，其中又有直体字和斜体字之分。在同一张图样上只允许选用一种形式的字体。注意全图统一。

在工程图中，所有涉及数量的数字，均应用阿拉伯数字表示，计量单位应符合国标有关规定，拉丁字母、阿拉伯数字与罗马数字要与汉字同行书写，其字高应比汉字小一号，并宜采用直体字，拉丁字母、阿拉伯数字或罗马数字的字高应不小于2.5mm。

拉丁字母、阿拉伯数字与罗马数字书写规则见表 1-7。书写示例如图 1-7 所示。

表 1-7　拉丁字母、阿拉伯数字与罗马数字书写规则

书写格式	一般字体	窄体字
大写字母高度	h	h
小写字母高度（上下均无延伸）	$7/10h$	$10/14h$
小写字母伸出的头部或尾部	$3/10h$	$4/14h$
笔画宽度	$1/10h$	$1/14h$
字母间距	$2/10h$	$2/14h$
上下行基准最小间距	$15/10h$	$21/14h$
字间距	$6/10h$	$6/14h$

图 1-7　阿拉伯数字、拉丁字母示例

四、比例

图样的比例，应为图形与其实物相应要素的线性尺寸之比。绘制图样时应优先选用表 1-8 中规定的比例。比例必须采用阿拉伯数字表示，如“1:50”或“1:100”等。比例宜注写在图名的右侧，字的基准线应取平；比例的字高宜比图名的字高小一号或二号。

表 1-8　绘图所用比例

常用比例	1:1　1:2　1:5　1:10　1:20　1:50
	1:100　1:150　1:200　1:500　1:1000　1:2000
可用比例	1:3　1:4　1:6　1:15　1:30　1:40　1:60　1:80
	1:250　1:300　1:400　1:600
	1:5000　1:10000　1:20000　1:50000　1:100000　1:200000

五、尺寸标注

图形只能表示物体的形状，其大小及各组成部分的相对位置是通过尺寸标注来确定的。

图样上的尺寸包括尺寸界限、尺寸线、尺寸起止符号和尺寸数字，如图 1-8 所示。

（1）尺寸界线　尺寸界线用细实线绘制，与被标注长度垂直，其一端应离开图样轮廓线不小于 2mm，另一端应超出尺寸线 2 ~ 3mm。必要时图样轮廓线、中心线及轴线可作尺寸界限，如图 1-8 所示。

（2）尺寸线　用细实线绘制尺寸线。应与被注长度平行，与尺寸界线垂直相交。尺寸线不宜超出尺寸界线外，尺寸界线一般超过尺寸线 2 ~ 3mm，如图 1-8 所示。小尺寸离轮廓线较近，大尺寸离轮廓线较远。图样轮廓以外的尺寸线，距图样最外轮廓线之间距离不宜小于 10mm，平行排列的尺寸线间距为 7 ~ 10mm。图样本身的任何图线均不得用作尺寸线。

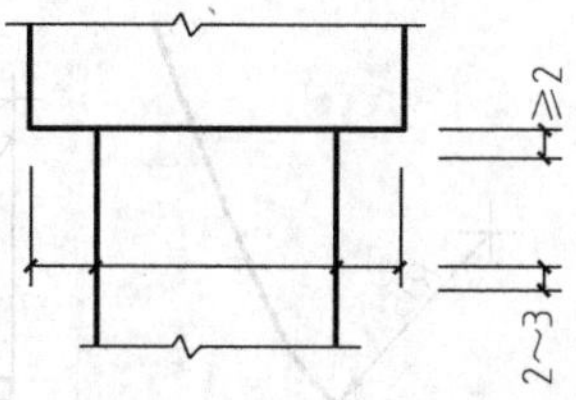

图 1-8　尺寸界线

（3）尺寸起止符号　尺寸起止符号一般用中粗短线绘制，并画在尺寸线与尺寸界线相接处。其倾斜方向应与尺寸界线成顺时针 45°，长度宜为 2 ~ 3mm。半径、直径、角度与弧长的尺寸起止符号，宜用箭头表示，如图 1-9 所示。

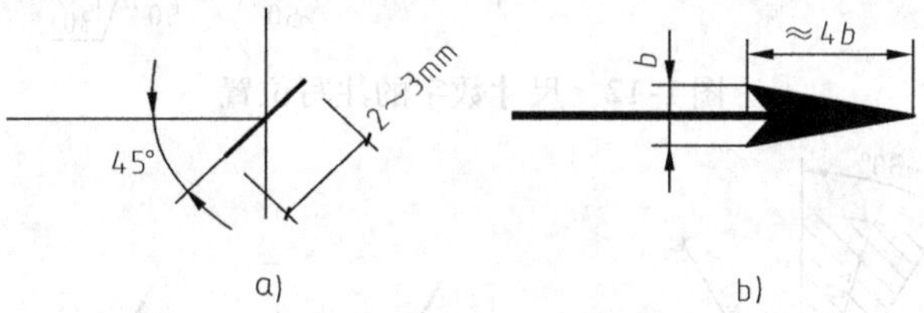

图 1-9　尺寸起止符号

a）短倾斜线的画法　b）箭头的画法

注：*b* 为图中粗实线的宽度。

如在标注圆或大于半圆的圆弧时，尺寸线通过圆心，以圆周为尺寸界线，尺寸起止符采用箭头形式，尺寸数字前加注直径符号“ϕ”；标注小于或等于半圆的圆弧时，尺寸线自圆心引向圆弧其尺寸线终端只画一个箭头，数字前加注半径符号“*R*”，如图 1-10 所示。当圆弧半径过大或在图纸范围内无法标出其圆心位置时，按图 1-11a 标注。若圆心位置不需注明，按图 1-11b 标注。

（4）尺寸数字　尺寸数字必须用阿拉伯数字书写，字高一般是 3. 5mm。图样上的尺寸，以尺寸数字为准，与绘图时所用的比例和绘图的准确程度无关。尺寸数字一般写在尺寸线的中部上方 1mm 位置处，如果没有足够的注写位置，最外边的尺寸数字可写在尺寸界线的外侧，中间相邻的尺寸数字可错开注写，也可引出注写，如图 1-12 所示。尺寸数字的方向应按图 1-13a 所示的规定注写。若尺寸数字在 30°斜线区内，按图 1-13b 所示的形式注写。图样上的尺寸单位，除标高在总平面图以米为单位外，其他以毫米为单位。尺寸均应标注在图样轮廓以外，任何图线不得穿过尺寸数字，不宜与图线、文字及符号等相交，当不可避免时，应将通过尺寸数字的图线断开。同一张图纸上，尺寸数字大小应相同。

角度数字一律按水平方向注在尺寸线中断处，必要时可写在尺寸线的上方或外边，也可引出标注，如图 1-14 所示。

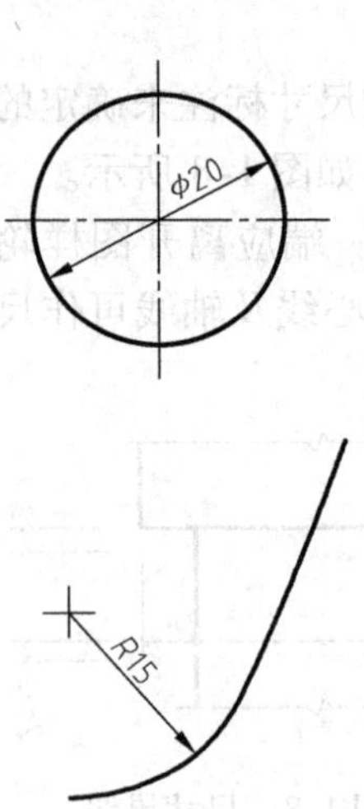

图 1-10　圆及圆弧尺寸标注

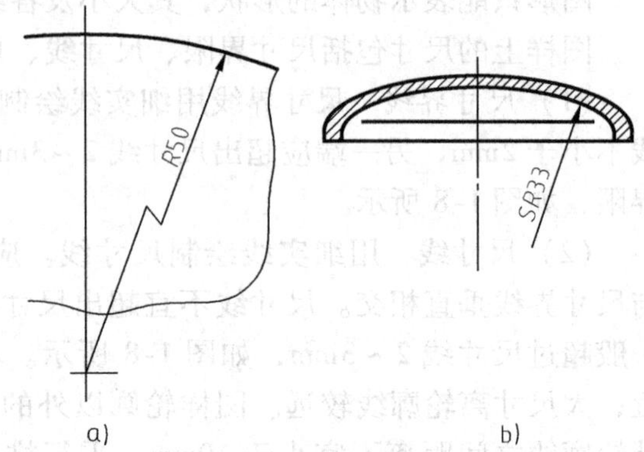

图 1-11　大圆弧及球面尺寸标注

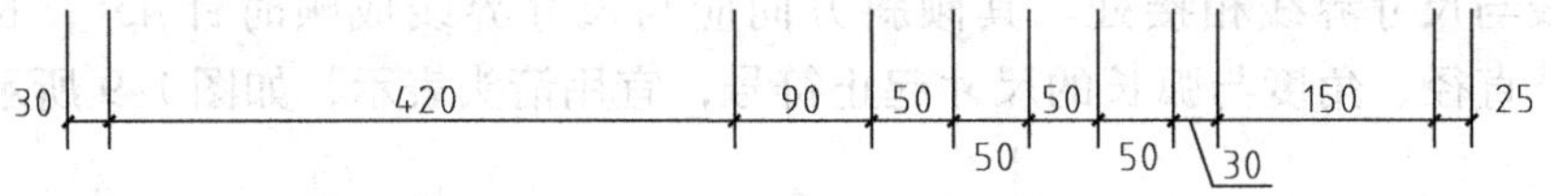

图 1-12　尺寸数字的注写位置

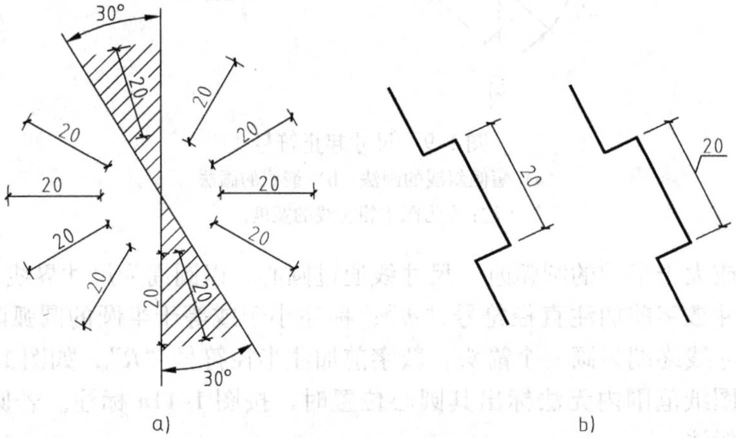

图 1-13　尺寸数字的方向

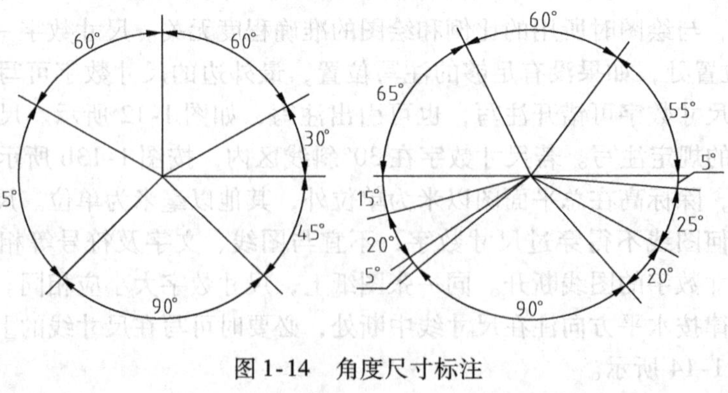

图 1-14　角度尺寸标注

第二节　绘图工具和仪器的使用方法

学习工程制图，必须认真掌握制图工具和仪器的正确使用方法，并且逐步地熟练起来，因为它是提高制图质量和速度的重要条件之一。下面介绍几种常用的绘图工具和仪器以及它们的使用方法。

一、图板、丁字尺和三角板

1. 图板

图板是绘图时用来固定图纸的矩形木板，它的板面必须平坦光滑。其左右两边称为导边，也必须光滑平直。图纸是用胶带固定在图板上的。其规格尺寸有 0 号（920mm × 1220mm）、1 号（610mm × 920mm）、2 号（460mm × 610mm）等几种，可根据需要选定。使图板与水平面倾斜 20°左右，以便于画图，如图 1-15 所示。

2. 丁字尺

丁字尺主要用来画水平线，它是由相互垂直的尺头和尺身组成的。尺头的内侧面必须平直，用时紧贴图板的导边，上下移动可按尺身的工作边画出水平线，如图 1-16 所示。

应注意，切忌用下边画线，尺头不能靠图板的其他边缘滑动画线。丁字尺不用时应挂起来，以免尺身翘起变形。

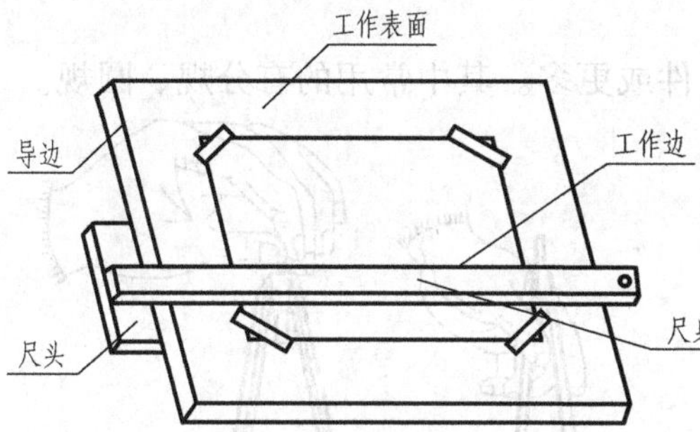

图 1-15　图板和丁字尺

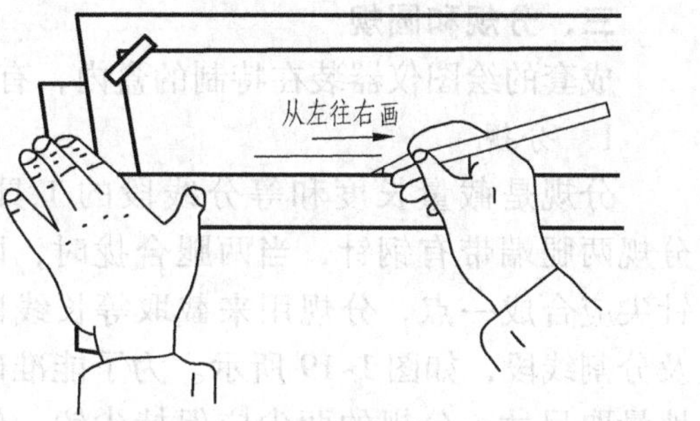

图 1-16　用丁字尺画水平线

3. 三角板

一副三角板包括两块，一块为 45°的等腰直角三角形，另一块为 30°和 60°的直角三角形。绘图用三角板各角度必须准确，各边必须平直。

用三角板与丁字尺配合可画垂直线及与水平线成 15°整倍数的倾斜线，如图 1-17 所示。两块三角板配合，还可以画已知直线的平行线和垂直线。

二、比例尺

比例尺是按比例画图时度量尺寸的工具。常用的比例尺一般做成三棱柱形，故又称三棱尺。尺上刻有六个不同的比例，供度量时选用，在刻度为 1∶1000 的尺面上，每一小格表示千分之一米，即每一小格实长为 1mm。如绘图比例采用 1∶1，即可在 1∶1000 的尺面上直接量取。如绘图比例采用 1∶2、1∶3、1∶4 可在 1∶2000、1∶3000、1∶4000 的尺面上直接量取。如图 1-18 所示。

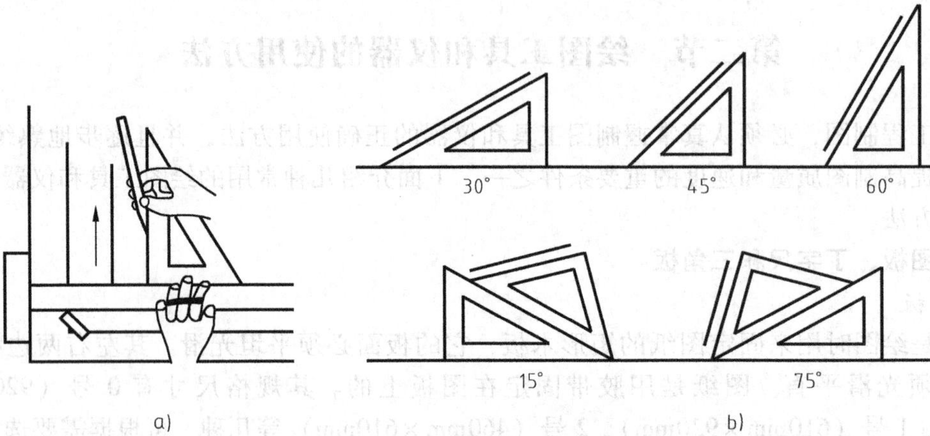

图 1-17　丁字尺和三角板配合使用

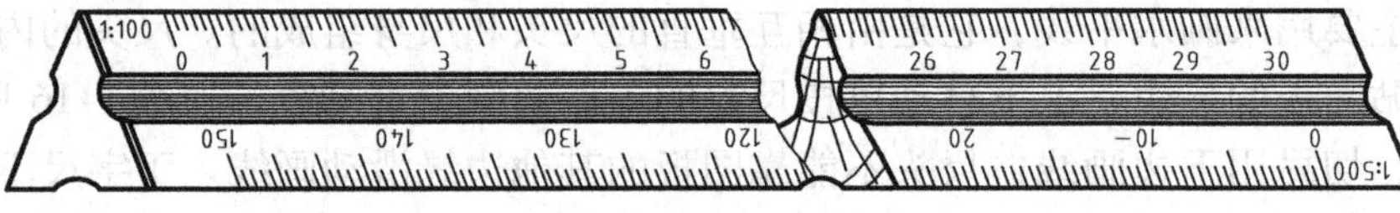

图 1-18　比例尺

三、分规和圆规

成套的绘图仪器装在特制的盒内，有八件、十件或更多。其中常用的有分规、圆规。

1. 分规

分规是截量长度和等分线段的工具。分规两腿端带有钢针，当两腿合拢时，两针尖应合成一点，分规用来截取等长线段及分割线段，如图 1-19 所示。为了能准确地量取尺寸，分规的两尖应保持尖锐，使用时，两针尖应调整到平齐，即当分规两腿合拢后，两针尖必聚于一点。

等分线段时，经过试分，逐渐使分规两针尖调到所需距离，然后在图样上使两针尖沿要等分的线段依次摆动前进。

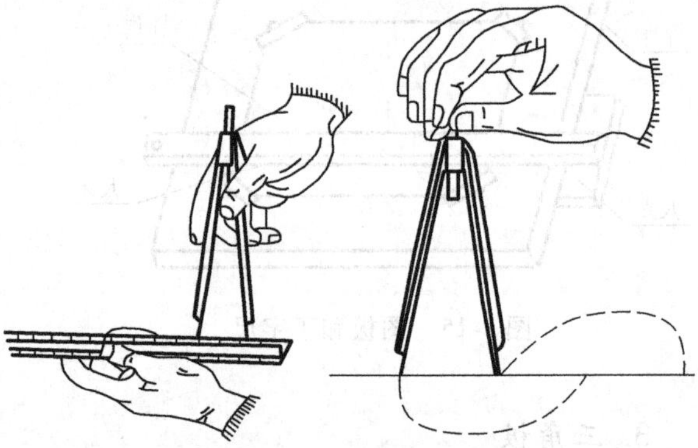

图 1-19　分规的使用方法

2. 圆规

圆规用来画圆或圆弧。换上针尖插腿，也可作分规用。圆规的一条腿上装有钢针，钢针一端有台阶，画圆时用带台阶的针尖。另一条腿上具有肘形关节，可装铅笔插腿或鸭嘴笔插腿，用来画铅笔图或墨线图，如图 1-20 所示。

四、曲线板、建筑模板和擦图片

1. 曲线板

曲线板是用来画非圆曲线的，其轮廓线由不同曲率的曲线组成。画图时先用铅笔徒手把曲线上各点轻轻地连接起来，然后选择曲线板上曲率合适的部分描绘。画每一分段时，应少

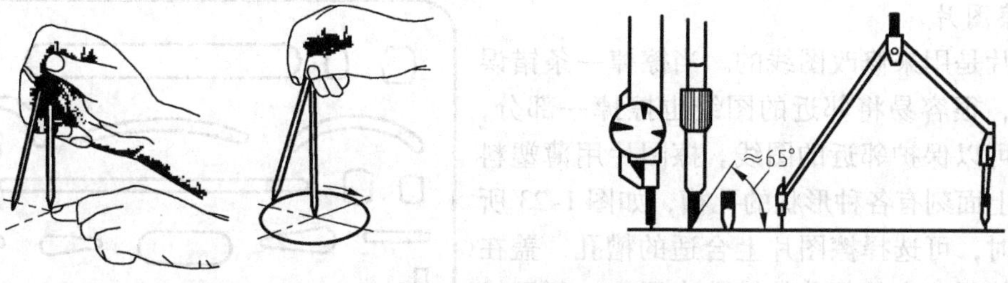

图 1-20　圆规及其使用

描一部分，留待画后一段时与曲线板再次吻合后描绘，即每画一段应和前一段的末端有一段相重合，以保证曲线连接圆滑，如图 1-21 所示。

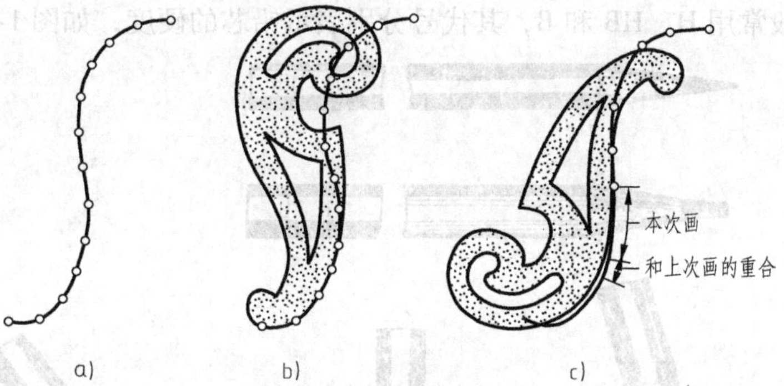

图 1-21　曲线板及其使用

2. 建筑模板

建筑模板主要用来画各种建筑标准图例和常用符号，如柱、墙、门的开启线，大便器污水盆，详图索引符号，标高符号等。模板上刻有用以画出各种不同图例或符号的孔，如图 1-22 所示。其大小符合一定的比例，只要用铅笔在孔内画一周，图例就画出来了。使用建筑模板，可以提高制图的速度和质量。

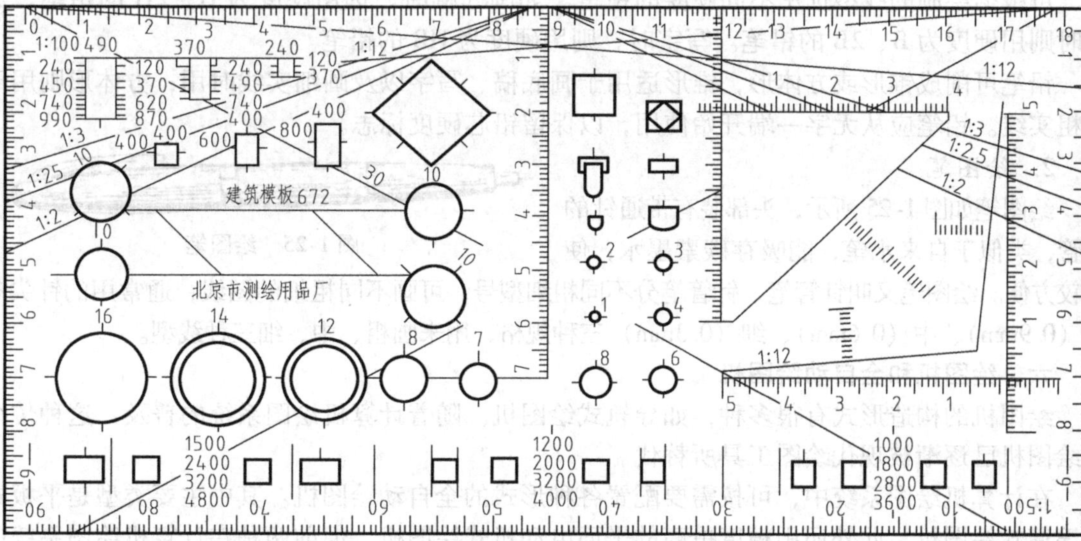

图 1-22　建筑模板

3. 擦图片

擦图片是用来修改图线的。当擦掉一条错误的图线时，很容易将邻近的图线也擦掉一部分，用擦图片可以保护邻近的图线。擦图片用薄塑料片制成，上面刻有各种形状的孔槽，如图 1-23 所示。使用时，可选择擦图片上合适的槽孔，盖在图线上，使要擦去的部分从槽孔中露出，再用橡皮擦拭，以免擦坏其他部分的图线。

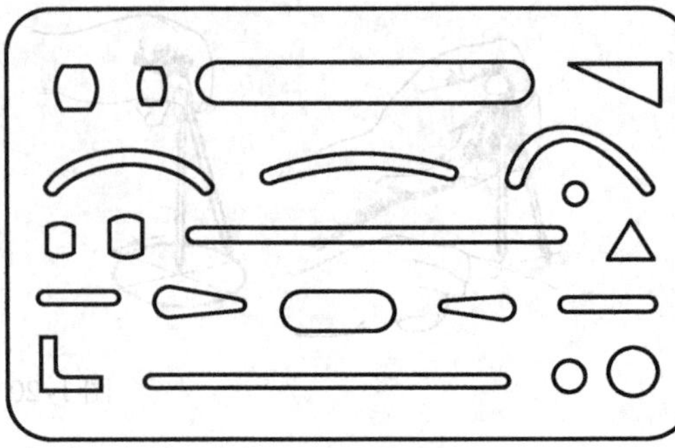

图 1-23　擦图片

五、铅笔和绘图笔

1. 铅笔

绘图铅笔一般常用 H、HB 和 B，其代号分别表示铅芯的硬度，如图 1-24 所示。

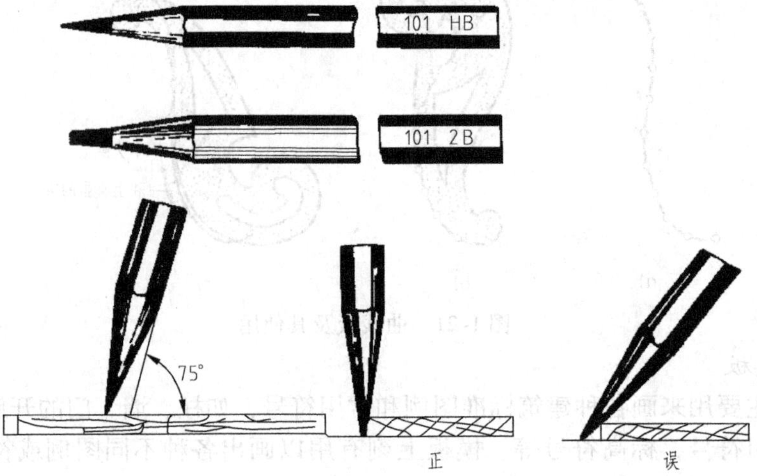

图 1-24　铅笔

可根据绘制的线型选用不同硬度的铅笔。如画底稿时，选用硬度为 H、2H 的铅笔，加深时则用硬度为 B、2B 的铅笔。写字时，则用硬度为 HB 的铅笔。

铅笔可削成锥形或方体形，锥形适用于画底稿、写字以及画细实线时用；方体形则用于画粗实线。铅笔应从无字一端开始使用，以保留铅芯硬度标志。

2. 绘图笔

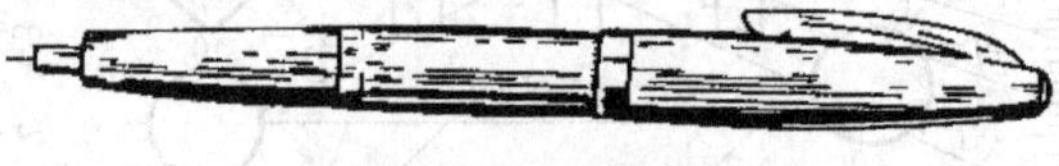

图 1-25　绘图笔

绘图笔如图 1-25 所示，头部装有带通针的针管，类似于自来水笔，能吸存碳素墨水，使用较方便。绘图笔又叫针管笔，针管笔分不同粗细型号，可画不同粗细的图线，通常用的针尖有粗（0.9mm）、中（0.6mm）、细（0.3mm）三种规格，用来画粗、中、细三种线型。

六、绘图机和全自动绘图机

绘图机的构造形式有很多种，如导轨式绘图机。随着计算机绘图系统的普及，这种传统的绘图机已逐渐被现代绘图工具所替代。

在计算机绘图系统中，可按需要配置各种形式的全自动绘图机。其中主要类型是平板式和滚筒式绘图机，此外还用精度更高的平面电动机式绘图机，但前两种在计算机绘图系统中使用较多。

第三节　平面图形的画法

一、几何作图

1. 线段和角的等分

（1）线段的任意等分　如图 1-26 所示，已知线段 AB，分 AB 为五等份。

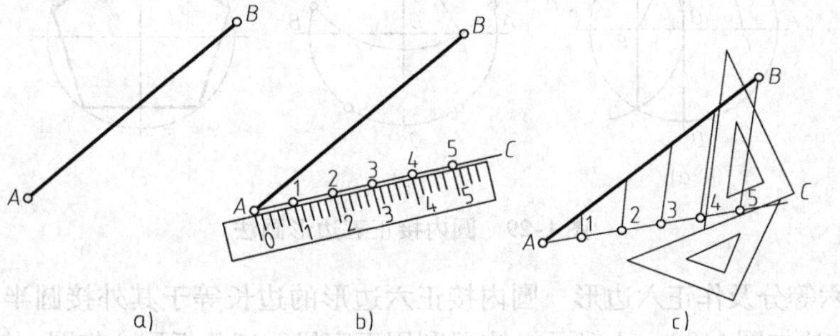

图 1-26　分线段为五等份

a）已知直线段 AB　b）过点 A 作任意直线 AC，用直尺在 AC 上从点 A 起截取任意长度的五等分，得 1、2、3、4、5 点　c）连 $B5$，然后过其他点分别作直线平行于 $B5$，交 AB 于四个等分点，即为所求

（2）两平行线间距离的任意等分　如图 1-27 所示，将两平行线 AB、CD 之间的距离分成四等份。

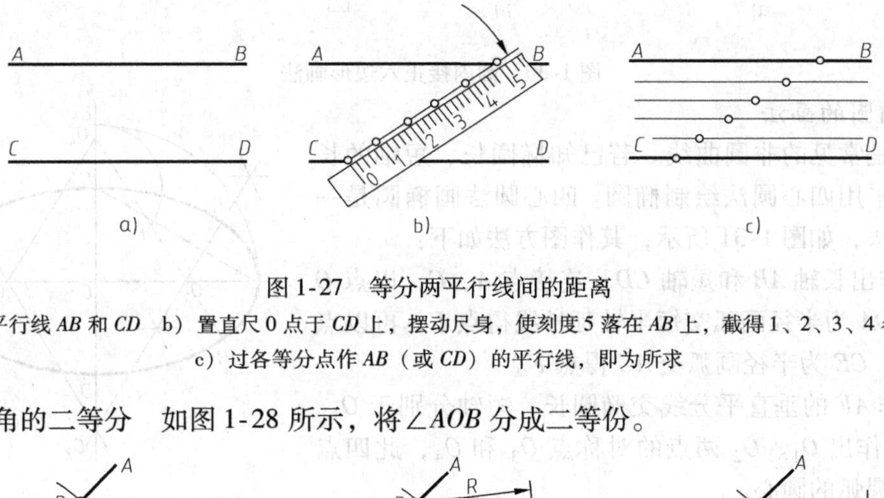

图 1-27　等分两平行线间的距离

a）已知平行线 AB 和 CD　b）置直尺 0 点于 CD 上，摆动尺身，使刻度 5 落在 AB 上，截得 1、2、3、4 各等分点　c）过各等分点作 AB（或 CD）的平行线，即为所求

（3）角的二等分　如图 1-28 所示，将 $\angle AOB$ 分成二等份。

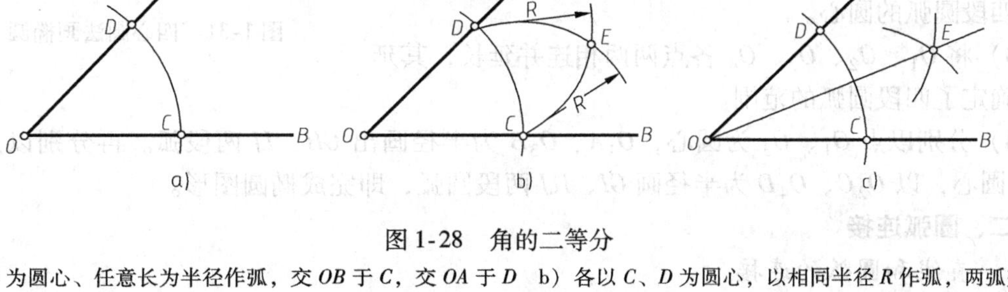

图 1-28　角的二等分

a）以 O 为圆心、任意长为半径作弧，交 OB 于 C，交 OA 于 D　b）各以 C、D 为圆心，以相同半径 R 作弧，两弧交于 E　c）连 OE，即求得分角线

2. 等分圆周作正多边形

（1）圆的五等分及作正五边形　圆的五等分及正五边形作图方法如图 1-29 所示。作出半径 OB 的中点 E，以点 E 为圆心，EC 为半径画圆弧交 OA 于点 F，CF 即为圆内接正五边形的边长。

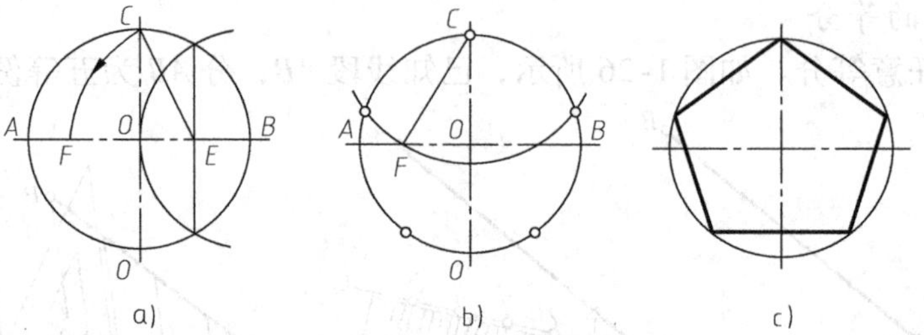

图 1-29　圆内接正五边形画法

（2）圆的六等分及作正六边形　圆内接正六边形的边长等于其外接圆半径，六等分圆及作正六边形的方法如图 1-30a、b 所示。也可利用丁字尺、三角板配合作图，如图 1-30c 所示。

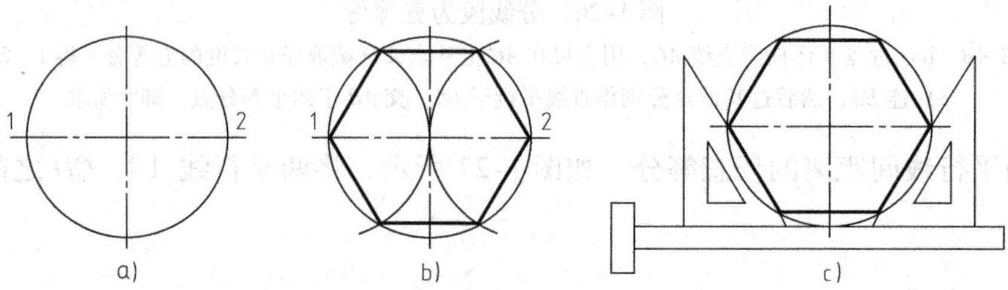

图 1-30　圆内接正六边形画法

3. 椭圆的画法

椭圆是常见的非圆曲线。若已知椭圆长、短轴的长度，则可采用四心圆法绘制椭圆。四心圆法画椭圆是一种近似画法，如图 1-31 所示，其作图方法如下：

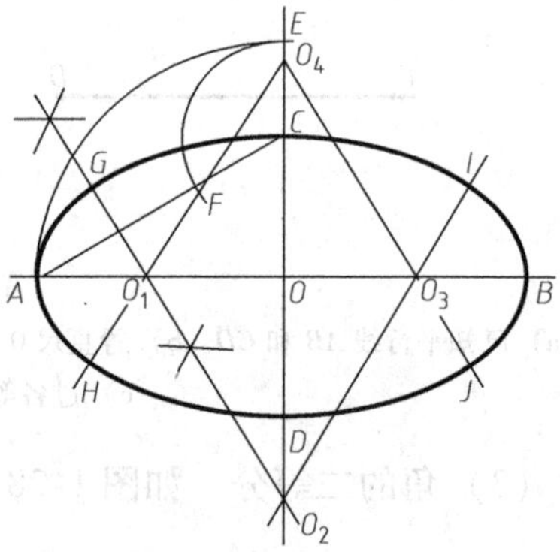

图 1-31　四心圆法画椭圆

1）作出长轴 AB 和短轴 CD，连接点 A、C，以点 O 为圆心，OA 为半径画弧交短半轴延长线得点 E，再以点 C 为圆心，CE 为半径画弧交 AC 得点 F。

2）作 AF 的垂直平分线交椭圆长、短轴分别于 O_1、O_2 两点，作出 O_1、O_2 两点的对称点 O_3 和 O_4，此四点即为四段圆弧的圆心。

3）将 O_1、O_2、O_3、O_4 各点两两相连并延长，其延长线确定了四段圆弧的范围。

4）分别以点 O_1、O_3 为圆心，O_1A、O_3B 为半径画出 GH、IJ 两段弧。再分别以点 O_2、O_4 为圆心，以 O_2C、O_4D 为半径画 GI、HJ 两段圆弧，即完成椭圆图形。

二、圆弧连接

1. 直线和圆弧的连接

用圆弧连接圆弧时，根据连接圆弧与被连接圆弧的圆心位置，可分为外切连接（两圆心在切点的两侧）和内切连接（两圆心在切点的同侧）两种形式。现以外切连接为例，作一圆弧与已知直线相切及与已知圆弧外切，如图 1-32 所示。

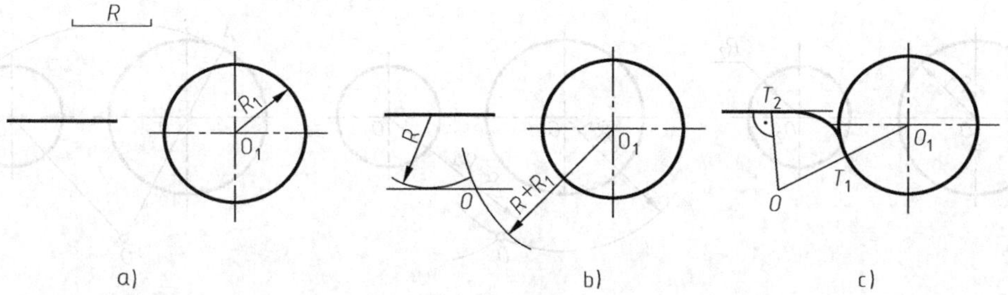

图 1-32　直线与圆弧的连接

作图步骤：

1）已知直线及半径为 R_1 的圆弧和连接圆弧的半径 R。

2）作一距已知直径距离为 R 的平行线，再以点 O_1 为圆心，以 $R+R_1$ 为半径画弧，两者的交点即连接圆弧的圆心 O。

3）连接 OO_1 交已知圆弧得到一个连接点 T_1，通过点 O 作已知直线的垂线得垂足 T_2，即为另一连接点。

4）以点 O 为圆心，以 R 为半径画圆弧 T_1T_2，即为所求。

2. 圆弧与圆弧的连接

用圆弧连接两已知圆弧有三种情况：外切连接、内切连接和内外切连接。

（1）外切连接　如图 1-33 所示，已知 O_1、O_2 两圆及连接圆弧半径 R，求作连接弧与 O_1、O_2 两圆外切连接。作图方法如下：

1）分别以点 O_1、O_2 为圆心，以 $R+R_1$ 与 $R+R_2$ 为半径画两个圆弧，两圆弧的交点即为连接圆弧圆心 O。

2）连接 OO_1 和 OO_2 分别交两已知圆上得点 A、B，点 A、B 即为连接点。

3）以点 O 为圆心，以 R 为半径，画连接圆弧，即为所求。

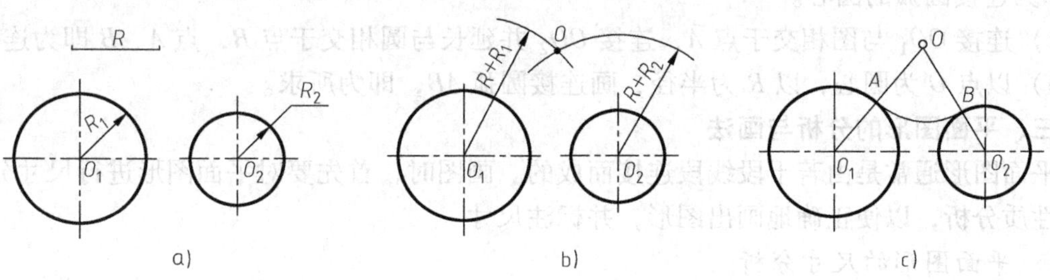

图 1-33　用圆弧外切连接两已知圆弧

（2）内切连接　如图 1-34 所示，已知 O_1、O_2 两圆及连接圆弧半径 R，求作连接弧与 O_1、O_2 两圆内切连接。作图方法如下：

1）分别以点 O_1、O_2 为圆心，以 $R-R_1$ 与 $R-R_2$ 为半径画两个圆弧，两圆弧的交点即为连接圆弧圆心 O。

2）连接 OO_1 和 OO_2，并延长分别交两已知圆得点 A、B，点 A、B 即为连接点。

3）以点 O 为圆心，以 R 为半径，画连接圆弧 AB，即为所求。

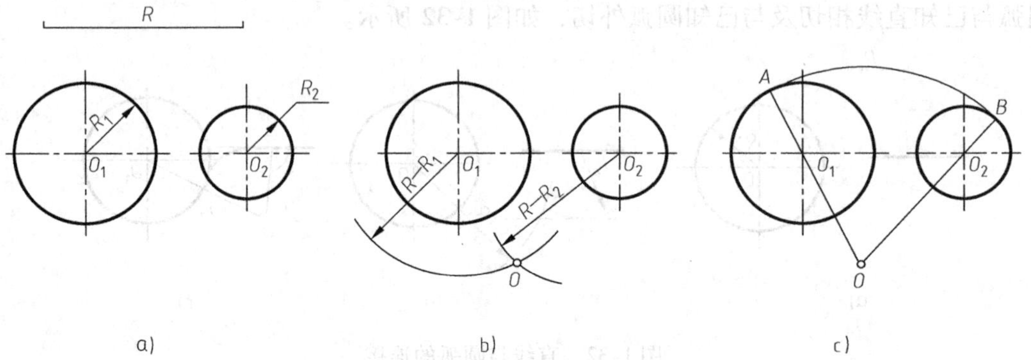

图 1-34　用圆弧内切连接两已知圆弧

（3）内外切连接　如图 1-35 所示，已知 O_1、O_2 两圆及连接圆弧半径 R，求作连接弧与 O_1 圆外切连接，与 O_2 圆内切连接。作图方法如下：

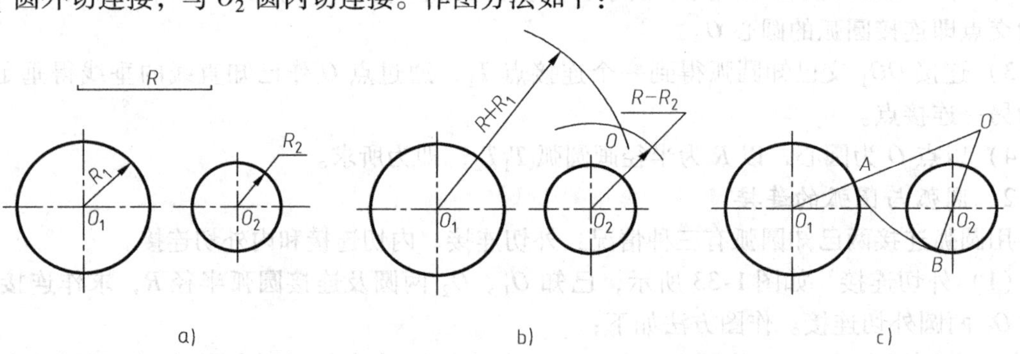

图 1-35　用圆弧内外切连接两已知圆弧

1）以点 O_1 为圆心 $R+R_1$ 为半径画弧，交以 O_2 为圆心、$R-R_2$ 为半径画的弧于一点 O，即为连接圆弧的圆心。

2）连接 OO_1 与图相交于点 A，连接 OO_2 并延长与圆相交于点 B，点 A、B 即为连接点。

3）以点 O 为圆心，以 R 为半径，画连接圆弧 AB，即为所求。

三、平面图形的分析与画法

平面图形通常是由若干段线段连接而成的。画图时，首先要对平面图形进行尺寸分析和线段性质分析，以便正确地画出图形，并标注尺寸。

1. 平面图形的尺寸分析

根据尺寸在平面图形中所起作用的不同，平面图形的尺寸分为定形尺寸和定位尺寸两类，现以图 1-36 所示的平面图形为例说明。

（1）定形尺寸　用来确定平面图形各组成部分形状和大小的尺寸，称为定形尺寸。如图 1-36 中的 $R15$、$R16$ 等。

（2）定位尺寸　用来确定平面图形中各组成部分之间相对位置的尺寸，称为定位尺寸。因为平面图形有两个方向，所以一般情况下，平面图形中每一部分都有两个方向的定位尺寸。图 1-36 的部分定位尺寸需经过计算方可得出。如图 1-37a 中标注的尺寸 90 －（16 +

15)，即为半径为 15mm 和 16mm 的圆弧的圆心水平方向定位尺寸，70 - 15 = 55 为半径为 15mm 的圆弧垂直方向定位尺寸。

2. 平面图形的线段分析

平面图形的线段根据所给定位尺寸的多少可分为已知线段、中间线段和连接线段。

(1) 已知线段　定形尺寸和定位尺寸都齐全的线段称为已知线段。如图 1-37a 中，圆心位置可通过计算确定的半径为 15mm、16mm 的两个圆弧是已知线段（圆弧）。

(2) 中间线段　定形尺寸齐全，定位尺寸只有一个方向的称为中间线段。中间线段另一个方向的定位尺寸需依靠其他连接的已知线段才能作出，如图 1-37b 中，半径为 50mm 的圆弧是中间线段（圆弧）。

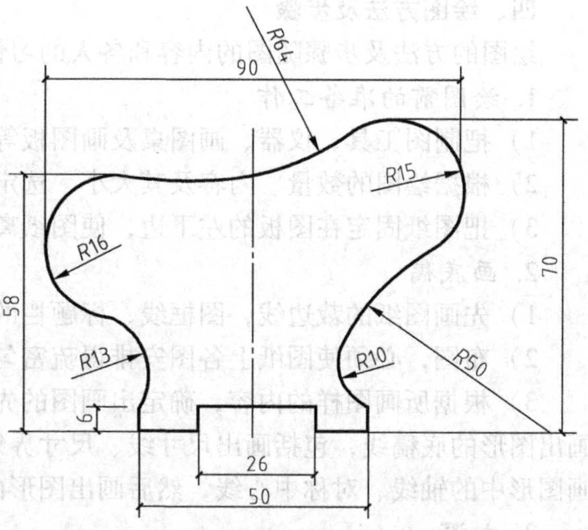

图 1-36　平面图形的尺寸和线段分析

(3) 连接线段　只有定形尺寸，没有定位尺寸的线段称为连接线段。连接线段的定位需依靠已知线段或中间线段才能作出，如图 1-37c 中，半径为 10mm、13mm、64mm 的圆弧的圆心定位尺寸都没给出，需要相邻线段的连接条件来确定位置，在此基础上画出来的圆弧即为连接线段（圆弧）。

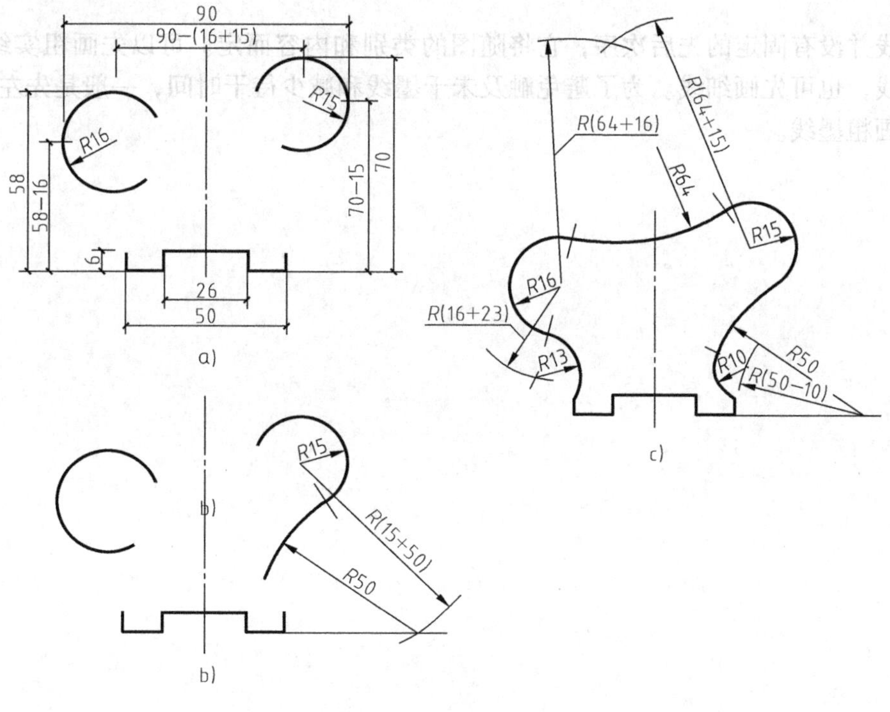

图 1-37　平面图形画图步骤

a）作已知线段　b）作中间线段　c）作连接线段

四、绘图方法及步骤

绘图的方法及步骤随图的内容和各人的习惯而不同，这里建议的是一般的绘图方法。

1. 绘图前的准备工作

1）把制图工具、仪器、画图桌及画图板等用布擦干净。

2）根据绘图的数量、内容及其大小，选定图纸幅面大小。

3）把图纸固定在图板的左下边，使图纸离左边约5cm，离下边约1~2倍丁字尺宽度。

2. 画底稿

1）先画图纸的裁边线，图框线、标题栏的外框线等。

2）布图，必须使图纸上各图安排得疏密匀称，既节约图面而又不拥挤。

3）根据所画图样的内容，确定出画图的先后顺序，然后用尖细的H或2H铅笔轻轻地画出图形的底稿线，包括画出尺寸线、尺寸界线、尺寸的起止符号等。画底稿的顺序是：先画图形中的轴线、对称中心线，然后画出图形的主要轮廓线，最后再画细部图线。

3. 加深

底稿线完成后，要仔细检查校对，确定无误时方可画墨线或加深铅笔线。

（1）铅笔加深　首先加深细实线、点画线、断裂线、波浪线及尺寸线、尺寸界线等细的图线，再加深中实线和虚线，然后加深粗实线；次序是先加深圆及圆弧，再自上至下地加深水平线，自左至右加深竖直线和其他方向的倾斜线；最后画出材料图例，标注尺寸，写好技术说明，填写标题栏。

（2）画墨线　画墨线过程中，应注意图线线型正确、粗细分明、连接准确和光洁，图面整洁。

画墨线并没有固定的先后次序，它将随图的类别和内容而定。可以先画粗实线、虚线、后画细实线，也可先画细线。为了避免触及未干墨线和减少待干时间，一般是先左后右、先上后下地画粗墨线。

第二章　投影的基本知识

第一节　投影的形成及分类

一、投影的形成

在日常生活中，物体在灯光或日光照射下，会在地面、墙面上产生影子，图 2-1a 所示为一个房子形状的形体，如果在形体的前面放置一个点光源 S（如电灯），那么在其后面的 P 面上会形成一个灰黑色的影子。这个影子就是形体的影子，但它只能反映出形体的外轮廓，不能反映其实际形状。如果把形体想象为透明，在点光源 S 的照射下，形体上的每一条棱线、每一个交点都会清晰的落影在平面 Q 上，能够真实地表现出该形体长、宽、高间的三维关系。这些由点和线组成的能够反映出形体形状的图形，称为该形体在 Q 面上的投影。

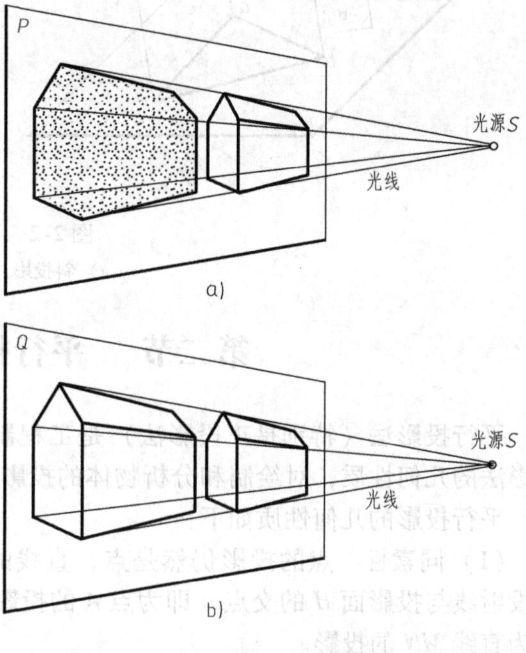

图 2-1　投影的概念
a）只有轮廓的灰色多边形的影
b）能反映出形体形状的投影

其中，S 是光源，又叫做投射中心；平面 Q 叫做投影面；通过形体棱线或者点的光线，叫做投射线；从 $S \to Q$ 的方向叫做投射方向；在平面 Q 上得到的反映形体形状的图形，叫做该形体在 Q 面上的投影；这种表达形体形状的方法，叫做投影法。

二、投影法的分类

投影法是研究投射线、物体、投影面三者关系的。按照投射中心距离投影面的远近，投影可分为中心投影和平行投影两种。

1. 中心投影法

投射中心 S 距离投影面 H 有限远时，投射线在有限远处相交于一点 S，这种投影法称为中心投影法，如图 2-1b 所示。

中心投影的特性是：物体在投影面和投影中心之间移动时，其投影的大小发生变化，越靠近投影中心，投影越大，反之越小。

2. 平行投影法

指投影中心 S 距离投影面 H 为无限远时，投射线都相互平行，这种投影法称为平行投影法，如图 2-2 所示。根据投射线与投影面垂直与否，平行投影又分为斜投影和正投影两类。

（1）斜投影　如图2-2a所示，当投射线与投影面倾斜时，所得到的投影称为斜投影。

（2）正投影　如图2-2b所示，当投射线与投影面垂直时，所得到的投影称为正投影。投影面、投射中心和被投射的物体是确定投影的条件。

平行投影的特性是：物体沿着投射线方向移动时，物体的投影大小不变。

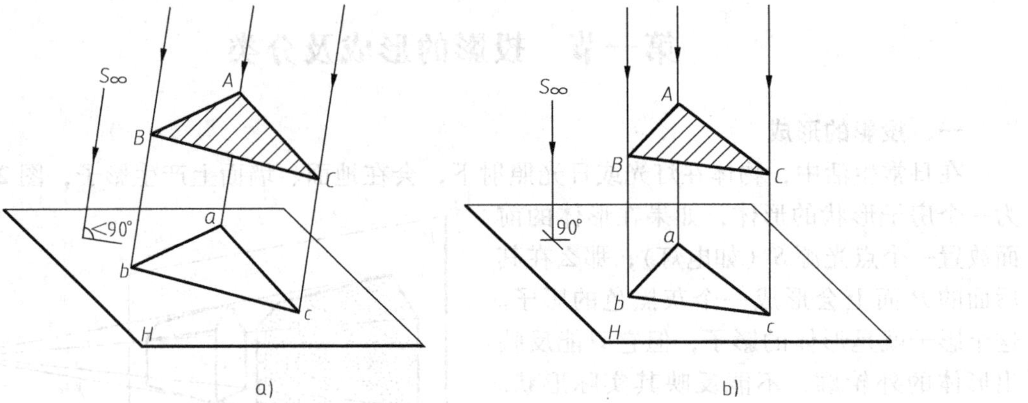

图2-2　平行投影

a）斜投影　b）正投影

第二节　平行投影的几何性质

平行投影法（特别是正投影法）是工程制图中绘制图样的主要方法。因此，了解平行投影法的几何性质，对绘制和分析物体的投影特别重要。

平行投影的几何性质如下：

（1）同素性　点的投影仍然是点，直线的投影一般仍为直线。如图2-3所示，过点A的投射线与投影面H的交点a即为点A的投影，过直线MN的投射线与投影面H的交线mn即为直线MN的投影。

（2）从属性　若点在直线上，则点的投影在直线的投影上。如图2-3所示，若$K\in MN$，则$k\in mn$。

（3）定比性　若点在直线上，则点分线段所成的比例，等于点的投影分线段投影所成的比例。如图2-3所示，若$K\in MN$，则$MK:KN=mk:kn$。

（4）平行性　若两直线平行，其投影也平行，且线段之比等于投影之比。如图2-4所示，若$AB/\!/CD$，则$ab/\!/cd$，且$AB:CD=ab:cd$。

（5）显实性　若线段或平面平行于投影面，则它们的投影反映实长或实形。如图2-5所示，若$MN/\!/H$，则$mn=MN$；若$\triangle ABC/\!/H$，则$\triangle abc\cong\triangle ABC$。

（6）积聚性　若直线平行于投射线，则直线的投影积聚为一点，此时，直线上的点的投影必落在直线的积聚投影上；若平面平行于投射线，则平面的投影积聚为一直线，平面上的直线或点的投影必落在平面积聚投影上。如图2-6所示，在正投影情况下，若$AB\perp H$，则$a(b)$为一点；若$G\in AB$，则$(G)\equiv a(b)$；若$\triangle CDE\perp H$，则cde为一直线；若F、$MN\in\triangle CDE$，则f、$mn\in cde$。

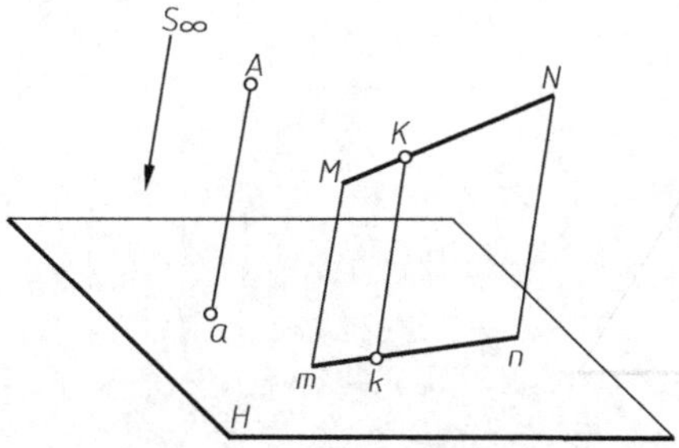

图 2-3　同素性、从属性、定比性

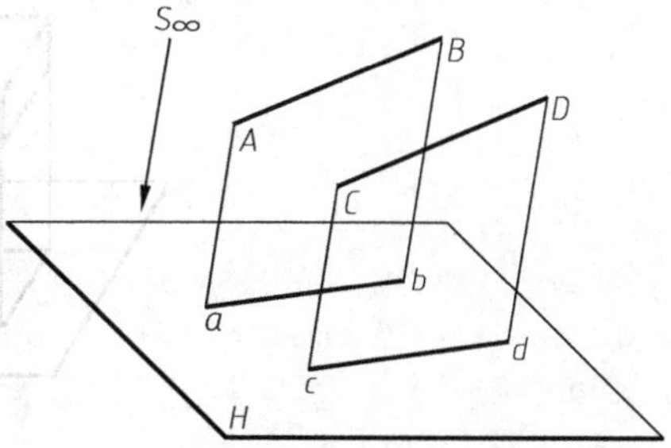

图 2-4　平行性

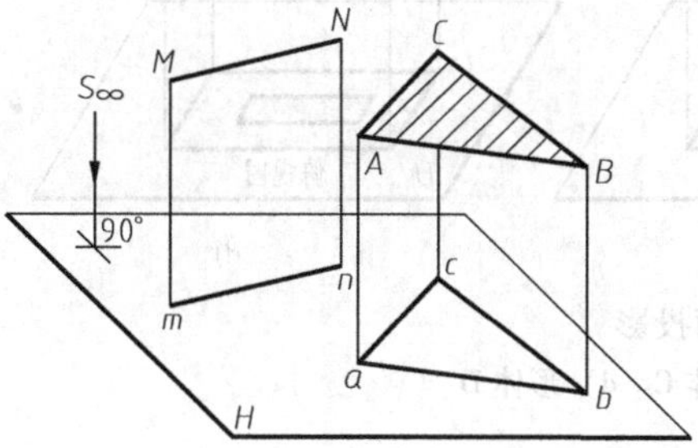

图 2-5　显实性

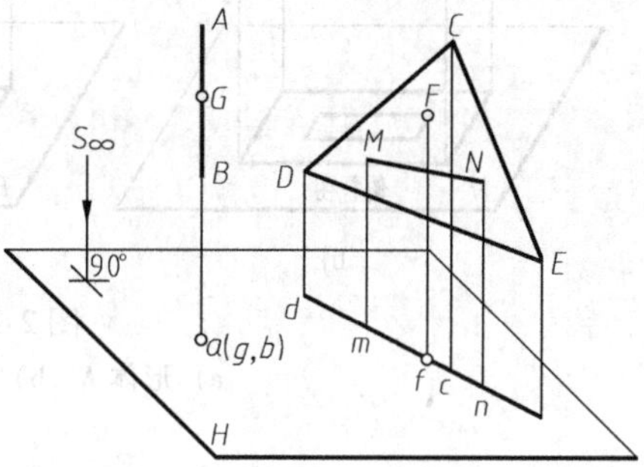

图 2-6　积聚性

第三节　三面正投影图的形成及其投影规律

工程上设计和施工的图样主要采用正投影法。因为这种方法画出的图简单，而且具有真实和度量性的优点，能够很好地满足工程上的要求。本书除特别说明外，均采用正投影法。

一、三面投影图的形成

假设有一个基础形体模型，如何才能确切而全面地用投影表达出它的形状大小，并根据这些投影把它制造出来呢？通常采用的方法，就是正投影法，如图 2-7 所示。用正投影法将图 2-7 所示空间的四个物体向投影面 *H* 上投影，所得到的投影完全相同。这说明只用一个正投影图来表达物体是不够的，若根据这个投影图确定物体的形状，显然是不可能的。因为它可以是其中一个物体，也可以是另一个物体。由此可见，单面正投影不能唯一地确定物体的形状，若使正投影图能够唯一地确定物体的形状就需要采用三面正投影的办法。要使投影图能够唯一地确定物体的形状就需要采用三面投影。

H 面、*V* 面和 *W* 面共同组成了一个三面投影体系，如图 2-8a 所示。在这三个面上所形成的三面投影 *H* 投影、*V* 投影和 *W* 投影，也共同组成一个投影图，称为三面投影图，简称三视图。这三个面投影两两相交，其交线分别被称为 *OX* 轴、*OY* 轴和 *OZ* 轴；三轴线的交点称为原点 *O*。*OX* 轴是 *V* 面和 *H* 面的交线；*OY* 轴是 *H* 面和 *W* 面的交线；*OZ* 轴是 *V* 面和 *W* 面的交线。

二、三面投影图的展开

物体置于三面正投影体系中，用正投影法将物体分别向这三个投影面上进行投影，这给

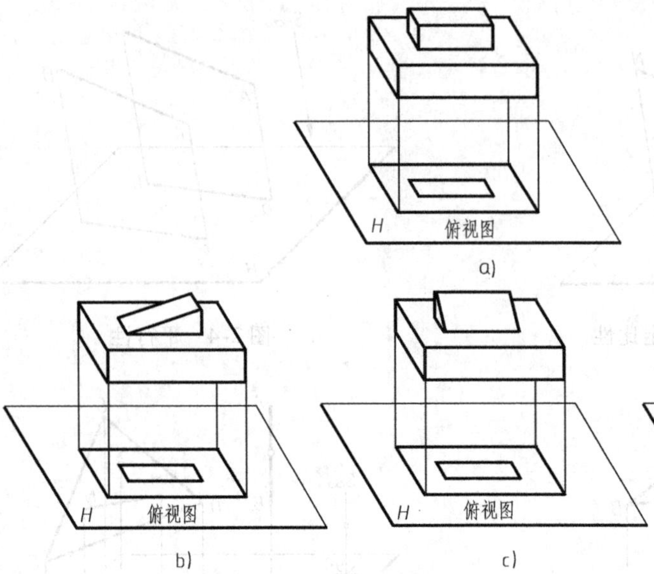

图 2-7　物体的单面投影

a）形体 A　b）形体 B　c）形体 C　d）形体 D

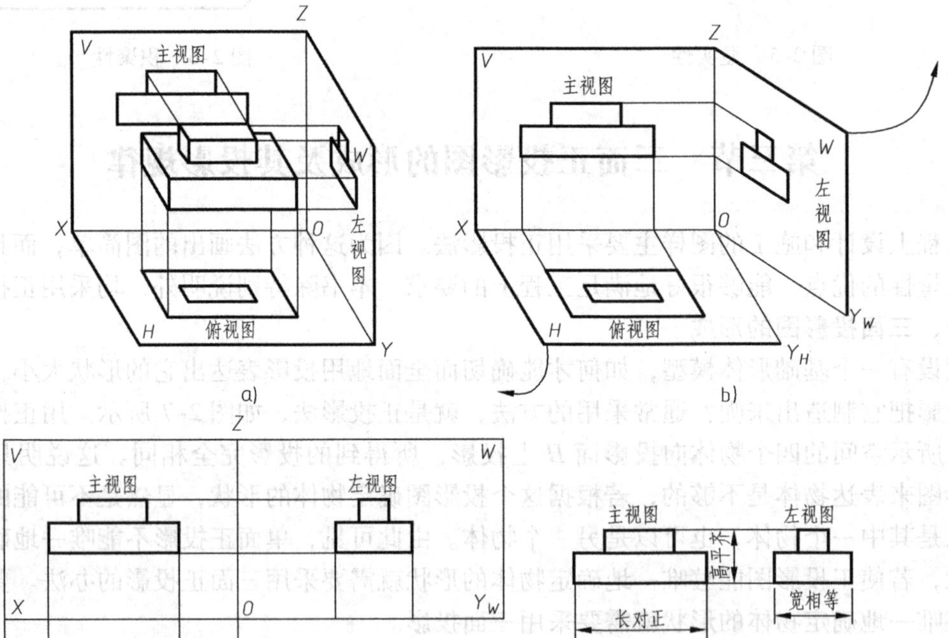

图 2-8　三面正投影的形成

a）物体在三面投影体系中的投影　b）展开三视图　c）完全展开三视图　d）三视图的投影规律

绘图带来很大的不便。

绘图时需要把三面投影体系展开，方法是：使 V 面保持不动，把 H 面绕 OX 轴向下旋转 90°，把 W 面绕 OZ 轴向右旋转 90°，如图 2-8b 所示，这样就得到了位于同一平面（展开后的平面）上的三个正投影图，这便是物体的三面投影图，如图 2-8c 所示。物体在 H、V 和 W 面上的投影，分别称为水平投影、正面投影和侧面投影。由于物体的三面投影图能够反映物体的上面、正面和侧面的形状、大小，因此根据物体的三面投影图可以唯一地确定该物体。

综上所述，三视图的形成过程可以概括如下：

1）将物体放入由 V 面、H 面、W 面组成的投影体系中，用正投影方法分别得到物体的三个投影，在 V 面上的投影称为主视图，在 H 面上的投影称为俯视图，在 W 面上的投影称为左视图。

2）拿走空间物体，保持 V 面不动，将 H 面绕 OX 轴向下旋转 90°，将 W 面绕 OZ 轴向后旋转 90°，和 V 面展平到一个平面内。

3）通常不画投影面和投影轴，根据图纸的大小调整三个视图的相对位置，即得到物体的三视图。

三、投影规律

三面投影图的位置关系为：H 面投影在 V 面投影的下方，W 面投影在 V 面投影的右方。三者关系固定，并规定一律不标注视图的名称。可以看出，在各个投影面上能反映出形体自身的上下、前后或者左右的位置关系，同时，也能从投影图上度量出形体的长度、宽度和高度。展开后的三面正投影体系的位置关系，如图 2-8d 所示，即“长对正，宽相等，高平齐”，简称为三面投影的“投影对应关系”。

第四节　工程上常用的四种投影图

在工程的建造中，由于所表达的对象不同、目的不同，对图样要求所采用的图示方法也不同。常用的投影图有四种：正投影图、轴测投影图、透视投影图、标高投影图。

1. 正投影图

图 2-9 所示是形体的正投影图。它是用平行投影的正投影法绘制的多面投影图。当平行投射线与投影面垂直，则为正投影。正投影的特性如下：

（1）显实性　当物体上的平面图形（或棱线）与投影面平行时，其投影反映实形（或实长）。

（2）积聚性　当物体上的平面图形（或棱线）与投影面垂直时，其投影积聚为一条直线（或一个点）。

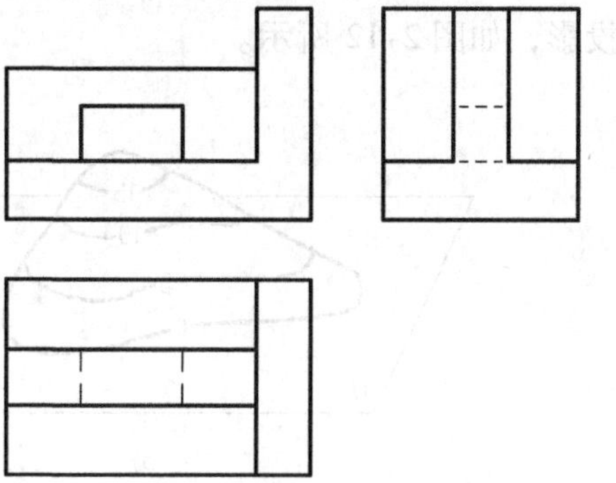
图 2-9　正投影图

（3）类似性　当物体上的平面图形（或棱线）与投影面倾斜时，其投影与原形状类似，即凹凸性、直曲性和边数类似，但平面图形变小了，线段变短了。

相对于其他投影，正投影图作图较其他图示法简便，便于度量，工程上应用最广。但正投影图缺乏立体感，直观性不强。

2. 轴测投影图

图 2-10 所示是形体的轴测投影图（也称立体图）。它是用平行投影的正投影法绘制的单面投影图。当投射线为平行线时的投影称为平行投影。当投射线与投影面倾斜时，则为斜投影，也就是轴测投影图。

轴测投影图的立体感强，非常直观。但其作图较繁琐，表面形状在图中往往失真，表现形体不全面，度量性差，只能作为工程上的辅助性图样。

3. 透视投影图

图 2-11 所示是形体的透视投影图。它是用中心投影法绘制的单面投影图。中心投影法的投射线自一点发出，物体投影的大小取决于该点到投影面的距离和物体相对于投影面的距离，当距离一定时，物体离点光源越近，投影越大。

透视投影图的图形逼真，直观性强，绘制效果生动形象。但其作图复杂，形体的尺寸不能直接在图中度量，故不能作为施工依据，仅用于建筑设计方案的比较及工艺美术和宣传广告画等。

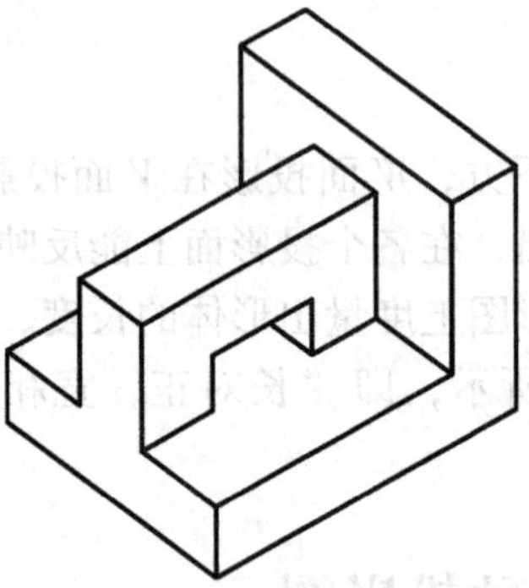

图 2-10　轴测投影图

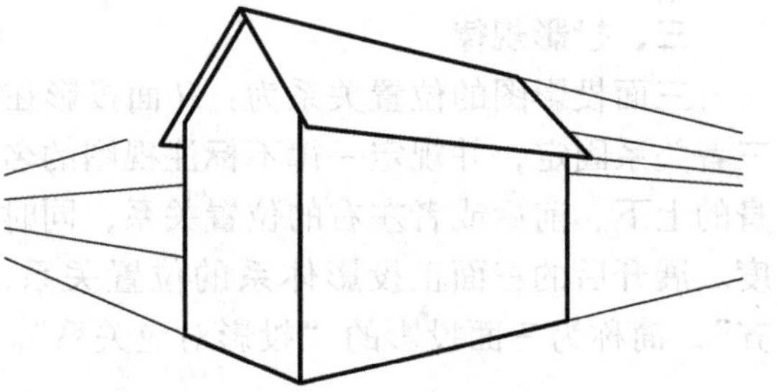

图 2-11　透视投影图

4. 标高投影图

标高投影图是在物体的水平投影上加注某些特征面、线以及控制点的高度数值的单面正投影，如图 2-12 所示。

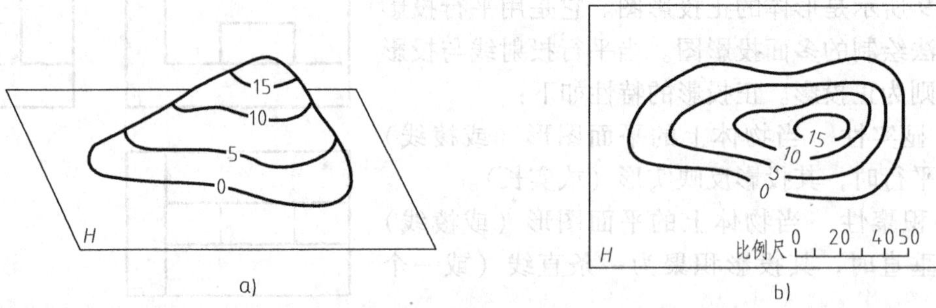

图 2-12　标高投影图

a）立体图　b）投影图

第三章 立体表面元素的投影

第一节 点的投影

任何体都是由面组成的；每个面都可以看做是线的集合；而每条线又可以看做是由无数个点组成的，所以若想作形体的投影，要先作最基本的点的投影。点是构成形体的最基本几何元素，点只有空间位置，而无大小，在画法几何里，点的空间位置是用点的投影来确定的。

一、点的单面投影

点在某一投影面上的投影，实质上是过该点向投影面所作垂足。因此，点的投影仍然是点。

如图 3-1 所示，过空间点 A 向投影面 H 作投射线，该投射线与 H 面的交点为 a，但是由点 a 却不能唯一确定空间点 A 的具体位置。在同一投射线上的所有点（如 A_1 点）的投影都在 a 处。所以说，点的单面投影不能确定点的空间位置，它需要用不同投影面上的两个或多个投影来确定。

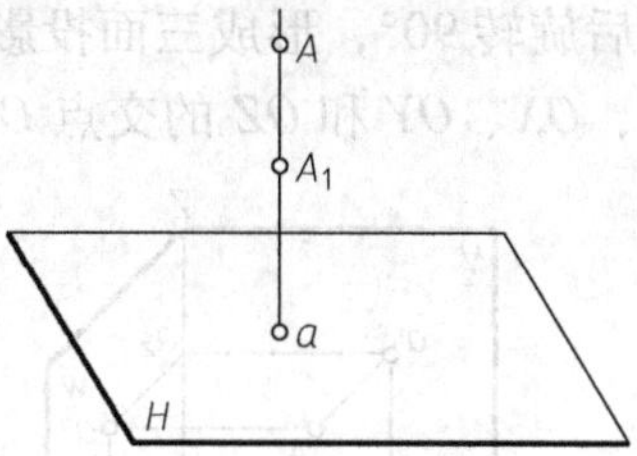

图 3-1 点的单面投影

二、点的两面投影

要确定点的空间位置需要有点的两面投影，如图 3-2 所示。

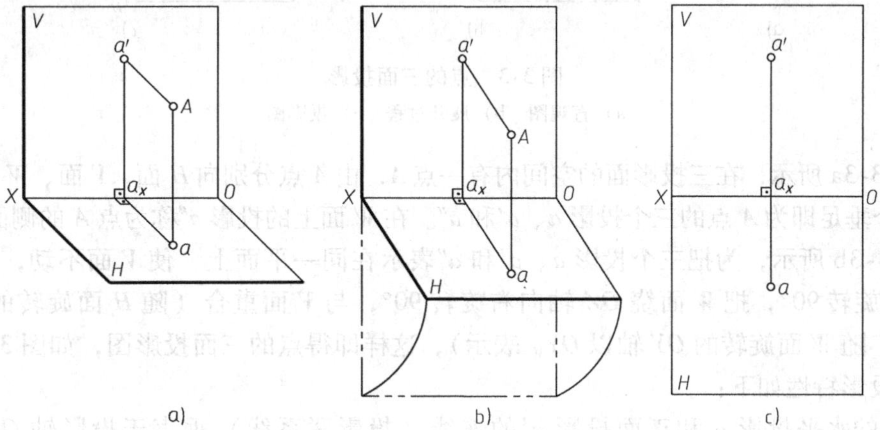

图 3-2 点的两面投影

a）直观图 b）展开过程 c）投影图

在图 3-2a 中，给出在两投影面的空间内有一点 A，由 A 点分别向 H 面和 V 面作垂线，所得的两个垂足即为 A 点的两个投影 a 和 a'。点 A 在 H 面上的投影 a，称为点 A 的水平投影；点 A 在 V 面上的投影 a'，称为点 A 的正面投影。现在假想把空间点 A 移去，再过 a 和 a'分别作 H 面和 V 面的垂线，其交点就是点 A 的空间位置。这就是说，由空间点的两个投影即可确定点的空间位置。由此可见，空间点和它的两个投影之间具有一一对应的关系。

投影 a 位于 H 面上，a'位于 V 面上。为使 a 和 a'位于同一平面内，可以把 H，V 两个平面展成一个平面。如图 3-2b 所示，使 V 面保持不动，将 H 面绕 OX 轴向下旋转 90°与 V 面重合，即得点的两面正投影图，如图 3-2c 所示，其投影特性如下：

1）点的水平投影 a 和正面投影 a'的连线（投影联系线）垂直于投影轴 OX，即 $aa' \perp OX$。

2）点的水平投影到 OX 轴的距离等于空间点到 V 面的距离，点的正面投影到 OX 轴的距离等于空间点到 H 面的距离，即 $|aa_x| = |Aa'|$，$|a'a_x| = |Aa|$。

三、点的三面投影

虽然点的两面投影已经能够确定点在空间的位置，但为表达物体特别是较复杂的物体，常常需要三面投影，因此还需要研究点的三面投影及其相互间的投影关系。

如图 3-3 所示，再设立一个与 V 面、H 面都垂直的投影面（简称侧面或 W 面），将侧面向后旋转 90°，形成三面投影。W 面与 H 面和 V 面的交线也称投影轴，分别用 OY 和 OZ 表示，OX、OY 和 OZ 的交点 O 称为原点。它的三条投影轴 OX、OY、OZ 必定互相垂直。

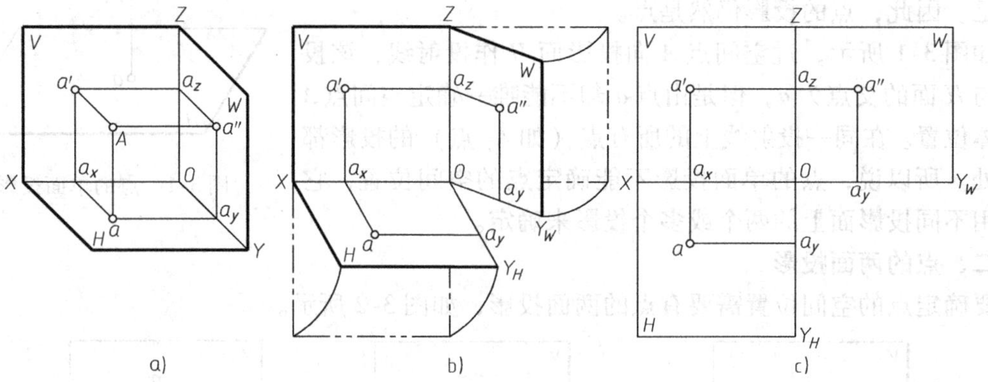

图 3-3　点的三面投影

a）直观图　b）展开过程　c）投影图

如图 3-3a 所示，在三投影面的空间内有一点 A，由 A 点分别向 H 面、V 面、W 面作垂线，所得的三个垂足即为 A 点的三个投影 a、a'和 a''。在 W 面上的投影 a''称为点 A 的侧面投影。

如图 3-3b 所示，为把三个投影 a、a'和 a''表示在同一平面上，使 V 面不动，把 H 面绕 OX 轴向下旋转 90°，把 W 面绕 OZ 轴向右旋转 90°，与 V 面重合（随 H 面旋转的 OY 轴以 OY_H 表示，随 W 面旋转的 OY 轴以 OY_W 表示），这样即得点的三面投影图，如图 3-3c 所示。点的三面投影特性如下：

1）点的水平投影 a 和正面投影 a'的连线（投影联系线）垂直于投影轴 OX，即 $aa' \perp OX$。

2）点的正面投影 a'和侧面投影 a''的连线（投影联系线）垂直于投影轴 OZ，即 $a'a'' \perp OZ$。

3）点的侧面投影 a''到 OZ 轴的距离等于点的水平投影 a 到 OX 轴的距离（都等于空间点到 V 面的距离），即 $|a''a_z| = |aa_x|$ （$= |Aa'|$）。

总之，点的投影规律和三视图的投影规律是一致的，用三视图的九字规律也可以概括点的投影规律，仍然是“长对正，高平齐，宽相等”。

【例3-1】 已知A点的立面投影a'和侧面投影a''，如图3-4a所示，求其水平投影a。

【解】 分析：根据点的投影规律，点的三面投影一定满足"长对正，宽相等，高平齐"这九字规律，自a'向下作OX轴的垂线，自a''向下作OY_W轴的垂线与45°辅助直线交于一点，过该交点作OY_H轴的垂线，与过a'竖直线交于a，a即为A点的水平投影。

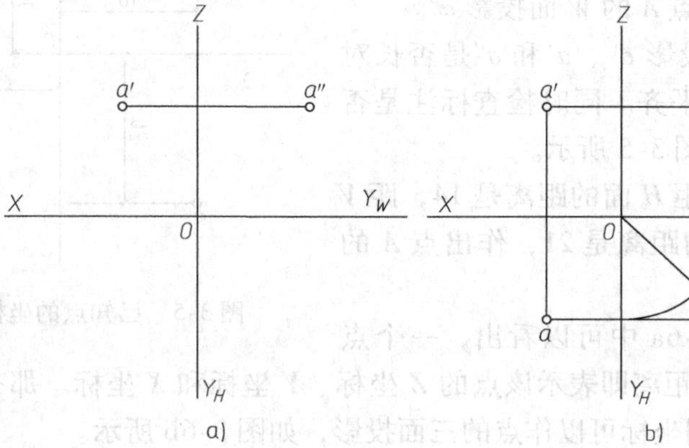

图3-4 点的"二补三"作图

a）已知 b）作图

作图步骤：

1）过站点a'作OX轴的垂线并延长，该线是为了保证点的"长对正"所作的辅助线。

2）通过原点O作该第四相位角的角平分线，即OY_W与OY_H两个轴线的角平分线。过a''向下作OY_W轴的垂线并延长与角平分线相交。

3）过步骤2）中角平分线上的交点作一直线与OX轴平行，该线其实就是为保证"宽相等"所作的辅助线。然后把该直线延长至H面上，与步骤1）中所作的"长对正"辅助线相交。

4）上述"长对正线"和"宽相等线"的交点就为所求的点A的H面投影a。

【例3-2】 点A的坐标为（18，20，15），作其三面投影。

【解】 分析：由点A的坐标可知，A的X坐标是18，A的Y坐标是20，A的Z坐标是15，可以直接从相应的OX、OY和OZ轴上量取相应的尺寸，并在对应的投影面上找到两坐标的交点，即为该点在该投影面上的投影。

作图步骤：

1）在OX轴上量取长度18，并过该坐标作一直线垂直与OX轴，那么点A的H面投影a和V面投影a'必在该直线上，并且该直线也同时保证了点A的H面投影和V面投影的长对正。

2）在OZ轴上量取高度15，并过该坐标作一直线垂直于OZ轴，那么该直线与步骤1中所作的直线在V面上相交于一点，该点即为点A的V面的投影a'。同时点A的W面投影a''也必在该直线上。

3）在OY_H轴上量取宽度20，并过该坐标作一直线垂直于OY_H轴，那么该直线与步骤1）中所作的直线在H面上相交于一点，该点即为点A的H面的投影a。

4）最后来作点A的W面投影a''。根据步骤2）中所作可知，点A的W面投影a''也必在跟a'高平齐的直线上。同时，可以在OY_W轴上也量取宽度20，并过该坐标作一直线垂直于

OY_W，该直线和点的高平齐线交于一点，这个交点就是点 A 的 W 面投影 a''。也可以不量取 OY_W 的坐标，直接用圆规量取 H 面的宽度，或者作第四相位角的角平分线，或者作45°线，利用三视图的九字规律中的“宽相等”来作点 A 的 W 面投影 a''。

5）检查点 A 的三面投影 a 、a'和 a''是否长对正，是否宽相等，是否高平齐。同时检查标注是否有误，最后完成全图，如图3-5所示。

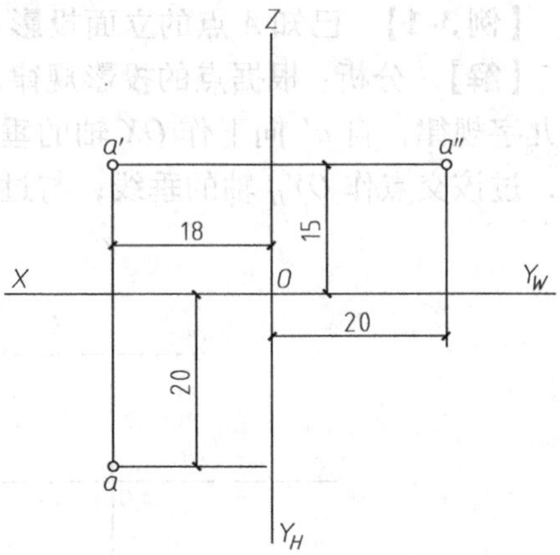

图3-5　已知点的坐标求其投影

【例3-3】 已知点 A 距 H 面的距离是14，距 V 面的距离是15，距 W 面的距离是21，作出点 A 的三面投影。

【解】 分析：从图3-6a中可以看出，一个点距离 H 面、V 面和 W 面的距离即表示该点的 Z 坐标、Y 坐标和 X 坐标。那么，点 A 的坐标即为（21，15，14），利用坐标可以作点的三面投影，如图3-6b所示。

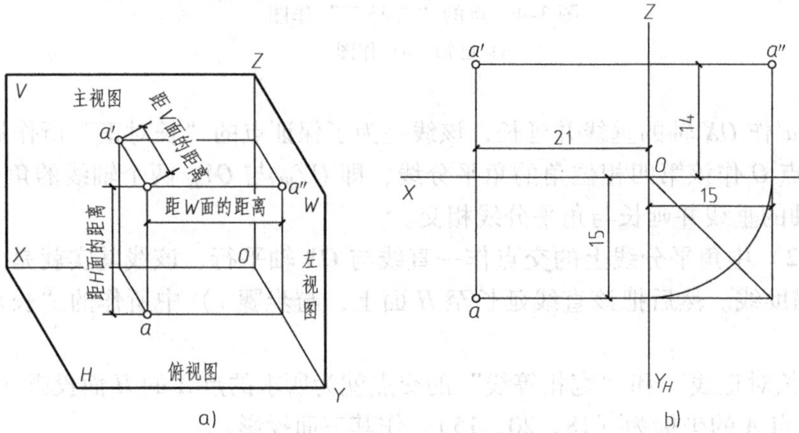

图3-6　求点的三面投影
a）直观图　b）投影图

作图步骤：

1）由分析可知，点 A 的坐标是（21，15，14），那么分别沿着 OX 轴、OY 轴和 OZ 轴量取相应的长度值、宽度值和高度值，并用直线作出来，这些直线同时也保证了点的长对正、高平齐和宽相等。

2）步骤1）中所作的长对正线、高平齐线和宽相等线在三面投影体系中两两相交，其交点就是点在各个投影面的投影。

3）把得到的这些点的投影标注出来，并注明其相应的名称 a 、a'和 a''，完成全图。

四、两点的相对位置、重影点

两点的相对位置是指两点间的左右、上下、前后的位置关系。空间中两个点的相对位置关系，一样可以在三面投影图中反映出来。

如图3-7所示，假定观察者面对 V 面，则 OX 轴的指向为左方，OY 轴的指向为前方，OZ 轴的指向为上方，于是两点间的相对位置是：

比较 X 坐标的大小，可以判定两点左右的位置关系，X 大的点在左，X 小的点在右。

比较 Y 坐标的大小，可以判定两点前后的位置关系，Y 大的点在前，Y 小的点在后。

比较 Z 坐标的大小，可以判定两点上下的位置关系，Z 大的点在上，Z 小的点在下。

根据图 3-7 中 A、B 两点的三面投影可以判断：A 点在右，B 点在左；A 点在后，B 点在前；A 点在下，B 点在上。综合所述，就可以得出：A 在 B 的“右后下”方（“右下后”、“下右后”等说法均可）。

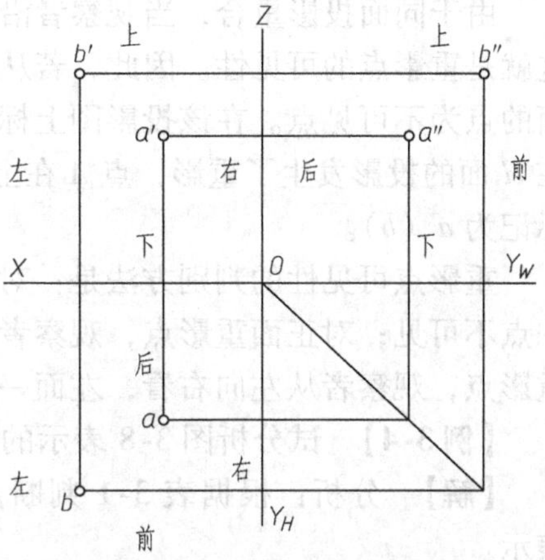

图 3-7　两点的相对位置

当两个点的某一个坐标相同时，对这两个点进行投影，就会出现在某个投影图上这两个点的投影重合在一起的现象，这种现象就叫做重影。这样一对空间点，称为对该投影面的重影点。重影点见表 3-1，其中：水平投影重合的两个点叫水平（H 面）重影点；正面投影重合的两个点叫正面（V 面）重影点；侧面投影重合的两个点叫侧面（W 面）重影点。

表 3-1　重影点

	直观图	投影图	投影特性
水平重影点	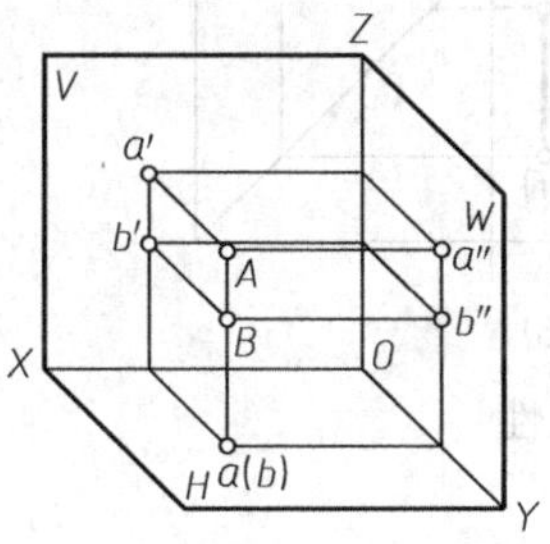	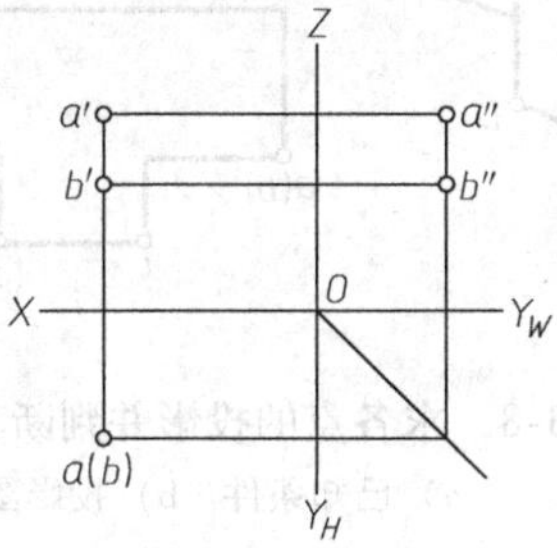	1. 正面投影和侧面投影反映两点的上下位置 2. 水平投影重合为一点，上面一点可见，下面一点不可见
正面重影点	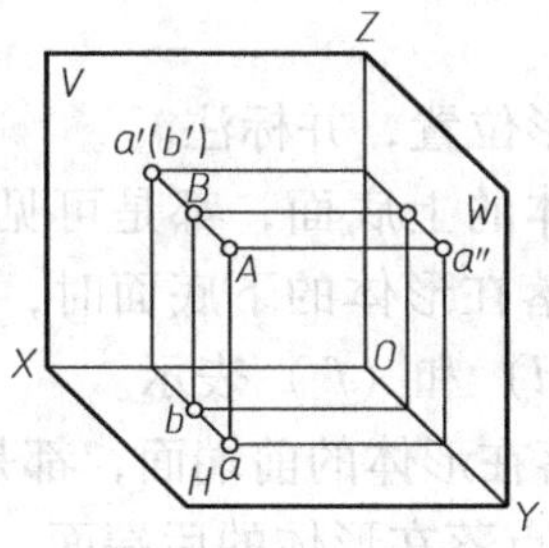	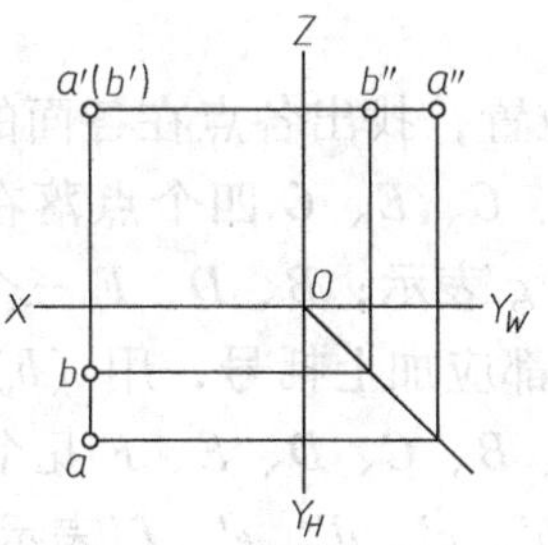	1. 水平投影和侧面投影反映两点的前后位置 2. 正面投影重合为一点，前面一点可见，后面一点不可见
侧面重影点	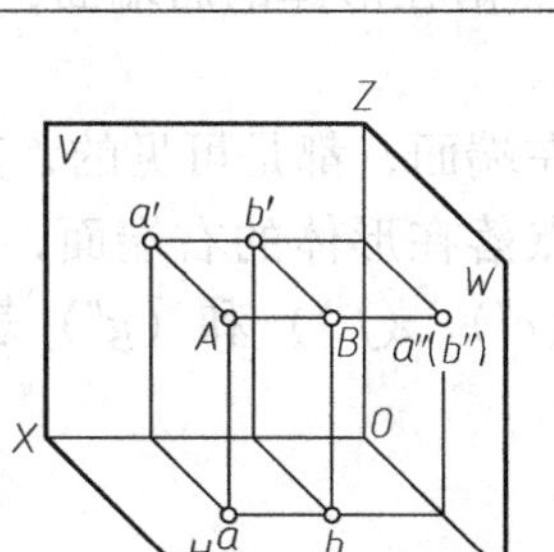	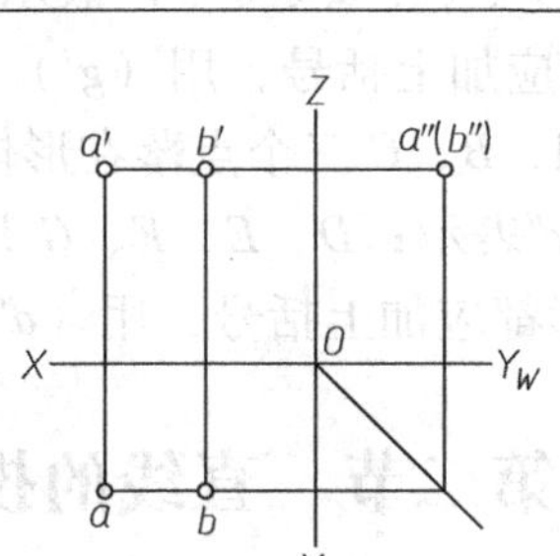	1. 水平投影和正面投影反映两点的左右位置 2. 侧面投影重合为一点，左面一点可见，右面一点不可见

由于同面投影重合，当观察者沿投射线方向观察两点时，必有一点可见，一点不可见，这就是重影点的可见性。因此，若从上往下投影时发生重影，那么上面的点就为可见点，下面的点为不可见点。在该投影图上标记时，不可见点需要加上括号进行标记。如点 A 与点 B 在 H 面的投影发生了重影，点 A 在上为可见，点 B 在下为不可见，它们在 H 面的重影点就标记为 a（b）。

重影点可见性的判别方法是：对水平重影点，观察者从上向下看，上面一点可见，下面一点不可见；对正面重影点，观察者从前向后看，前面一点可见，后面一点不可见；对侧面重影点，观察者从左向右看，左面一点可见，右面一点不可见。

【例 3-4】 试分析图 3-8 表示的空间点的位置关系，并表示出重影点的可见性。

【解】 分析：根据表 3-1 判断点的可见性，当点的投影不可见时，需要加上括号来表示。

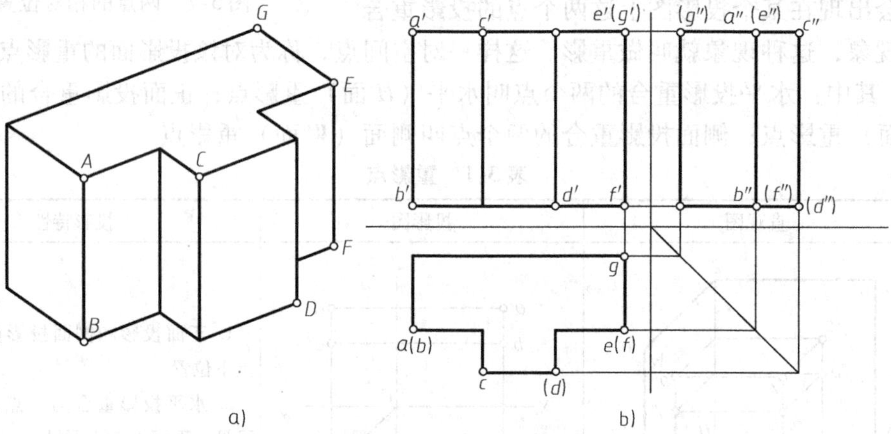

图 3-8　求各点的投影并判断其可见性

a）已知条件　b）投影图

作图步骤：

1）根据立体图中空间点的位置，找出各点在各面的投影位置，并标注。

2）H 面是从上向下投影，A、C、E、G 四个点落在形体的上底面，都是可见的，其 H 投影直接用其小写字母 a、c、e、g 表示；B、D、F 三个点落在形体的下底面时，其投影被上面的点挡住，所以其 H 面投影都应加上括号，用（b）、（d）和（f）表示。

3）V 面是从前向后投影，A、B、C、D、E、F 几个点落在形体的前端面，都是可见的，其 V 投影直接用其小写字母 a'、b'、c'、d'、e'、f'表示；G 点落在形体的后端面，其投影被前面的点挡住，所以其 V 面投影应加上括号，用（g'）表示。

4）W 面是从左向右投影，A、B、C 三个点落在形体的左端面，都是可见的，其 W 投影直接用其小写字母表示 a''、b''、c''表示；D、E、F、G 几个点落在形体的右端面，其投影被左面的点挡住，所以其 W 面投影都应加上括号，用（d''）、（e''）、（f''）和（g''）表示。

第二节　直线的投影

从几何学知道，直线的长度是无限长的，本书所指的直线是线段。

直线的投影，实质上是过该直线的投射面与投影面垂直相交的交线，所以直线的投影还是直线（特殊情况除外），如图 3-9a 所示。

两点决定一直线，所以作直线段的投影，只要分别作出直线段两端点的三面投影，然后再分别把过两点在同一投影面上点的投影（以下简称同面投影）连接起来，即得直线的投影，如图 3-9b 所示。

根据直线与投影面的相对位置，可把直线分为一般位置直线和特殊位置直线。

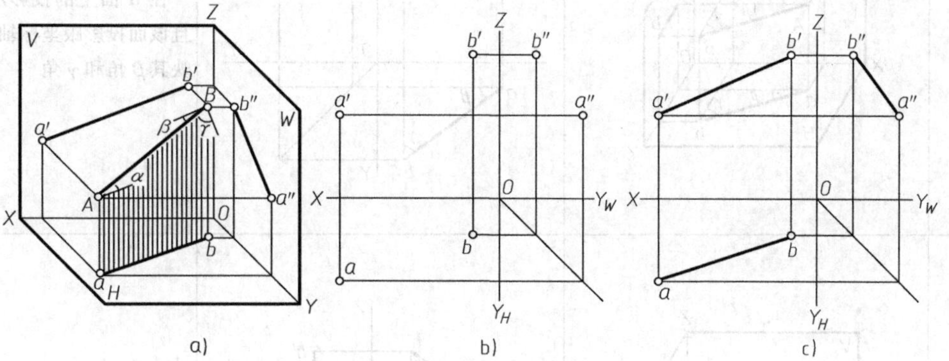

图 3-9　一般位置直线的投影
a）直观图　b）作图过程　c）投影图

一、一般位置直线

1. 空间位置

一般位置直线是对三个投影面既不垂直也不平行的直线，投影长度小于直线的长度，且倾斜于投影轴。

如图 3-9a 所示，一般位置直线对投影面的倾角 α、β、γ 分别表示直线 AB 与 H 面、V 面、W 面的倾角，则直线 AB 的三面投影长度与倾角的关系为

$$ab = AB\cos\alpha，a'b' = AB\cos\beta，a''b'' = AB\cos\gamma$$

2. 投影特性

投影面倾斜线投影既不反映实长，也不反映倾角实形，不具有特殊的性质。

3. 判定方法

只要某条直线在两个投影面上的投影与投影轴（坐标轴）倾斜，那么就可以判断该直线必是一般位置直线，不用再看第三个面的投影。

二、特殊位置直线

只与某一个投影面平行或垂直的直线叫特殊位置直线，它包括投影面平行线和投影面垂直线两种。

（一）投影面平行线

1. 空间位置

平行于某个投影面，同时倾斜于另外两个投影面的直线，统称为投影面的平行线。按所平行的投影面不同它又可分为三种（表 3-2）：水平线——平行于 H 面，并与 V 面、W 面倾斜的直线；正平线——平行于 V 面，并与 H 面、W 面倾斜的直线；侧平线——平行于 W 面，并与 H 面、V 面倾斜的直线。

表 3-2　投影面的平行线

<table>
<tr><th></th><th>空间位置</th><th>投影特点</th><th>读图</th></tr>
<tr><td>水平线</td><td>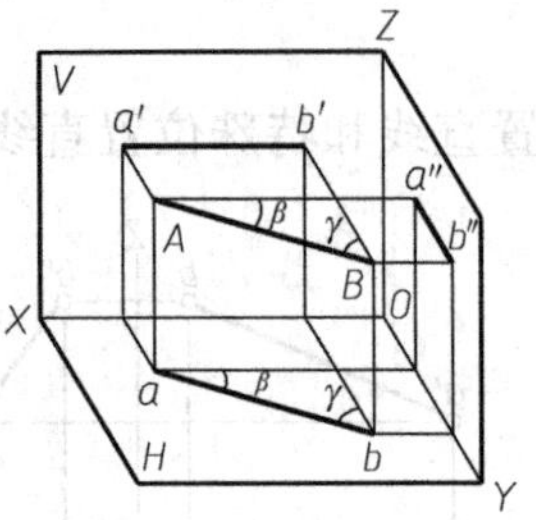
</td><td>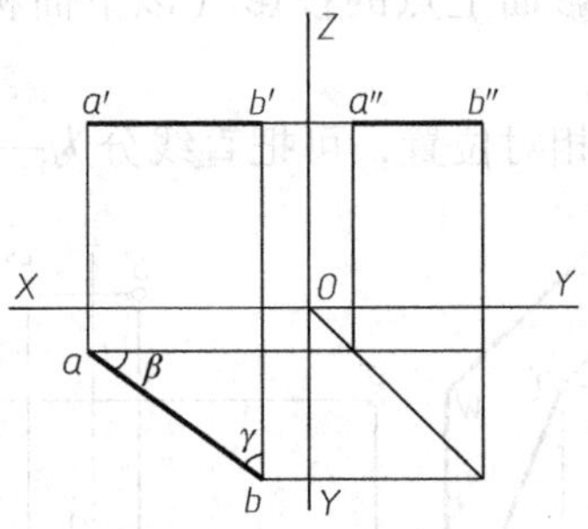
</td><td>在 H 面上的投影反映实长，且该面投影跟坐标轴的夹角反映其 β 角和 γ 角</td></tr>
<tr><td>正平线</td><td>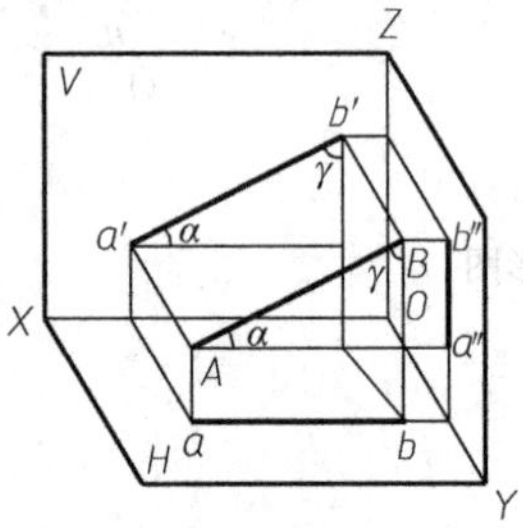
</td><td>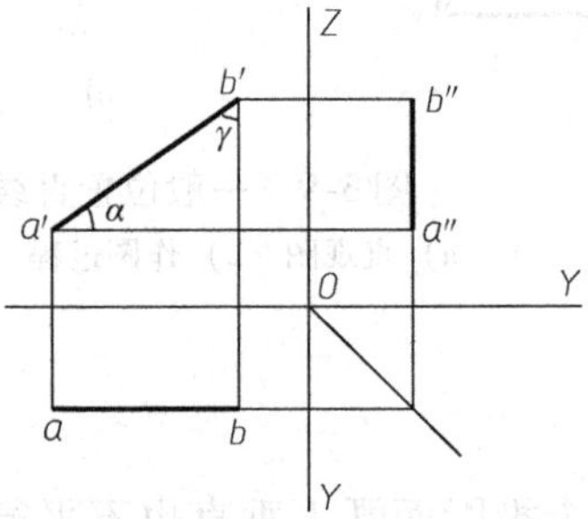
</td><td>在 V 面上的投影反映实长，且该面投影跟坐标轴的夹角反映其 α 角和 γ 角</td></tr>
<tr><td>侧平线</td><td>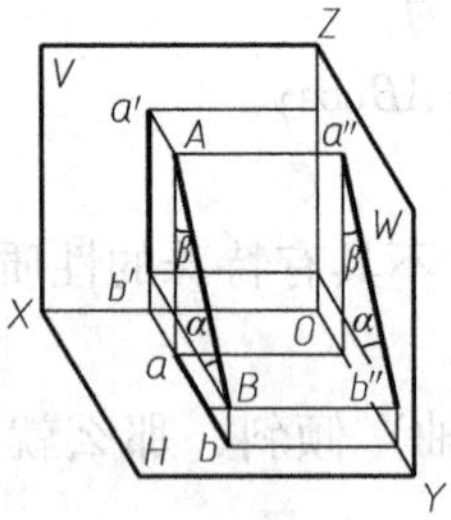
</td><td>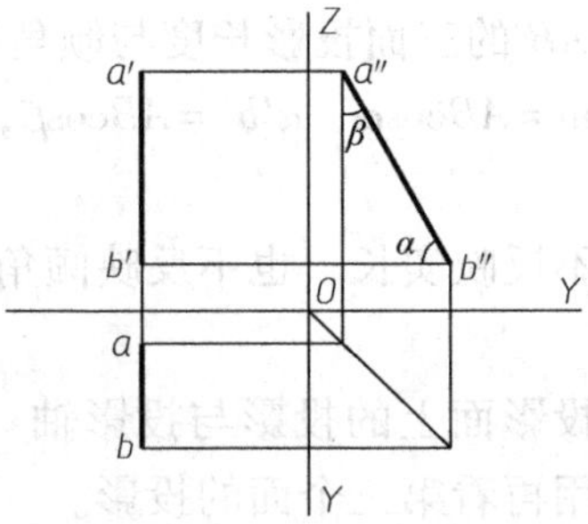
</td><td>在 W 面上的投影反映实长，且该面投影跟坐标轴的夹角反映其 α 角和 β 角</td></tr>
</table>

2. 投影特性

1）直线在所平行的投影面上的投影反映实长，并且它与两投影轴的夹角就是直线与相应投影面的倾角。

2）直线在另外两个投影面的投影都小于空间线段的实长，并且平行于相应的投影轴。

3. 判定方法

在读三视图时，只要看到某个线的在一个投影面上的投影平行于投影轴（坐标轴），同时在另外一个投影面上的投影不平行于投影轴，那么就可以判断该直线必是投影面平行线，不用再看第三个面的投影。

（二）投影面垂直线

1. 空间位置

只与一个投影面垂直（必然与另外两个投影面平行）的直线称为投影面垂直线。与 H 面垂直的直线称为铅垂线，与 V 面垂直的直线称为正垂线，与 W 面垂直的直线称为侧垂线，表 3-3 列出了这三种直线的直观图和三面投影图。

表 3-3　投影面的垂直线

	空间位置	投影特点	读图
铅垂线	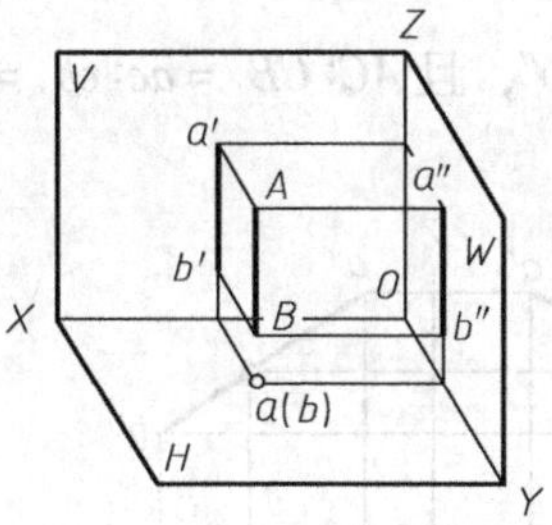	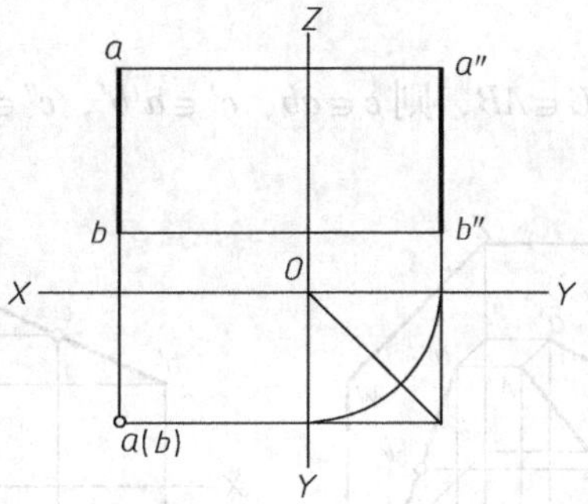	在 H 面上的投影积聚成了一个点，在 V 面和 W 面上的投影反映实长
侧垂线	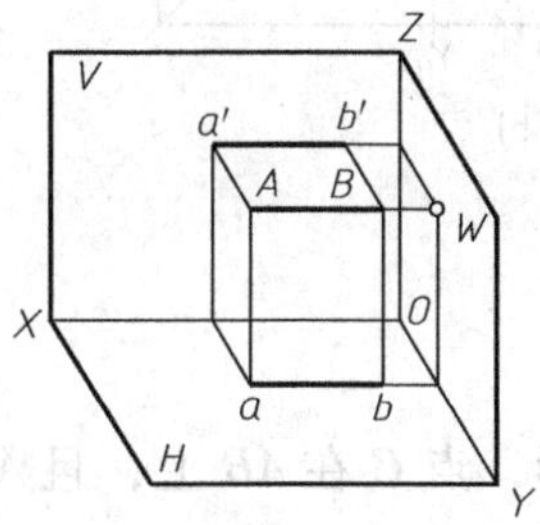	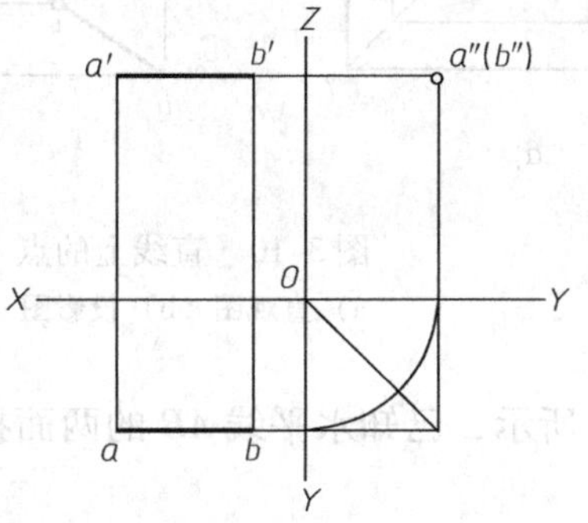	在 W 面上的投影积聚成了一个点，在 H 面和 V 面上的投影反映实长
正垂线	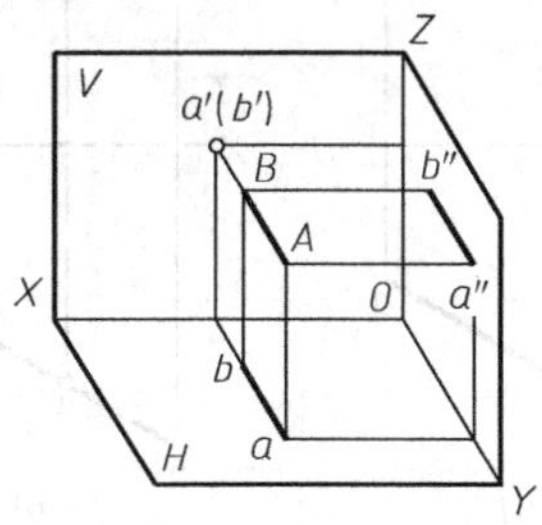	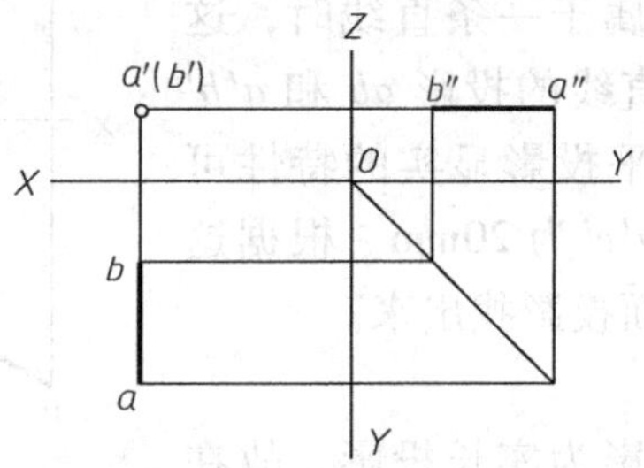	在 V 面上的投影积聚成了一个点，在 H 面和 W 面上的投影反映实长

2. 投影特性

1）直线在其垂直的投影面上的投影，积聚为一点（积聚性）。

2）直线的其他两个投影均垂直于相应的投影轴，且反映线段的实长（显实性）。

3. 判定方法

在读三视图时，只要看到某个线的在一个投影面上的投影积聚成了一个点，那么就可以判断该直线必是投影面垂直线。

三、直线上的点

点在直线上，即点属于直线。直线上点的投影，必落在该直线的同面投影上，且直线上两线段长度之比，等于它们的投影长度之比，有这样几个特性：

（1）从属性　直线上的点，其投影仍在该直线的投影上。

（2）定比性　直线上的点分直线所成的比例，跟该点的投影分直线投影所成的比例一样。

如图3-10所示，如果 $C\in AB$，则 $c\in ab$，$c'\in a'b'$，$c''\in a''b''$，且 $AC:CB=ac:cb=a'c':c'b'=a''c'':c''b''$。

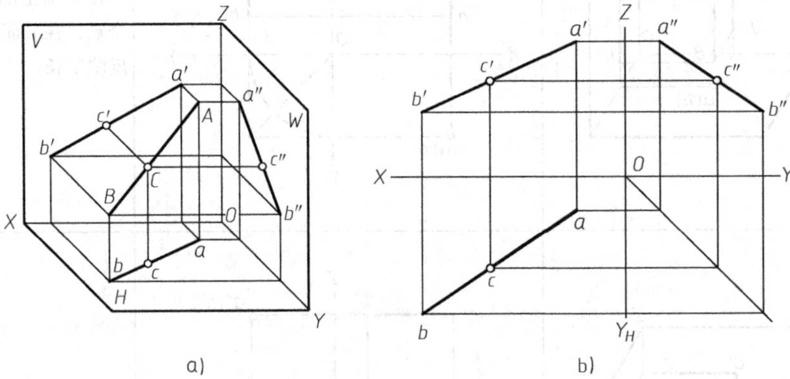

图3-10　直线上的点

a）直观图　b）投影图

【例3-5】　如图3-11所示，已知水平线 AB 的两面投影，点 C 在 AB 上，且 $AC=20\text{mm}$，求 C 点的两面投影。

【解】　分析：这一题用到直线的投影特性中的从属性和水平线水平投影显实的特性。由从属性可知，当一个点 C 属于一条直线时，这个点的投影 c 和 c' 也在该直线的投影 ab 和 $a'b'$ 上。此外，根据水平线水平投影显实的特性可以知道，点 AC 水平投影 $a'c'$ 为 20mm。根据这两个特性就可以把点的两面投影找出来。

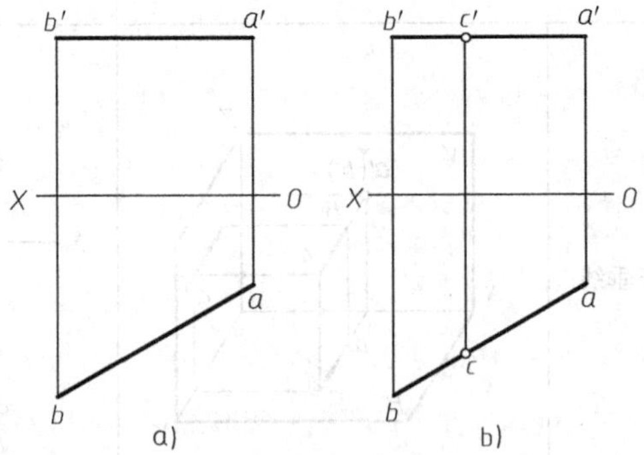

图3-11　在水平线上定点

a）已知　b）作图

作图步骤：

1）水平线 AB 水平投影为实长投影，故在截取 $ac=20\text{mm}$，得 c 点。

2）自 c 点向上引对正线，在直线的正面投影 $a'b'$ 上确定出 c' 点。

【例 3-6】 如图 3-12 所示，已知点 C 在侧平线 AB 上，试根据水平投影 c 求正面投影 c'。

【解】 分析：利用直线的投影特性中的从属性和定比性。

作图步骤：

1）在 V 面投影上，从侧平线 AB 的立面投影任意一端 a' 引出一条直线，该直线的角度是任意的，截取与 AB 水平投影 ab 相同长度，确定 b。

2）用圆规或者分规在 a' 端沿步骤 1）中所作的直线截取 ac 长度即可，确定 c。

3）在立面投影上，连接 $b'b$，过 c 作 $b'b$ 的平行线，与 $a'b'$ 的交点即为 C 的 V 面投影 c'。

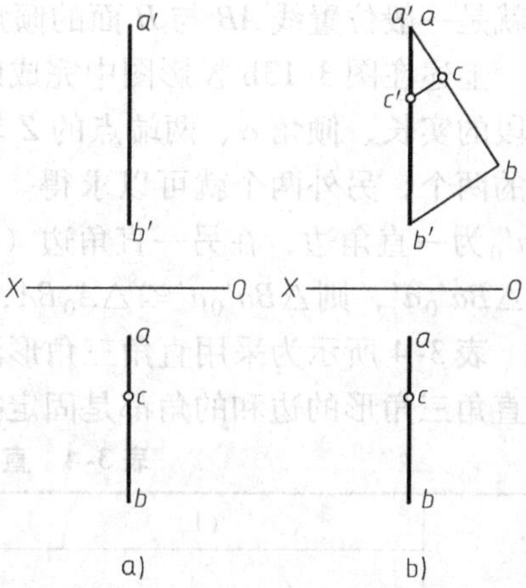

图 3-12　在侧平线上定点

a）已知　b）作图

四、线段的实长与倾角

一般位置直线的投影均不反映实长，且投影与投影轴的夹角也不反映直线与投影面的倾角。这给工程实践带来极大不便，但是可以利用投影图通过一定的方法来解决这一问题，即通常所说的直角三角形法，直角三角形法的作图原理如下：

如图 3-13a 所示，过线段的端点 B 作水平投影 ab 的平行线，交 Aa 于点 A_0，则 $\triangle AA_0B$ 是一个直角三角形。在这个三角形中，已知条件是 $\angle AA_0B$ 是直角，要求解的是斜边 AB 的实长（实长通常用 $|AB|$ 表示），以及 AB 对 H 面的倾角 α，在图中就是 $\angle A_0BA$。

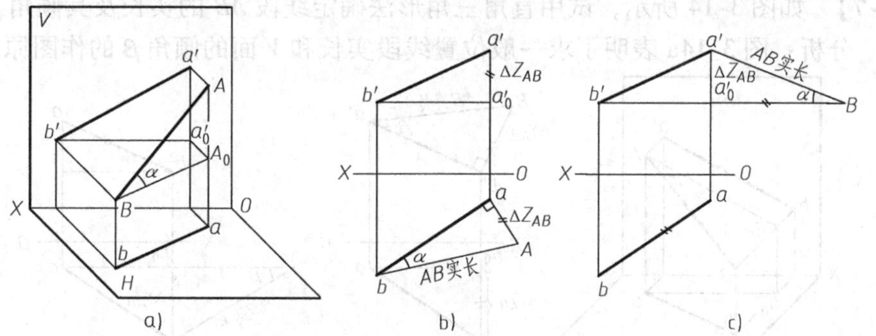

图 3-13　求线段的实长和 α 角

a）直观图　b）作图（方法 1）　c）作图（方法 2）

在此三角形中，直角边 A_0B 等于水平投影 ab，直角边 AA_0 等于线段两端点的 Z 坐标差（$AA_0 = Aa - Bb = Z_A - Z_B = \Delta Z_{AB}$），斜边 AB 即是线段的实长，而 $\angle ABA_0$ 等于线段与投影面 H 的倾角 α。

根据直观图的分析，可以利用它所表明的直角三角形中线段的实长、倾角、两端点坐标差和投影之间的关系，完成图 3-13b 所示投影图上的求实长和 α 角的几何作图，具体作法就是：

1）以水平投影 ab 为一直角边，以点 a 或点 b 为一个顶点作直角 t，确定另一个直角边的方向。图 3-13b 中自 a 点作与 ab 垂直的线段，截取 $Aa = a'a'_0$（ΔZ_{AB}）。

2）连接 Ab，作直角 $\triangle abA$，则 $\triangle abA \cong \triangle A_0BA$，斜边 Ab 等于线段实长 AB，A_a 所对的

角就是一般位置线 AB 与 H 面的倾角 α。

上述在图 3-13b 投影图中完成的几何作图方法就是直角三角形法。在直角三角形中，有线段的实长、倾角 α、两端点的 Z 轴坐标差 ΔZ_{AB}、水平投影 ab 四个几何要素，只要知道其中的两个，另外两个就可以求得。这样完成的几何作图也可以按图 3-13c 所示来完成：以 $a'a'_0$ 为一直角边，在另一直角边（即 $b'a'_0$ 的延长线上）截取 a'_0B 等于水平投影 ab，作直角 $\triangle Ba'_0a'$，则 $\triangle Ba'_0a' \cong \triangle A_0BA$，斜边 $a'B = AB$ 实长，$\angle a'Ba'_0 = \angle\alpha$。

表 3-4 所示为采用直角三角形法求一般位置线实长和倾角，以便应用。要注意的是，每个直角三角形的边和的角都是固定搭配的，不能相互混淆。

表 3-4　直角三角形法求一般位置线实长和倾角

	(1)	(2)	(3)
直角三角形法	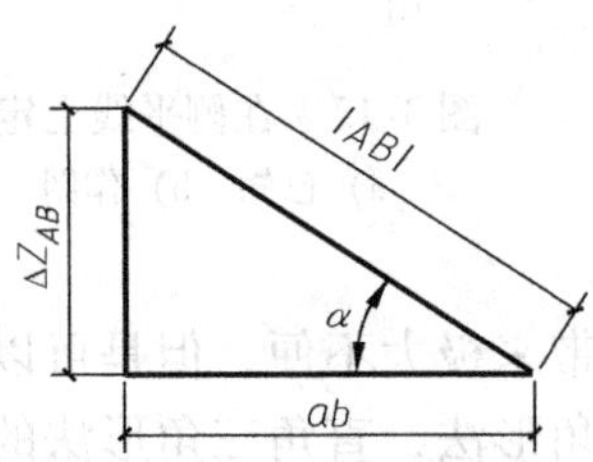	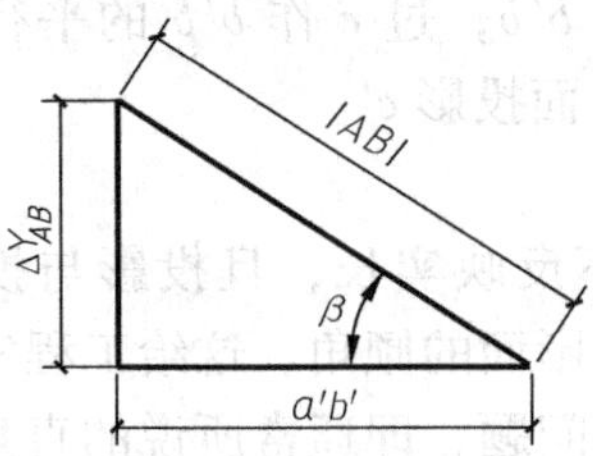	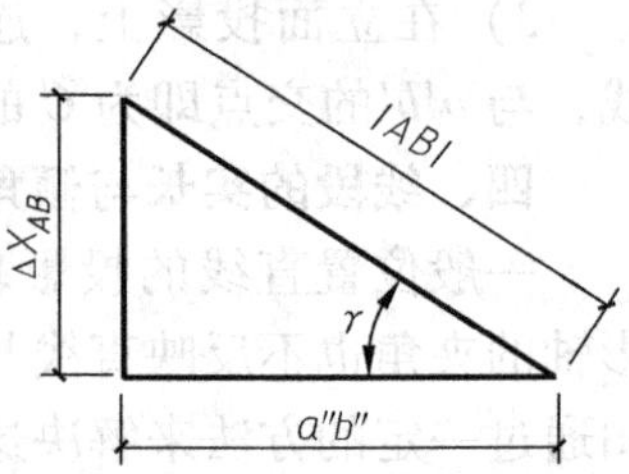
备注	ab 和 ΔZ_{AB} 为两直角边边长	$a'b'$ 和 ΔY_{AB} 为两直角边边长	$a''b''$ 和 ΔX_{AB} 为两直角边边长
	AB 的实长为斜边边长	AB 的实长为斜边边长	AB 的实长为斜边边长
	ΔZ_{AB} 所对应的角即为 α	ΔY_{AB} 所对应的角即为 β	ΔX_{AB} 所对应的角即为 γ

【例 3-7】 如图 3-14 所示，试用直角三角形法确定线段 AB 的实长及其倾角 β。

【解】 分析：图 3-14a 表明了求一般位置线段实长和 V 面的倾角 β 的作图原理。

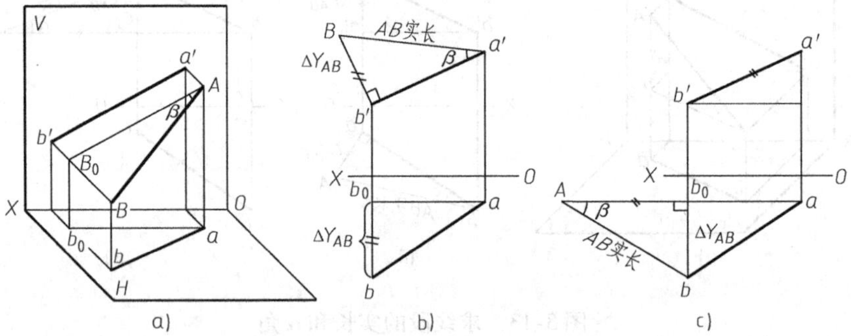

图 3-14　求线段的实长和 β 角

a）直观图　b）作图（方法 1）　c）作图（方法 2）

作图步骤：

1）如图 3-14b 所示，在 V 面上过点 b' 作一条垂直于 $a'b'$ 的直线，正面投影为一直角边，以两端点的 Y 坐标差（ΔY_{AB}）为另一直角边，作直角三角形。

2）三角形的斜边等于线段的实长，斜边与正面投影的夹角等于直线与 V 面的倾角 β。也可以按照图 3-14c 作图。

【例 3-8】 如图 3-15a 所示，已知直线 AB 的正面投影 $a'b'$，A 点的水平投影 a，直线对 H 面的倾角 $\alpha = 30°$，求直线的水平投影。

【解】作图步骤：

1）在正面投影上自 a' 点引 OX 轴平行线，与投影联系线相交于 b'_0，则 $b'b'_0$ 为线段两端点的 Z 坐标差（ΔZ_{AB}）。

2）自 b' 点引与水平方向夹角 30°的斜线，与 $a'b'_0$ 的延长线交于 A 点，则 $\angle A=\angle\beta=30°$，$Ab'_0=ab$。

3）在水平投影上以 a 点为圆心，以 Ab'_0 为半径画弧，与投影联系线相交于 b 和 b_1。

4）连 ab 和 ab_1，即为所求的水平投影（此题有两解）。

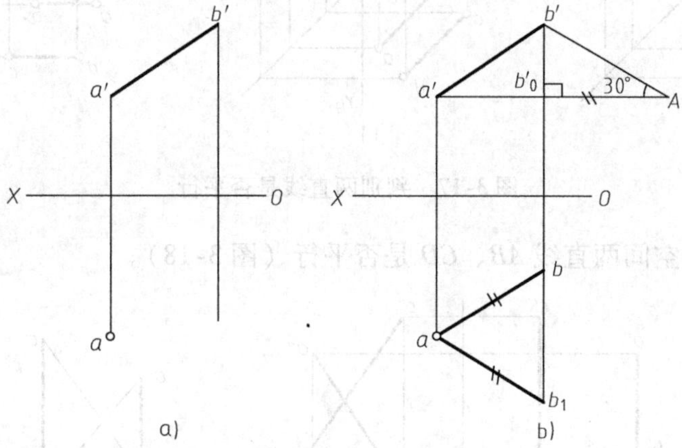

图 3-15 作线段的水平投影

a）已知 b）作图

五、两直线的相对位置

空间两直线的相对位置有三种情况：平行、相交和交错，其中，平行、相交两直线为同面投影，而交错两直线为异面两直线。

（一）两直线平行

（1）空间位置 空间两直线相互平行，如图 3-16 所示。

（2）投影特性 因为两条平行的直线，向同一投影面投影时，构成两个相互平行的投影平面，所以与投影面的交线也必互相平行，即 $AB/\!/CD$，则 $ab/\!/cd$、$a'b'/\!/c'd'$、$a''b''/\!/c''d''$。

（3）判别方法 对两条一般位置直线来说，在投影图上，只要有任意两个同面投影相互平行，就可判定这两条直线在空间一定平行。

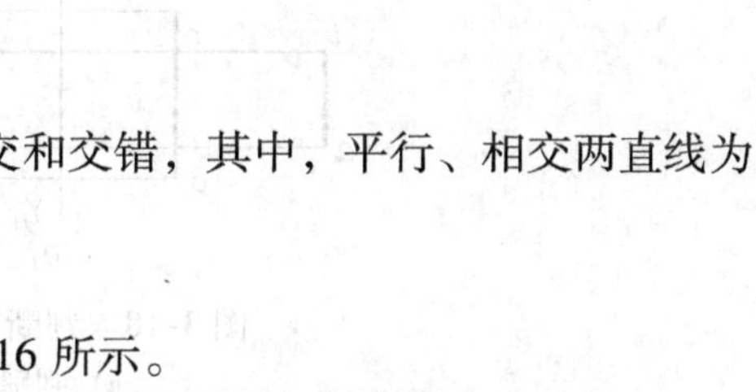

图 3-16 平行两直线投影

特殊直线的投影不能以此作为判断两直线平行的依据，如图 3-17a 所示的两条侧平线 AB、CD，它们在正面图和水平面图的投影都相互平行，即 $a'b'/\!/c'd'$、$ab/\!/cd$，但不能由此断定 $AB/\!/CD$，应从直线在所平行的投影面上的投影来判定是否平行，具体方法参照例 3-9。

值得注意的是，如果互相平行的两直线垂直于同一投影面，则它们的两组投影互相平行于相应的投影轴，而在两直线与之垂直的投影面上的投影积聚为两点，两点之间的距离反映两直线在空间的真实距离。

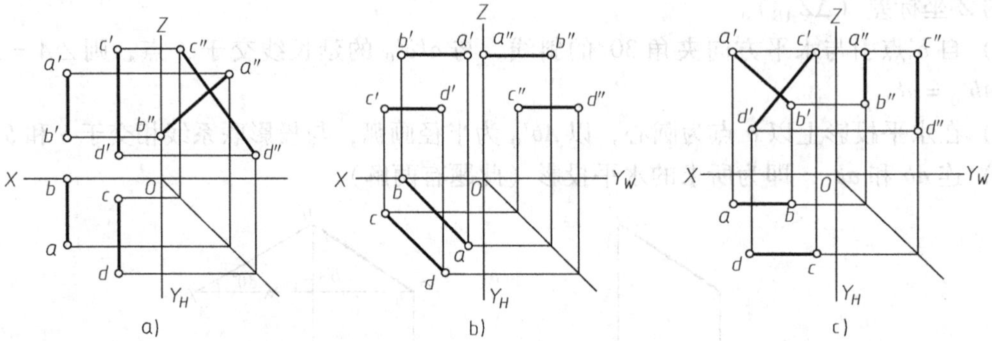

图 3-17　判别两直线是否平行

【例 3-9】 判断空间两直线 *AB*、*CD* 是否平行（图 3-18）。

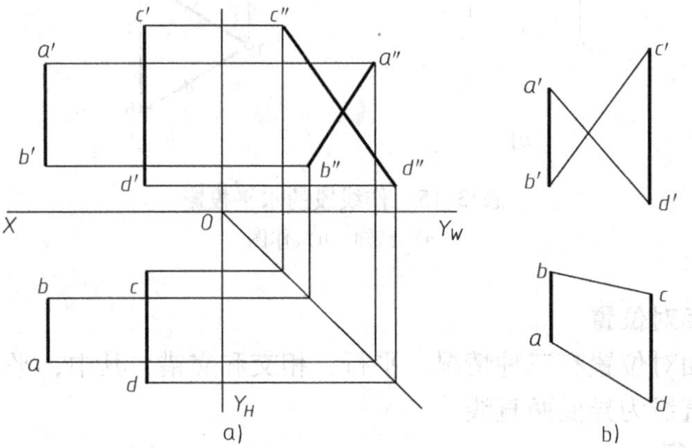

图 3-18　判断直线 *AB* 是否平行于直线 *CD*

a）判别方法 1　b）判别方法 2

【解】 **作图步骤**：根据已知投影判断空间两直线 *AB*、*CD* 为侧平线。如图 3-18a 所示，利用第三面投影进行判定，第三面投影不平行，得出结论是空间两直线不平行；还可以利用同面投影的特性，找出两直线的交点，看交点是否符合点的投影特性，无交点或产生的交点不符合投影特性，结论是相同的，如图 3-18b 所示。

（二）两直线相交

（1）空间位置　空间两直线相交于交点，如图 3-19a 所示。

（2）投影特性　两直线的同面投影必相交，且交点符合点的投影特性，如图 3-19b 所示。

（3）判别方法　一般情况下，只要有任意两个同面投影交点的连线垂直于相应的投影轴，就可判定这两条直线在空间一定相交，如图 3-19b 所示。

值得注意的是，如果两直线中有一条直线平行于某一投影面时，如图 3-20a 所示，*AB* 为一般位置直线，*CD* 为侧平线，在此种情况下，仅凭其水平投影和正面投影尚不能判定两直线是否相交，一般判定方法有两种：

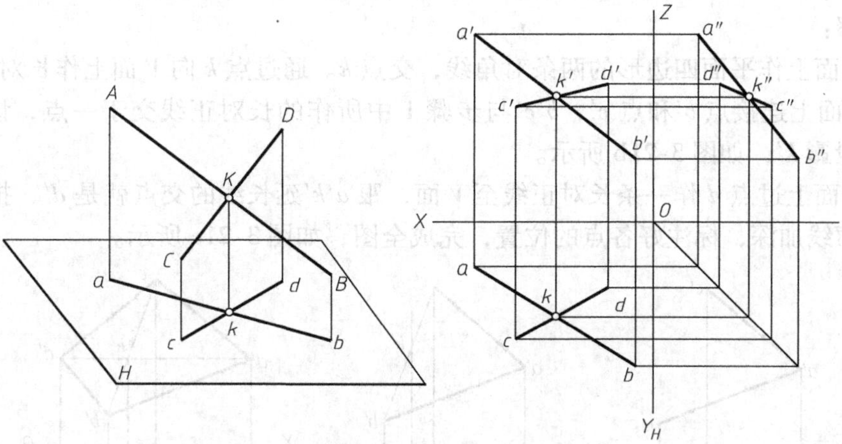

图 3-19　相交两直线的投影

a）直观图　b）投影图

（1）方法 1　利用第三面投影进行判定。如果第三面投影也相交，投影的交点符合投影规律，则两直线是相交的，否则不相交。从图 3-20b 上可以看出，两直线正面投影的交点和其侧面投影的交点连线不垂直于 OZ 轴，故 AB 和 CD 两直线不相交。

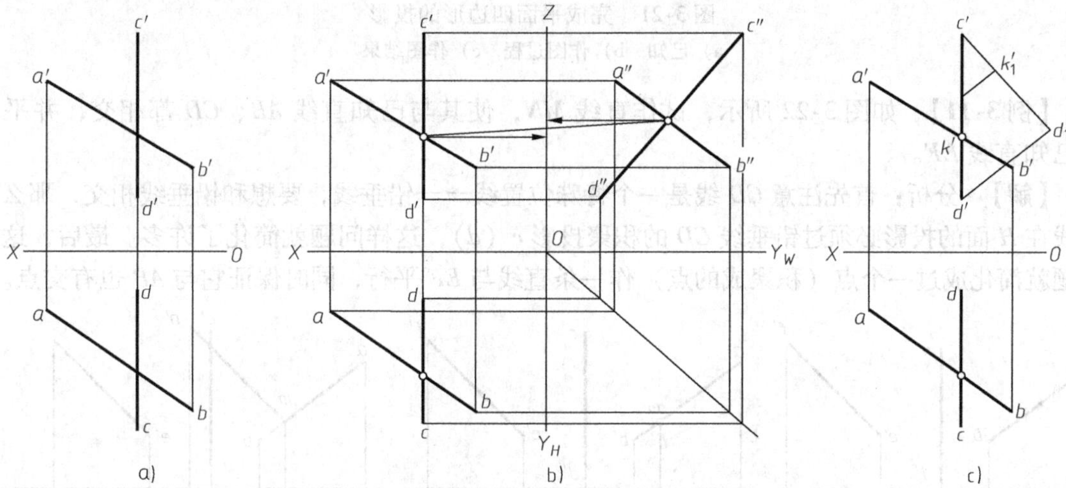

图 3-20　判别两直线是否相交

a）已知　b）方法 1　c）方法 2

（2）方法 2　利用直线上点的定比性进行判定。如图 3-20c 所示，假定 AB 与 CD 相交于点 K，则 $ck:kd$ 应等于 $c'k':k'd'$。可以在正面投影上过点 c' 任作一直线段，取 $c'k_1'=ck$，$k_1'd_1'=kd$；连接 $d_1'd'$，过 k_1' 作 $d_1'd'$ 的平行线，它与 $c'd'$ 的交点不是点 k'。说明 $ck:kd\neq c'k':k'd'$。由此也可判定直线 AB 和 CD 不相交。

【例 3-10】　如图 3-21a 所示，已知平面四边形 $ABCD$ 的 H 面投影及 V 面的部分投影，试完成该平面四边形 $ABCD$ 的 V 面投影。

【解】　分析：由已知条件可知，$ABCD$ 是一个平面图形，该平面四边形对角线即为交线，可以用交点投影特征完成平面四边形 $ABCD$ 的 V 面投影。

作图步骤：

1）在 H 面上作平面四边形的两条对角线，交点 k。通过点 k 向 V 面上作长对正线。

2）在 V 面上连接点 b'和点 c'，$b'c'$与步骤 1 中所作的长对正线交于一点，该点就是 K 点在 V 面的投影 k'，如图 3-21b 所示。

3）在 H 面上过点 d 作一条长对正线至 V 面，跟 $a'k'$延长线的交点就是 d'，把平面四边形投影的轮廓线加深，标注好各点的位置，完成全图，如图 3-21c 所示。

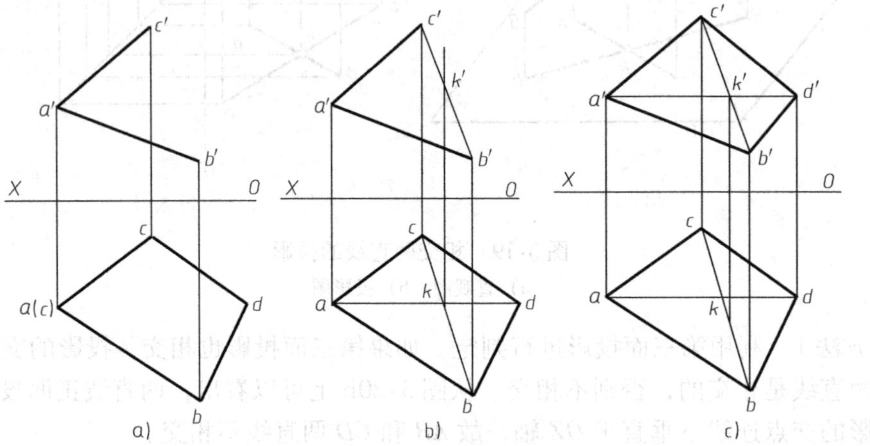

图 3-21　完成平面四边形的投影

a）已知　b）作图过程　c）作图结果

【例 3-11】 如图 3-22 所示，试作直线 MN，使其与已知直线 AB、CD 都相交，并平行于已知直线 EF。

【解】 分析：首先注意 CD 线是一个特殊位置线——铅垂线，要想和铅垂线相交，那么该直线在 H 面的投影必须过铅垂线 CD 的积聚投影 c（d），这样问题就简化了许多。最后，这个问题就简化成过一个点（积聚成的点）作一条直线与 EF 平行，同时保证它与 AB 也有交点。

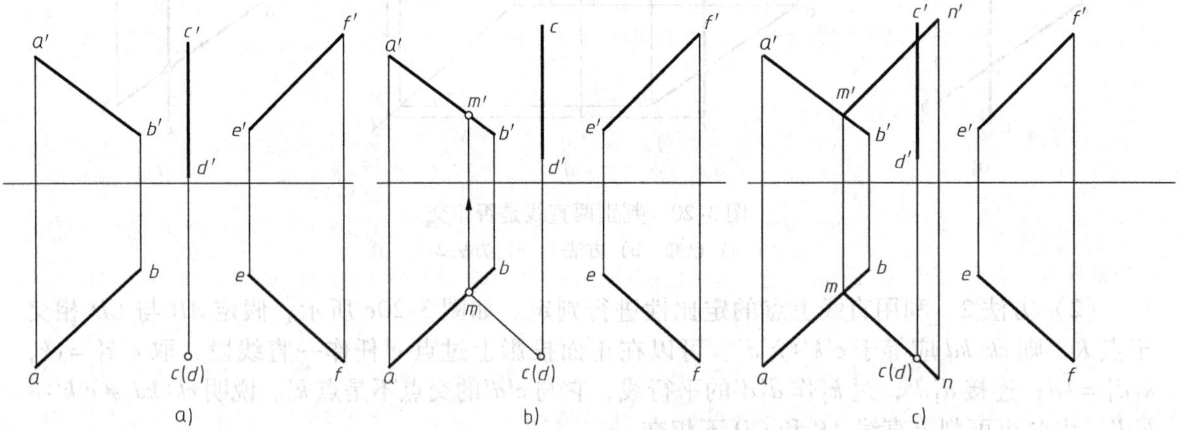

图 3-22　根据已知条件作直线

a）已知　b）作图过程　c）作图结果

作图步骤：

1）在 H 面上过积聚投影 $c(d)$ 作一直线平行于 ef，并让该直线与 ab 相交，交点为 m。

2）过点 m 作一条长对正线至 $a'b'$，作出点 m 的 V 面投影 m'。

3）在 V 面上过点 m' 作一条直线 $m'n'$ 平行于 $e'f'$，并交铅垂线 CD 的 V 面投影 $c'd'$ 于一点。这样，所作的直线 MN 就是要求的直线。把 MN 的两面投影加深轮廓线，并且保证其两面投影相互对正，完成全图。

（三）两直线交错

（1）空间位置　空间两直线既不平行，也不相交，称为交错直线，如图 3-23 所示。

（2）投影特性

1）交错两直线的投影可能会有一组或两组互相平行，但是交错两直线的三组同面投影决不会同时平行。一般情况下，在两个投影面上的两组直线投影互相平行，则空间两直线一定平行，如直线为投影面平行线，则一定要检查所平行投影面上的投影是否平行，如图3-23b、c 所示。

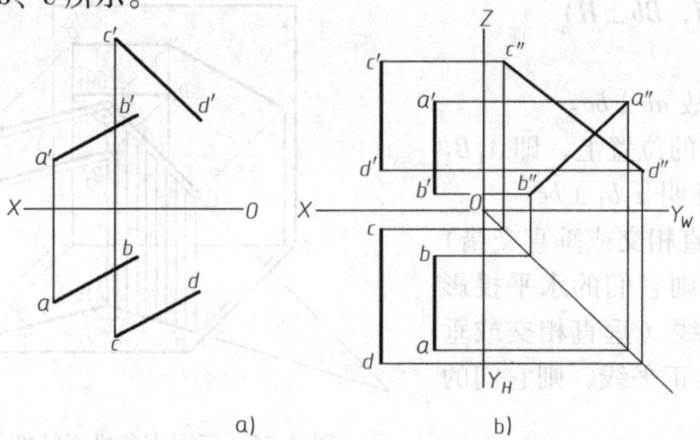

图 3-23　交错两直线

2）交错两直线的投影可以相交，但是投影的交点绝不会符合空间同一点的投影规律，两交错直线投影的交点实际上是两直线对投影面的重影点，所以判别重影点可见性的问题也是判别交错两直线的一个重要组成部分。

（3）判别方法　只要空间两直线既不相交也不平行，则必定是交错两直线。重影点可见性的判别：从图 3-24 可以看出，直线 AB 上的点Ⅱ和 CD 上的点Ⅰ，位于同一条铅垂线上，是 H 面的重影点，即交点 1（2）。自点 1（2）向上引联系线即可找到它们的正面投影 1′、2′。比较点 1′和点 2′可知，位于直线 CD 上的点Ⅰ在上，位于直线 AB 上的点Ⅱ在下。

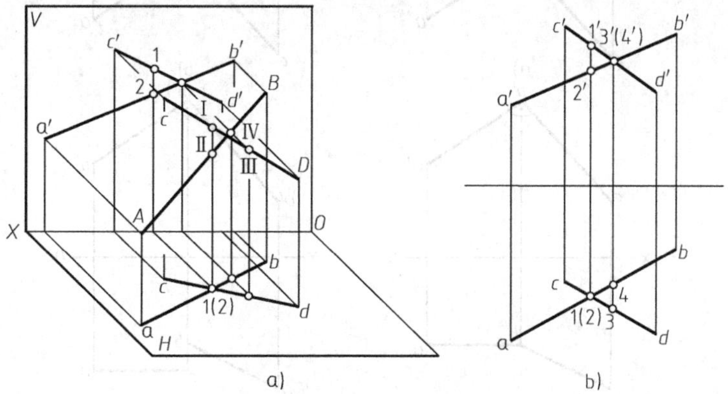

图 3-24　两交错直线的投影

a）直观图　b）投影图

因此，当沿着投影方向从上向下看时，水平重影点 1 可见，点 2 不可见。

直线 AB 上的点Ⅳ和 CD 上的点Ⅲ，位于同一条正垂线上，是 V 面的重影点，即交点 3′(4′)。自交点 3′(4′) 向下引联系线即可找到它们的水平投影 3、4。比较点 3 和点 4 可知，位于直线 CD 上的点Ⅲ在前，位于直线上 AB 上的点Ⅳ在后。因此，当沿着投影方向从前向后看时，正面重影点 3′可见，点 4′不可见。

六、直角的投影

投影特性——若两直线垂直相交（交错），其中有一条直线平行于某一投影面时，则此两直线在该投影面上的投影互相垂直。反之，若相交（交错）两直线在某一投影面上的投影互相垂直，且有一条直线平行于该投影面时，则此两直线在空间也一定互相垂直。

如图 3-25 所示，设直线 $AB \perp BC$，且 $AB /\!/ H$，证明 $ab \perp bc$。

$\because AB \perp BC$，$AB \perp Bb$ （$AB /\!/ H$，$Bb \perp H$）

$\therefore AB \perp CBbc$

又$\because ab /\!/ AB$，$\therefore ab \perp CBbc$，故 $ab \perp bc$。

如果把 AB 直线平移至 A_1B_1 的位置上，即 A_1B_1 与 BC 垂直交错，那么同样可以证明 $a_1b_1 \perp bc$。

也就是说，两垂直直线（垂直相交或垂直交错）只要其中有一条直线是水平线，则它们的水平投影一定垂直。同理可知，两垂直直线（垂直相交或垂直交错），只要其中有一条直线是正平线，则它们的正面投影一定垂直。

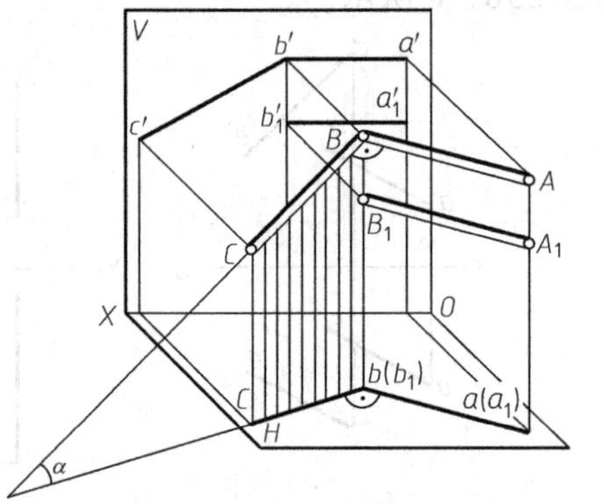

图 3-25　证明直角投影特性

图 3-26 给出了两直线的两面投影，根据直角投影特性可以断定它们在空间是相互垂直的，其中图 3-26a、c 所示为垂直相交，图 3-26b、d 所示为垂直交错。

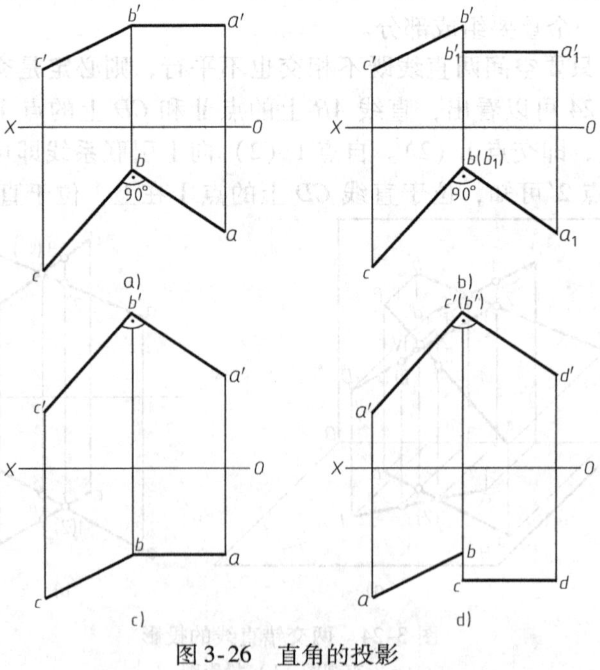

图 3-26　直角的投影

【例 3-12】 求 A 点到正平线 CD 间的距离（图 3-27a）。

【解】 分析：因为 CD 为正平线，利用直角的投影特性，可以作出 CD 的垂线 AB，线段 AB 就表示 A 点到 CD 的距离。但是 AB 是一般位置直线，它的投影不反映实长，因此需要用直角三角形法求出它的实长，这个实长才是所求的真实距离。

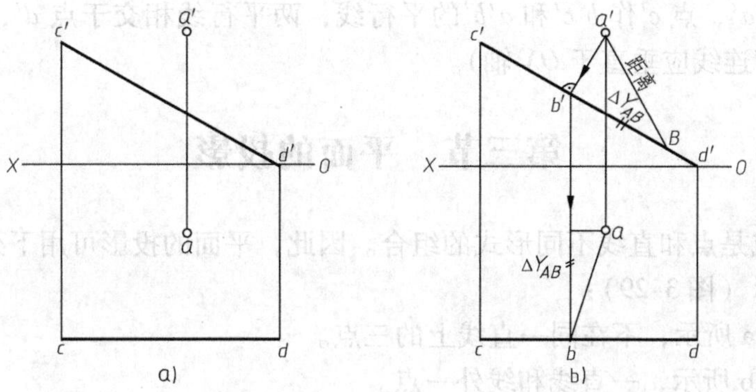

图 3-27 求点直线间的距离

a）已知 b）作图

作图步骤：

1）过点 a' 作 $c'd'$ 的垂线，并与 $c'd'$ 相交于点 b'，得垂直线段的正面投影 $a'b'$。

2）自点 b' 向下引联系线，在 cd 上找到点 b，连 ab 即为垂直线段的水平投影。

3）用直角三角形法求出线段 AB 的实长 $a'B$，即得所求的真实距离。

【例 3-13】 已知矩形 $ABCD$ 两邻边 AB、BC 的正面投影和 AB 边的水平投影（图 3-28a），试完成该矩形的两面投影。

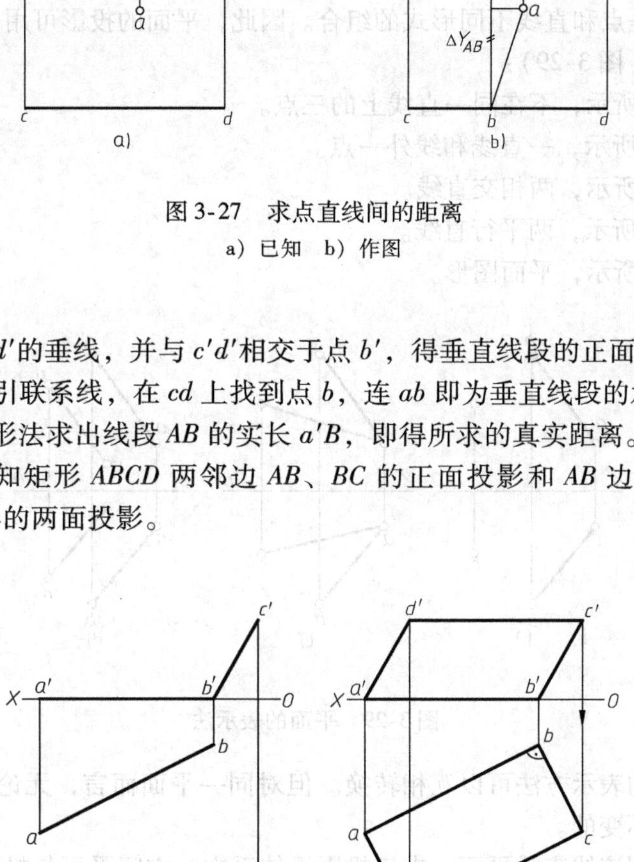

图 3-28 完成矩形的两面投影

a）已知 b）作图

【解】 分析：因为矩形的两邻边互相垂直，而给出的 AB 边又是水平线，故根据直角投影特性可知 AB、BC 两邻边的水平投影一定垂直；又因为矩形的对边互相平行，根据平行两直线的投影特性可作出其余两边的投影。

作图步骤：

1）过点 b 作 ab 的垂线与过点 c' 的投影联系线相交于点 c。

2）分别过点 a、点 c 作 bc 和 ab 的平行线，两平行线相交于点 d，即得矩形的水平投影 $abcd$。

3）分别过点 a'、点 c' 作 $b'c'$ 和 $a'b'$ 的平行线，两平行线相交于点 d'，即得矩形的正面投影 $a'b'c'd'$（dd' 连线应垂直于 OX 轴）。

第三节　平面的投影

平面可以看成是点和直线不同形式的组合。因此，平面的投影可用下列构成平面的几何要素的投影来表示（图 3-29）：

1）如图 3-29a 所示，不在同一直线上的三点。

2）如图 3-29b 所示，一直线和线外一点。

3）如图 3-29c 所示，两相交直线。

4）如图 3-29d 所示，两平行直线。

5）如图 3-29e 所示，平面图形。

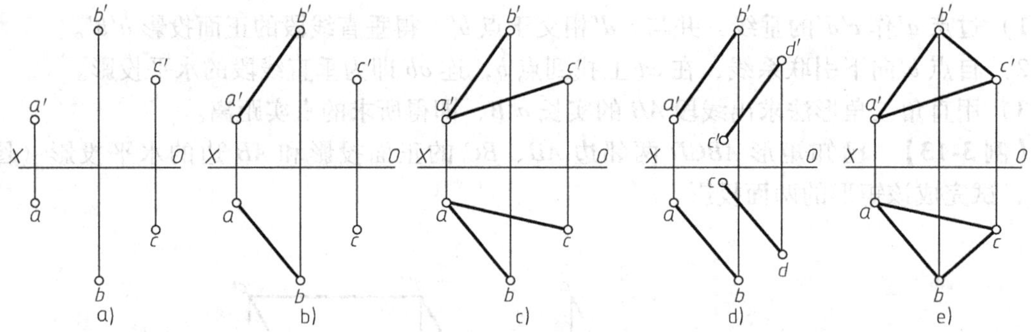

图 3-29　平面的表示法

以上五种平面的表示方法可以互相转换。但对同一平面而言，无论用哪一种表示方法，它所确定的平面是不变的。

此外，还可以用迹线表示平面。在三投影面体系中，空间平面与投影面的交线，称为平面的迹线。通常把用迹线表示的平面称为迹线平面。平面 P 与投影面 V、H、W 的迹线分别用 P_V、P_H、P_W 表示，如图 3-30 所示。两迹线相交的交点 P_X、P_Y、P_Z 称为迹线集合点，它们分别位于 OX、OY、OZ 轴上。在实际应用中，特殊位置平面通常用平面的一条具有积聚性的迹线来表示。在投影图上，通常只标记迹线本身，而不标出与投影轴重合的另两面投影。

根据平面与投影面的相对位置，平面也分为一般位置平面和特殊位置平面。

一、一般位置平面

（1）空间位置　与三个投影面既不垂直也不平行的平面称为一般位置平面。投影图如

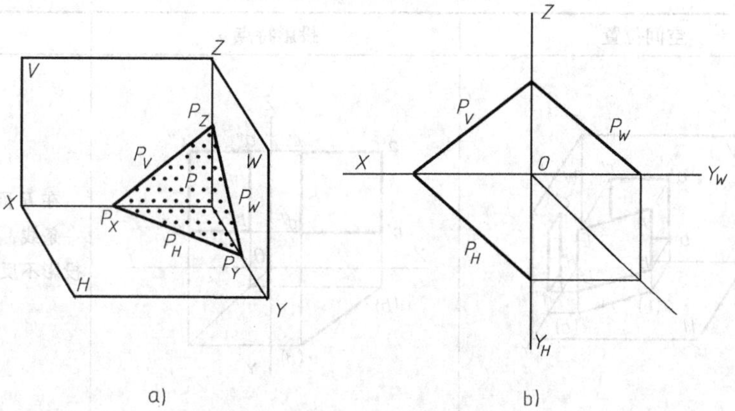

图 3-30　用迹线表示平面

a）直观图　b）投影图

图 3-31 所示，倾斜面与 H 面所成的倾角称为 α 角，跟 V 面所成的倾角称为 β 角，跟 W 面所成的倾角称为 γ 角。

（2）投影特性　在三个投影面上的投影反映类似形，但不反映实形，并且不反映平面对投影面的倾角。

（3）判定方法　在读三视图时，只要看到某个面的在三个投影面上的投影反映类似形，那么就可以判断该平面必是一般位置平面。

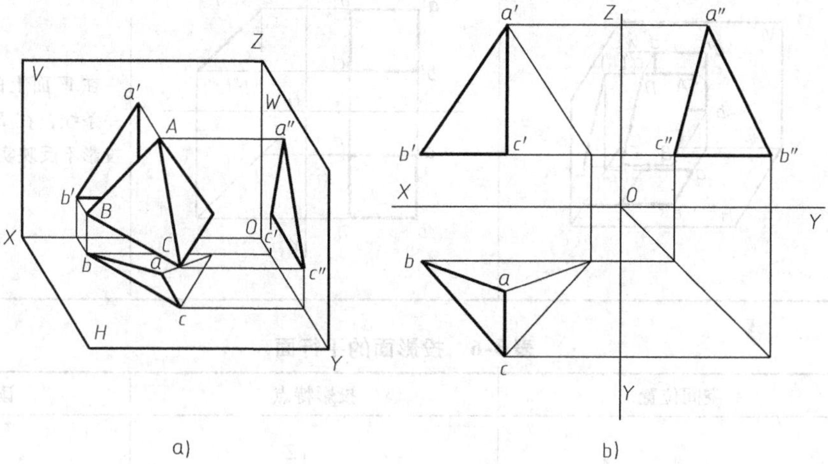

图 3-31　一般位置平面的投影

a）直观图　b）投影图

二、特殊位置平面

只与一个投影面垂直或平行的平面称为特殊位置平面。它包括投影面垂直面、投影面平行面两种，见表 3-5 及表 3-6。

表 3-5 投影面的垂直面

名称	空间位置	投影特点	读　图
铅垂面	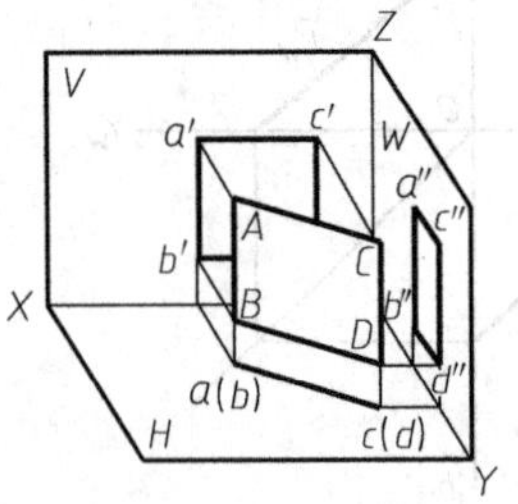	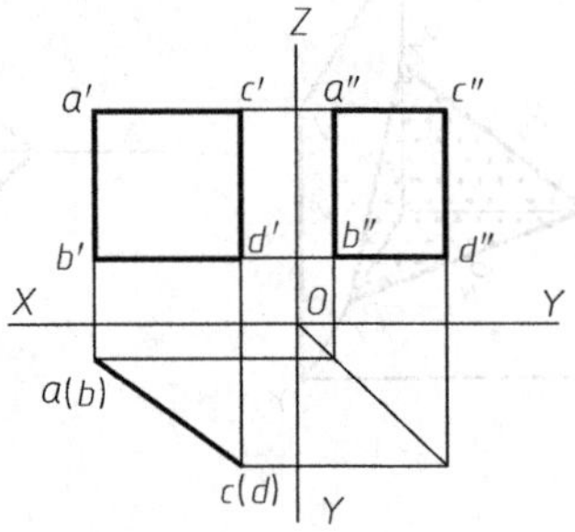	在 *H* 面上的投影积聚成了一条线，在 *V* 面和 *W* 面上的投影不反映实形
正垂面	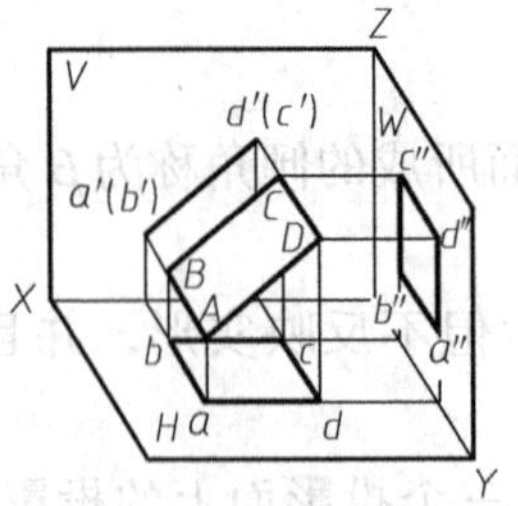	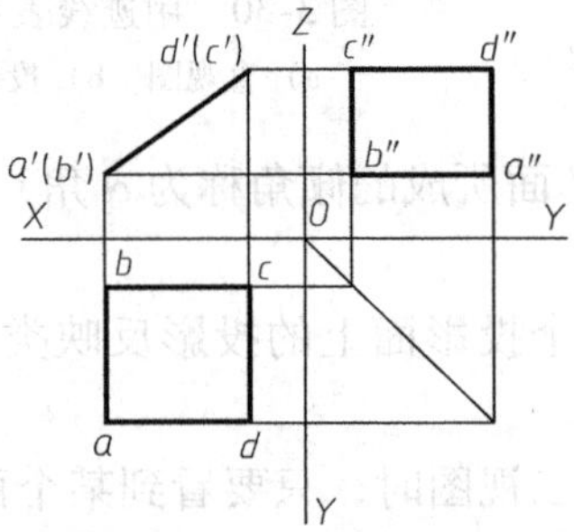	在 *V* 面上的投影积聚成了一条线，在 *H* 面和 *V* 面上的投影不反映实形
侧垂面	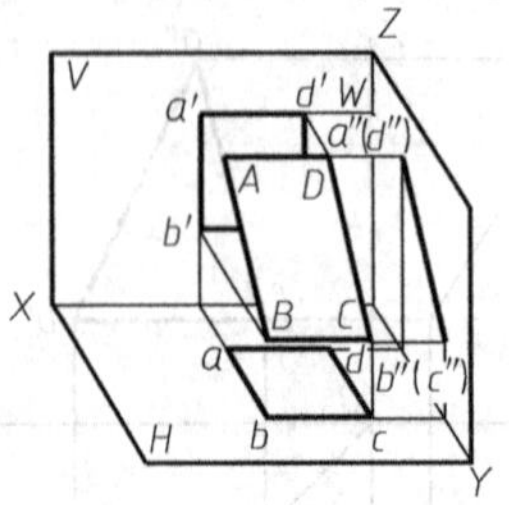	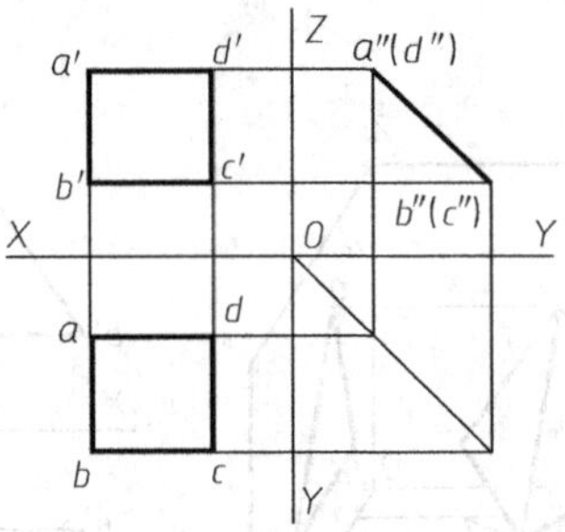	在 *W* 面上的投影积聚成了一条线，在 *H* 面和 *V* 面上的投影不反映实形

表 3-6 投影面的平行面

名称	空间位置	投影特点	读　图
正平面	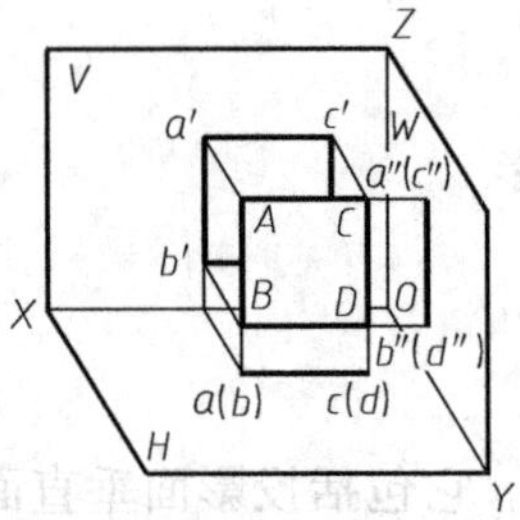	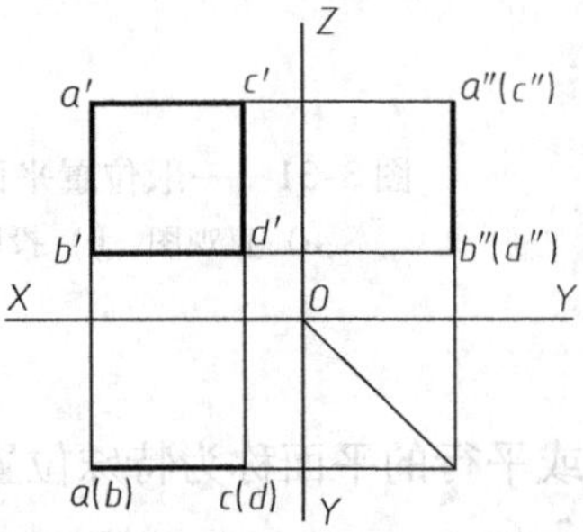	在 *H* 面和 *W* 面上的投影积聚成了一条线，在 *V* 面上的投影反映实形

（续）

名称	空间位置	投影特点	读　图
水平面	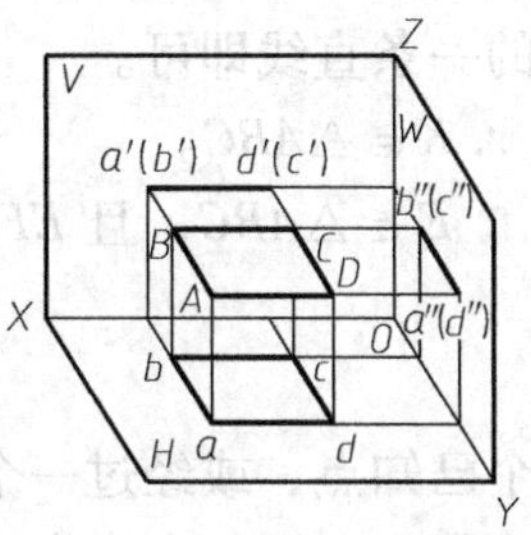	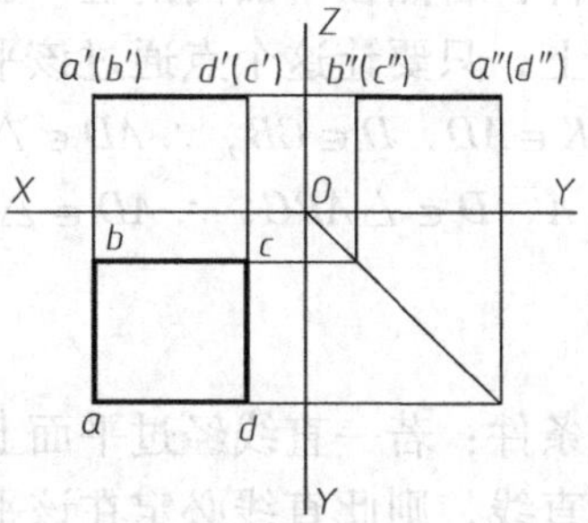	在 V 面和 W 面上的投影积聚成了一条线，在 H 面上的投影反映实形
侧平面	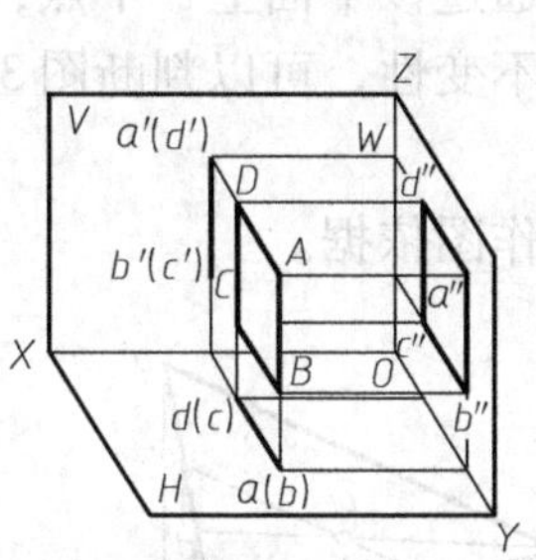	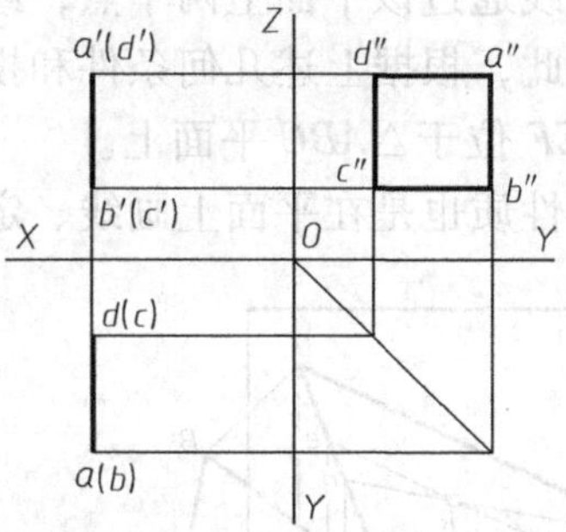	在 H 面和 V 面上的投影积聚成了一条线，在 W 面上的投影反映实形

（一）投影面垂直面

（1）空间位置　垂直于某一个投影面而倾斜于另外两个投影面的平面称为投影面垂直面。其中，垂直于 H 面的平面称为铅垂面；垂直于 V 面的平面称为正垂面；垂直于 W 面的平面称为侧垂面。表 3-5 列出了这三种平面的直观图和三面投影图，从中可以归纳出投影面垂直面的投影特性。

（2）投影特点

1）平面在其垂直的投影面上的投影积聚成线段（积聚性），并且该投影与投影轴的夹角等于该平面与相应投影面的倾角。

2）平面的其他两个投影都小于实形。

（3）判定方法　在读三视图时，只要看到某个面的在一个投影面上的投影积聚成了一条不平行于坐标轴的线，那么就可以判断该平面必是投影面垂直线。

（二）投影面平行面

（1）空间位置　平行于某一个投影面而垂直于其他两个投影面的平面称为投影面平行面。其中，平行于 H 面的平面称为水平面；平行于 V 面的平面称为正平面；平行于 W 面的平面称为侧平面。表 3-6 列出了这三种平面的直观图和三面投影图。

（2）投影特性

1）平面在其平行的投影面上的投影反映实形（显实性）。

2）平面的其他两个投影积聚成线段（积聚性），并且平行于相应的投影轴。

（3）判定方法　在读三视图时，只要看到某个面的在一个投影面上的投影积聚成了一条平行于坐标轴的线，那么就可以判断该平面必是投影面平行面。

三、平面上的点和直线

（一）点在平面上

点在平面上的几何条件：若点在平面内的任一已知直线上，则点必在该平面上。那么，要想作一个点在某个平面上，只要让这个点通过该平面上的一条直线即可。

如图 3-32a 所示，$\because K \in AD$，$D \in CB$，$\therefore AD \in \triangle ABC$，$\therefore K \in \triangle ABC$。

如图 3-32a 所示，$\because$ A、$D \in \triangle ABC$，$\therefore AD \in \triangle ABC$；$\because E \in \triangle ABC$，且 $EF//AB$，$\therefore EF \in \triangle ABC$。

（二）直线在平面上

直线在平面上的几何条件：若一直线经过平面上的两个已知点，或经过一个已知点且平行于该平面上的另一已知直线，则此直线必定在该平面上。那么，要想在一个已知平面上作一条直线，只要让这条直线通过该平面上两个点，或者只通过该平面上一个点，但与平面上另一条直线平行即可。由此，根据上述几何条件和投影的不变性，可以判断图 3-32b 中给出的点 K、直线 AD、直线 EF 位于△ABC 平面上。

上述几何条件和投影性质也是在平面上画线、定点的作图依据。

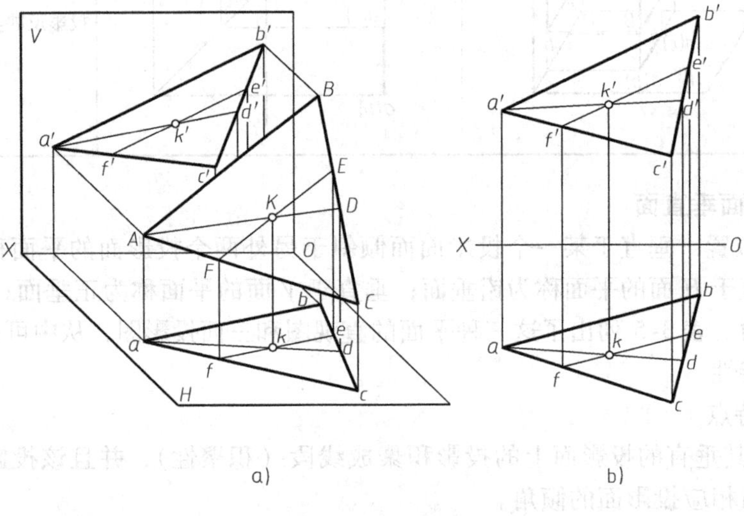

图 3-32　平面上的点和直线

a）直观图　b）投影图

【例 3-14】　已知△ABC 平面上点 K 的水平投影 k（图 3-33a），求它的正面投影及过点 K 属于△ABC 平面内的正平线。

【解】　作图步骤：

1）在水平投影上过 k 作平行于 OX 轴的辅助线，交 ab 和 bc 于点 d、点 e。

2）自点 d、点 e 向上引联系线，与 $a'b'$ 和 $b'c'$ 相交于点 d'、点 e'。

3）连接 d'、e'成直线，即得过 K 点的正平线 DE 的两面投影 de 和 $d'e'$。

4）自点 k 向上引联系线，与 $d'e'$相交于点 k'。

【例 3-15】　判断直线 EF 是否属于平面 ABC（图 3-34a）。

【解】　作图步骤：

1）如图 3-34b 所示，分别将 $e'f'$、ef 了延长后交于平面 ABC 上的点 c'、点 c。

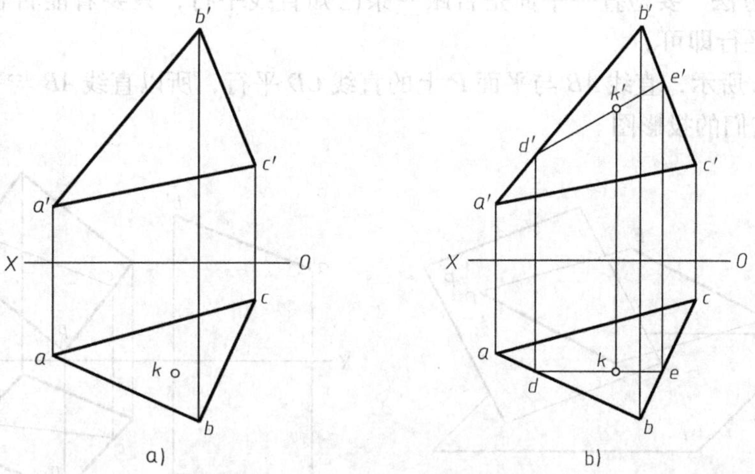

图 3-33　作出过点 *K* 的正平线

a）已知　b）作图

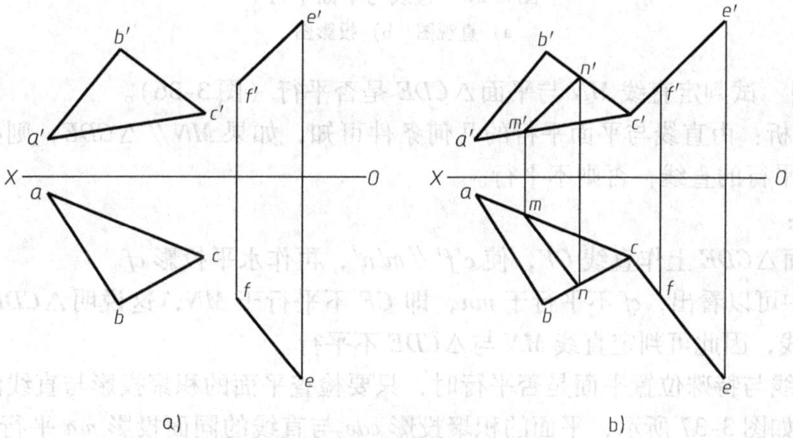

图 3-34　判断直线 *EF* 是否属于平面 *ABC*

a）已知　b）作图

2）在正面图上任意作一条与直线 $e'f'$ 平行的直线 $m'n'$，其中点 m'、点 n' 是平面 *ABC* 上的两个点。

3）作出点 *M*、点 *N* 的水平投影 *m*、*n*。连接点 *m*、点 *n*，可以看出 $mn /\!/ ef$，所以直线 *EF* 属于平面 *ABC*。

第四节　直线与平面及两平面的相对关系

一、平行关系

（一）直线与平面平行

（1）几何条件　一直线只要平行于平面上任意一条直线，它就平行于该平面。

（2）判定方法　要检查一平面是否跟一条已知直线平行，只要看能否在该面上作一直线与已知直线平行即可。

如图3-35a所示，直线AB与平面P上的直线CD平行，所以直线AB与平面P平行。图3-35b所示是它们的投影图。

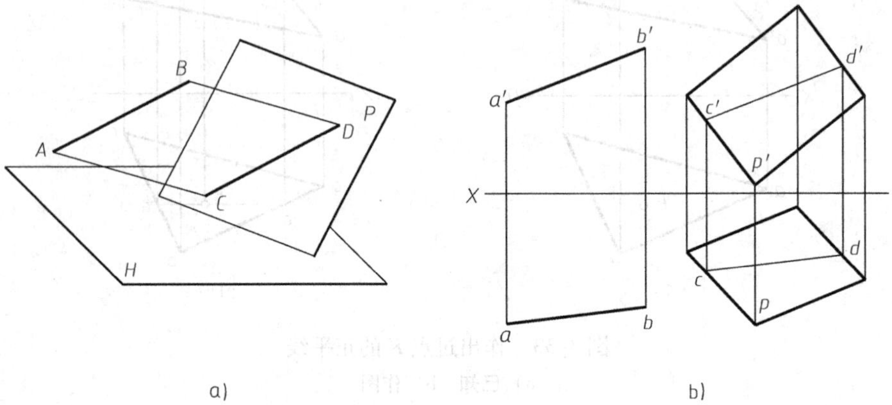

图3-35　直线与平面平行
a）直观图　b）投影图

【例3-16】　试判定直线MN与平面$\triangle CDE$是否平行（图3-36）。

【解】　分析：由直线与平面平行的几何条件可知，如果$MN /\!/ \triangle CDE$，则必能在$\triangle CDE$内作出与MN平行的直线，否则不平行。

作图步骤：

1）在平面$\triangle CDE$上作直线CF，使$c'f' /\!/ m'n'$，再作水平投影cf。

2）从图中可以看出，cf不平行于mn，即CF不平行于MN，这说明$\triangle CDE$内不包含与MN平行的直线，因此可判定直线MN与$\triangle CDE$不平行。

当判定直线与特殊位置平面是否平行时，只要检查平面的积聚投影与直线的同面投影是否平行即可。如图3-37所示，平面的积聚投影cde与直线的同面投影mn平行，故直线MN与平面$\triangle CDE$平行。

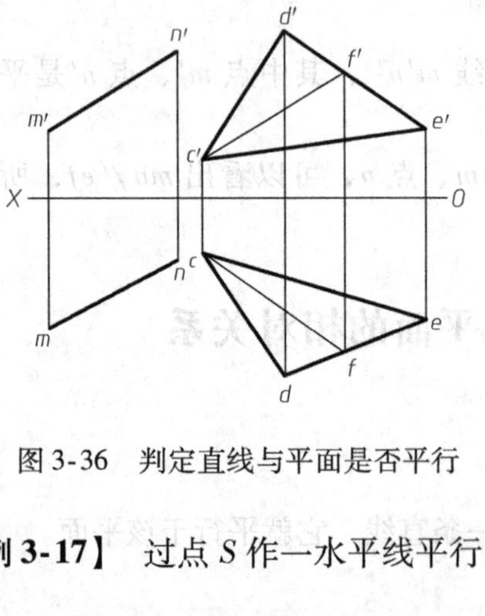

图3-36　判定直线与平面是否平行

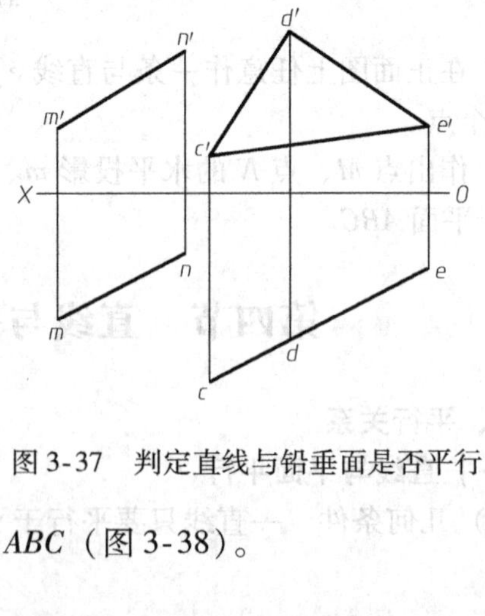

图3-37　判定直线与铅垂面是否平行

【例3-17】　过点S作一水平线平行于已知平面ABC（图3-38）。

【解】 分析：根据题意，要作的直线需要满足这样几个条件，一是这条直线要是一条水平线；二是要过点 S；三是这条直线要和已知平面平行。要想满足水平线要让直线的投影符合水平线的投影规律——在 H 面的投影不平行于轴，但在 V 面的投影平行于轴；此外要让该直线上有一个的点经过点 S 的两面投影；要想让直线平行于一个面，那么只要让这条直线与平面上的任意一条直线平行即可。在平面内作这条和已知直线相平行的平面上的线时，通常过平面上的已知点比较方便。

作图步骤：

1）在 V 面分别过点 a'、点 s' 作平行于 OX 轴的直线 $a'1'$，$s'2'$。

2）在 H 面，按投影规律找出 $a'1'$，$s'2'$ 对应的水平投影 $a1$，$s2$。

3）检验结果是否符合题意，并加深作题结果，完成全图。

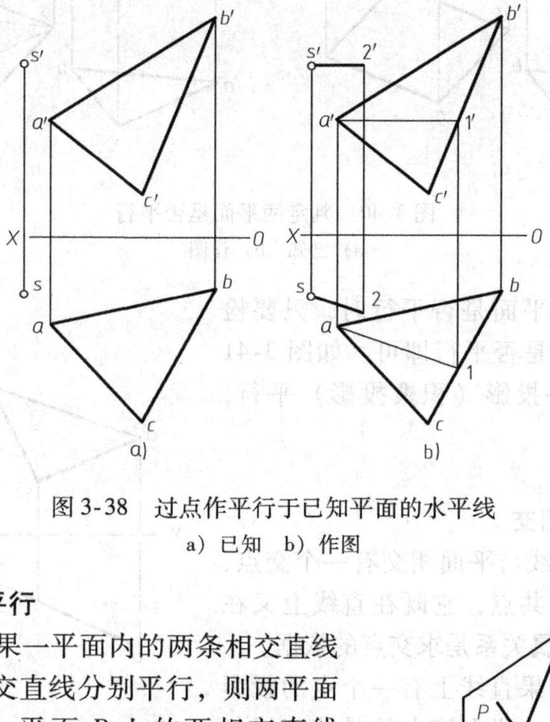

图 3-38 过点作平行于已知平面的水平线

a）已知 b）作图

（二）平面与平面平行

（1）几何条件 如果一平面内的两条相交直线与另一平面内的两条相交直线分别平行，则两平面平行。如图 3-39 所示，平面 P 上的两相交直线 AB、AC 对应地平行于平面 Q 上的两相交直线 DE、DF，所以 P、Q 两平面平行。

（2）判定条件 一个平面内任意两条直线的投影分别与另一个平面内两条相交直线的同面投影对应平行，则这两个平面平行。

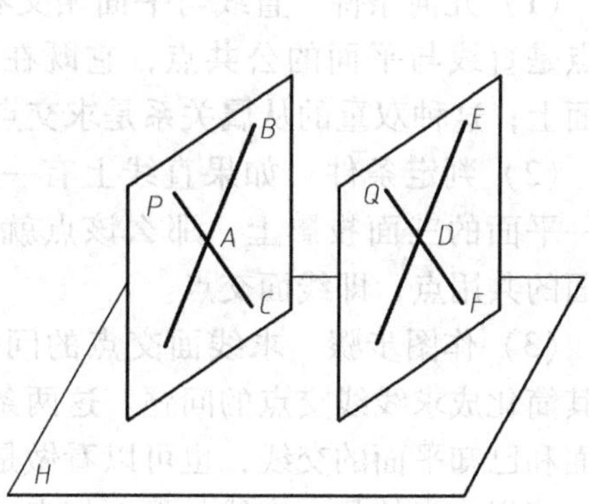

图 3-39 平面与平面平行

【例 3-18】 试判定两平面 $\triangle ABC$ 与 $DEFG$ 是否平行（图 3-40a）。

【解】 分析：由两平面平行的几何条件可知，如果 $\triangle ABC /\!/ DEFG$，则必能在 $DEFG$ 内作出两相交直线与 $\triangle ABC$ 平面内的两相交直线平行，否则不平行。

作图步骤：

1）在 $\triangle ABC$ 内任选两条相交直线 AB、AC。

2）在四边形平面 DEFG 上过点 D 的水平投影 d 作出 dm // ab，作 dn // ac，并求出相应的 d′m′和 d′n′。

3）从图中得知，直线 AB、AC 与 DEFG 内的直线 DM、DN 的同面投影都相应平行，由此可判定两平面平行。

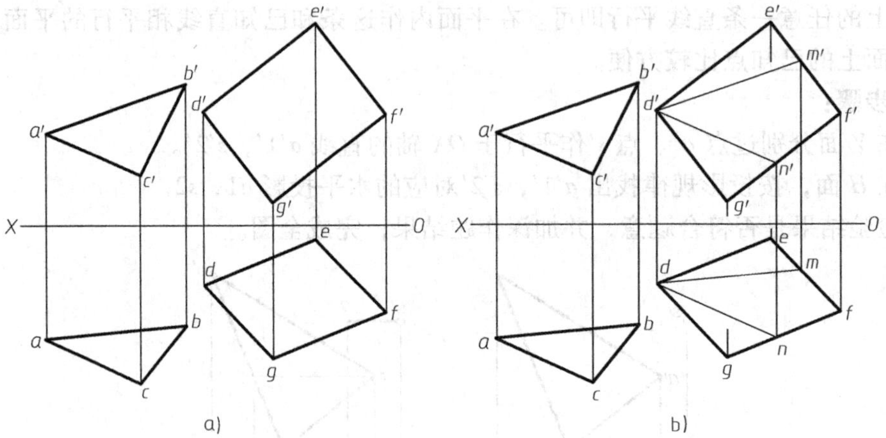

图 3-40　判定两平面是否平行

a）已知　b）作图

当判定两特殊位置平面是否平行时，只要检验它们的同面积聚投影是否平行即可。如图 3-41 所示，两铅垂面的水平投影（积聚投影）平行，所以两平面平行。

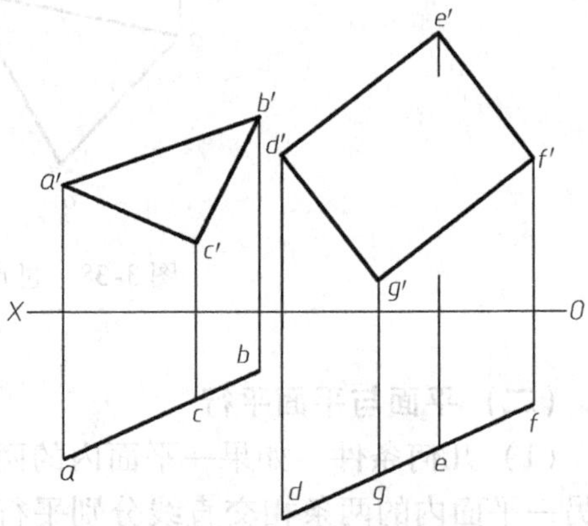

图 3-41　判别两特殊位置平面是否平行

二、相交关系

（一）直线与平面相交

（1）几何条件　直线与平面相交有一个交点，交点是直线与平面的公共点，它既在直线上又在平面上；这种双重的从属关系是求交点的依据。

（2）判定条件　如果直线上有一个点的投影在一平面的三面投影上，那么该点就是该直线与平面的共用点，即线面交点。

（3）作图步骤　求线面交点的问题，可以利用作辅助铅垂面或者辅助正垂面的方法，把其简化成求线线交点的问题。这两条线分别是指已知直线和辅助线。该辅助线其实是辅助平面和已知平面的交线，也可以看做是所作的辅助投影面垂直面的积聚投影。

值得注意的是，直线与平面相交后，直线以交点为分界点被平面分成两部分。假定平面是不透明的，则沿着投射线方向观察直线时，位于平面两侧的直线，势必一侧看得见，另一侧看不见（被平面遮住）。在作投影图时，要求把看得见的直线画成粗实线，看不见的直线画成虚线。空间直线与平面相交分三种情况：

（1）投影面垂直线与一般位置平面相交　在投影作图中，如果给出的直线或平面其投影具有积聚性，则可利用积聚性直接确定交点的一个投影，然后再利用其他相应方法（线上定点、面上定点、面上定线）求出交点的另一个投影。

【例 3-19】 已知铅垂线 MN 和一般平面△ABC，求它们的交点 K（图 3-42）。

【解】 分析：因为交点属于直线上的点，而铅垂线的水平投影具有积聚性，所以铅垂线上交点的水平投影必然与铅垂线的积聚投影重合；同时又由于交点是平面上的点，故可利用面上定点的方法求出交点的正面投影。

作图步骤：

1）在铅垂线的积聚投影 m（n）上标出交点的水平投影 k。

2）在平面的水平投影上过点 k 引辅助线 ad，并作出它的正面投影 $a'd'$。

3）在 $a'd'$上找到交点的正面投影 k'。

判别直线的可见性：因为直线是铅垂线，平面上过交点 K 的直线 AD 把平面分成前、后两部分，相对于铅垂线 MN，ADC 在其前，ADB 在其后，所以正面投影 $m'k'$可见，$k'n'$ 不可见。

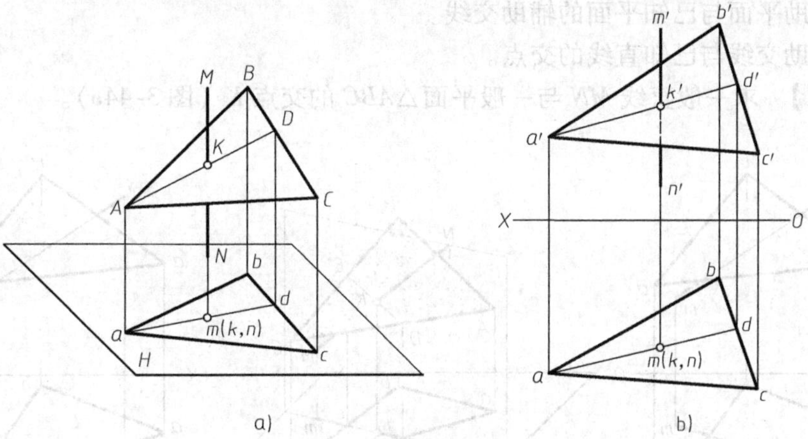

图 3-42 求特殊线与一般面的交点

a）分析 b）作图

（2）一般位置直线与特殊位置平面相交

【例 3-20】 求一般位置直线 MN 和铅垂面△ABC 交点 K（图 3-43）。

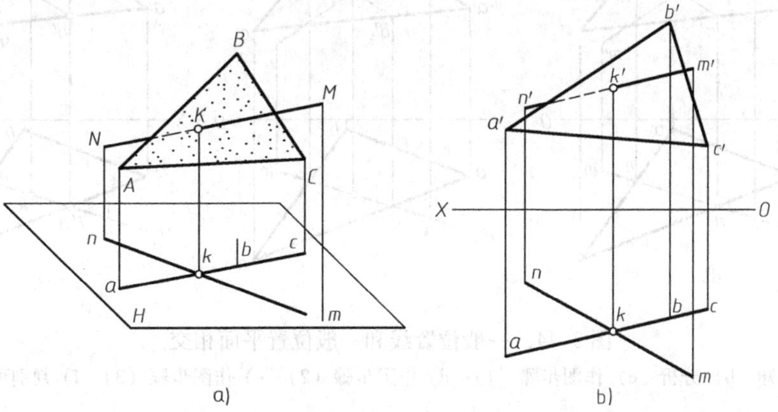

图 3-43 求一般线与特殊面的交点

a）分析 b）作图

【解】 分析：因为铅垂面的水平投影具有积聚性，所以属于平面和直线上的共有点——交点的水平投影必然位于铅垂面的积聚投影和直线的水平投影的交点处，其正面投影可用线上定点的方法找到。

作图步骤：

1）在直线的水平投影 *mn* 和平面的积聚投影 *abc* 的交点处标出交点的水平投影 *k*。

2）自点 *k* 向上引联系线，在 *m′n′* 上找到交点的正面投影 *k′*。

判别直线的可见性：因为平面为铅垂面，所以它把直线分成 *MK* 和 *KN* 两部分，相对于平面，从水平投影看，*mk* 在前，*kn* 在后，所以在正面投影上，*m′k′*可见，*k′n′*不可见。

（3）一般位置直线与一般位置平面相交　一般位置直线与一般位置平面均无积聚性，所以求它们的交点应用辅助平面法。辅助平面法求交点的作图步骤如下：

1）过已知直线作一辅助平面（特殊位置平面）。

2）求辅助平面与已知平面的辅助交线。

3）求辅助交线与已知直线的交点。

【例 3-21】 求一般直线 *MN* 与一般平面△*ABC* 的交点 *K*（图 3-44a）。

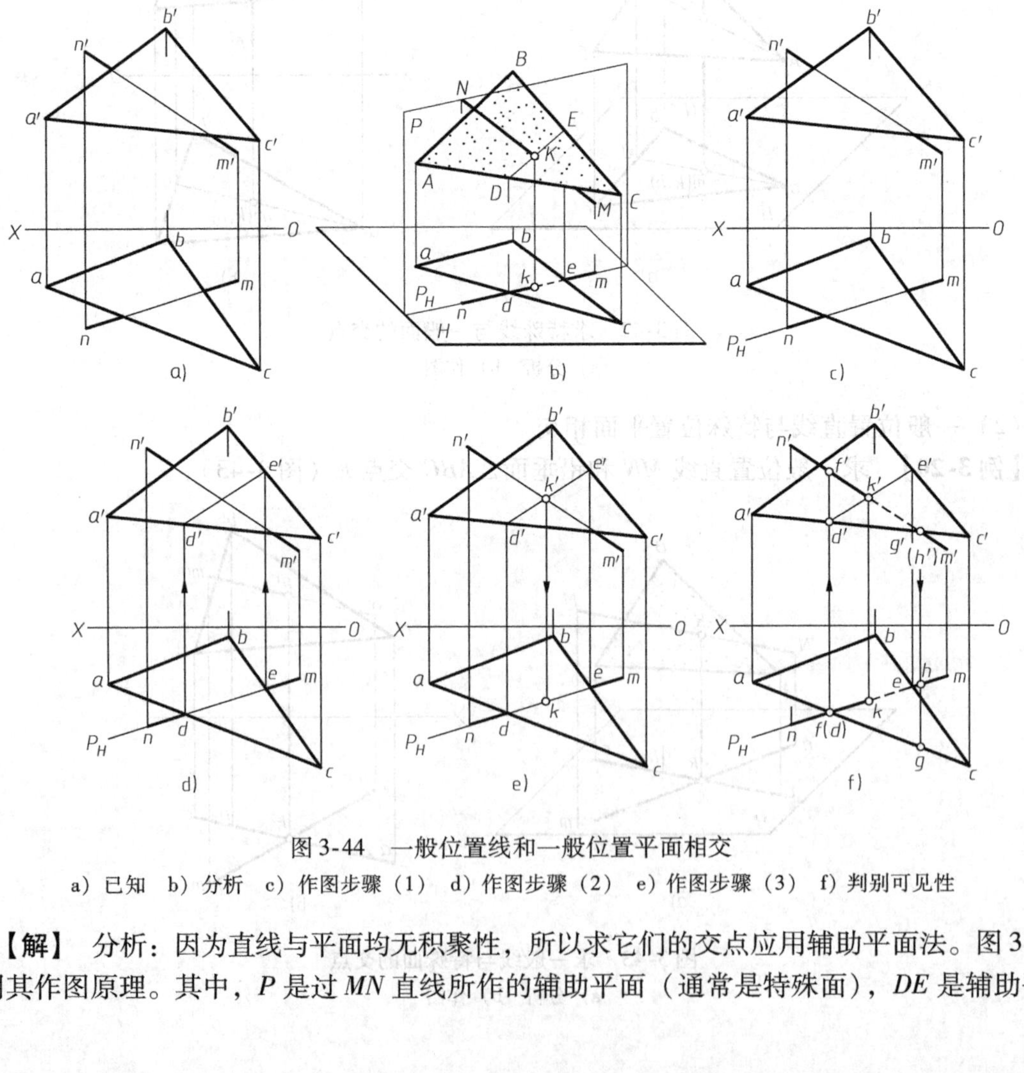

图 3-44　一般位置线和一般位置平面相交

a）已知　b）分析　c）作图步骤（1）　d）作图步骤（2）　e）作图步骤（3）　f）判别可见性

【解】 分析：因为直线与平面均无积聚性，所以求它们的交点应用辅助平面法。图 3-44b 说明其作图原理。其中，*P* 是过 *MN* 直线所作的辅助平面（通常是特殊面），*DE* 是辅助平面

P 与△ABC 平面的交线（称为辅助交线）。显然，辅助交线 DE 与 MN 直线的交点 K，就是△ABC 平面与直线 MN 的交点。

作图步骤：

1）过直线 MN 作辅助平面 P，如图 3-44c 所示，辅助面为铅垂面，迹线 P_H 应与 mn 重合。

2）求 P 平面与△ABC 平面的交线 DE，如图 3-44d 所示。

3）找出辅助交线 DE 与直线 MN 的交点 K，即为所求的交点 k'、k，如图 3-44e 所示。

判别直线的可见性：用重影点判别法来完成直线的可见性判别，如图 3-44f 所示，在交错两直线 AC、MN 的水平投影上标出水平重影点 d' 和 f'，向上引联系线到它们的正面投影 d' 和 f'，可以看出 MN 上的点 F 高于 AC 边上的点 D，这说明 NK 高于平面△ABC，水平投影 fk 可见，相反，KM 低于平面△ABC，水平投影 km 被遮挡部分不可见（图 3-44f 中已用虚线画出）；同样，在交错两直线 AC、MN 的正面投影上标出正面重影点 g' 和 h'，向下引联系线找到它们的水平投影 g 和 h，可以看出 AC 边上的点 G 前于 MN 直线上的点 H，这说明 MK 在平面△ABC 之后，正面投影 $m'k'$ 被遮住部分不可见（图 3-44f 中已用虚线画出）。而 KN 在平面△ABC 之前，正面投影 $k'n'$ 可见。

值得注意的是，求线面交点时，需要判断直线与平面上重影点的可见性问题。因为直线和平面的关系是相交关系，所以直线和平面的投影除了交点是共有点外，其余投影重合的点都是重影点。这些重影点的可见性，可根据前文所述方法进行判断，被挡住的点用括号表示，而被挡住的线要用虚线来表示。

（二）平面与平面相交

两平面相交后，交线为分界线把每个平面都分成两部分。假定平面都不透明，则沿着投射线方向观察两平面时，两平面互相遮挡，被遮住的部分看不见，未被遮住的部分看得见。在作投影图时，要求把看得见的部分画成粗实线，把看不见的部分画成虚线。

1. 两个特殊位置平面相交

【例 3-22】 求两正垂面的交线（图 3-45）。

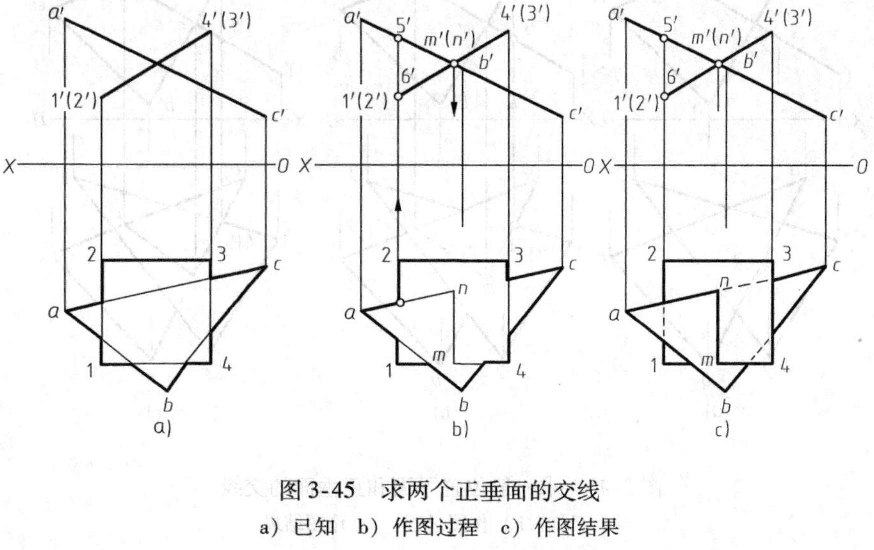

图 3-45 求两个正垂面的交线

a）已知 b）作图过程 c）作图结果

【解】 分析：从图3-45a中我们可以看出，平面ⅠⅡⅢⅣ和平面ABC是两个特殊位置面——正垂面，所以这两个面在V面的投影都积聚成线。面面相交必有交线，交线是两个平面的公共部分，根据投影的从属性原则，交线的投影也是这两个面的投影的公共部分。从图3-45a的V面投影上可以看出，这两个面的V面投影交于一点，这个点就是这两个面的公共部分的投影，换句话说，就是面面相交的交线的积聚投影。因为这两个面是正垂面，所以其交线必是正垂线，正垂线在V面投影积聚成点，在H面投影是一条平行于OY轴的直线，根据这个就可以作出这两个面交线的两面投影。

作图步骤：

1）在V面投影上从两个面的积聚投影的交点处向H面引长对正线，并对应到两个面的H面投影的重影区（两个面的投影的重叠部分），交重影区的线ac于一点n，交线14于一点m，连接点m、点n，mn就是面面的交线在H面的投影。

2）判断可见性。从面面相交的任意一个重影点处均可判断可见性。如图3-45b所示2H面投影ac与12在H面上有重影，现在H面上找到该点（图中所注的重影点的位置），然后从该重影点处向V面引一条长对正线，分别交$a'c'$于点5′，交1′2′于点6′。从V面投影上可以看出，点5在上，点6在下，所以当从上往下进行投影时（即H面投影），点5可见，点6不可见。因点5在ac上，点6在12上，所以点5所在的ac边的H面投影可见，同理，点6所在的12边不可见。可见的直线就用实线加深，不可见的直线用虚线表示出来（为了加深直观性，帮助大家理解，图中重影区不可见的直线也可全部擦掉，下同）。

其他的重影线简捷的判断方法：

面面相交的重影区的可见性是交替出现的，可见性和不可见性都是以重影点或者交点为分界点交替出现。

2. 特殊位置平面与一般位置平面相交

【例3-23】 求一般位置平面△ABC和正垂面ⅠⅡⅢ的交线MN（图3-46）。

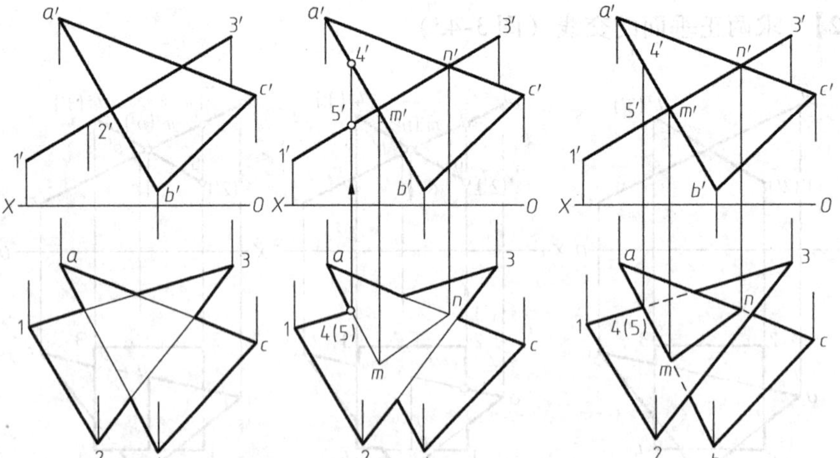

图3-46 求一般位置平面和正垂面的交线

a）已知 b）作图过程 c）作图结果

【解】 分析：从图3-46中可以看出，平面ⅠⅡⅢ是一个正垂面，在V面投影上这两个面的重影区积聚成了一条线MN，面和面的交线就只能在该积聚投影上。换句话说，这两个面的交线的V面投影其实就是$m'n'$，把交线$m'n'$的投影对应到H面上两者的重影区，找到的交线的投影就是mn。最后判断可见性即可。

作图步骤：

1）在V面投影上直接过点m'、点n'向H面作长对正线，分别对应到H面的重影区ab边和ac边上，交ab于点m，交ac于点n，连接点m、点n，mn即为面面交线MN的H面投影，$m'n'$就是交线MN的V面投影。

2）判断可见性：在H面上过重影区的任意重影点向V面作长对正线，在图3-46b中是过重影点4（5）向V面作长对正线。因为点4在ab边上，点5在13边上，所以把点$4'$对应到$a'b'$边上，点$5'$对应到$1'3'$边上，从V面投影上我们可以清楚地看到点$4'$在上，点$5'$在下，因此当从上往下投影时，点4所在的ab边就是可见的，用实线表示；点5所在的13边就是不可见的，用虚线表示。

3）从重影点4（5）处开始，依次往下类推重影区其他各部分的可见性：am可见→mb不可见→23可见→cn不可见→na可见→31不可见→am可见，正好绕该重影区转一周回到点4（5）处，跟最初的判断一致，说明可见性判断正确。

3. 两个一般位置平面相交

【例3-24】 求两个一般位置平面ABC和DEF的交线MN（图3-47）。

【解】 分析：如图3-47a所示，两平面ABC和DEF的交线MN，其端点M是AB直线与DEF平面的交点，另一端点N是DE直线与ABC平面的交点。可见，用辅助平面法求出两个交点后，再连成直线就是所求的交线。

作图步骤：

1）用辅助平面法求AB直线与DEF平面的交点M（m，m'），如图3-47c所示。

2）用同样的方法求DE直线与ABC平面的交点N（n，n'），如图3-47d所示。

3）用直线连接点M和点N，即为所求交线（mn，$m'n'$），如图3-47e所示。

判别两平面的可见性：利用重影点法可判别两平面的可见性。如图3-47e所示，利用水平重影点Ⅰ和Ⅱ可判断两平面水平投影的可见性；利用正面重影点Ⅲ和Ⅳ可判别两平面正面投影可见性。

三、垂直关系

（一）直线与平面垂直

从初等几何学知道：如果直线垂直于平面上的任意两条相交直线，则该直线与该平面垂直。

若直线与平面垂直，则直线与平面上的任何直线都垂直（相交垂直或交错垂直）。

与平面垂直的直线，称该平面的垂线；反过来，与直线垂直的平面，称该直线的垂面。

由图3-48a，可以推出直线与平面垂直的投影特性。

设直线MN与平面P垂直，直线AB和AC是平面P上的相交两直线，且AB为水平线、AC为正平线。

根据假设条件可知，垂线MN与水平线AB垂直，与正平线AC也垂直。

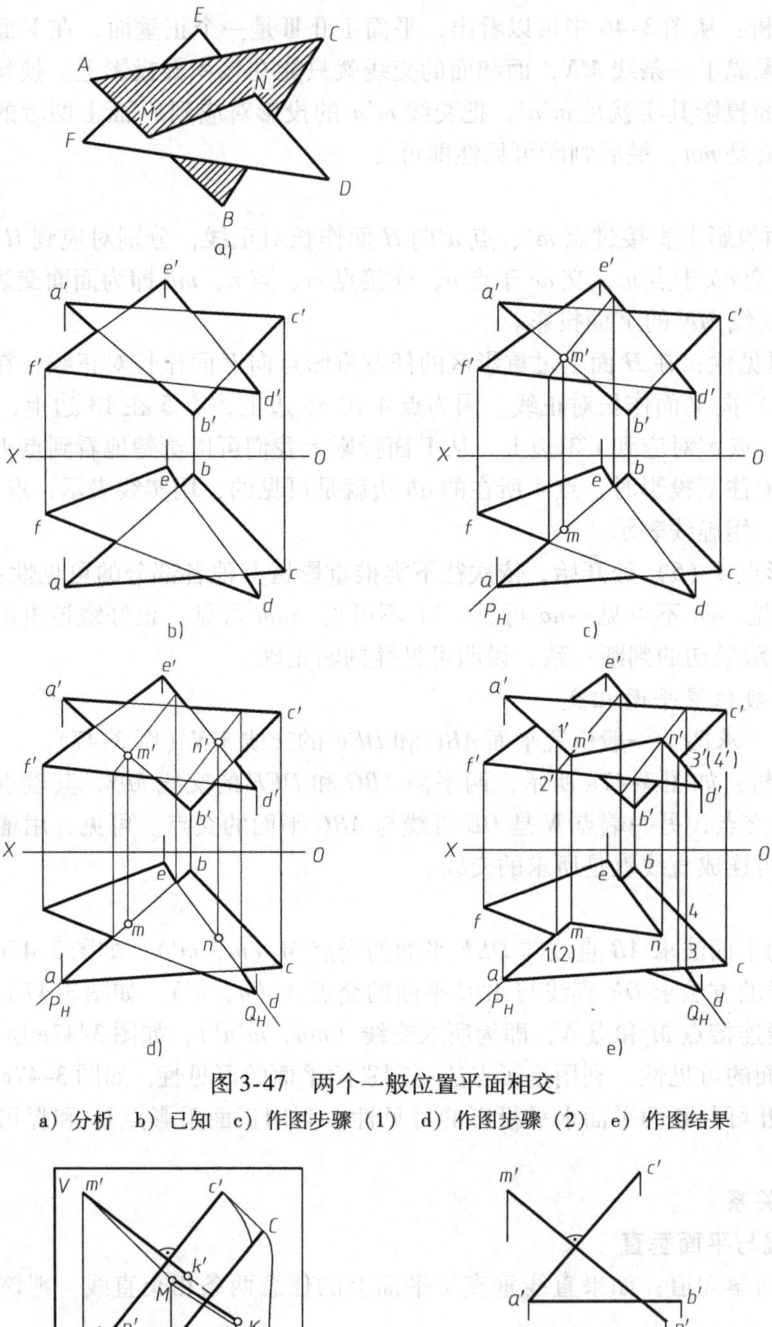

图 3-47　两个一般位置平面相交

a）分析　b）已知　c）作图步骤（1）　d）作图步骤（2）　e）作图结果

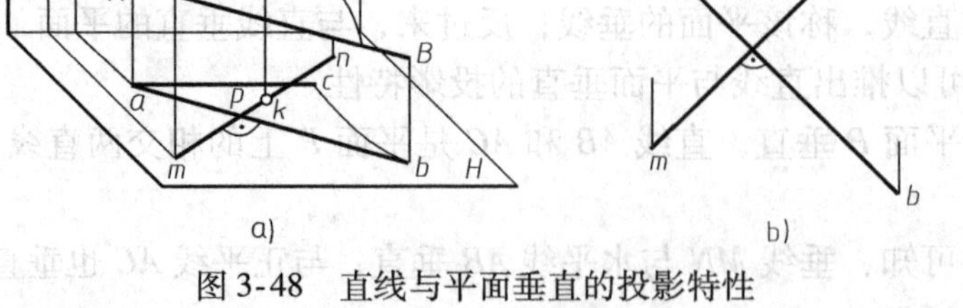

图 3-48　直线与平面垂直的投影特性

a）直观图　b）投影图

而根据直角投影特性可知，垂线的水平投影与水平线的水平投影垂直，即 $mn \perp ab$；垂线的正面投影与正平线的正面投影也垂直，即 $m'n' \perp a'c'$。

由此得出结论：垂线的水平投影必垂直于平面上的水平线的水平投影，垂线的正面投影必垂直于平面上的正平线的正面投影。这就是平面垂线的投影特性，如图 3-48b 所示。

平面垂线的投影特性通常用来图解有关距离的问题。

【例 3-25】 求点 *M* 到平面 *ABC* 的距离（图 3-49a）。

【解】 分析：点到平面的距离是指垂直距离。因此，过点向平面作垂线并求出垂足，则点到垂足的距离就是点到平面的距离。

作图步骤：

1）过点 *M* 向平面 *ABC* 作垂线 *MN*，如图 3-49b 所示。

2）用辅助平面法求直线 *MN* 与平面 *ABC* 的交点 *K*。

3）用直角三角形法求线段 *MK* 的实长，即为点 *M* 到平面 *ABC* 的垂直距离。

如果求点到特殊位置平面的距离，则作图非常简单。如图 3-50 所示，给出点 *M* 和铅垂面 *P*，很明显，与铅垂面垂直的直线一定是水平线，而且水平线的水平投影应与铅垂面的积聚投影垂直，水平投影的长度就等于距离。

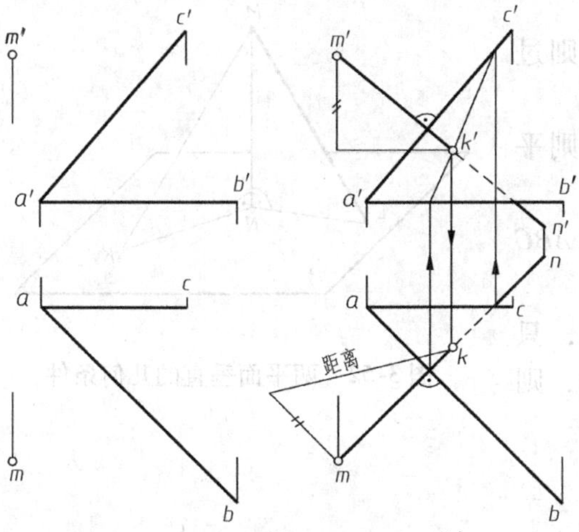

图 3-49　求点到平面的距离

a）已知　b）作图

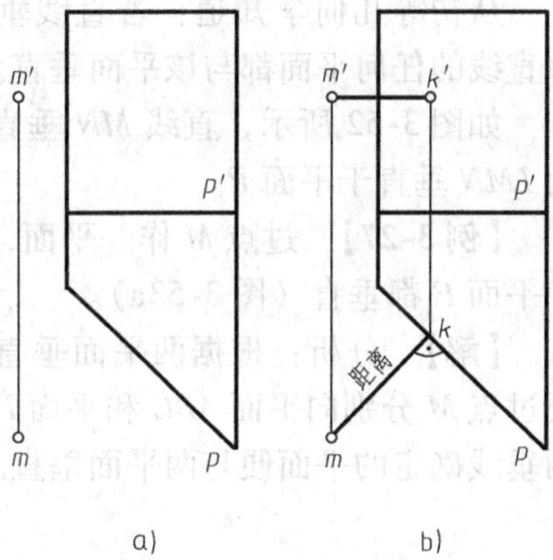

图 3-50　求点到特殊面的距离

a）已知　b）作图

【例 3-26】 求点 *A* 到直线 *MN* 的距离（图 3-51a）。

【解】 分析：点到直线的距离等于点到直线间的垂直线段的长度。这个垂直线段必然位于过已知点且垂直于已知直线的垂面上，因此只要作出这个垂面，求出垂足，则连已知点和垂足的线段即为点到直线间的垂直线段。

作图步骤：

1）过点 *A* 分别作水平线 *AB* 和正平线 *AC* 与直线 *MN* 垂直（注意 $ab \perp mn$，$a'c' \perp m'n'$），则平面 *ABC* 与直线 *MN* 垂直。

2）用辅助平面法（图 3-51b 中正垂面 *Q* 为辅助平面）求直线 *MN* 与平面 *ABC* 的交点 *K*。

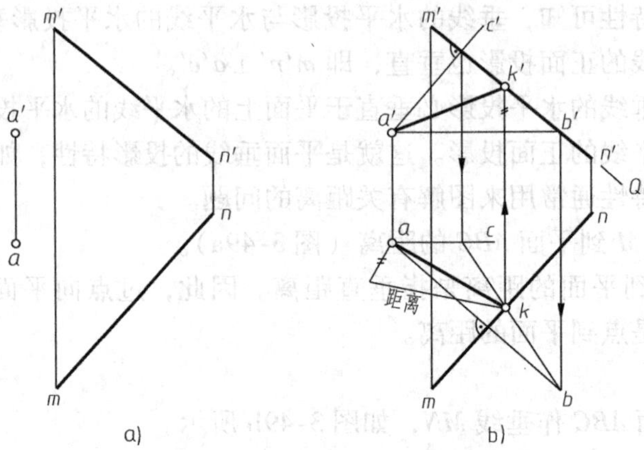

图 3-51 求点到直线的距离

a）已知 b）作图

3）连接点 A、点 K，并用直角三角形法求出线段 AK 的实长，即为点 A 到直线 MN 的距离。

（二）两平面垂直

从初等几何学知道：若直线垂直于平面，则过该直线的任何平面都与该平面垂直。

如图 3-52 所示，直线 MN 垂直于平面 P，则平面 LMN 垂直于平面 P。

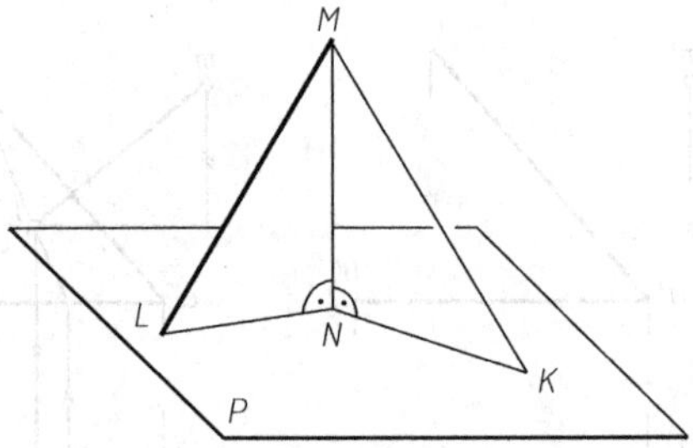

图 3-52 两平面垂直的几何条件

【例 3-27】 过点 M 作一平面，使它与平面 ABC 和平面 P 都垂直（图 3-53a）。

【解】 分析：根据两平面垂直的几何条件，只要过点 M 分别向平面 ABC 和平面 P 作两条垂线，则两垂线确定的平面便与两平面垂直。

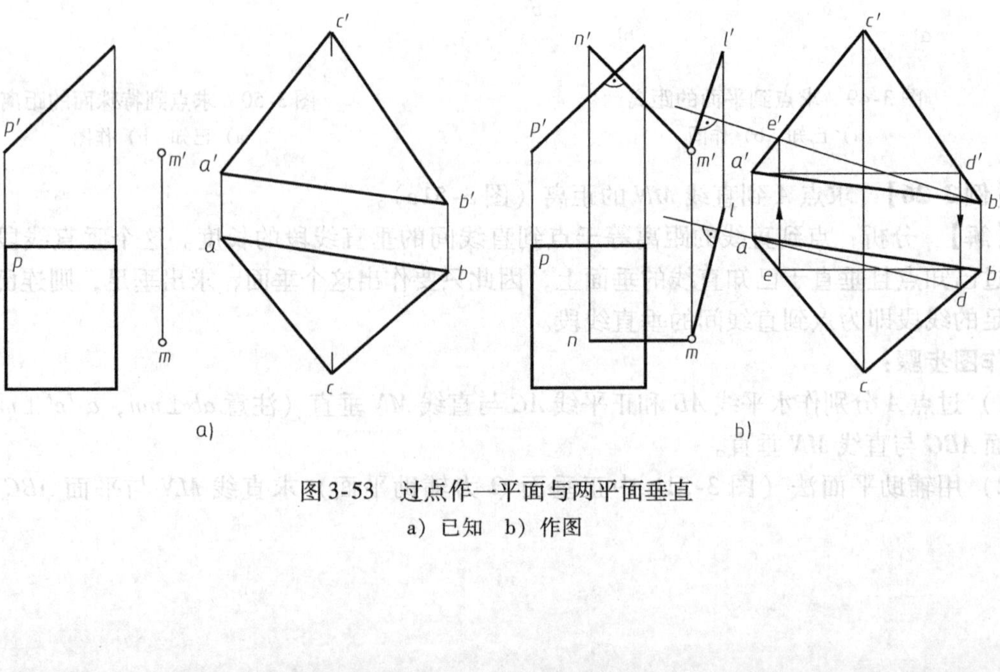

图 3-53 过点作一平面与两平面垂直

a）已知 b）作图

作图步骤：

1）过点 M 向平面 ABC 作垂线 ML（先在平面 ABC 上作一条水平线 AD 和一条正平线 BE，然后再作垂线 ML，注意 $ml \perp ad$、$m'l' \perp b'e'$）。

2）再过点 M 向平面 P 作垂线 MN（因为平面 P 是正垂面，它的垂线一定是正平线，而且正面投影 $m'n' \perp P_V$），则平面 LMN 为所求的平面。

【例 3-28】 过点 M 作铅垂面与平面 $ABCD$ 垂直（图 3-54a）。

【解】 分析：根据题目要求应该先过已知点向已知平面作一条垂线，然后再过该垂线作铅垂面。

作图步骤：

1）过点 M 向平面 $ABCD$ 作垂线 MN（因为 AB 边是水平线，BC 边是正平线，所以 $mn \perp ab$，$m'n' \perp b'c'$）。

2）过直线 MN 作铅垂面 P（水平迹线 P_H 应与水平投影 mn 重合）。

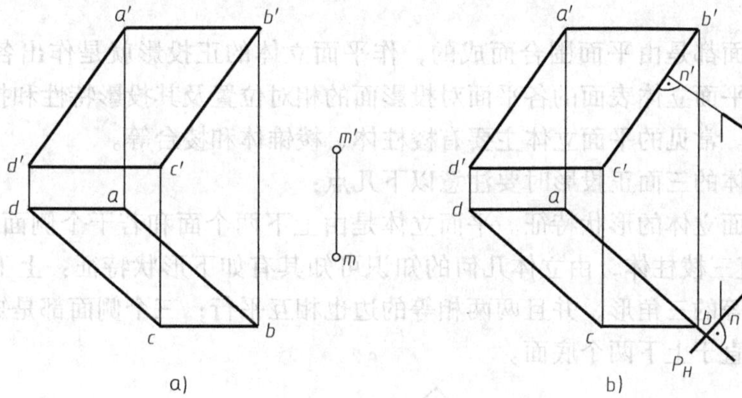

图 3-54 过点作铅垂面与已知平面垂直

a）已知 b）作图

第四章　立体的投影

第一节　基本形体的投影

不管建筑物的形状有多么复杂，都可以把它看成是若干的简单几何形体（如棱柱体、棱锥体、圆柱体、球体、圆锥体等）经过叠砌、切割或相交而组成的。这些常见的简单几何形体又称为基本几何形体。基本几何形体分为平面立体和曲面立体两大类。表面由若干平面围成的立体，称为平面立体，如棱柱体、棱锥体等。表面由曲面或曲面与平面围成的立体，称为曲面立体，如圆柱体、圆锥体、球体等。

一、平面立体

平面立体的表面都是由平面围合而成的，作平面立体的正投影就是作出各平面的正投影。因此分析组成平面立体表面的各平面对投影面的相对位置及其投影特性和投影特征，对于正确作图很重要。常见的平面立体主要有棱柱体、棱锥体和棱台等。

在绘制平面立体的三面正投影时要注意以下几点：

首先要分析平面立体的形状特征。平面立体是由上下两个面和若干个侧面围合而成的。如图4-1a所示的直三棱柱体，由立体几何的知识可知其有如下形状特征：上下两个底面是两个相互平行且全等的三角形，并且两两相等的边也相互平行；三个侧面都是矩形；所有的侧棱相互平行且垂直于上下两个底面。

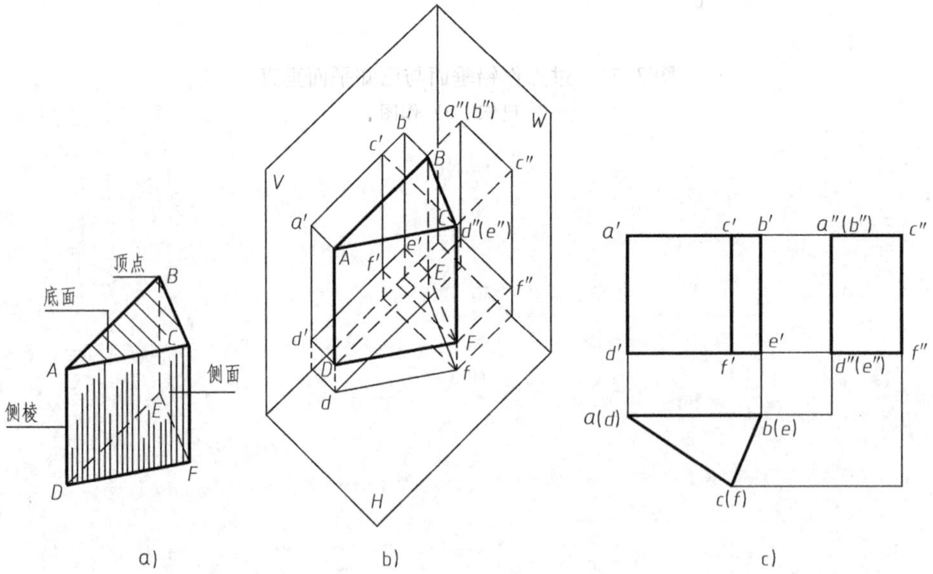

图4-1　直三棱柱体的投影图

a）直观图　b）立体图　c）投影图

其次要注意平面立体和三面投影坐标系的位置关系。尽可能将平面立体放在稳定位置，且其三面投影图能尽量多地反映出物体的实形。如图 4-1 中三棱柱体的上下两个底面和水平投影面平行，物体在三面投影体系中处于一个稳定的状态，并且侧面 *ABED* 和正投影面平行，这样就有一个侧面和上下两个底面的投影图反映物体的实形，其三面投影图就能最大可能地反映物体的真实形状和大小，便于识读。

（一）棱柱体的投影

棱柱体由两个相互平行的全等的多边形平面（如图 4-1a 中的平面 *ABC* 和平面 *DEF* 平行）和三个及三个以上的侧面（如图 4-1 中的平面 *ADFC*、平面 *ADEB*、平面 *BCFE*）围合而成的几何形体，各侧棱相互平行。棱柱体分为直棱柱体和斜棱柱体，直棱柱体的底面是正多边形，斜棱柱体的侧棱倾斜于斜棱柱体的两个底面。

如图 4-2 所示，在三面投影体系中的一个正五棱柱体，其上下两个底面都是水平面，其在水平投影面上的投影反映实形；后侧面是一个正平面，其在正投影面上的投影反映实形；其他的四个侧面都是铅垂面，在水平投影面上的投影积聚成四条直线。其三面投影图具有如下的特征：

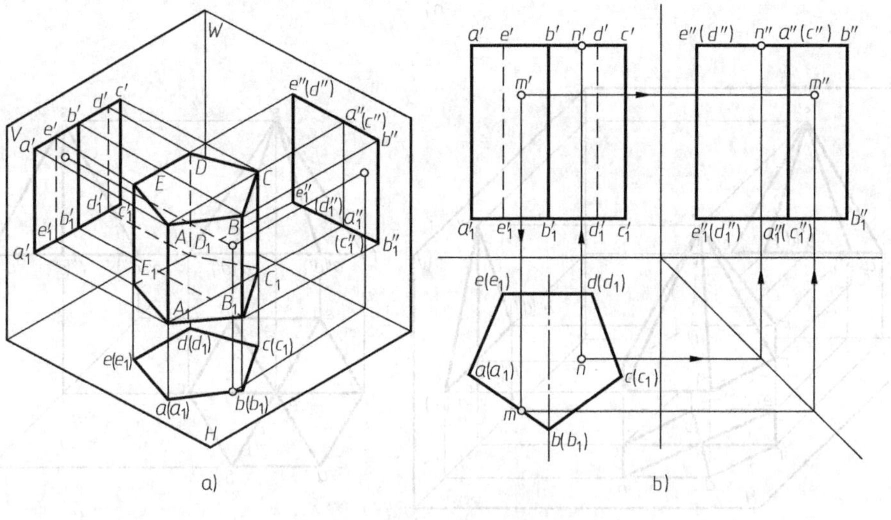

图 4-2　正五棱柱体的投影图

a）立体图　b）投影图

（1）*H* 面上的投影　五棱柱体的水平投影图是一个正五边形。上底面 *ABCDE* 和下底面 $A_1B_1C_1D_1E_1$ 在水平投影面上的投影两两重合，且反映实形——正五边形；五个侧面积聚为正五边形的五条边；五条侧棱垂直于水平投影面，积聚为五个点。

（2）*V* 面上的投影　矩形 $a'a'_1c'_1c'$ 是侧面 AA_1B_1B、侧面 BB_1C_1C、侧面 AA_1E_1E、侧面 CC_1D_1D 和侧面 DD_1E_1E 重合的投影，其中 *V* 面投影图中虚线围合成的矩形是正五棱柱体后侧面 DD_1E_1E 的投影，反映后侧面的实形。

（3）*W* 面上的投影　*W* 投影面上的矩形 $e''(d'')e''_1(d''_1)a''_1(c''_1)a''(c'')$ 是侧面 AA_1B_1B 和侧面 AA_1E_1E 的重合投影，矩形 $a''(c'')a''_1(c''_1)b''_1b''$ 是侧面 BB_1C_1C 合侧面 CC_1D_1D 的重合投影，侧面 DD_1E_1E 侧面的投影积聚成线段 $e''(d'')e''_1(d''_1)$，上下两个底面的 *W* 面投影积聚为

线段 $e''(d'')b''$ 和线段 $e''_1(d''_1)b''_1$。

（二）棱锥体的投影

棱锥体的侧棱交于一点，即顶点（又称锥顶），各个侧面都是三角形。棱锥体就是由一个多边形的底面和若干个三角形围合而成的平面立体。在画棱锥体的三面投影图时，一般棱锥的摆放位置是让其底面和水平投影面平行，这样与人们观察形体的习惯一致，能较好的表示外观。

如图 4-3 所示，在三面投影体系中的一个六棱锥体，其底面是水平面，六个侧面中 *SAB* 和 *SED* 是侧垂面，其他的四个侧面是一般位置平面。

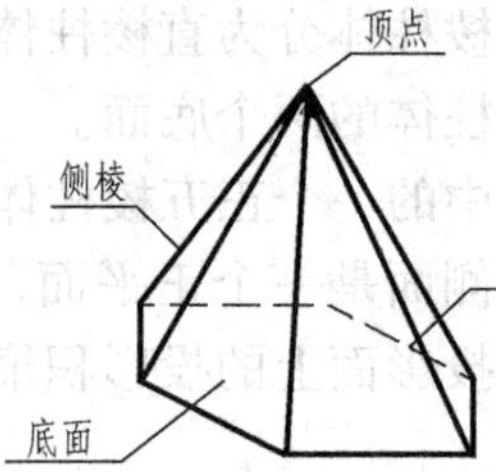

a)

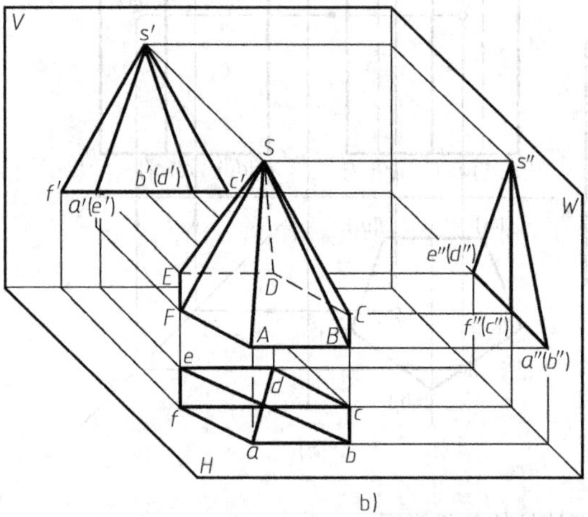

b)

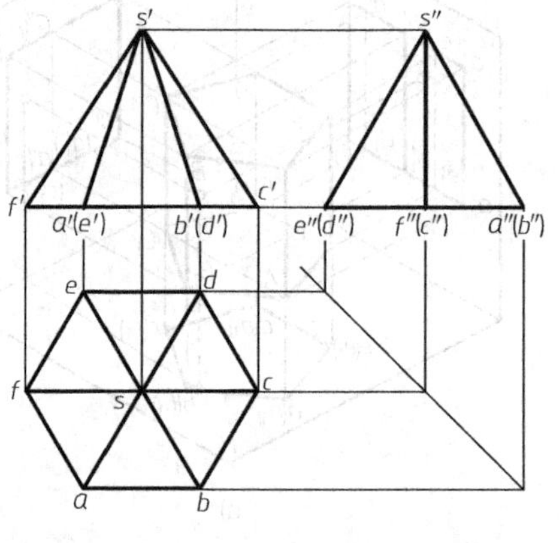

c)

图 4-3　六棱锥体的投影

a）直观图　b）立体图　c）投影图

水平投影中六边形线框围合的平面是六棱锥体的水平投影图，它反映出底面的实形。顶点 *S* 的水平投影在六边形的中心，它与六边形的六个点相连的连线是六条侧棱的水平投影，六个三角形是六个侧面的水平投影。

六棱锥体的 *V* 面投影的特点有以下几点：一是其 *W* 面投影的外形是三角形，水平线是底面的积聚投影；二是面 *SAB* 和面 *SED*、面 *SFA* 和面 *SFE*、面 *SBC* 和面 *SCD* 的 *V* 面投影均为三角形，且两两重合。

W 面的投影的外形也是三角形，水平线仍是底面在 *W* 面上的积聚投影，*W* 面上的投射线段 $s''e''(d'')$ 和线段 $s''a''(b'')$ 是前后两个侧面 *SED* 和 *SAB* 在 *W* 面上的积聚投影。其他四个侧

面的 W 投影是三角形，且两两相互重合。

以上的例子说明平面立体的投影，就是其各个侧面的投影，而各个侧面的投影实际上是用其各条侧棱的投影来表示的，侧棱的投影又是其各顶点投影的连线。因此平面立体的投影特点有：

1）求平面立体的投影实质上就是求点、线、面的投影。

2）投影图中的线段可能是侧棱的投影，也可能是某侧面的积聚投影。

3）投影图中线段的交点，可能是一个点的投影，也可能是某侧棱的积聚投影。

4）当向某投影面作投影时，凡看得见的侧棱用实线表示，看不见的侧棱用虚线表示，如果两条侧棱的投影重合时仍用实线表示。

其他平面立体的投影特征见表4-1。

表4-1　平面立体的投影特征

名称	形体在三面投影体系中的投影	三面投影图	投影特点
正六棱柱体	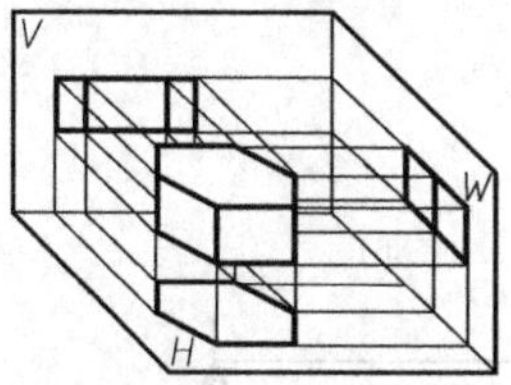	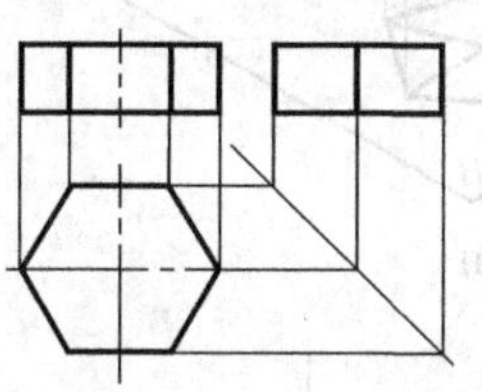	上下两底面与 H 面平行，在 H 面上的投影反映实形，为正六边形；其 V 面、W 面投影各积聚成水平线。前棱面和后棱面与 V 面平行，其 V 面投影反映实形，为矩形；其 H 面、W 面投影积聚成直线。其他四个侧棱面与 H 面垂直，它们的 H 面投影都各积聚成直线；V 面、W 面投影则为类似形
三棱锥体	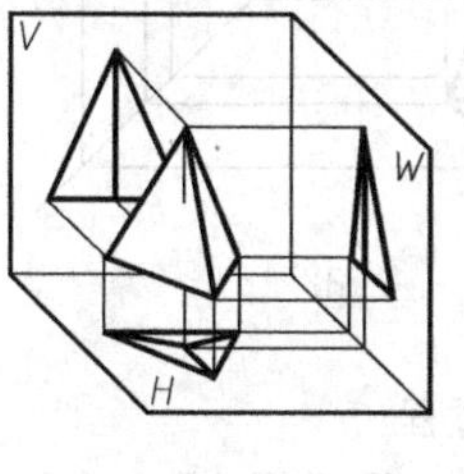	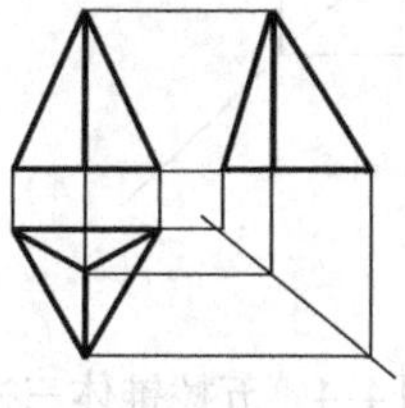	三棱锥摆放位置为底面平行于 H 面，则它的 H 面投影为三角形，反映底面的实形；V 面投影、W 面投影积聚成水平线。后棱面垂直于 W 面，其侧面投影积聚成直线。其他左右两个侧棱面倾斜于三个投影面，它们的三面投影均为类似形。三个侧棱面的 H 投影也均为类似形
正四棱台	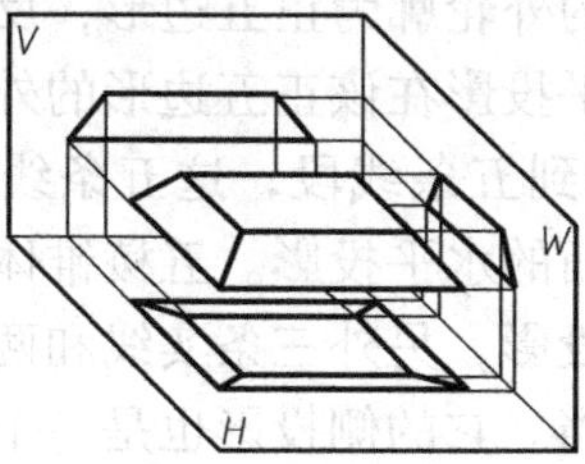	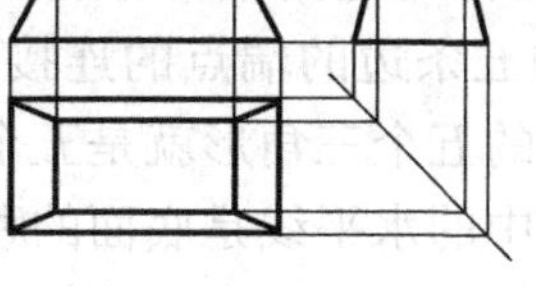	V 面、W 面投影是同一高度是等腰梯形。左右两个侧面在 V 面上的投影积聚为两条线段，前后两个侧面在 W 面上的投影积聚为两条线段。上下两个底面的 H 面投影反映实形

（三）平面立体的绘制

在绘制平面立体的三面投影图时，应尽量将其放在较为平稳的位置，如将平面立体的主要表面和侧棱尽量平行于投影面，使形体的投影尽量反映物体的实形。绘制三面投影图时一般先画反映实形特征的投影图，然后根据正投影的投影规律——“长对正、高平齐、宽相等”绘制出三面投影图。

【例4-1】 绘制正五棱锥体的三面投影图。

【解】 分析：图4-4a所示形体是五棱锥体，底面是一个正五边形，五个侧面为等腰三角形。把五棱锥体放在三面投影体系中，使其底面与 *H* 面平行，底面的一条边和 *W* 面垂直，后侧面是一个侧垂面。

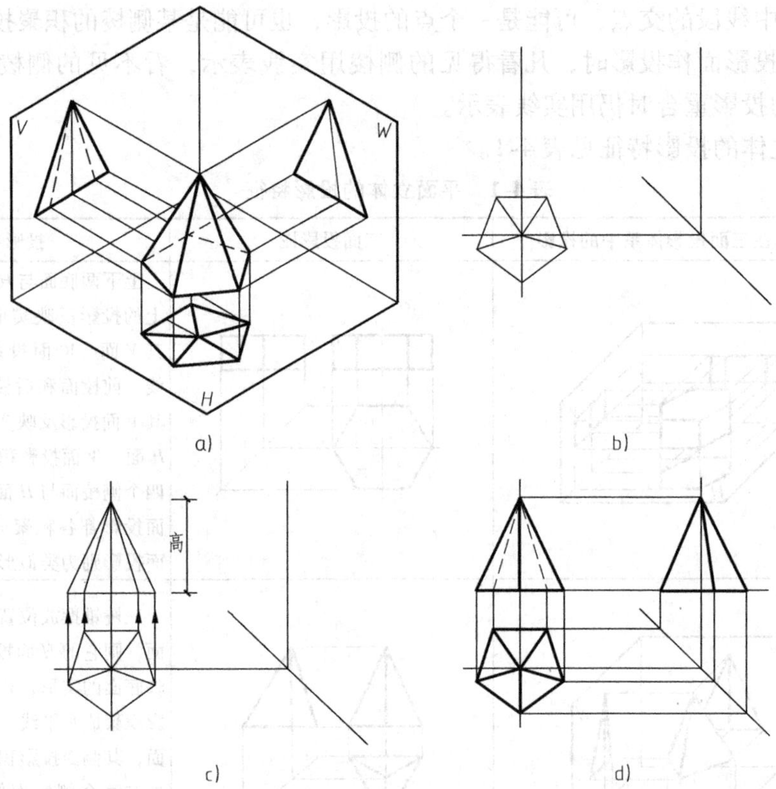

图4-4 五棱锥体三视图的绘制过程

a）立体图 b）作图过程（1） c）作图过程（2） d）作图结果

因为底面和水平投影面平行，五棱锥体的水平投影的外轮廓为正五边形，反映底面的实形，称为特征视图，要优先画出。该棱锥体的顶点的水平投影在该正五边形的外接圆的圆心上，它和 *H* 面上是正五边形的五条边的端点的连接，得到五条线段，这五条线段就是正五棱锥体侧棱的水平投影，其中的五个三角形就是五个侧面的水平投影。五棱锥体的正投影的外轮廓是一个等腰三角形，其中的水平线是底面的积聚投影，另外三条实线和两条虚线表示的是侧棱的投影，后面的三个侧面被前面的两个侧面遮挡。它的侧投影也是一个三角形，但不是等腰三角形，其中后侧面和底面积聚成两条直线段，另外四个侧面两两重合成两个三角形。

作图步骤：

1）根据已知条件，在画正五棱锥体的三视图时，先画出它的对称中心线，后画出它的水平投影图，即要先画出形体的特征视图。

2）根据“长对正”和形体的高，画出主视图——正投影图。

3）根据“高平齐、宽相等”画出左视图。

4）加深图线，整理图面。

（四）平面立体表面上的点和直线

平面立体上的点和直线的投影特性与平面上的点和直线的投影特性基本上是一致的，不同的就是平面立体上的点和直线的投影存在可见性的问题。

如图4-5所示，在三棱柱体上的侧面*ABED*上有已知线段*MN*，在上底面上有点*R*，侧面*CADF*上有点*G*。三棱柱体的侧面*ABED*是铅垂面，它的水平投影积聚为直线段，正投影和侧投影分别为矩形线框。直线*MN*的水平投影*mn*在三棱柱体侧面*ABED*的积聚投影上，正投影*m′n′*和侧投影*m″n″*分别在两个同面投影的矩形线框内。在侧面投影中因为三棱柱体的侧面*ABED*与侧面*ADFC*重合，且侧面*ABED*被侧面*ADFC*遮挡，所以直线段*MN*的侧投影不可见，因此*MN*的侧投影*m″n″*用虚线表示。

至于三棱柱体上的两个点*G*和*R*的投影仍然满足点的投影规律，所不同的是判断其可见性。

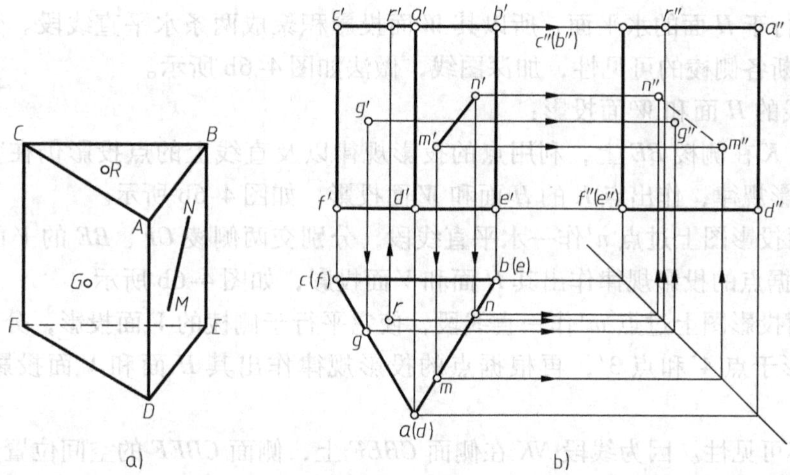

图4-5　三棱柱体表面上的点和直线的投影

a）直观图　b）三面投影图

【例4-2】　已知斜三棱柱体的两面投影和其上的折线*NKM*的两面投影，如图4-6所示，求作三棱柱体和折线的*W*面投影。

【解】　分析：图4-6a所示是一个斜三棱柱体的两面投影图。三棱柱的上下两个底面为水平面，在*H*面上的投影反映了两底面的实形，*V*面投影积聚为两条水平的直线段。*V*面投影△*a′b′c′*在上方，因此*H*面上的投影△*abc*可见；*V*面投影△*d′e′f′*在下方，因此*H*面上的投影△*def*不可见。侧面*CADF*在后方，因此它的*H*面和*V*面投影局部可见，平面*ABED*的水平投影也不可见。斜棱柱体的三条侧棱为一般位置直线，三面投影都是倾斜于三条坐标轴的，斜三棱柱体的侧棱的三面投影图的画法和直三棱柱体的相同。折线分别位于侧面*CBEF*和侧面*BADE*上。

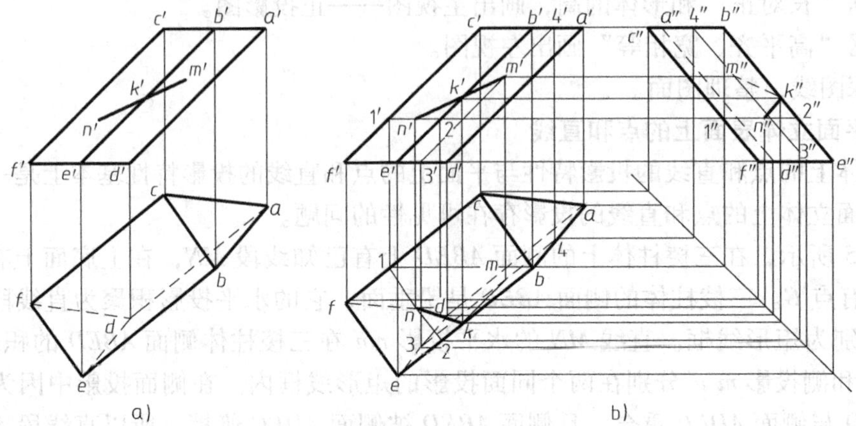

图 4-6 斜三棱柱体的投影图
a）两面投影图 b）三面投影图

作图步骤：

1）利用点、线、面的投影规律，作出上下两个底面的 W 面投影 $a''b''c''$、$d''e''f''$，因为上下两底面是平行于 H 面的水平面，所以其 W 面投影积聚成两条水平直线段。分别连接各侧棱和底面，判断各侧棱的可见性，加深图线，做法如图 4-6b 所示。

2）求折线的 H 面和 W 面投影：

① 因为点 K 在侧棱 BE 上，利用点的投影规律以及直线上的点投影仍在直线上，且同时满足点的投影规律，作出点 K 的 H 面和 W 面投影，如图 4-6b 所示。

② 在 V 面投影图上过点 n' 作一水平直线段，分别交两侧棱 CF、BE 的 V 面投影于点 $1'$ 和点 $2'$，再根据点的投影规律作出其 H 面和 V 面投影，如图 4-6b 所示。

③ 在 V 面投影图上过点 m' 作一直线段，使它平行于侧棱的 V 面投影，分别交侧棱 AB、DE 的 V 面投影于点 $4'$ 和点 $3'$，再根据点的投影规律作出其 H 面和 V 面投影，如图 4-6b 所示。

④ 判断其可见性。因为线段 NK 在侧面 $CBEF$ 上，侧面 $CBEF$ 的空间位置是在形体的左前上方，其 H 面和 W 面投影可见，在其上的点和直线也就可见，所以线段 NK 的 H 面和 W 面投影 nk 和 $n''k''$ 可见，均用实线表示；因为线段 KM 在侧面 $ABED$ 上，侧面 $ABED$ 的空间位置是在形体的右后下方，其 H 面和 W 面投影不可见，在其上的点和直线也就不可见，所以线段 NK 的 H 面和 W 面投影 km 和 $k''m''$ 不可见，均用虚线表示。

二、曲面立体

曲面立体的表面是由曲面或曲面与平面围成的。常见的曲面立体有圆柱体、圆锥、圆台、球体等，它们可以看做是由一条曲线绕轴线旋转而形成的，故又称回转体。作曲面立体的三面投影图就是作曲面立体表面的三面投影图。因此分析组成曲面立体表面的各曲面或曲面和平面对于投影面的相对位置及其投影特性，对于正确作图很重要。

在绘制曲面立体的三面正投影时，首先要分析曲面立体的形状特征，曲面立体是由曲面或曲面与平面围成的。其次要注意曲面立体和三面投影坐标系的位置关系。尽可能将曲面立体放置在稳定、便于观察的位置。

（一）圆柱体的投影

如图 4-7 所示圆柱体的投影，圆柱体由上下两个相互平行的全等的底圆（图 4-7a）和圆柱面围合而成的几何形体。圆柱面是由直母线绕与其平行的轴线旋转而成，直母线运动到圆柱面的任意位置时，称为圆柱面的素线。如图 4-7a 所示。

如图 4-7 所示，在三面投影体系中的一个正圆柱体，其上下两个底面都是水平面，其在水平投影面上的投影反映实形——圆形，在其他两个投影面上的投影积聚为一直线；*V* 面和 *W* 面的投影是两个完全相等的矩形。其中 *V* 面投影是由上下底面投影圆柱面上最左、最右两条素线围成的；*W* 面投影是由上下底面投影圆柱面上最前、最后两条素线围成的。其三面投影图具有如下的特征：

（1）*H* 面上的投影　*H* 面上的投影是一个圆形。上底面和下底面在水平投影面上的投影两两重合，且反映实形——圆形；圆柱面积聚成一个圆形。

（2）*V* 面上的投影　矩形是圆柱面的投影，正圆柱体的上下两个底面积聚成两条水平线。圆柱体的前半部分的正投影在 *V* 面上的投影是可见的，后半部分上的点、线、面不可见。

（3）*W* 面上的投影　矩形是圆柱面的投影，正圆柱体的上下两个底面积聚成两条水平线。圆柱体的左半部分的正投影在 *W* 面上的投影是可见的，右半部分上的点、线、面不可见。

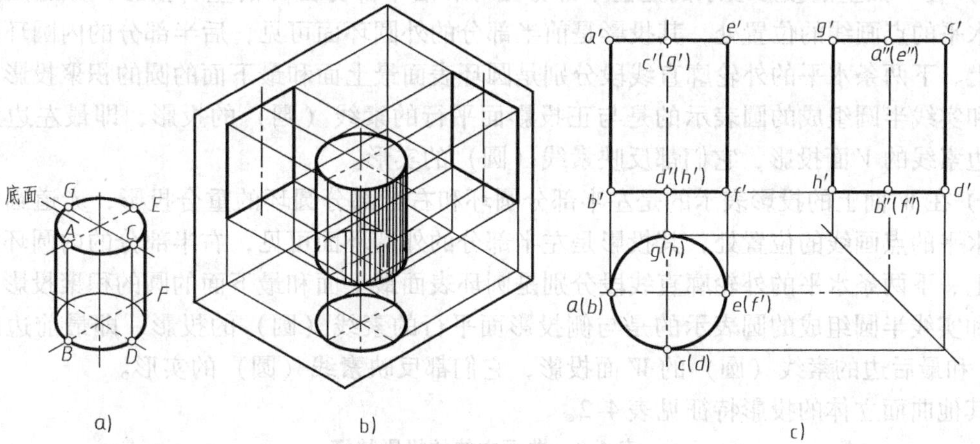

图 4-7　正圆柱体的投影图

a）直观图　b）立体图　c）投影图

（二）圆环的投影

圆环是以圆为母线绕与其共面的圆外直线旋转而形成的曲面，远离轴线的半圆母线旋转形成了外圆环面，靠近轴线的半圆母线形成了内圆环面。

如图 4-8 所示，圆环的投影有以下特点：

1）圆环的 *H* 面投影由两个同心圆组成，分别是赤道圆（回转面上最大的纬圆）和颈圆（回转面上最小的纬圆）的水平投影，两个同心圆围成的图形是上半环面和下半环面的重合投影，点画线圆就是母线圆绕轴运动后与水平投影面垂直的母线圆的直径运动留下的轨迹的投影，大圆和点画线圆围合的图形是圆环外环面的投影，点画线圆与小圆围合的图形是圆环内环面的投影。在 H 面上，上半圆环面的投影可见，下半圆环面的投影不可见。圆环的 V 面和 W 面的投影的图样是完全一样的。

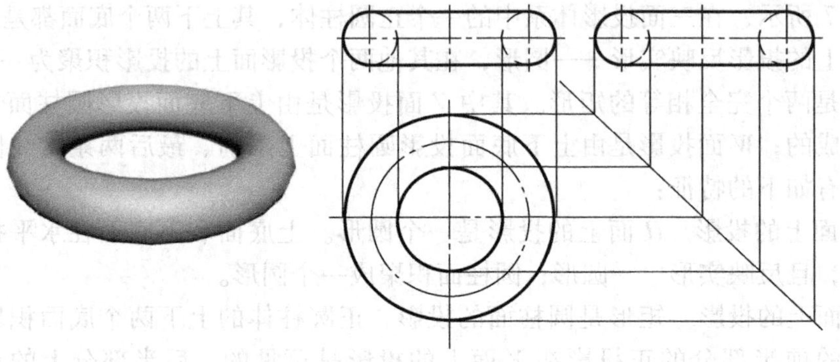

a)　　　　b)

图 4-8　圆环的投影图

a）直观图　b）投影图

2）在 V 面上的投影表示的是前半部分圆环和后半部分圆环的重合投影，赤道圆的投影就在水平的点画线的位置处，其投影是前半部分的外圆环面可见，后半部分的内圆环面不可见，上、下两条水平的外轮廓直线段分别是圆环表面最上面和最下面的圆的积聚投影，虚线半圆和实线半圆组成的圆表示的是与正投影面平行的素线（圆）的投影，即最左边素线和最右边素线的 V 面投影，它们都反映素线（圆）的实形。

3）在 W 面上的投影表示的是左半部分圆环和右半部分圆环的重合投影，赤道圆的投影就在水平的点画线的位置处，其投影是左半部分的外圆环面可见，右半部分的内圆环面不可见，上、下两条水平的外轮廓直线段分别是圆环表面最上面和最下面的圆的积聚投影，虚线半圆和实线半圆组成的圆表示的是与侧投影面平行的素线（圆）的投影，即最前边的素线（圆）和最后边的素线（圆）的 W 面投影，它们都反映素线（圆）的实形。

其他曲面立体的投影特征见表 4-2。

表 4-2　曲面立体的投影特征

名称	形体的直观图	三面投影图	投影特点
圆锥	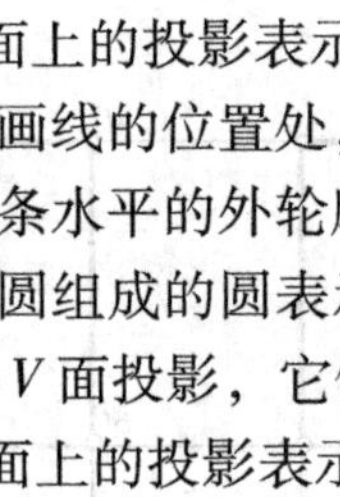	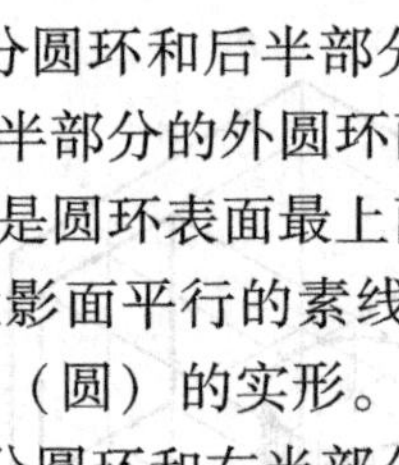	圆锥体形体的特征：底面是一个圆面，锥面是直母线绕与它相交的轴线旋转而成的形体，所有的素线汇交与锥顶 圆锥体的投影特征：有两个视图的投影是两个全等的三角形，另一个特征视图是一个圆形

（续）

名称	形体的直观图	三面投影图	投影特点
圆台	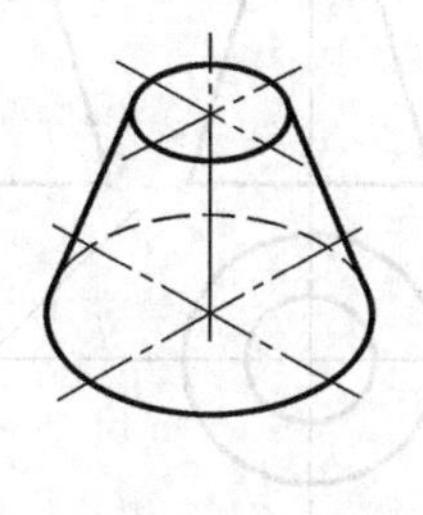	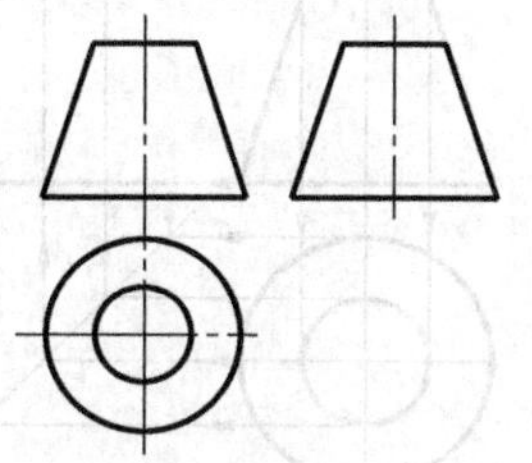	台体的特征：两底面是相互平行的圆面，锥面是直母线绕与它相交的轴线旋转而成是形体，所有的素线的延长线汇交一个点 台体的投影特征：有两个视图的投影是两个全等的梯形，另一个特征视图是两个同心圆形
球体	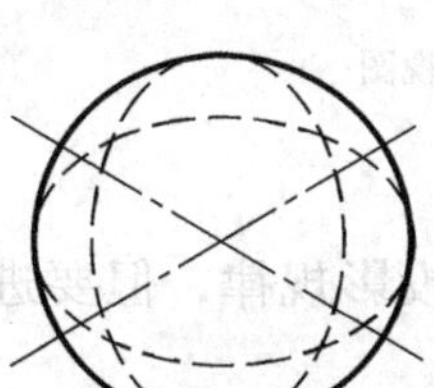	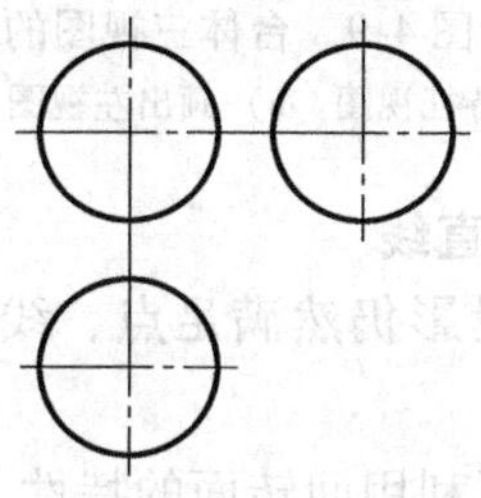	球体的特征：球体是母线圆绕直径旋转而成是形体，所有的素线均为大圆 球体的投影特征：三个视图均为圆

（三）曲面立体的绘制

绘制曲面立体的三面投影图实际上就是绘制曲面立体的投影范围，即曲面体最外的轮廓的素线。在绘制曲面立体时一般先画出对称中心线、轴线，之后绘出曲面体的特征视图，然后根据正投影的投影规律——“长对正、高平齐、宽相等”绘制出三面投影图。

【例 4-3】 绘制台体的三面投影图。

【解】 分析：图 4-9 所示形体是台体，上下两个底面是相互平行的大小不同的圆。把台体放在三面投影体系中，使上下底面与 H 面平行。

因为底面和水平投影面平行，台体的水平投影为两个同心圆形，且分别反映上下两底面的实形，凡三面投影图中的特征视图，要优先画出。V 面和 W 面投影是两个完全相同的梯形，其中梯形的上底边是台体上底面的积聚投影，梯形的下底边是台体下底面的积聚投影。

作图步骤：

1）根据已知条件，在画台体的三视图时，先画出它的对称中心线，后画出它的水平投影图，即要先画出形体的特征视图。

2）根据“长对正”和形体的高画出主视图——正投影图。

3）根据“高平齐、宽相等”画出左视图。

4）加深图线，整理图面。

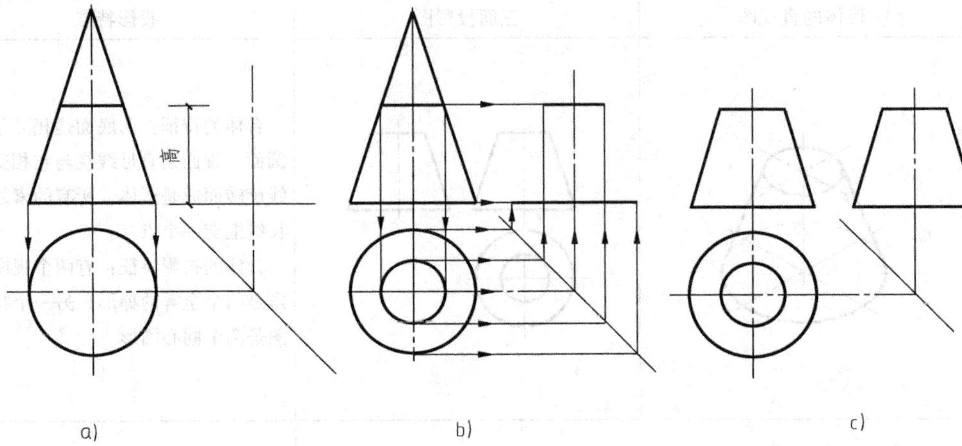

图 4-9　台体三视图的绘制

a）画出特征视图　b）画出左视图　c）整理视图

（四）曲面立体表面上的点和直线

曲面立体表面上的点、线的投影仍然满足点、线的三面投影规律，但要进行可见性的判断。

曲面立体上的点和线，我们可利用回转面的特性、投影的积聚性或辅助素线、辅助圆法等方法求得。

【例 4-4】　已知圆柱体柱面上有一线 *MKN* 的单面投影，如图 4-10 所示，求作其他两面投影。

【解】　分析：在圆柱体柱表面的点或线，可利用圆柱表面的积聚投影来求作其投影。如图 4-10a 所示，线 *MKN* 在圆柱体的前半部分的主表面上，且圆柱体的上下表面和 *H* 面平行，可利用圆柱体主表面的积聚投影求得线 *MKN* 的 *H* 面和 *W* 面投影。

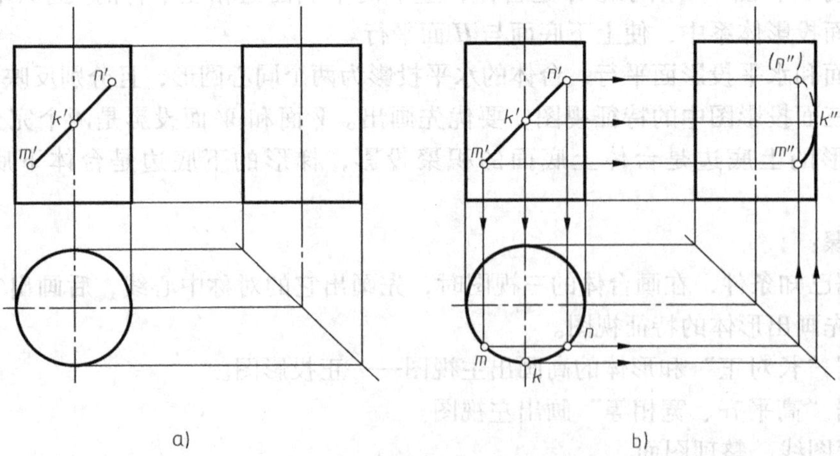

图 4-10　圆柱体柱表面上的线段

作图步骤：

1）求点 M、K、N 的水平投影　因为圆柱表面在 H 面上的投影积聚为一个圆，且线 MKN 在圆柱体柱表面的前半部分，点 M 的水平投影在圆柱体水平投影的圆的前半部分上，所以过点 m' 向下作垂线，与圆的前半部分的交点即为点 M 的水平投影，且点 M 的水平投影可见。点 K 和点 N 的求法和点 M 的相同。

2）求点 M、K、N 的 W 面投影　利用点的投影规律求出点 M、K、N 的 W 面投影。由于线 MKN 在圆柱体柱表面上是一条曲线，所以在 W 面上的投影应该是一条曲线。

3）可见性的判断　如图 4-10 所示，圆柱体柱表面的左半部分的 W 面投影可见，在其上的点和线段也可见，即线 MK 的 W 面投影可见，用实线表示；右半部分圆柱体的 W 面投影不可见，同理线 KN 的 W 面投影不可见，用虚线表示。

【例 4-5】　已知有圆锥体表面上点 Q 和点 K 的单面投影，如图 4-11 所示，求作两点的 H 面投影。

【解】　分析：圆锥体表面的点或线，可用辅助素线、辅助圆法求得。

如图 4-11a 所示，点 Q 和点 K 在圆锥体的前半部分的圆锥面上，应在所求的圆锥体水平投影的前半圆上。点 Q 在最前方的素线上，可用利用辅助圆法求出；点 K 可用辅助素线或辅助圆法求出，下面用辅助素线法求出点 K，用辅助圆法求出 Q 点。

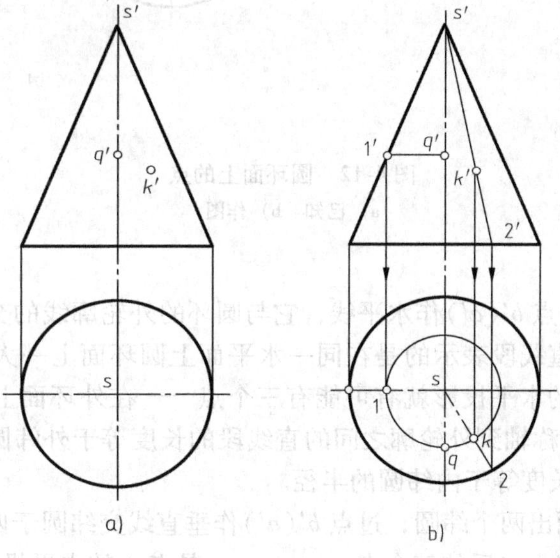

图 4-11　圆锥体表面上的点

a）已知　b）作图

作图步骤：

1）求点 K 的 H 面投影　过点 k' 和点 s' 作直线 $s'2'$ 交圆锥底面的 V 面投影于点 $2'$，过点 $2'$ 作垂线交 H 面上的前半圆于点 2，连接 $s2$ 直线。过点 k' 作垂线，它与 $s2$ 直线的交点就是所要求的点 K 水平投影 k（辅助素线法）。

2）求点 Q 的水平投影　过点 q' 作一水平线交圆锥体的 V 面投影于点 $1'$，过点 $1'$ 作垂线交 H 面投影的点画线上于点 1，以点 s 为圆心，线段 $s1$ 为半径画圆交 H 投影面的另一点画

线于点 q，前面一个点就是要求的点 Q 的水平投影（辅助圆法）。

【例 4-6】 已知圆环表面上点 A、B 的 V 面投影，如图 4-12 所示，求作它们的 H 面和 W 面投影。

【解】 分析：在圆环表面的点或线，可用纬圆法求得。如图 4-12 所示，点 A 和点 B 在圆环的上右半部分的圆环面上，点 B 在 V 面投影可见，所以点 B 在圆环面的前上方，那么点 B 在 H 面上的投影可见。点 A 在 V 面上的投影不可见，而且在点 B 的正后方，所以被点 B 遮挡且在圆环面上的点 a 的水平投影和侧面投影应该各有三个，点 a 应该是三个投影点的重合点。

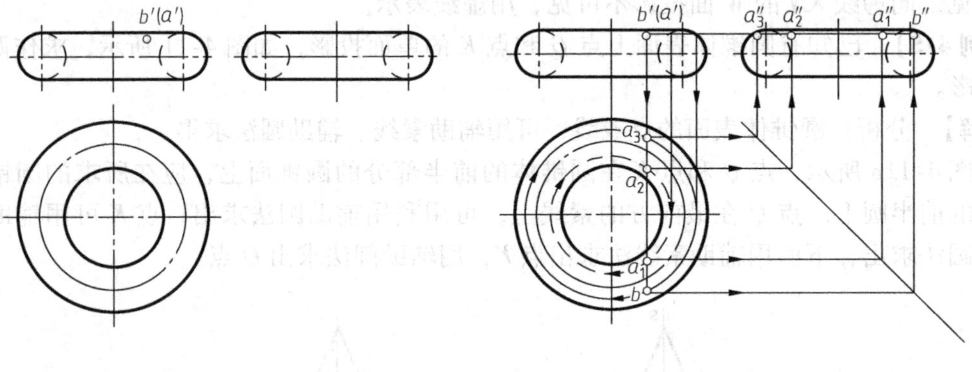

图 4-12 圆环面上的点
a）已知 b）作图

作图步骤：

1）在 V 面投影上过点 $b'(a')$ 作水平线，它与圆环的外轮廓线的交点组成的直线段就是纬圆的 V 面投影，这一直线段表示的是在同一水平面上圆环面上一大一小的纬圆的 V 面上的重合投影。所以点 A 的水平投影就有可能有三个点——在外环面上或在内圆环面上（内圆环有两个表面）。从对称轴到外轮廓之间的直线段的长度等于外纬圆的半径，从对称轴到虚线圆之间的直线段的长度等于内纬圆的半径。

2）在 H 投影面上画出两个纬圆，过点 $b'(a')$ 作垂直线交纬圆于四个点。最前面的交点是点 B 的水平投影 b，点 b 之后的三个点 a_1、a_2、a_3 是点 A 的水平投影。

3）根据点的投影规律求出点 B 和点 A 的 W 面投影。

第二节　平面与立体相交求截交线

一、平面和平面立体的截交线

平面和平面立体相交后就会在平面立体的表面产生闭合的交线，该交线称为平面立体的截交线，截交线围成的平面称为平面立体的截断面。如图 4-13 所示的三棱锥体被平面 P 切割，平面 P 称之为截平面。

立体的截断面一般都是一个平面图形，截断面的轮廓线就是立体和截平面的截交线。平面立体的表面都是平面，所以平面立体的截交线是一个封闭的平面多边形，它的边数与截平面所截到的平面立体的表面的数量有关，截交线的交点是截平面与平面立体侧棱的交点，如图 4-13 中的点 *A*、*B*、*C* 就是截平面 *P* 和三棱柱体上的三条侧棱的交点。截交线既在截平面上，又在平面立体上。

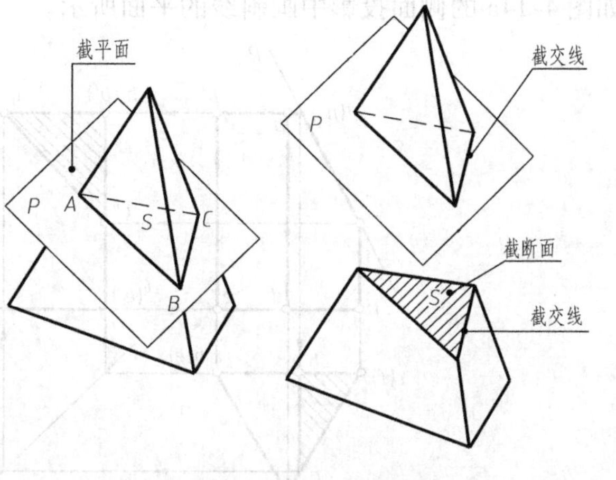

图 4-13　平面立体的截断

求平面与平面立体的截交线的主要原理是根据直线上的点的求法和平面上的点或直线的求法，以及直线和平面相交的交点的求法得来的。

平面立体的截交线的基本特性如下：

1）截交线是平面立体和截平面所共有的，截交线上的点也是截平面和平面立体上的点。

2）截平面和平面立体本身的形状决定了截交线的形状，平面立体的截交线是封闭的多边形。

在求平面立体上的截交线的时候，要先分析平面立体在未切割之前的形状以及它所在三面投影体系中的位置，然后再使用交点法或（和）交线法来求出交点。交点法就是先求出平面立体上与截平面相交的侧棱（或底边）和截平面的交点；交线法则是先求出与截平面相交的侧棱面（或底面）的交线，最后将求出的点或线按一定顺序依次连接并判别可见性。

（一）棱柱体的截交线

如图 4-14 所示为三棱柱体被截平面 *P* 切割，求截交线。

根据三棱柱体的三面投影图可知，三棱柱体的 *ADFCG* 面和 *ABED* 面是铅垂面，*HBEF* 面是正平面，截平面 *P* 是正垂面，截平面与棱柱体的侧棱面 *ADFCG*、上底面相交。因此，要求该三棱柱体的截交线，只要求出侧棱 *CF* 与截平面 *P* 的交点，以及截平面与上底面 *ABHG* 的交线的投影，就能求出该三棱柱体的截交线。

截交线的求法具体如下：

(1) *H* 面上的截交线求法　侧棱 *CF* 是一条铅垂线，它与截平面的交点 *C* 的水平投影就是侧棱 *CF* 的水平积聚投影；三棱柱体的上底面是水平面，其 *V* 面投影积聚为一条直线段，它与截平面的交线的正投影积聚成点 $g'(h')$，过点 $g'(h')$ 作垂线分别交直线段 $c(f)\ a(d)$、$c(f)\ b(e)$ 于点 g 和点 h，连接点 c、点 g、点 h 就得到截断面 *CGH* 的水平投影 cgh，如图 4-14a 的水平投影中画斜线的平面所示。

(2) *W* 面上的截交线的求法　因为三棱柱体的上底面是水平面，其 *W* 面投影积聚为一水平的直线段，且截平面与上底面的交线就在该直线段上。由于侧棱 *FC* 与截平面的交点 *C* 的侧面投影也在侧棱 *FC* 的 *W* 面投影上，因此，过 c' 作水平投射线交侧棱 *FC* 的侧面投影与点 c''，再过点 *G* 和点 *H* 的侧面投影，而且它们应该在三棱柱体的上底面的积聚投影上，求得点 *H* 和点 *G* 的侧面投影 h'' 和 g''，连接点 c''、点 h'' 和点 g'' 得截断面 *CGH* 的侧面投影 $c''h''g''$，如图 4-14a 的侧面投影中画斜线的平面所示。

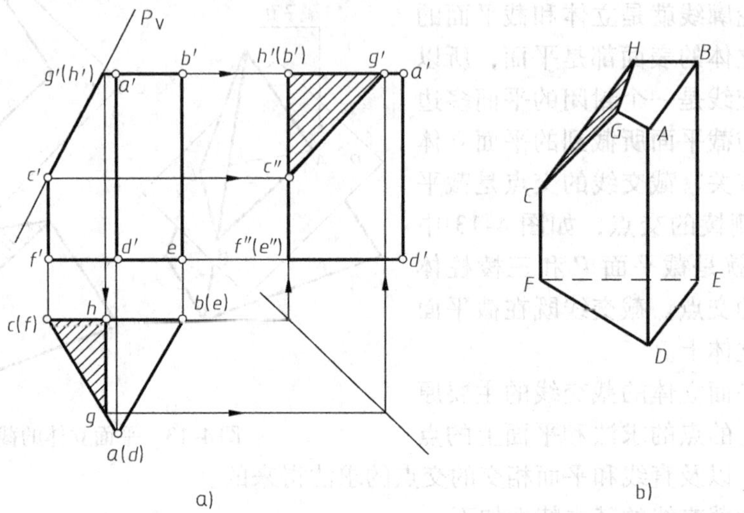

图 4-14 三棱柱体的截交线

a）三面投影图 b）直观图

【例 4-7】 补全六棱柱被截切后的水平投影，并求其侧面投影图（图 4-15）。

【解】 分析：六棱柱体的截交线可用交点法和交线法求得。

如图 4-15a 所示，截平面为正垂面，与六棱柱体的五条侧棱相交，得五个交点，同时截平面还和六棱柱体的上底面相交，得到一条线段，所以截断面是一个七边形。截平面在 V 面上有积聚性，截平面与六棱柱体的交点可以直接得到，即 a'、b'、c'、d'、e'、f'、g' 七个点，其中 a'、b'、c'、f'、g' 五个点在侧棱上，点 $d'(e')$ 实际上是截平面与六棱柱体上底面的交线的积聚投影。由图 4-15a 所示的六棱柱体的两面投影图得知六棱柱体的六个侧棱面在 H 面上的投影具有积聚性，前后两侧棱面还是正平面，所以 A、B、C、F、G 五个点的水平投影分别在六棱柱体的五根侧棱的积聚投影上，DE 线段的两个端点 D、E 的水平投影分别在六棱柱体上底面的水平投影的右边，位于正六边形的两条边上，依次连接 a、b、c、d、e、f、g 七个点就能得到截断面的水平投影。再根据正投影的原理，利用求得的截断面的 H 面和 V 面投影，求出截断的 W 面投影。

作图步骤：

1）求 V 面投影。根据分析的情况，在 V 面投影图上依次标出截断面的七个顶点的编号 a'、b'、c'、d'、e'、f'、g'，其中五个点 a'、b'、c'、f'、g' 在侧棱上，$d'e'$ 线段是截平面与六棱柱体上底面的交线。

2）求 H 面投影。六棱柱体的侧棱面的水平投影具有积聚性，A、B、C、F、G 五点的水平投影分别在六棱柱体的五根侧棱的积聚投影上，求得它们的水平投影 a、b、c、f、g；过点 $d'(e')$ 作垂线的截交线 DE 的水平投影 d、e 投影，如图 4-15d 所示。依次连接 a、b、c、d、e、f、g，得截断面的水平投影。

3）求 W 面投影。根据点和直线段的投影规律求得 A、B、C、D、E、F、G 七个点的 W 面投影 a''、b''、c''、d''、e''、f''、g''，如图 4-15d 所示。

4）加深图线，其中六棱柱体的最右边的侧棱的 W 面投影不可见，所以其从最上面到 a''

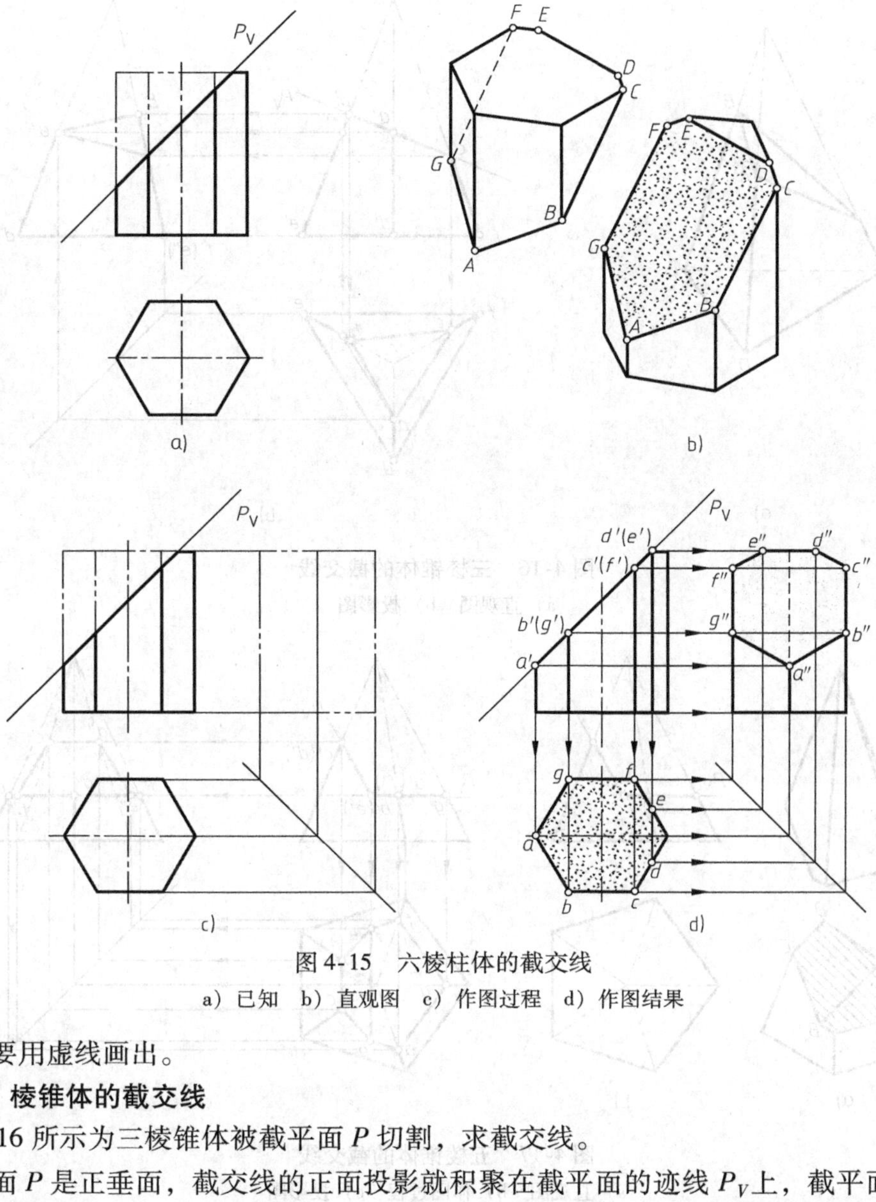

图 4-15　六棱柱体的截交线

a）已知　b）直观图　c）作图过程　d）作图结果

点的线段要用虚线画出。

（二）棱锥体的截交线

图 4-16 所示为三棱锥体被截平面 P 切割，求截交线。

截平面 P 是正垂面，截交线的正面投影就积聚在截平面的迹线 P_V 上，截平面与三棱锥体的三条侧棱相交，交点分别为点 A、B、C，其 V 面投影就为截平面的积聚投影和三条侧棱的正投影的交点 a'、b'、c'。其中点 A 在与 W 面平行的侧棱上，它的水平投影的求法有两种：一种方法是过点 a' 作平行 $d'e'$ 的平行线交侧棱 $b'e'$ 于点 $1'$，过点 $1'$ 作垂线交 be 于点 1，过点 1 作平行于 de 的平行线交 ad 于点 a。另一种方法是利用点是投影规律，先求出点 A 是 W 面投影 a''，再求出它的水平投影。至于另外两个交点 B、C 在侧棱 CF、BE 上同时满足点的投影规律，过点 b'、c' 作向下和向右垂线就可以求出其水平投影 b、c 和侧面投影 b''、c''。最后依次连接各投影面上截断面的顶点，判断其可见性，就求得了三棱柱体的截交线的三面投影图。

【例 4-8】 求作五棱锥被截切后的水平及侧面投影图（图 4-17）。

【解】 分析：五棱锥体的截交线可用交点法和交线法求得。

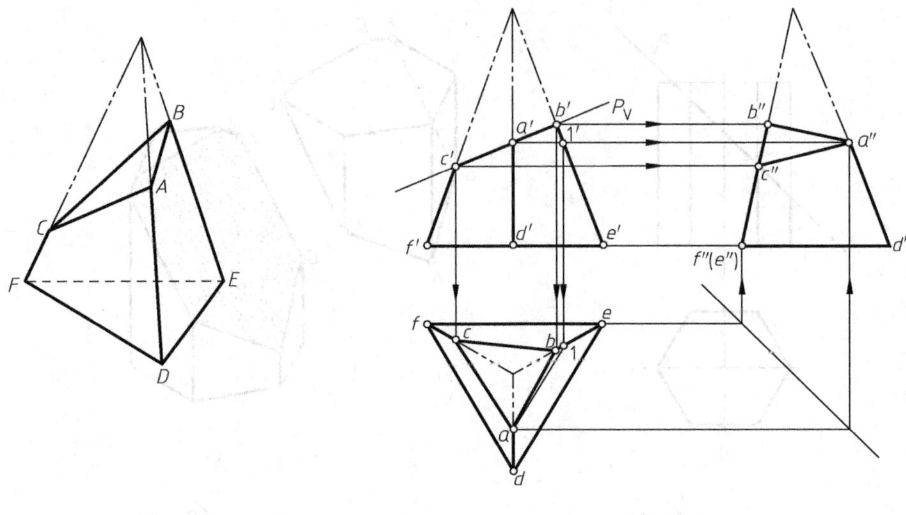

图 4-16　三棱锥体的截交线

a）直观图　b）投影图

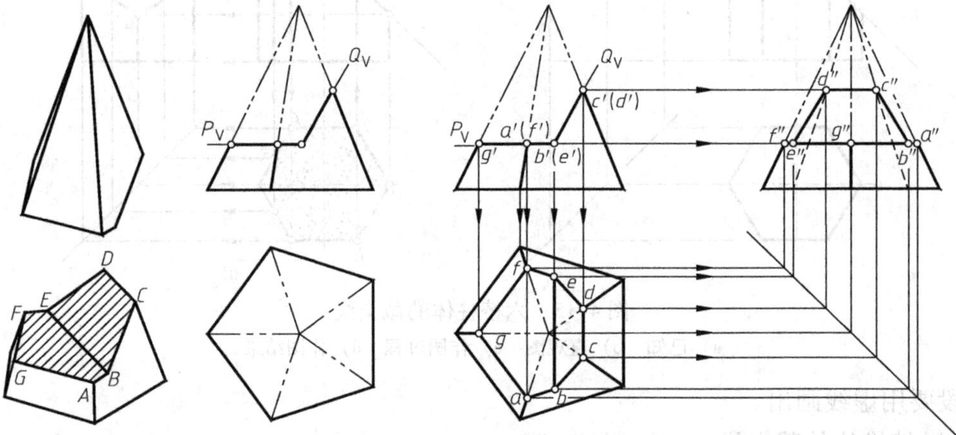

图 4-17　五棱锥体的截交线

a）直观图　b）作图过程　c）投影图

如图 4-17a 所示，截平面为两个相交的正垂面，与五棱锥体的五条侧棱相交，得七个交点，截断面由两个不共面的平面组成。截平面在 V 面上有积聚性，截平面与五棱锥体的五条侧棱的交点可以直接得到，即 a'、b'、c'、d'、e'、f'、g'七个点。由图 4-17b 所示的五棱锥体的两面投影图得知五棱锥体的最右边的侧棱面是一个正垂面，它和截平面 Q_V的交线的正投影积聚为一个点，该交线是一条正垂线，它的水平投影是一条平行于 Y_H轴的一条直线段，侧投影是一条平行于 Y_W的一条直线段；截平面 P_V是一个水平面，它和五棱柱体的三条侧棱的交点中 A 点和 F 点的正投影积聚为一个点，交线 FG 和 GA 是两两相交的水平线，且分别平行于相应的五棱锥体的底边；同时截平面 P_V和截平面 Q_V的交线的正投影也积聚为一个点，该交线也是一条正垂线。

作图步骤：

1）求 V 面投影。根据分析的情况，在 V 面投影图上依次标出截断面的七个顶点的编号 a'、b'、c'、d'、e'、f'、g'，其中点 a'（f'）、b'（e'）、c'（d'）是重影点。

2）求 H 面投影。截平面 P_V 是水平面，它和五棱锥体的侧面的交线是两条两两相交的水平线，它们的水平投影分别平行于相应的底边，过点 a'（f'）和点 g' 向下作垂线交五棱锥体的三条侧棱的点 g、a、f，过点 a 和点 f 作相应底边的平行线，再过点 b'（e'）向下作垂线交两条平行线分别于点 b 和点 e，过点 c'（d'）向下作垂线分别交棱锥体的侧棱于点 c 和点 d。

3）求 W 面投影。根据点和直线段的投影规律求得 A、B、C、D、E、F、G 七个点的 W 面投影 a''、b''、c''、d''、e''、f''、g''，如图 4-17c 所示。

4）加深图线，其中五棱锥体中点 C 和点 D 所在侧棱的侧投影不可见，要用虚线画出。

（三）同坡屋面

常见的建筑物的屋顶形式主要有平屋顶和坡屋顶两种形式，坡屋顶的屋面和地面的坡度一般大于 10%。根据坡面组织的不同，坡屋面主要有单坡屋顶、双坡屋顶和四坡屋顶及其他形式的屋顶。在四坡屋顶中如果每个屋面和地面的坡度以及房屋四周的檐口高度都一样，称这种屋顶的屋面为同坡屋面。

图 4-18 所示为同坡屋面的各交线的名称。

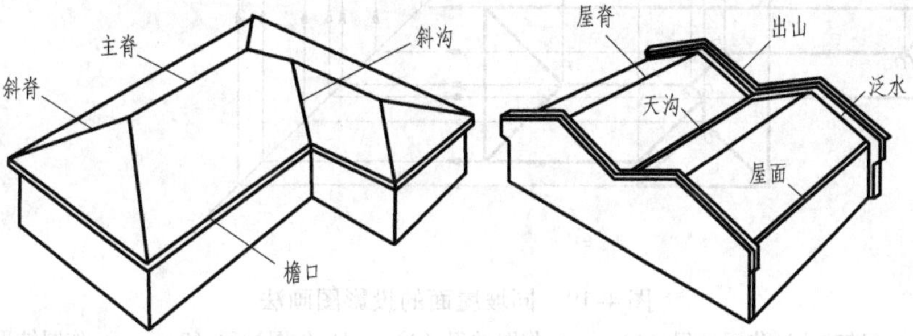

图 4-18　同坡屋面各交线的名称

同坡屋面各坡面的交线可以看成是平面立体被不同的截平面切割后的截平面的截断线。

同坡屋面的三面投影图一般有如下几个特性：

1）斜脊线和斜沟线的水平投影在檐口线的水平投影的角平分线上。

2）屋脊线到与之平行的两檐口线的距离相等，即屋脊线的水平投影到与之平行的两檐口线的水平投影的距离相等。

3）同坡屋面的正投影和侧面投影中斜脊线和斜沟线与水平线的角度反映出同坡屋面和地面的坡度。

4）三个相交的坡面的三条交线必然交于一点。

【例 4-9】　如图 4-19a 所示，已知同坡屋面檐口线的水平投影和屋面的坡度为 30°，求同坡屋面的三面投影。

【解】　分析：根据同坡屋面的投影特性，先求出同坡屋面的水平投影，再求出正面投影和侧面投影。该同坡屋面的水平投影是由三个大小不同的矩形组成，在图形的阳角处形成斜脊线，阴角处形成斜沟线。

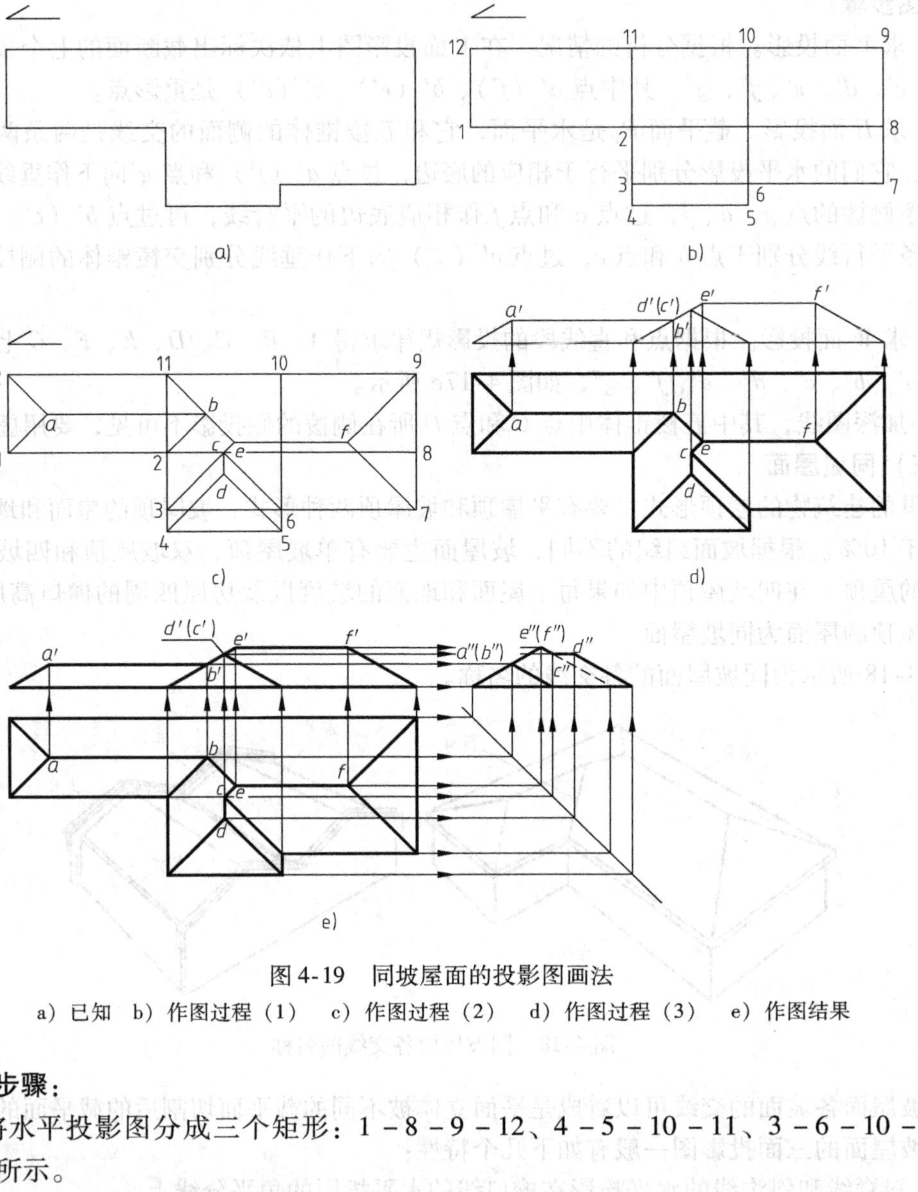

图4-19　同坡屋面的投影图画法

a）已知　b）作图过程（1）　c）作图过程（2）　d）作图过程（3）　e）作图结果

作图步骤：

1）将水平投影图分成三个矩形：1－8－9－12、4－5－10－11、3－6－10－11，如图4-19b所示。

2）在水平投影图上作各个矩形顶角的角平分线，得点 a、b、c、d、e、f，其中 $2b$ 和 $6c$ 直线段是斜沟线，如图4-19c所示。

3）在水平投影图上擦去多余的图线，并加深图线，如图4-19d所示。

4）根据同坡屋面的投影特性以及点、线、面、体的投影原理，作正投影图。过 a、b、c、d、e、f 作向上投影的垂线，得点 a'、b'、d'（c'）、e'、f'，如图4-19d所示。

5）根据同坡屋面的投影特性以及点、线、面、体的投影原理，作侧投影图，如图4-19e所示。

二、平面和曲面立体的截交线

平面和曲面立体相交后就会在曲面立体的表面产生闭合的交线，该交线称为曲面立体的截交线，截交线围成的平面称为曲面立体的截断面。一般情况下曲面立体的截断面是平面曲线或曲线和直线段组成的平面图形。截断面的形状与曲面立体以及截断面的截交位置有关。

求平面与曲面立体的截交线的方法主要有素线法、纬圆法和辅助平面法等。

曲面立体的截交线的基本特性有如下几点：

1）截交线是曲面立体和截平面所共有的，截交线上所有的点也是截平面和曲面立体上的点——共有点。

2）截平面的位置和曲面立体本身的形状决定了截交线的形状，曲面立体的截断面可以是由平面曲线或曲线和直线段组成的平面图形（指只有一个截平面和曲面立体相交的情况）。

3）曲面立体的截交线也是封闭的图形。

（一）圆柱体的截交线

圆柱体的截平面与圆柱轴线位置不同，其截断面的形状也有所不同。当截平面和圆柱体的轴线垂直时，截断面的形状是圆；当截平面和圆柱体的轴线平行时，截断面的形状是矩形；当截平面倾斜于圆柱体的轴线时，截平面的形状是椭圆，见表4-3。

表4-3　圆柱体上的截交线

截平面位置	垂直于轴线	平行于轴线	倾斜于轴线
直观图	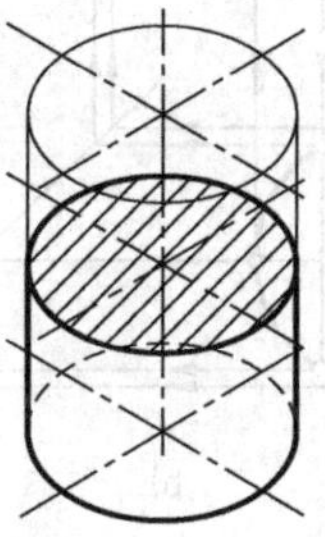	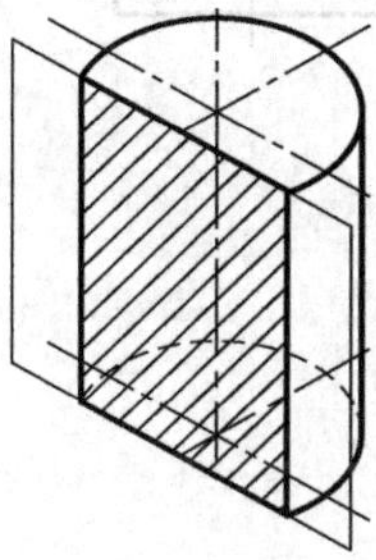	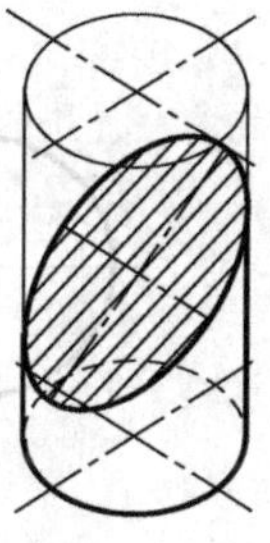
投影图	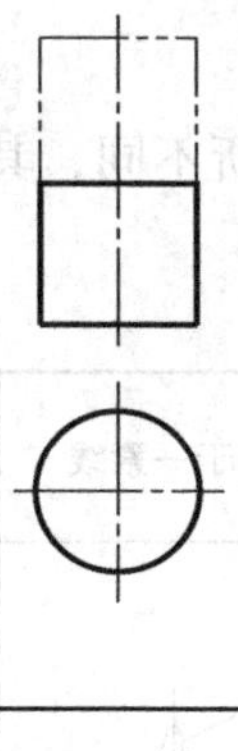	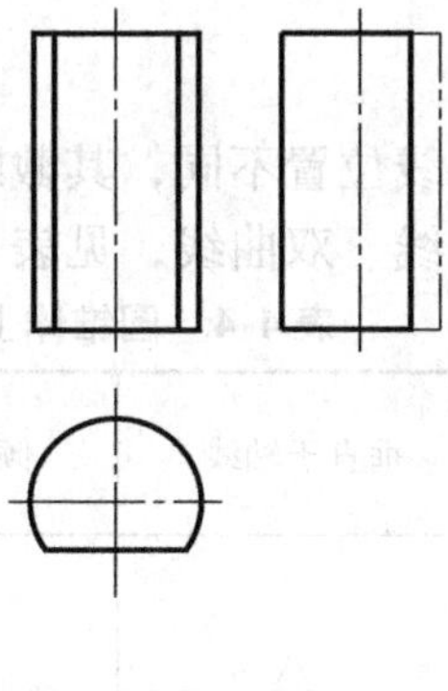	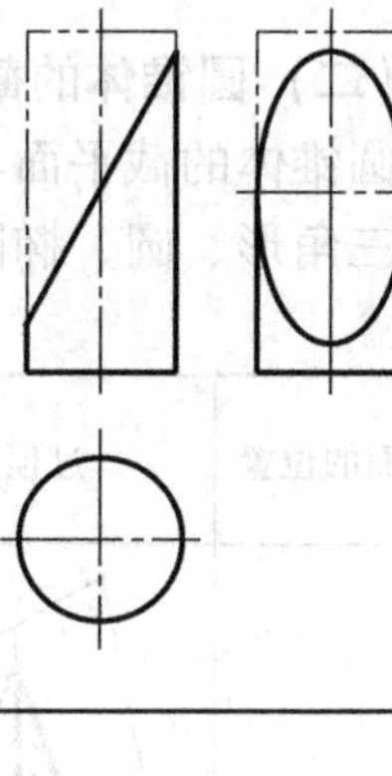

圆柱体上的截交线，可以看成是圆柱面上无数条素线与截平面的交点连接而成的。因此，在求圆柱体的截交线时，可以在圆柱面上求出一定数量的素线与截平面的交点后，依次将各个交点连接起来得到圆柱体的截交线。

【例4-10】 求圆柱体与正垂面 P 的截交线投影，如图4-20所示。

【解】 分析：因为截平面 P 倾斜于圆柱体的轴线，所以它的截交线是一个椭圆。由于

截平面 P 是正垂面，截断面的正投影积聚为线段 $a'e'$；其水平投影是个圆，侧投影是一个椭圆，可以用素线法求得其侧面投影。

作图步骤：

1）求椭圆上的特殊点的投影，即求椭圆的长短轴端点的投影。在圆柱体柱面上左右两条轮廓素线与截平面 P 的交点 A、E 为椭圆长轴的端点，其水平投影 a、e 和侧面投影 a''、e'' 可直接求得，如图 4-20b 所示；短轴的两个端点 G、C，也可直接求得。

2）求椭圆上一般点的投影。过点 b'（h'）、d'（f'）作素线，且向下作垂线得一般点的水平投影 b、d、f、h，利用点的投影规律求出它们的侧投影 b''、d''、f''、h''。

3）光滑连接点 a''、b''、c''、d''、e''、f''、g''、h''，即得到截交线的侧面投影。

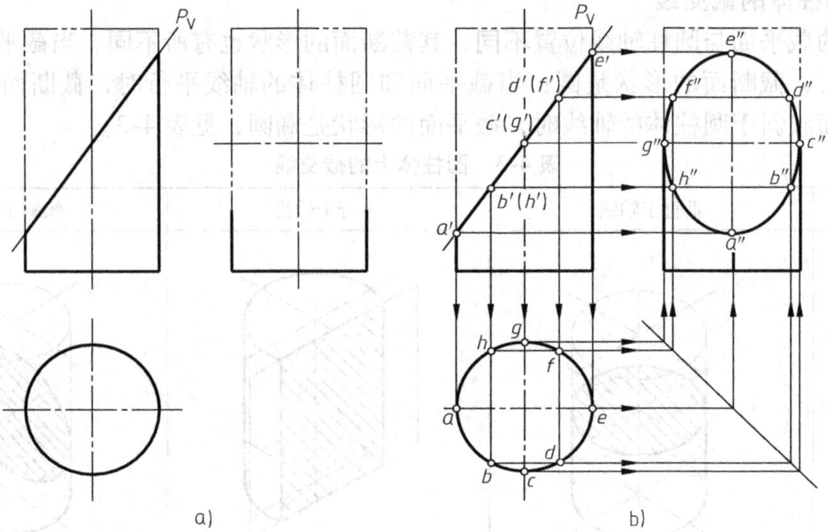

图 4-20　圆柱体截交线的求法

a）已知　b）作图

（二）圆锥体的截交线

圆锥体的截平面与圆锥轴线位置不同，其截断面的形状也有所不同，其截交线有五种形状：三角形、圆、椭圆、抛物线、双曲线，见表 4-4。

表 4-4　圆锥体上的截交线

截平面的位置	过顶点	垂直于轴线	倾斜于轴线	平行于一素线	平行于两素线或平行于轴线
直观图	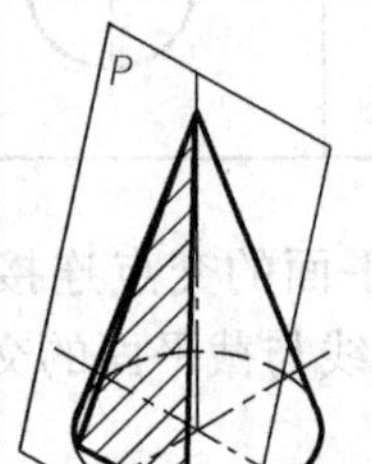	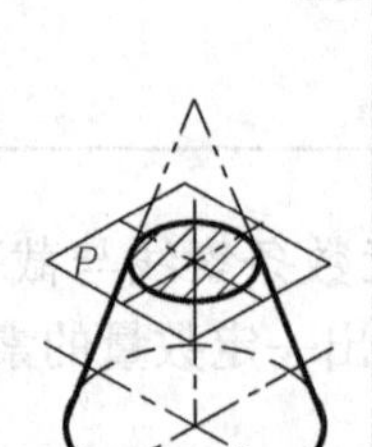	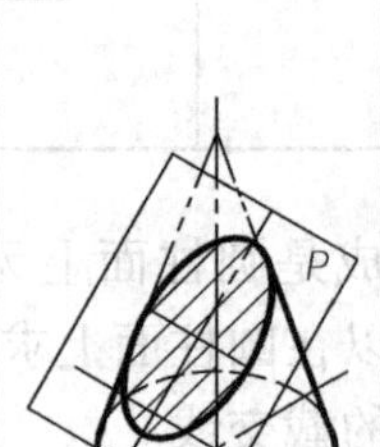	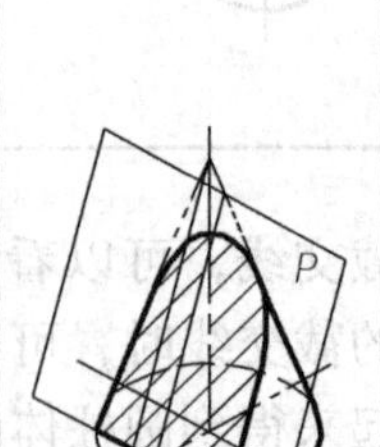	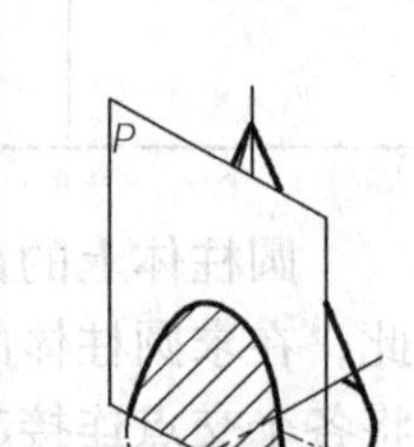

（续）

截平面的位置	过顶点	垂直于轴线	倾斜于轴线	平行于一素线	平行于两素线或平行于轴线
投影图	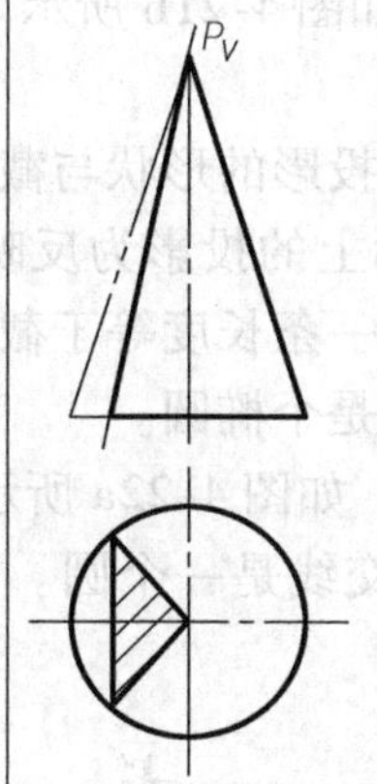	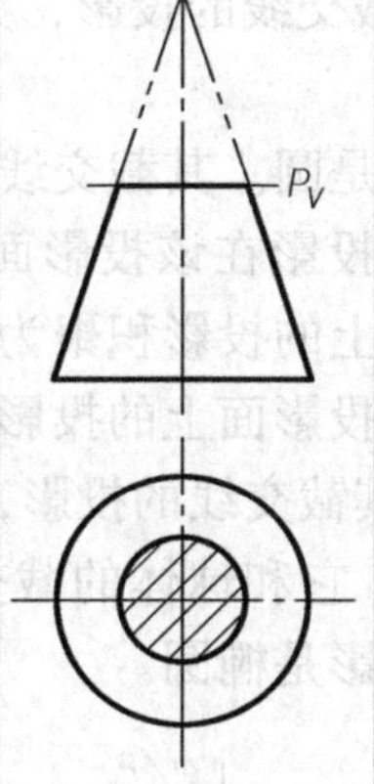	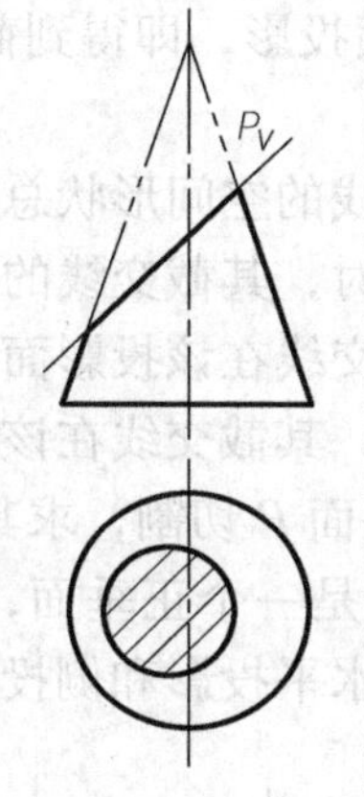	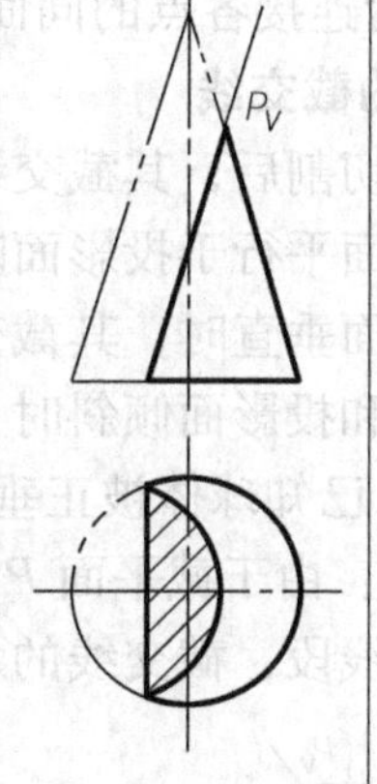	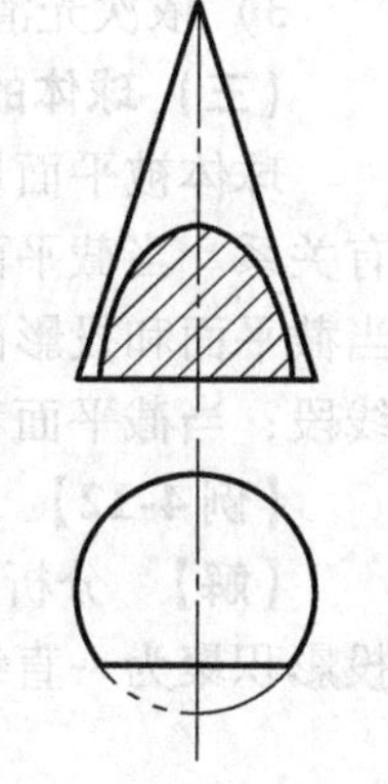
截交线形状	三角形	圆	椭圆	抛物线	双曲线

【例 4-11】 已知圆锥体被正垂面 P 切割，求截交线的投影，如图 4-21a 所示。

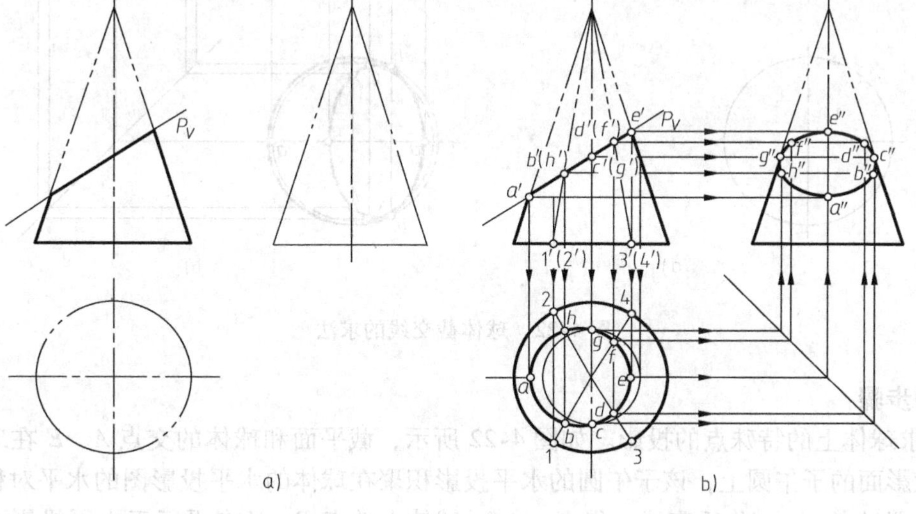

a) b)

图 4-21 圆锥体截交线的求法

a）已知 b）作图

【解】 分析：由于截平面 P 倾斜圆锥体的轴线切割，所以截交线为椭圆。截平面 P 为正垂面，故截交线的 V 面投影与 P_V 重合，在 V 面积聚为一直线段。截交线的水平投影和侧面投影均为椭圆，可根据圆锥体表面上的点的纬圆法或素线法求得。

作图步骤：

1）求圆锥体上的特殊点 A、C、E、G。其中点 A、E 分别在圆锥体最左和最右两条素线上，水平投影和侧投影可用点的投影规律直接求出；点 C、G 分别在圆锥体最前和最后两条素线上，可用点的投影规律先求出其侧面投影，再求出水平投影，或者用纬圆法来求。

2）求圆锥体上的一般点 B、D、F、H 的投影。在 V 面投影图中取点 b'（h'）、d'（f'），根据素线法（或纬圆法）求得 H 面投影 b、h、d、f 以及 V 面投影 b''、f''、d''、h''。一般点取得越多，作出来的图形越准确。

3）依次光滑连接各点的同面投影，即得到截交线的投影，如图 4-21b 所示。

（三）球体的截交线

球体被平面切割后，其截交线的空间形状总是圆。其截交线投影的形状与截平面的位置有关系。当截平面平行于投影面时，其截交线的投影在该投影面上的投影为反映实形的圆；当截平面和投影面垂直时，其截交线在该投影面上的投影积聚为一条长度等于截交圆直径的线段；当截平面和投影面倾斜时，其截交线在该投影面上的投影是个椭圆。

【例 4-12】 已知球体被正垂面 P 切割，求其截交线的投影，如图 4-22a 所示。

【解】 分析：由于截平面 P 是一个正垂面，它和球体的截交线是一个圆。截交线的正投影积聚为一直线段，截交线的水平投影和侧投影是椭圆。

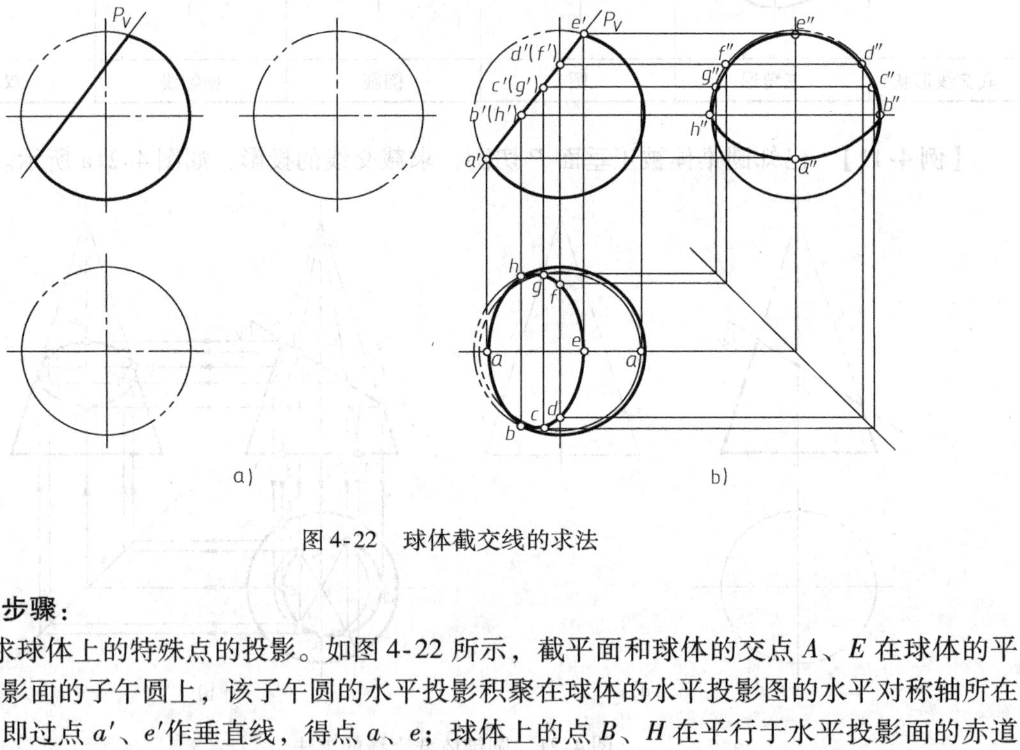

图 4-22　球体截交线的求法

作图步骤：

1）求球体上的特殊点的投影。如图 4-22 所示，截平面和球体的交点 A、E 在球体的平行于正投影面的子午圆上，该子午圆的水平投影积聚在球体的水平投影图的水平对称轴所在的位置，即过点 a'、e' 作垂直线，得点 a、e；球体上的点 B、H 在平行于水平投影面的赤道圆上，其水平投影在球体水平投影的外轮廓线上，所以过点 b'（h'）作垂线，得点 b、h；球体上的点 D、F 在平行于侧投影面的子午圆上，所以要用纬圆法（或利用侧面投影）求出该两点的水平投影，得点 d、f，如图 4-22b 所示，并根据点的投影规律求出它们的侧面投影。

2）求球体上一般点的投影。如图 4-22b 所示，点 c'（g'）表示的是截交线上非球体上特殊位置的点，它们的水平投影要用纬圆法求得，过点 c'（g'）作水平线，求出纬圆的半径，过点 c'（g'）向下作垂线与纬圆交于点 c、g。最后利用点的投影规律求出点 C、G 的侧投影 c''、g''。

3）依次光滑连接各点的同面投影，即得到截交线的投影，如图 4-22b 所示。

第三节　两立体相交求相贯线

两个立体相交也叫两立体相贯，两立体又称为相贯体。相贯的立体可以是两平面立体，也可是平面立体和曲面立体相贯，或者是两曲面立体相贯。其中，两相贯立体表面的交线称为相贯线。当一个立体全部贯穿于另一个立体时产生两组相贯线，称为全贯。当两立体相互贯穿时，产生一组相贯线，称为互贯，如图 4-23 所示。

两平面立体的相贯线一般是封闭的空间折线（图 4-23b），特殊情况是封闭的平面折线（图 4-23a）。平面立体或者曲面立体和曲面立体相贯，它们的相贯线一般是封闭的空间曲线，特殊情况下有可能是平面曲线。

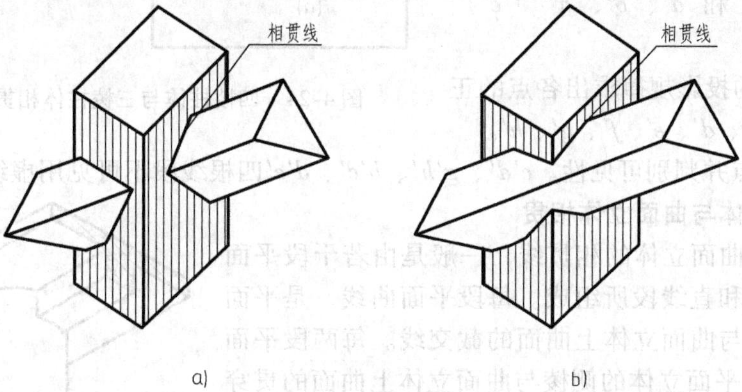

图 4-23　立体的全贯和互贯
a）全贯　b）互贯

相贯的两个立体它们的相贯线都有以下特点：

1）相贯线是相贯两立体表面的共有线，相贯线上的点是相贯两立体表面上的共有点。

2）相贯两立体的相贯线是有限的空间封闭线，其组成与两相贯立体的性质有关。

一、平面立体相贯

平面立体相贯，它们的相贯线上的每一段直线都是一立体棱面和另一立体棱面的交线，每一个折点都是一立体棱线与另一立体棱面的交点（贯穿点）。

按上述原理，求两平面立体的相贯线的方法是：

1）分别求出两平面立体的有关侧棱相互的贯穿点。

2）依次连接各贯穿点，所得折线即为两平面立体的相贯线，因为相贯线是两个立体侧面的交线，所以只有同时位于同一个立体的同一侧面上的两点才可以相连。

3）判别相贯线的可见性。只有相交的两侧面的同面投影都是可见的，交线的同面投影才是可见的，其他的都不可见，不可见的相贯线用虚线画出。

【例 4-13】 如图 4-24 所示，已知四棱柱体与三棱柱体相贯的水平投影图和侧面投影图，求相贯线正投影。

【解】 分析：如图 4-24 所示，从水平投影和侧投影可以看出，三棱柱体的部分和四棱柱体相贯，属于互贯，有一组封闭的空间折线。三棱柱体位于三面投影体系中，有一个侧面是正平面，该水平投影具有积聚性，四棱柱体的水平投影积聚为一个四边形，所以相贯线的水平投影一定积聚在该四边形上。三棱柱体的侧投影积聚为一个三角形，所以相贯线的侧投影一定积聚在该三边形上。

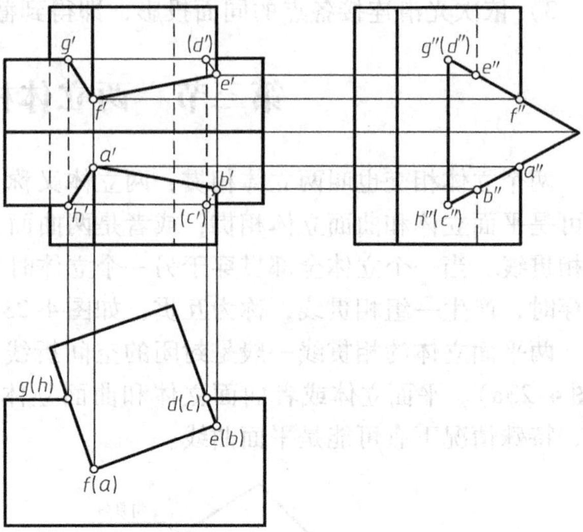

图 4-24　四棱柱体与三棱柱体相贯线的求法

作图步骤：

1）在水平投影和侧面投影上，确定出八个折点的投影 f（a）、e（b）、d（c）、g（h）和 a''、b''、h''（c''）、g''（d''）、e''、f''。

2）利用点的投影规律求出各点的正投影：a'、b'、c'、d'、e'、f'、g'、h'。

3）连接各点并判别可见性。$c'd'$、$g'h'$、$b'c'$、$d'e'$四根线段不可见用虚线画出。

二、平面立体与曲面立体相贯

平面立体与曲面立体的相贯线，一般是由若干段平面曲线或平面曲线和直线段所组成。每段平面曲线，是平面立体的一个侧面与曲面立体上曲面的截交线。每两段平面曲线的交点就是平面立体的侧棱与曲面立体上曲面的贯穿点。因此，求平面立体与曲面立体的相贯线，实际上就是求平面与曲面立体的截交线和直线与曲面立体的贯穿点，如图 4-25 所示。

图 4-25　方梁和圆柱相贯

求平面立体与曲面立体相贯线的方法是：

1）求出平面立体的侧棱与曲面立体上曲面的相贯点和曲面立体的素线对平面立体侧面的贯穿点。

2）依次连接各点，即为平面立体与曲面立体的相贯线。

3）判别相贯线的可见性。当两个立体表面的同面投影都可见时，交线的同面投影才可见，否则为不可见。相贯线的可见和不可见部分的分界点，必须在平面立体的侧棱上或曲面立体的轮廓素线上。

【例 4-14】　已知圆锥体薄壳基础的轮廓线，求其相贯线，如图 4-26a 所示。

【解】 分析：从图 4-26a 可知，求圆锥体薄壳基础的相贯线，实际上是求平面体四棱柱体与曲面体圆锥体的相贯线，而图 4-26a 中的四棱柱体在水平投影面上具有积聚性，所以相贯线的水平投影为已知，只需求出正面投影和侧面投影即可。

由于四棱柱体的四个侧面平行于圆锥体的轴线，根据圆锥截交线的形式，这两个相贯的立体的相贯线是由四条双曲线组成的空间闭合曲线，而且前后左右对称，四条双曲线的连接点，就是四棱柱体的四条侧棱与圆锥体的交点。如图 4-26b 所示，只要利用素线法或纬圆法，在正投影面上作出前后双曲线的投影，在侧面投影上作出左右双曲线的投影即可。

作图步骤：

1）求相贯线上的特殊点。在水平投影面上定出前后双曲线的最高点 c，最低点 a、b，左右双曲线的最高点 e，最低点 a、d，利用素线法求得 V 面投影的相对应点 c'、a'、b'、e'、d'，W 面投影的相应点 c''、a''、b''、e''、d''。

2）求相贯线上一般点的投影。在 H 面投影中任意定出中间点 f、g、h、i，利用素线法求得 V 面投影的相对应点 f'、g'、h'、i'，W 面投影的相对应点 f''、g''、h''、i''。

3）依次光滑连接同面投影上的各点，求得所求相贯线的投影。

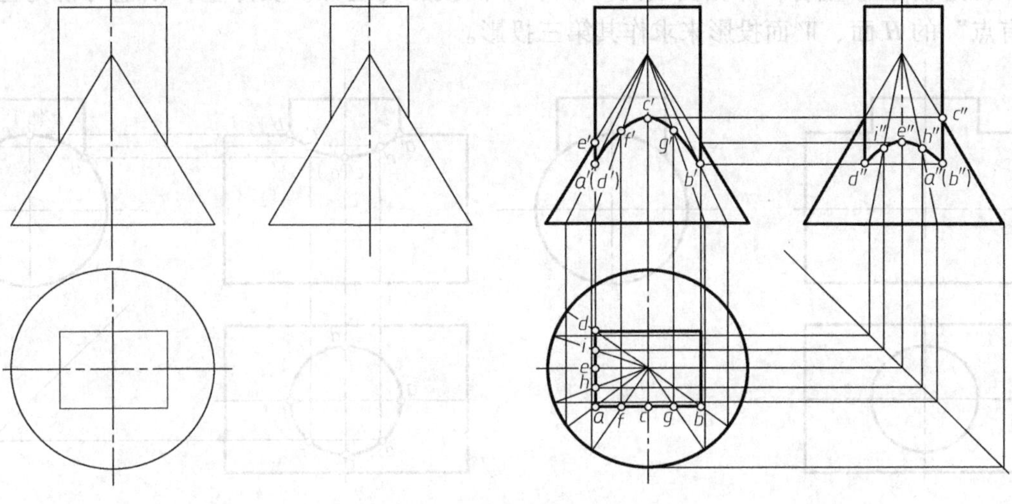

a)　　　　　　　　　　b)

图 4-26　圆锥体薄壳基础相贯线

a）已知　b）作图

三、曲面立体和曲面立体相贯

曲面立体和曲面立体相贯，它们的相贯线一般是封闭的空间曲线，特殊情况下是平面曲线，如图 4-27 所示。相贯线上的各点是两曲面立体表面上的共有点，也是一个曲面立体表面上的素线对另一个曲面立体表面的贯穿点。

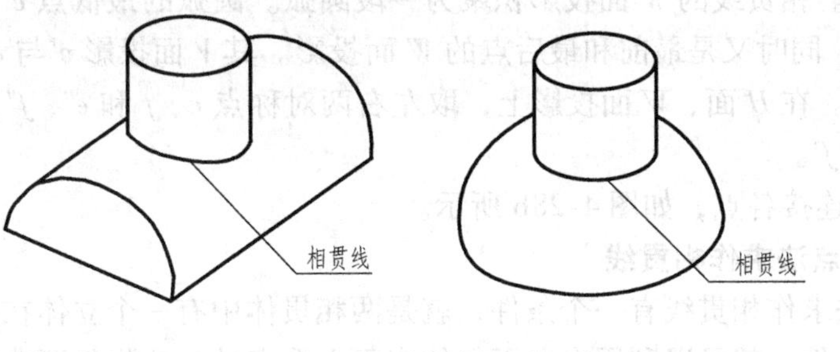

a)　　　　　　　　　　b)

图 4-27　两曲面立体相贯

a）相贯线为封闭的空间曲线　b）相贯线为封闭的平面曲线

求两曲面立体的相贯线，可用辅助平面法和表面取点法。

（一）辅助平面法求作相贯线

先求出截平面与两立体表面的截交线，再求两截交线的交点，即为相贯线上的点。如果两曲面立体中有一个投影有积聚性，也可根据相贯线的积聚投影，用辅助素线法求得。用辅助平面法求相贯线上的点时，应根据两曲面立体的形状和相互之间的位置，恰当地选择辅助平面截平面的位置，尽可能使投影中得到最简单的截交线，如截平面为垂直或平行于投影面的圆，以便作图。

【例 4-15】 如图 4-28a 所示，求两正交圆柱的相贯线。

【解】 分析：如图 4-28a 所示，两圆柱的轴线分别垂直于 H 面、W 面，投影均与相应圆柱面的积聚投影重合，即相贯线的 H 面、W 面投影为已知。实际上，该题可视为已知各“共有点”的 H 面、W 面投影来求作其第三投影。

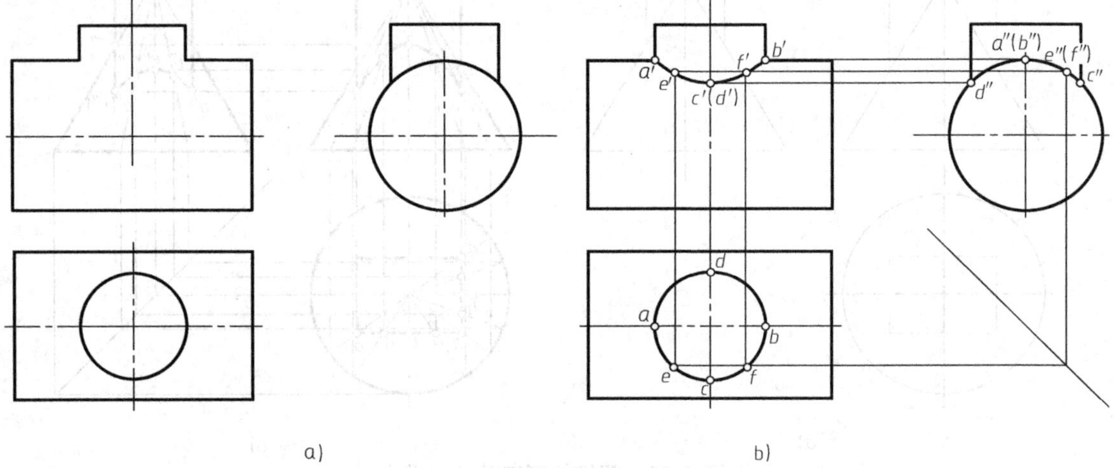

图 4-28 两正交圆柱体相贯线的求法
a）已知 b）作图

作图步骤：

1）求最高点。两轴线正交并平行于 V 面，所以两圆柱的 V 面投影轮廓线的交点 a'、b' 是相贯线的最高点的 V 面投影，同时又是最左、最右点的 V 面投影。

2）求最低点。相贯线的 W 面投影积聚为一段圆弧。圆弧的最低点 c''、d''为相贯线的最低点的 W 面投影，同时又是最前和最后点的 W 面投影。其 V 面投影 c'与 d'重合。

3）求一般点。在 H 面、W 面投影上，取左右两对称点 e、f 和 e''、f''，并由此求出该两点的 V 面投影 e'、f'。

4）依次光滑连接各点，如图 4-28b 所示。

（二）表面取点法求作相贯线

用表面取点法求作相贯线有一个条件，就是两相贯体中有一个立体在投影面上具有积聚性，只要满足此条件，就可以利用在曲面立体表面上取点的方法作出两曲面立体表面上的一系列共有点的投影。如两相贯曲面立体中有一个是圆柱体，且该圆柱体垂直于投影面，在具体作图时，先在圆柱面的积聚投影上标出相贯线上的一些点（包括特殊位置点和一般位置点），然后把这些点看做另一曲面上的点，用表面取点的方法，求出它们的其他投影。最后，把这些点的同面投影光滑地连接起来（不可见的用虚线画出）即得出相贯线的投影。

【例 4-16】 如图 4-29a 所示，求轴线正交的圆柱和圆锥的相贯线。

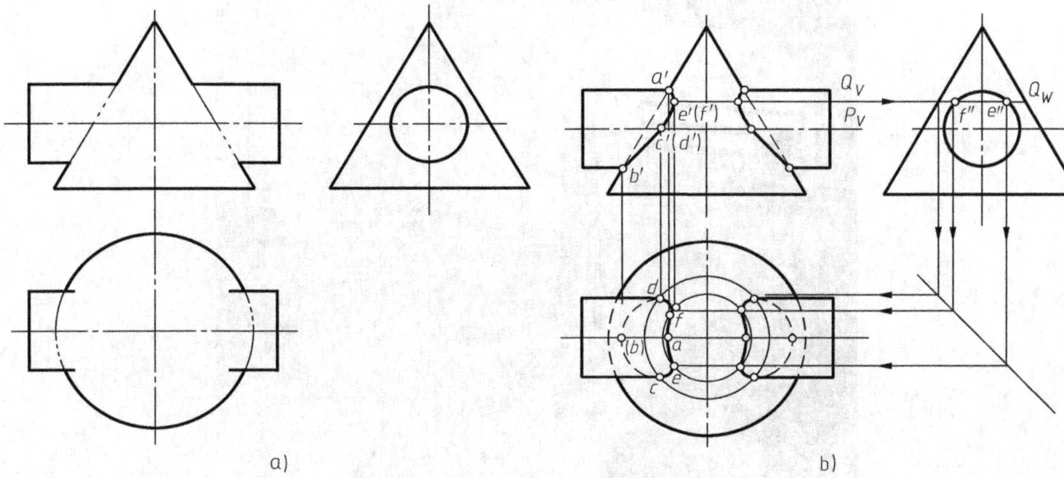

图 4-29 圆柱和圆锥的相贯线的求法
a）已知 b）作图

【解】 分析：由 W 面投影可知，圆柱完全穿过圆锥，并且它们的轴线在同一个正平面内，因此相贯线是两条左右对称的封闭空间曲线。其 W 面投影与圆柱的积聚投影重合。

作图步骤：

1）求最高点及最低点。由于圆柱和圆锥的 V 面投影轮廓在同一个正平面内，故其 V 面投影的交点 a'、b'为最高点、最低点的 V 面投影，如图 4-29b 所示。

2）求最前点和最后点。过圆柱的轴线作辅助平面 P（水平面），求出 P 与圆锥截交线圆的 H 的投影，它与圆柱水平投影轮廓线的交点为 c、d，c'（d'）在 P_V上。

3）求一般点。作水平辅助平面 Q，求出 Q 面与圆锥相交的纬圆及与圆柱相交的素线的水平投影，它们的交点 e、f 就是一般点的水平投影，且 e'、f'在 Q_V上。

4）依次连接相贯线的各投影并判别其可见性。

第四节 组合体的三面投影

建筑形体无论复杂程度如何，都是由简单的基本形体（棱柱、棱锥、圆柱、圆锥、圆环、球等）通过一定的组合方式组合而成的，如图 4-30 所示。组合方式一般分为叠加式、切割式和混合型三种，通常由两个或两个以上的基本几何形体组合而成的形体称为组合体。

本章将介绍组合体的组合方式及绘制、阅读组合体投影的方法与步骤。

一、组合体的组合形式

（一）叠加式

叠加式的组合体（图 4-31）是由基本形体或简单的几何形体按照一定的方式叠加在一起组成的形体。如图 4-31a 所示的形体可以看做是由两个五棱柱体和一个四棱柱体三部分叠加在一起形成的。

（二）切割式

组合形体是由几个或多个截平面（或曲面）切割一个基本几何形体而形成的，这样的

图 4-30　俄亥俄韦克斯纳艺术中心

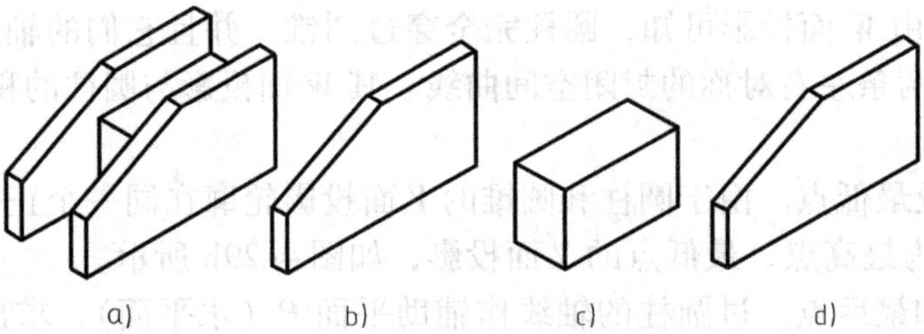

图 4-31　叠加式组合体

形体称为切割式组合体。如图 4-32a 所示的组合体可看做是一个长方体被多次切割后形成的。第一次长方体的左上方由两个相互垂直的平面切割后，挖去一个长方体，如图 4-32b 所示；第二次长方体的右下方由两个相互垂直的平面切割后，又挖去一个长方体，如图 4-32c 所示；最后在形体的前上方挖去一个四分之一圆柱体，如图 4-32d 所示。

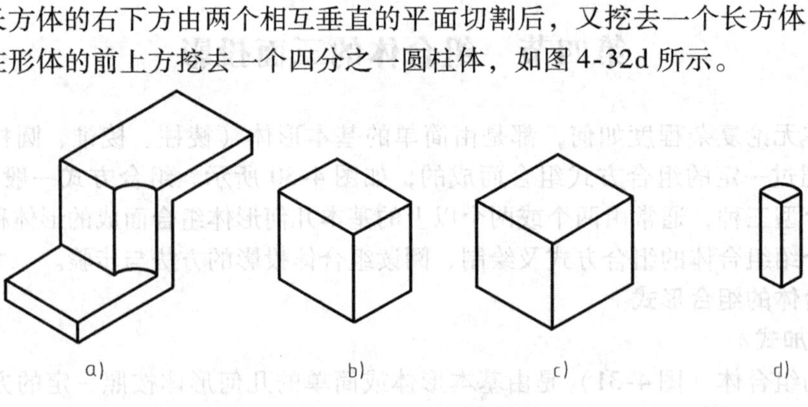

图 4-32　切割式组合体

（三）混合型

混合型组合体是由若干个基本形体经过叠加、切割而得到的。如图 4-33a 所示的组合体可以看做是由两个长方体分别被切割后（图 4-33b、c），再叠加而形成的。

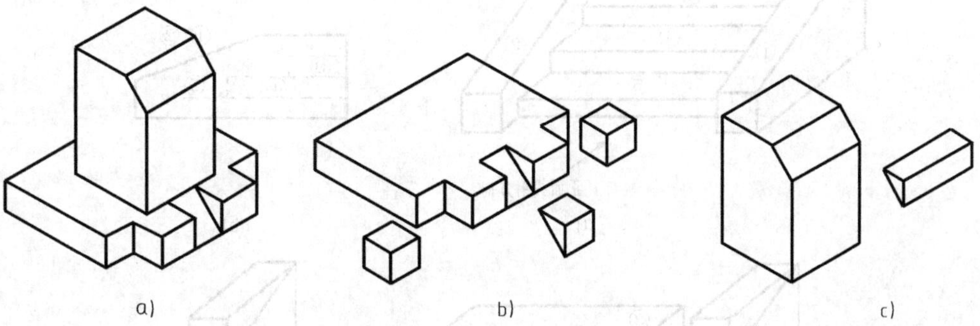

图 4-33　混合型组合体

二、组合体表面的连接关系

组合体表面的连接方式主要有平齐、不平齐、相切和相交四种，如图 4-34 所示。

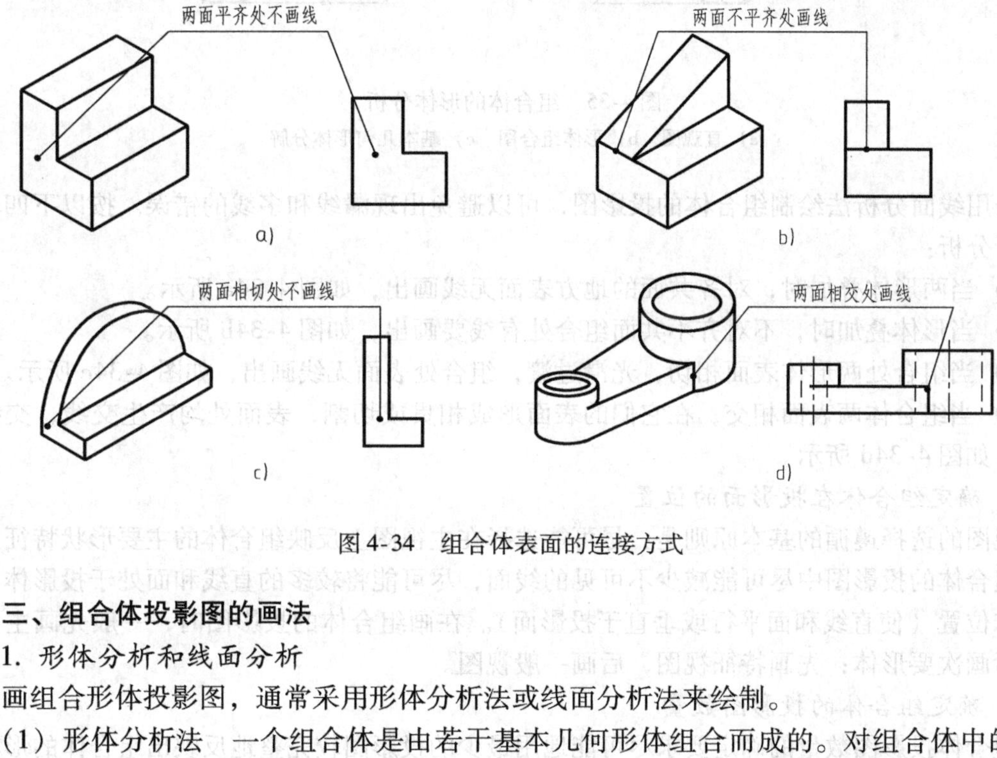

图 4-34　组合体表面的连接方式

三、组合体投影图的画法

1. 形体分析和线面分析

画组合形体投影图，通常采用形体分析法或线面分析法来绘制。

（1）形体分析法　一个组合体是由若干基本几何形体组合而成的。对组合体中的基本几何形体的组成方式和其表面的连接关系以及相互位置进行分析，弄清各部分的形状特征的过程称为组合体的形体分析法。如图 4-35a 所示，该台阶可看成是由三个叠加在一起的长方体和两个相同的长方体分别被相同角度的平面切割而成的形体叠加而形成的。

（2）线面分析法　一个组合体可以看做是几个几何形体相交后的相贯体，所以在绘制其投影图时，将组合体的各个表面、棱线、外形素线等与投影面的相对位置和投影特征，以及组合体表面之间的连接关系及表面交线的形成、画法等分析清楚，以便作图和读图，这种方法称为组合体的线面分析法。

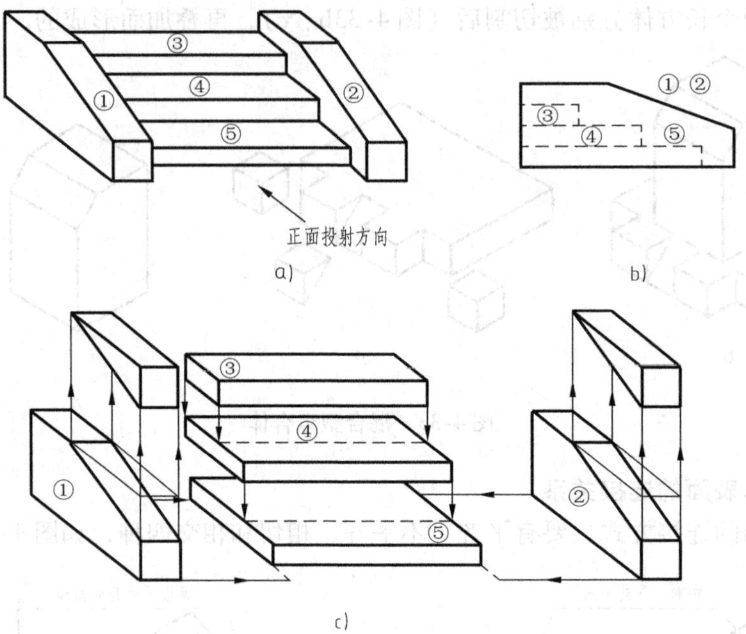

图 4-35　组合体的形体分析

a）直观图　b）形体组合图　c）基本几何形体分解

采用线面分析法绘制组合体的投影图，可以避免出现漏线和多线的错误。按以下四种情况进行分析：

1）当两形体叠加时，对齐共面的地方表面无线画出，如图 4-34a 所示。

2）当形体叠加时，不对齐不共面组合处有线要画出，如图 4-34b 所示。

3）当组合处两形体表面相切，光滑过渡，组合处表面无线画出，如图 4-34c 所示。

4）当组合体两表面相交，在它们的表面形成相贯或切割，表面处均产生交线，交线要画出，如图 4-34d 所示。

2. 确定组合体在投影面的位置

视图的选择遵循的基本原则是：尽可能选择在主视图上反映组合体的主要形状特征，视图中组合体的投影图中尽可能减少不可见的线面，尽可能将较多的直线和面处于投影体系中的特殊位置（使直线和面平行或垂直于投影面）。在画组合体的投影图时，一般先画主要形体，后画次要形体；先画特征视图，后画一般视图。

3. 确定组合体的投影图数量

组合体投影图数量的确定要求尽可能地用最少的投影图较完整地反映出组合体的形状。

4. 选择比例和图幅

工程实物有大有小，一般不能按实际尺寸来作图，要采用适当的比例。先确定比例，再根据投影图的数量和投影图所需的面积，选择适合的图幅。

5. 作投影图

在认真分析了组合体的形体特征、线面组成后，选定组合体在投影图中的安放位置、投影图的数量、作图的比例和图幅，然后就可按以下步骤绘制组合体投影图：

1）画出组合体各投影图的底图。

2）检查并加深加粗图线，完成组合体的投影图。

3）标注尺寸。

四、组合体投影图的尺寸标注

尺寸标注的基本要求是：尺寸完整、清晰、准确，同时应遵守国家建筑制图标准中的有关规定。

（一）基本体的尺寸标注

组合形体是由基本体组合而成的，因此要掌握组合体的尺寸标注方法，首先应熟悉和掌握一些基本体的尺寸标注方法，它是组合体尺寸标注的基础。对于基本体，一般只标注确定形状大小的长、宽、高或直径。但具体在标注时应根据形体的形状特征来确定，如图4-36所示。圆柱、圆锥可用一个主视图表达，只需注写高度和直径，在直径前加注“ϕ”，半径尺寸加注“*R*”；对于球体可以只用一个视图表达，并在直径或半径符号前加注“*S*”即可。

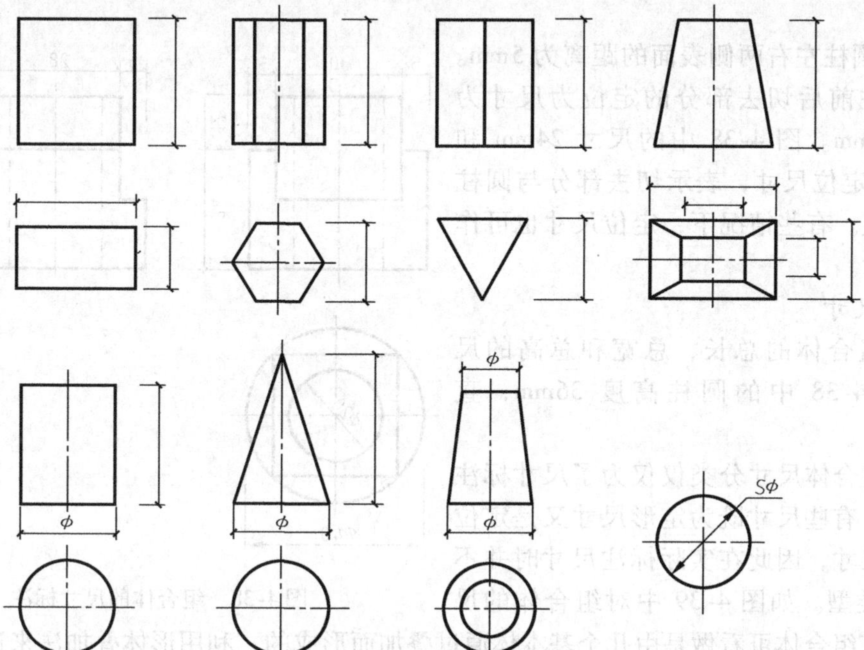

图4-36　基本体的尺寸标注

基本体被切割后的尺寸标注，除了应标注形体的长、宽、高外，还应标注切割口的定位尺寸，说明切割的位置、形状，以此来确定被切割形体的尺寸大小，如图4-37所示。

（二）尺寸标注的种类

1. 定形尺寸

确定组合体及各组成部分形状和大小的尺寸。图4-38所示的组合体，定形尺寸有：圆柱的直径40mm，高度36mm，中间挖去的圆孔直径20mm等。

2. 定位尺寸

确定组合体中各基本体之间相对位置关系的尺寸。在标注定位尺寸时，通常选择物体的长、宽、高作为度量尺寸的基准点，即尺寸基准。如图4-38所示，圆柱左右两边被切去的部分与圆柱之间的相对位置关系，可用定位尺寸来说明，所切去部分到圆柱上顶面的距离为

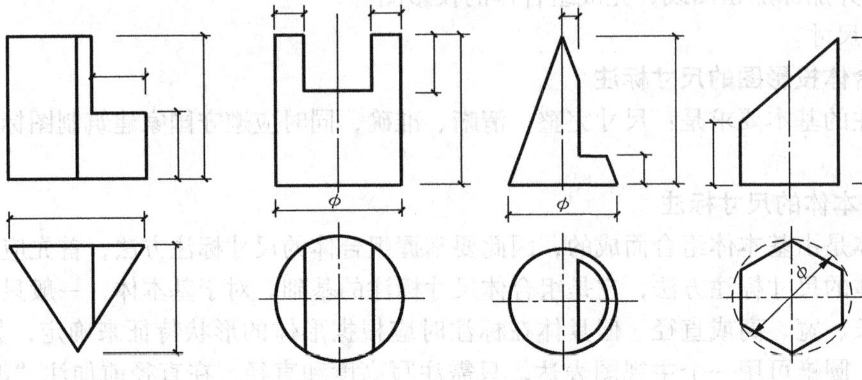

图 4-37　基本体的尺寸标注

12mm，到圆柱左右两侧表面的距离为 5mm。同理，圆柱前后切去部分的定位为尺寸为 22mm 和 6mm。图 4-38 中的尺寸 24mm 和 14mm 也是定位尺寸，表示切去部分与圆柱的相对位置。有些情况下，定位尺寸也可作为定形尺寸。

3. 总尺寸

确定组合体的总长、总宽和总高的尺寸。如图 4-38 中的圆柱高度 36mm，直径 40mm。

注意组合体尺寸分类仅仅为了尺寸标注的完整性，有些尺寸既为定形尺寸又是定位尺寸或总尺寸，因此在实际标注尺寸时并不标注尺寸类型。如图 4-39 中对组合体的尺寸分析，该组合体可看做是由几个基本体通过叠加而形成的，利用形体叠加法来进行尺寸分析；也可看做是由部分叠加，部分切割组成的该组合体。

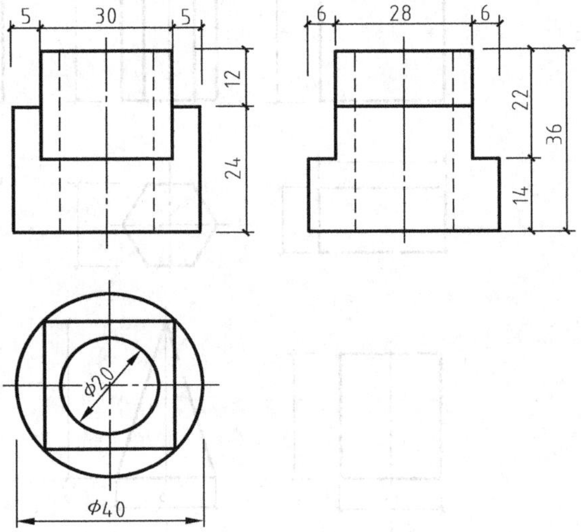

图 4-38　组合体的尺寸标注

如图 4-39 所示，*A* 为四棱柱，14、11 和 9 是它的长、宽、高尺寸。*B* 为四棱柱，*C* 为三棱柱，*B*、*C* 两形体相贯，*D* 为四棱台，*E* 为四棱柱，*F* 为四棱柱与半圆柱的组合体。从图上可看出各基本体的尺寸大小及相互之间的位置关系。

（三）尺寸配置原则

尺寸标注是一项严肃认真的工作，必须一丝不苟地对待。尺寸数字的书写必须规范且正确无误。此外应当遵守“国标”的有关规定，尺寸配置原则如下：

1）尺寸标注要齐全。避免在施工时进行计算和度量。

2）尺寸标注应布置在图形的轮廓线之外，但应尽量靠近被标注的基本形体，对于某些细部尺寸，允许标注在图形内。

3）尺寸标注应尽量注写在能反映该形体的特征图上。

4）对于某一基本体的尺寸，尽量集中标注。

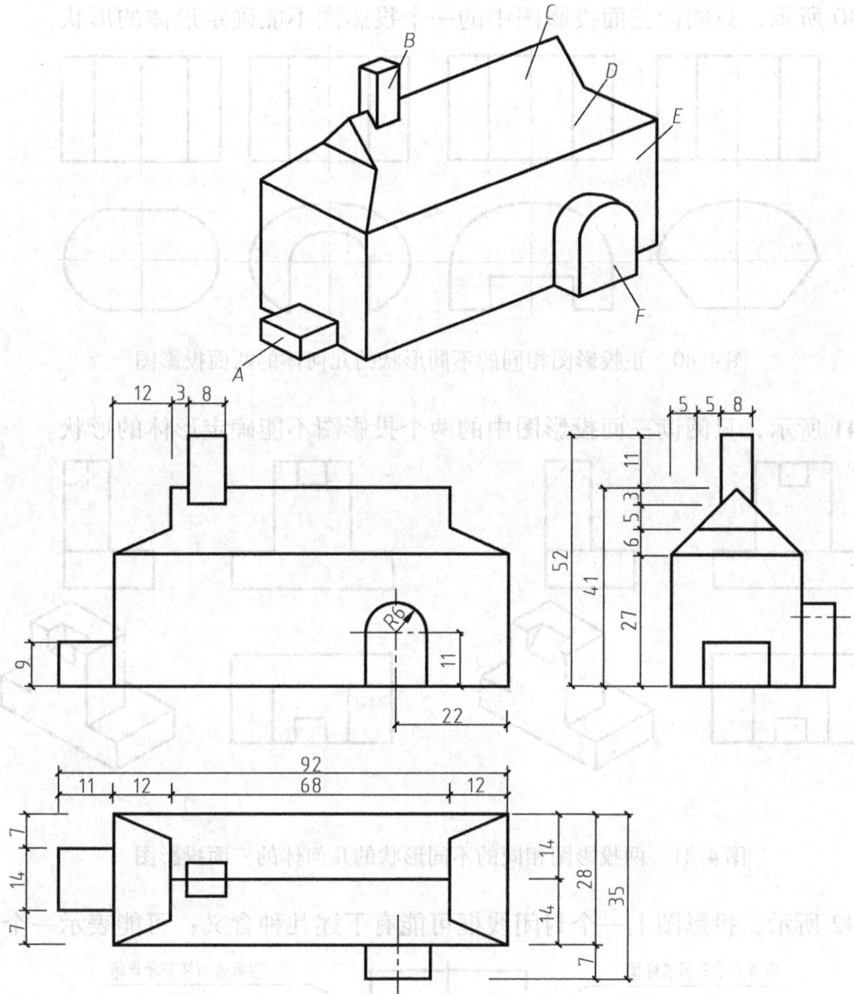

图 4-39　组合体的尺寸分析

5）与两视图相关的尺寸，尽量标注在两视图之间。

6）合理布置尺寸的标注位置，以保持视图的清晰。

五、组合体投影图的阅读

投影图的识读就是根据物体投影图想象出物体的空间形状，也就是看图、读图、识图。读图是一个培养空间思维和想象能力的过程，要能正确、快速地读图，除了要有良好的基础外，还要掌握读图的要领，运用正确的阅读方法。

（一）读图的基本知识

在识读组合体的投影图的时候，应具备以下识读图的能力：

1）能将几个投影图联系起来看的能力。

2）具备熟练掌握基本几何体、较简单的组合体的形状特征和投影特征的能力。

3）读图时遵循先从特征视图入手的能力。

4）能识读投影图中封闭线框和图线的含义。

如图 4-40 所示，只阅读三面投影图中的一个投影图不能确定形体的形状。

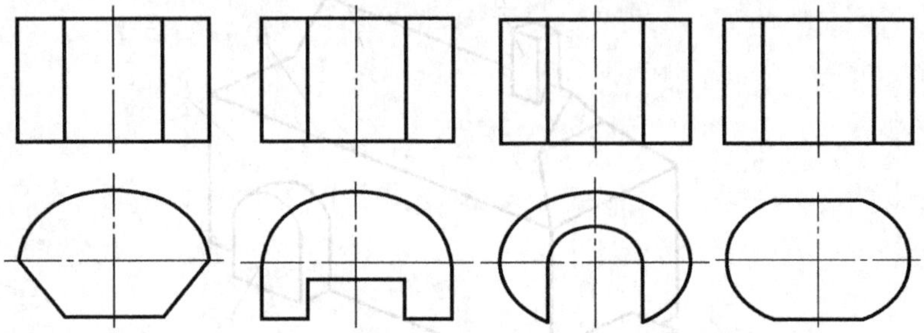

图 4-40　正投影图相同的不同形状的几何体的两面投影图

如图 4-41 所示，只阅读三面投影图中的两个投影图不能确定形体的形状。

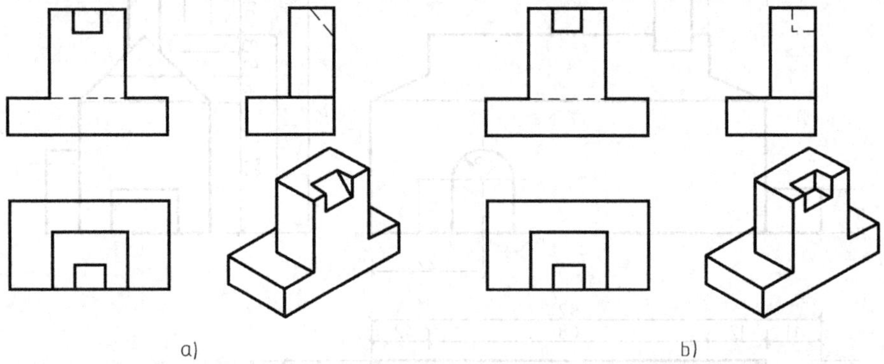

图 4-41　两投影图相同的不同形状的几何体的三面投影图

如图 4-42 所示，投影图上一个封闭线框可能有下述几种含义：可能表示一个曲面或者

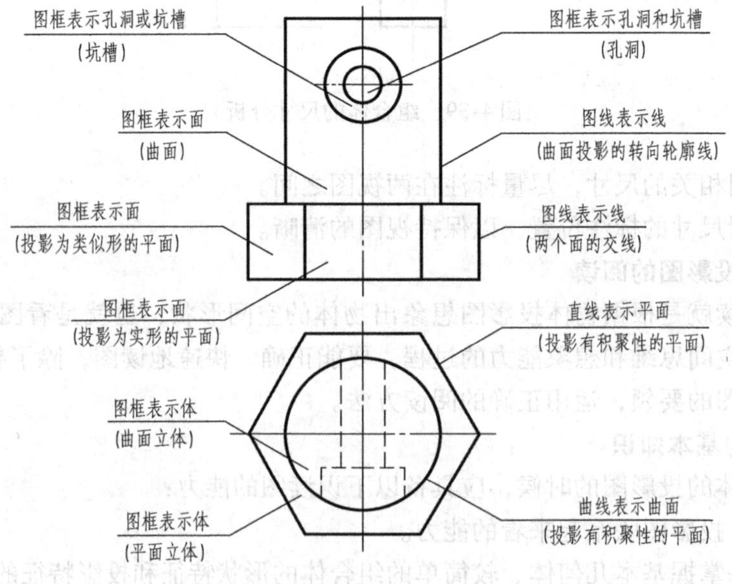

图 4-42　投影图中封闭线框和图线的含义

是一个平面，可能表示一个相切的组合面，也可能表示一个空洞。投影图上的一条线段可能有下述几种含义：可能表示物体上一个具有积聚性的平面或曲面；可能表示两个面的交线，也可能表示曲面的轮廓素线。

一般情况下，绘制组合体的视图时，常用运用形体分析方法，运用正投影原理在平面上（图纸上）表达组合体；阅读组合体的视图，也运用形体分析法，并在读图的过程中，逐步培养丰富的空间想象能力。

（二）读图的基本方法

组合体的投影图的识读，必须掌握一些投影的基本知识：一是三面投影图的“长对正、高平齐、宽相等”的投影基本关系；二是点、线、面、体投影的基本规律；三是在三面投影体系中各种基本形体的投影以及它们的相对位置关系，即上下关系、左右关系和前后关系等；四是要了解组合体三面投影图的画法。组合形体的识读方法主要有形体分析法、线面分析法等方法。

1. 形体分析法

根据组合体的视图，假想把它分成若干个基本形体的视图，然后按照各视图的投影关系，想象出这些基本形体的几何形状和相对位置，最后确定该组合体的完整形状。具体读图步骤如下：

（1）了解组合体的大致形状　首先看一下各个视图，找出其中一个视图，该视图可以分成若干简单的线框，配合其他视图，进行初步的投影分析和空间分析，抓住形体的特征，找出特征视图和组成组合体形状与各个简单基本形体之间相对位置的特征，对形体有一个大概的了解。一般情况下，总是从主视图入手，从较大的线框开始进行形体分析的。

（2）根据投影图想象形体的形状　首先根据投影关系，逐个找到与各基本形体主视图相对应的俯视图和左视图，将三面投影中的一个投影进行分解，先分解投影图，使分解后的每一部分能够具体反映形体的基本形状。然后根据各基本形体的三视图想象出基本形体的形状，同时根据先看主要部分、后看次要部分；先看容易确定的部分、后看难确定的部分；先看某一组成部分的整体、后看细节部分的顺序来想象基本形体。最后，在看清每个视图的基础上，根据整体的三视图，找出它们之间的相对应的位置关系，将各个基本形体的形状综合起来，逐步想象组合体的整体形状。

【例4-17】 如图4-43所示，试根据投影图想象出物体的形状。

识读：

（1）认识投影图　三面投影图中有直线段、圆、半圆、点画线和虚线，在 V 面、W 面投影图的下方都有长方形线框，上方有圆形的线框，则判断上方可能有圆柱体，下方可能是一个长方体，如图4-43a所示。

（2）分析形体的对应投影　进一步分析可知，长方体上方可能是有一个小的长方体和一个半圆柱体，如图4-43b、c、d所示。

（3）综合起来考虑形体　该组合体是由大长方体上方叠加一个小的长方体，小长方体的上方再叠加一个半圆柱体；最后在长方体和半圆柱体组成的形体中挖去一个圆柱体而得的，如图4-43e所示。

2. 线面分析法

线面分析法就是以线、面的投影规律为基础，根据形体投影的某些图线和线框，分析它

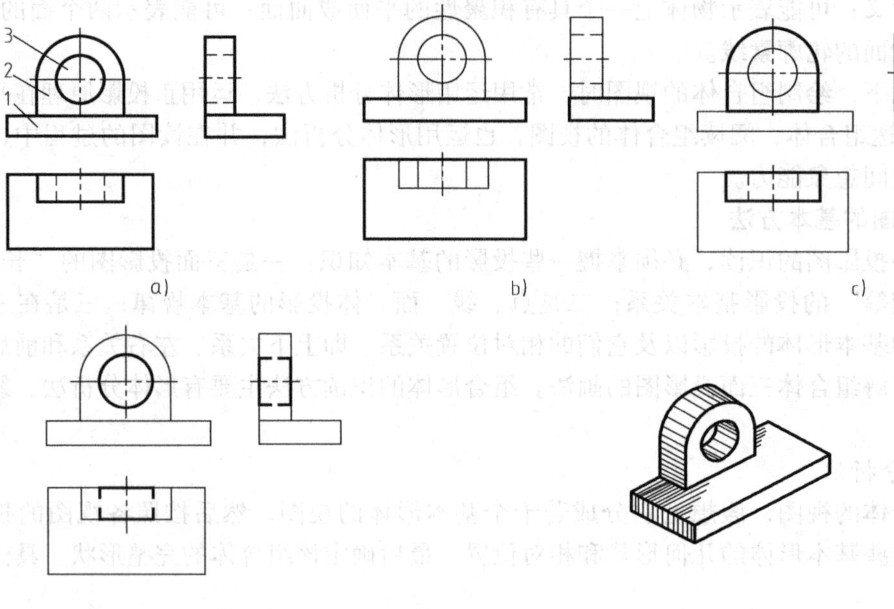

图 4-43 组合体的投影
a）三视图分线框 b）线框 1 在形体中的三面投影 c）线框 2 在形体中的三面投影
d）线框 3 在形体中的三面投影 e）整体形状

们的形状和相互位置，从而想象出被它们围成的形体的整体形状。线面分析法主要用于以切割方式形成的组合体，有时也可用于以叠加方式形成的组合体。组合体读图应以形体分析法为主，但有时图形的某一部分难以看懂，可对这些部分作具体的线面分析。

形体分析法和线面分析法是有联系的，不能截然分开。对于比较复杂的图形，先从形体分析获得形体的大致整体形象之后，不清楚的地方针对每一条“线段”和每一个封闭“线框”加以分析，从而明确该部分的形状，弥补形体分析的不足。以形体分析法为主，结合线面分析法，综合想象得出组合体的全貌。

【例 4-18】 如图 4-44 所示，想象出挡土墙的形状。

识读：

（1）认识投影图 三面投影图中有直线段及斜线段，如图 4-44a 所示。

（2）分析形体的对应投影 进一步分析可知，从 V 面和 W 面投影可知其形体可能是一个长方体，三个投影面上有三根斜线，表示形体上必有斜面。分析可知三根斜线可能是两个相交的平面的交线的投影，即为Ⅱ、Ⅲ两斜面交线的投影。Ⅰ平面为平行于水平面的投影面，在 H 面上的投影反映实形，如图 4-44b 所示。

（3）综合起来考虑形体 该组合体是由两个平面切割长方体得到的，如图 4-44c 所示。

【例 4-19】 如图 4-45 所示，已知形体的两面投影图，补画出第三面视图，并标注尺寸。（比例 1:1，尺寸从图中量取）

【解】 分析：根据已知的 V 面投影和 W 面投影可知，形体的底座尺寸，总高为 46，总长为 68，总宽为 37。底座右边设有一个侧板，厚度为 9，水平板厚度为 5。在水平板的上面

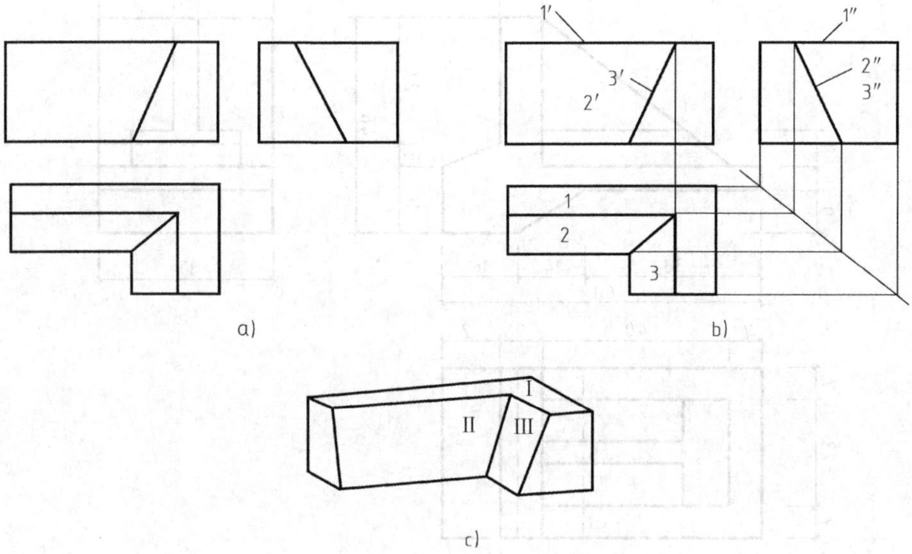

图 4-44　组合体的投影

a）投影图　b）分析投影　c）空间形状

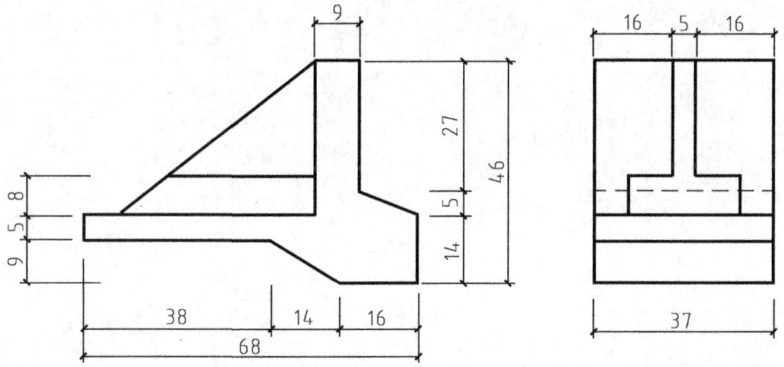

图 4-45　组合体的两面投影

摆放有倒 T 字形形体，T 形形体用正垂面切去一部分，其截平面为正垂面，在 *V* 面投影上积聚为一条直线，在 *W* 面上反映 T 形截面的类似形。注意底座的外形轮廓线变化，右侧板上有一条不可见的轮廓线，在 *W* 面上该线用虚线绘制。通过对已知两面投影的分析，想象出形体的空间形状，如图 4-46 所示。根据投影规律，可作出形体的第三面投影，在 *H* 面上，水平底板上有两条不可见的轮廓线，用虚线绘制，如图 4-47 所示。

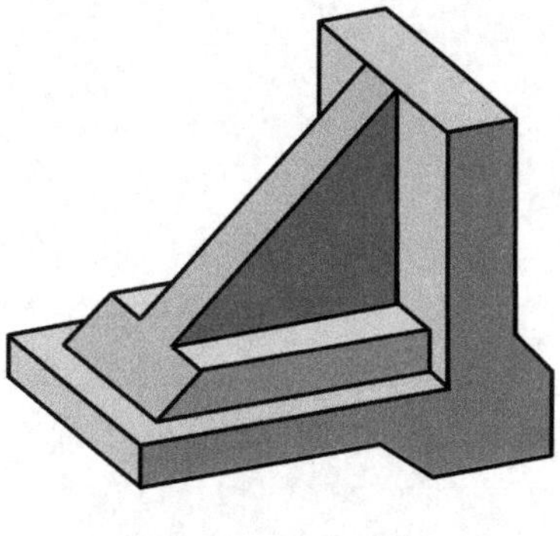

图 4-46　空间形状

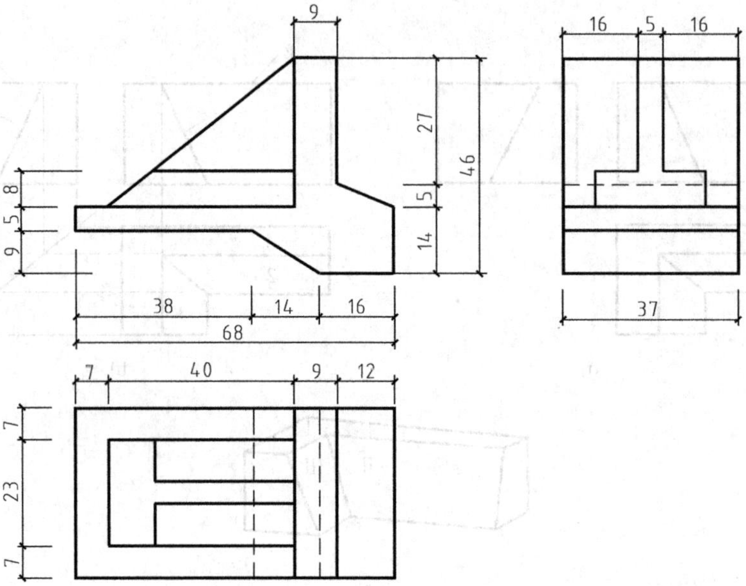

图 4-47　组合体的三面投影

第五章　轴　测　图

第一节　轴测投影的基本知识

多面正投影图因其作图简便、度量性好等优点而广泛应用在工程实践中。但其直观性差，没有学过投影理论的人，很难读懂这种图样。因此，在工程上还采用在一个投影面上同时反映物体的长、宽、高三个坐标，直观性好的轴测投影图，如图 5-1 所示。轴测投影图作图复杂、度量性差，在工程实践上一般作为辅助图样。

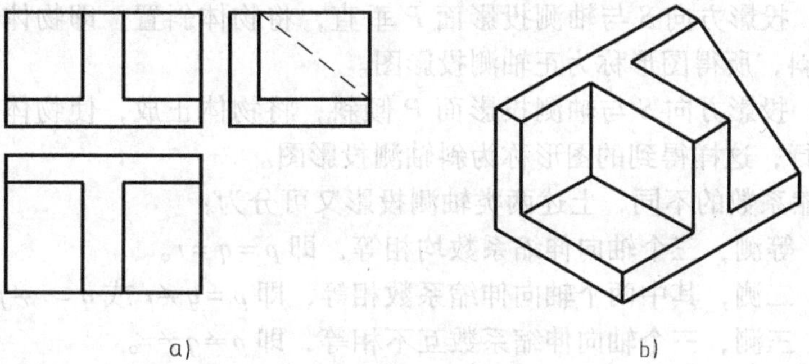

图 5-1　正投影图与轴测投影图比较

a）正投影图　b）轴测投影图

一、轴测投影的形成

将物体连同其直角坐标系，沿不平行于任何坐标平面的方向，用平行投影法将其投影在单一投影面上所得到的图形称为轴测投影图，简称轴测图，如图 5-2 所示。

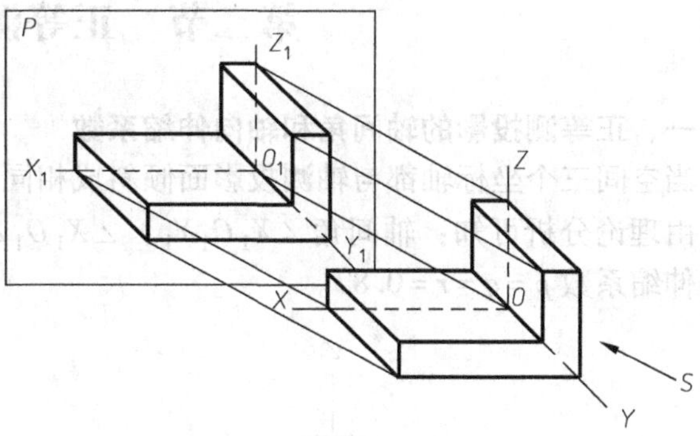

图 5-2　轴测图形成

轴测投影面：投影面 P 称为轴测投影面。

投射方向：投射线方向 S 称为投射方向。

轴测投影轴：空间直角坐标系 OX、OY、OZ 轴在轴测投影面上的投影O_1X_1、O_1Y_1、O_1Z_1称为轴测投影轴，简称轴测轴。

轴向伸缩系数：轴测轴上一段长度与它的实际长度之比，称为该轴的轴向伸缩系数（简称伸缩系数）。X、Y、Z 轴的伸缩系数分别为 p、q、r。

轴间角：相邻轴测轴之间的夹角 $\angle X_1O_1Y_1$、$\angle X_1O_1Z_1$、$\angle Y_1O_1X_1$ 称为轴间角。

二、轴测投影的特性

1. 平行性

物体上相互平行的线段，轴测投影仍相互平行；物体上平行于坐标轴的线段，其轴测投影与相应轴测轴保持平行。

2. 度量性

形体上与坐标轴平行的直线尺寸，在投影图中均可沿轴测轴方向测量。因此，形体上平行于坐标轴的线段的轴测投影与线段实长之比，等于相应的轴向变形系数。

3. 变形性

形体上与坐标轴不平行的直线，具有不同的伸缩系数，不能在轴测图上直接量取，而要先定出直线的两端点的位置，再画出该直线的轴测投影。

三、轴测图的分类

根据投射方向 S 与轴测投影面 P 之间所形成的角度，轴测投影分为两类，即正轴测投影与斜轴测投影。

正轴测投影：投影方向 S 与轴测投影面 P 垂直，将物体斜置，即物体上的三个坐标面与投影面 P 均倾斜，所得图形称为正轴测投影图。

斜轴测投影：投影方向 S 与轴测投影面 P 倾斜，将物体正放，使物体上的一坐标面与轴测投影面 P 平行，这样得到的图形称为斜轴测投影图。

根据轴向伸缩系数的不同，上述两类轴测投影又可分为：

1）正（斜）等测，三个轴向伸缩系数均相等，即 $p=q=r$。

2）正（斜）二测，其中两个轴向伸缩系数相等，即 $p=q\neq r$ 或 $q=r\neq p$ 或 $p=r\neq q$。

3）正（斜）三测，三个轴向伸缩系数互不相等，即 $p\neq q\neq r$。

轴测图的可见轮廓宜用中实线绘出，断面轮廓线宜用粗实线绘制。不可见轮廓线一般不绘出，必要时可用细虚线绘出所需部分。

第二节　正等测轴测图

一、正等测投影的轴间角和轴向伸缩系数

当空间三个坐标轴都与轴测投影面倾斜成相同角度时，所形成的正轴测图为正等测轴测图。由理论分析可知：轴间角 $\angle X_1O_1Y_1$、$\angle X_1O_1Z_1$、$\angle Y_1O_1X_1$ 都是 120°，如图 5-3a 所示；轴向伸缩系数 $p=q=r=0.82$。

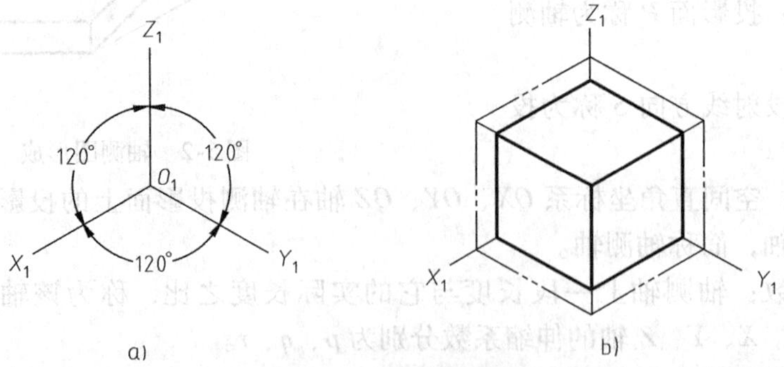

图 5-3　正等测投影的轴间角及轴向变形

作图时一般将 O_1Z_1 画成铅垂的位置。为了简化作图，在实际画图时，将各轴的轴向伸缩系数简化为 1。此时的伸缩系数称为简化的伸缩系数，即沿各轴测轴方向的线段投影长度都等于空间线段的实际长度，因此画轴测图时，可以从正投影图中直接量取线段的实际长度。这样画出的图仅是沿轴向的长度比原来放大了 1/0.82 = 1.22 倍，如图 5-3b 所示。

二、正等测轴测图的画法

（一）平面立体正等测轴测图画法

【例 5-1】 已知正六棱柱的两面投影，如图 5-4 所示，求作其正等测轴测图。

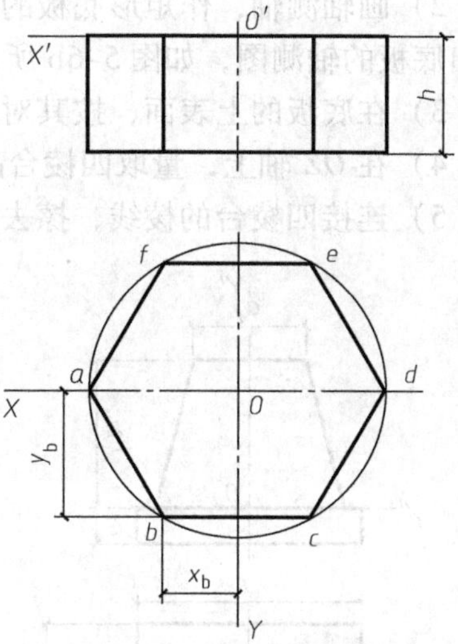

图 5-4 正六棱柱两面投影

【解】 作图步骤：

1）画出轴测轴 O_1X_1、O_1Y_1，并在轴测轴上直接量取 $O_1A = OA$、$O_1D = OD$，作出点 A 及点 D，如图 5-5a 所示。

2）确定 B、C、E、F 点的坐标，作 X 轴的平行线并且平行线与 X 轴的距离为 y_b，作 Y 轴的平行线并且平行线与 Y 轴的距离为 x_b，两条平行线的交点即为点 B，然后依次可以求出 C、E、F 点，如图 5-5b 所示。

3）依次连接 A、B、C、D、E、F 各点完成六棱柱的上底面，由上底面各点分别向下画出高度为 h 的可见棱线得到下底面各点，如图 5-5c 所示。

4）依次连接下底面各点，擦去作图线，描深，完成六棱柱的正等测轴测图，如图 5-5d 所示。

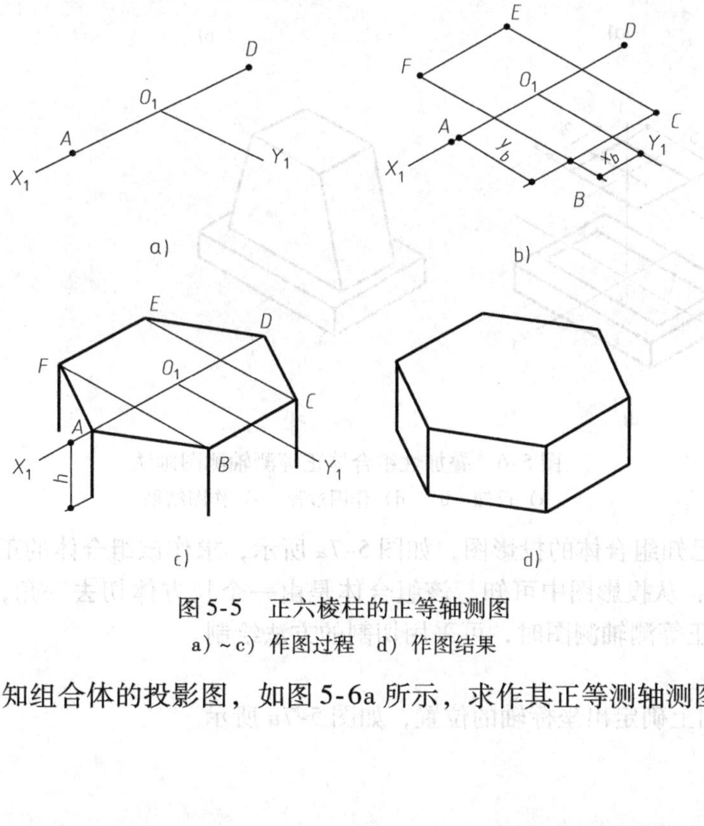

图 5-5 正六棱柱的正等轴测图

a）~ c）作图过程 d）作图结果

【例 5-2】 已知组合体的投影图，如图 5-6a 所示，求作其正等测轴测图。

【解】 分析：从投影图中可知，该形体是由矩形底板和四棱台叠加而成。作其正等测轴测图时，可采用叠加法绘制。

作图步骤：

1）在投影图上确定坐标轴的位置，因是对称形体，为了读值方便，可把原点定在对称中心上，如图 5-6a 所示。

2）画轴测轴，作矩形底板的轴测图，先按底板的长 a 和宽 b 画出上表面，再按厚度 h_1 画出底板的轴测图，如图 5-6b 所示。

3）在底板的上表面，按其对称关系确定四棱台底面位置，如图 5-6c 所示。

4）在 OZ 轴上，量取四棱台高 h_2 并作出顶面的轴测图，如图 5-6d 所示。

5）连接四棱台的棱线，擦去多余图线后描深，如图 5-6e 所示。

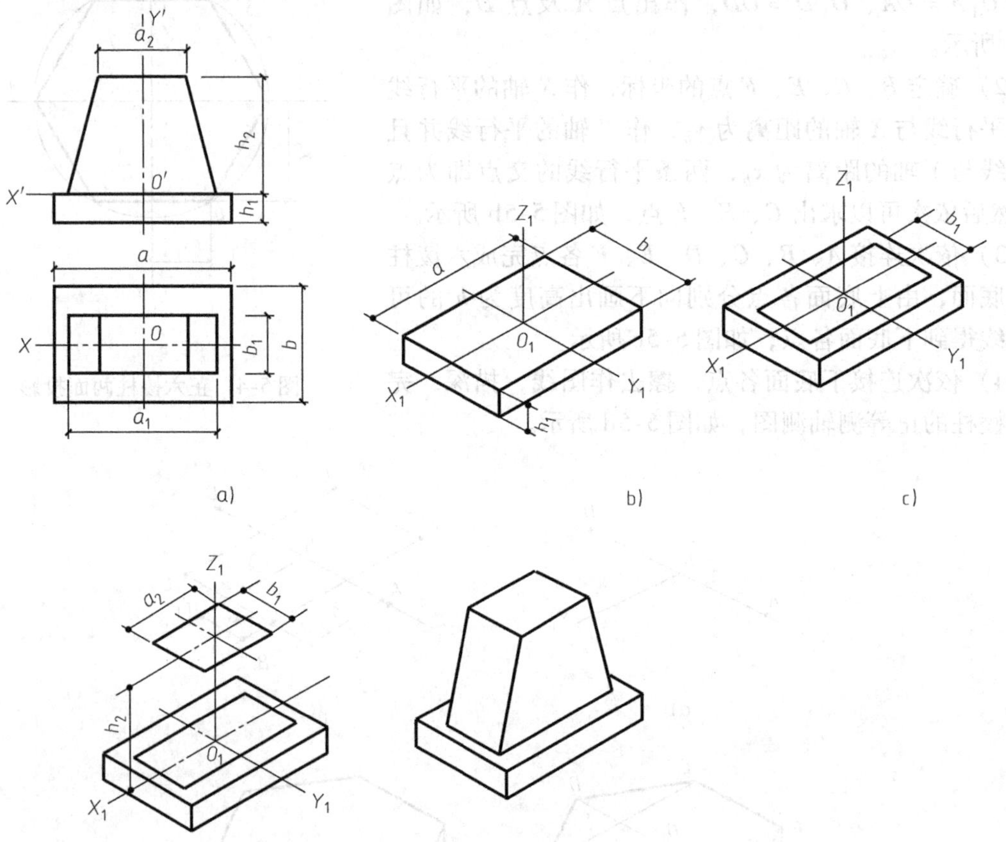

图 5-6　叠加性组合体正等测轴测图画法

a）已知　b）~ d）作图过程　e）作图结果

【例 5-3】 已知组合体的投影图，如图 5-7a 所示，求作该组合体的正等测轴测图。

【解】 分析：从投影图中可知，该组合体是由一个长方体切去一角，左侧中部再切成通槽而成，作其正等测轴测图时，可采用切割的方法绘制。

作图步骤：

1）在投影图上确定出坐标轴的位置，如图 5-7a 所示。

2）画轴测轴，并画出长方体的轴测图（先画长方体的顶面，然后沿 Z_1 轴向下截取高度，这样可减少作图线），如图 5-7b 所示。

3）在长方体的左上角画斜面，方法是从右端沿 X 轴量取 a，作 Y_1 轴平行线，得交点 1、2，再从底面沿 Z_1 轴量取 h，作 Y_1 轴平行线，得交点 3、4，然后连接点 1、3 和点 2、4，如图 5-7c 所示。

4）切槽。在斜面上切槽，特别要注意量取方法，一定要沿轴测轴的方向度量，如图 5-7d 所示，先在底面前、后各量取 b 宽度，得到两点，再由前述两点向右沿 X_1 轴量取长度 c，又得到两点，由所得点分别作 Z_1 轴平行线，由前两点得到 5、6 两点，量取高度 h_2，得到 7、8 两点，连接 5、8、7、6 点得到斜面上切口的位置。

5）擦去多余作图线后描深。注意：要把因开槽而可见的棱线画出来。

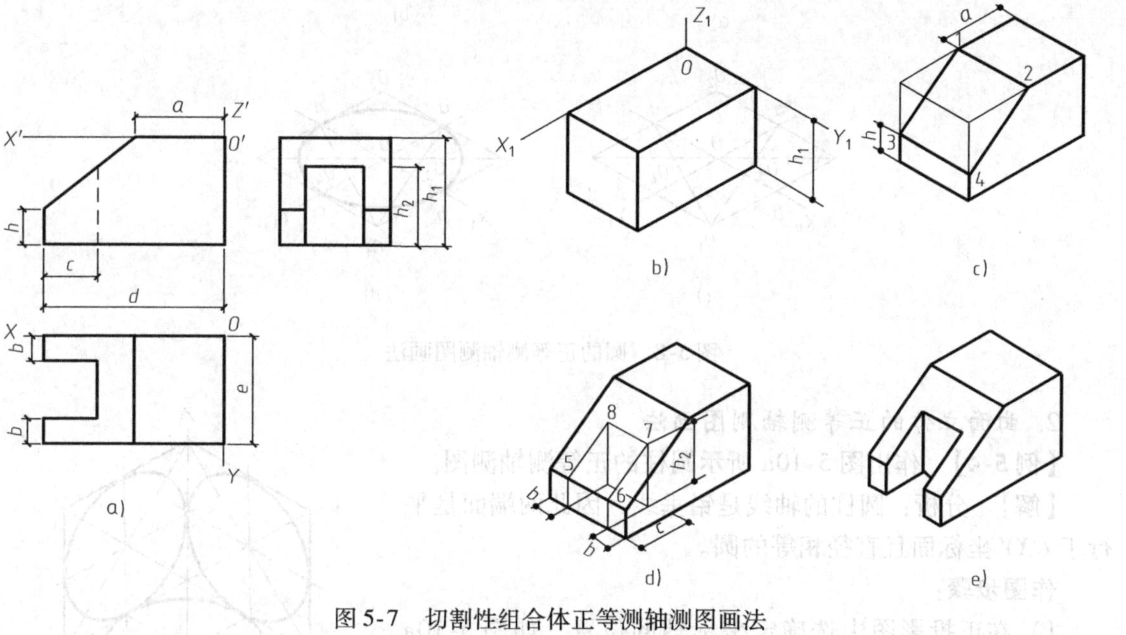

图 5-7　切割性组合体正等测轴测图画法

a）已知　b）~d）作图过程　e）作图结果

（二）曲面立体的正等测轴测图画法

1. 平行于坐标面的圆的正等测轴测图画法

当圆处于正平、水平、侧平位置时，圆的正等测轴测图均为椭圆，掌握了平行于坐标平面的圆的正等测轴测图画法，就不难画出各种轴线垂直于坐标面的圆柱、圆锥及其组合形体的正等测轴测图。

椭圆通常采用四心法画出。现以水平圆为例说明椭圆的画法：

1）在正投影中画出圆的外切正方形，如图 5-8a 所示。

2）作外切正方形的正等测轴测图，得一菱形，如图 5-8b 所示。

3）菱形两钝角顶点为 O_1 和 O_2，连接 O_1a、O_1d，O_1a、O_1d 与两锐角顶点的连线交于 O_3 和 O_4，O_1、O_2、O_3、O_4 分别为椭圆的四个圆心，如图 5-8c 所示。

4）以 O_1 为圆心，O_1a（或 O_1d）为半径画 ad；以 O_2 为圆心，O_2b（或 O_2c）为半径画

bc；以 O_3 为圆心，O_3a（或 O_3b）为半径画 ab；以 O_4 为圆心，O_4c（或 O_4d）为半径画 cd，连接各段圆弧，即为所求椭圆，其中点 a、b、c、d 为连接点，如图 5-8d 所示。处于正平和侧平位置圆的正等测轴测图画法与上述方法相同。但要注意椭圆长、短轴的方向，如图 5-9 所示。

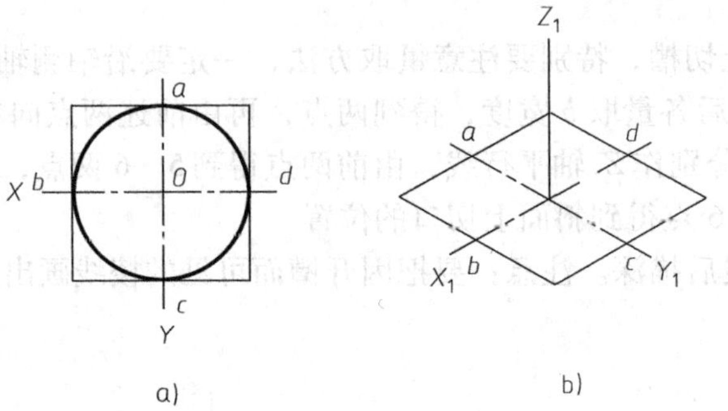

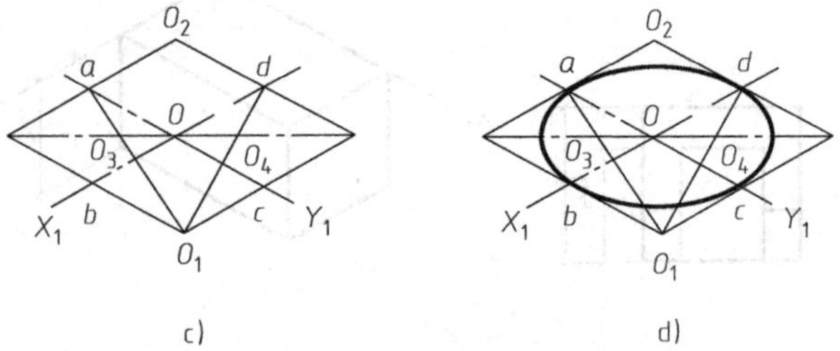

图 5-8　圆的正等测轴测图画法

2. 曲面立体的正等测轴测图画法

【例 5-4】 作出图 5-10a 所示圆柱的正等测轴测图。

【解】 分析：圆柱的轴线是铅垂线，因此两端面是平行于 *OXY* 坐标面且直径相等的圆。

作图步骤：

1）在正投影图中选确定坐标轴的位置，如图 5-10a 所示。

2）画轴测轴，定出上、下端面中心的位置，如图 5-10b 所示。

3）画上、下端面的正等测椭圆及两侧轮廓线，如图 5-10c 所示。

4）擦去多余作图线后描深，如图 5-10d 所示。

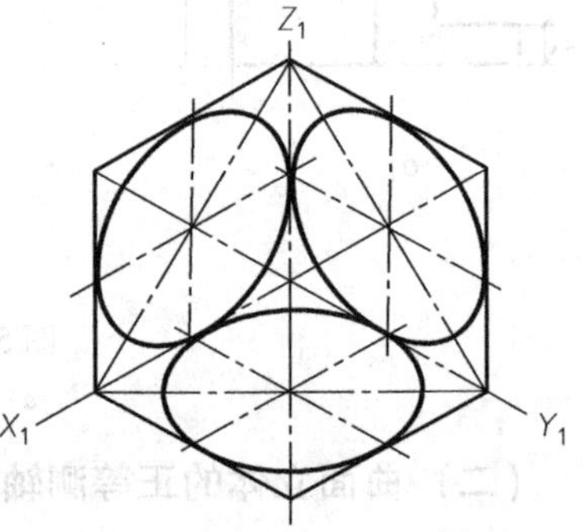

图 5-9　圆的正等测轴测图

图 5-11a 所示是带圆角的长方体底板，要作其正等测轴测图。圆角是四分之一圆柱，由图 5-8 椭圆近似画法可以看出，菱形相邻两边中垂线的交点就是四分之一圆弧的圆心。由此可得出圆角正等测轴测图的近似画法：由长方体正等测轴测图的角顶量取圆角半径得切点，过切点作垂线，交点 1、2 是上顶面两圆心。用移心法求出下底面圆心 3、4，分别画圆弧。最后作小圆弧公切线，完成作图。

【例 5-5】 作出如图 5-12a 所示圆台的正等测轴测图。

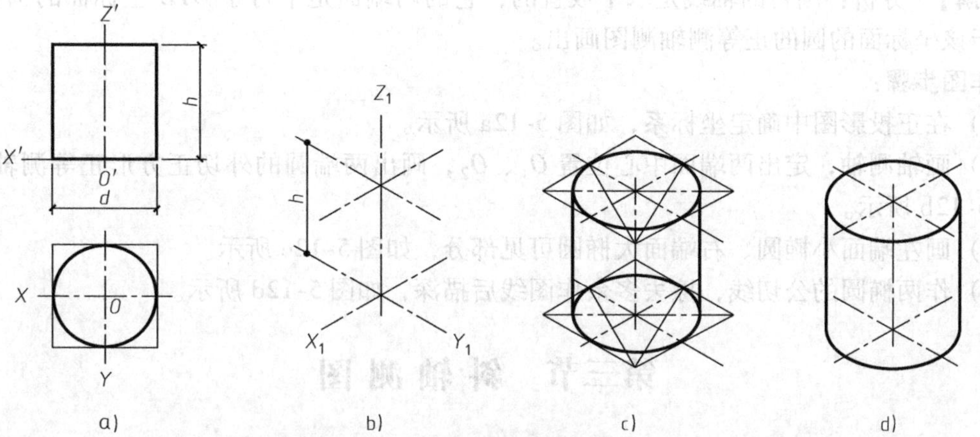

图 5-10　圆柱正等测轴测图画法

a）已知　b）、c）作图过程　d）作图结果

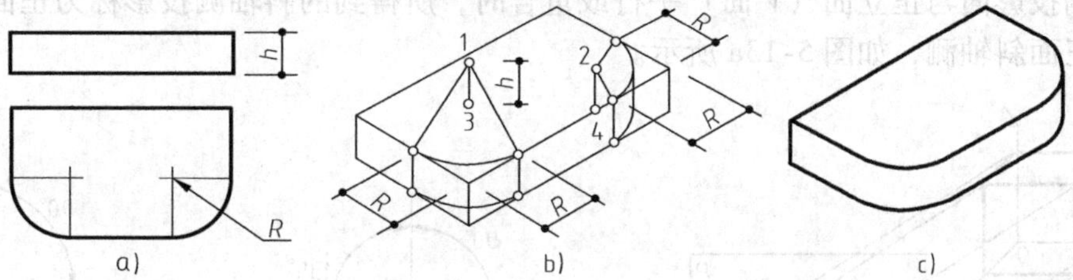

图 5-11　圆角的画法

a）已知　b）作图过程　c）作图结果

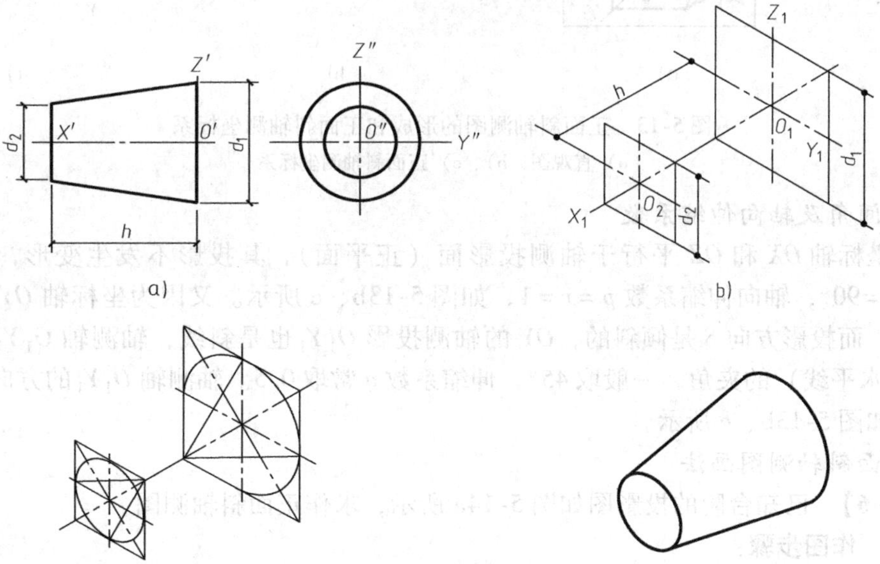

图 5-12　圆台的正等测轴测图作法

a）已知　b）、c）作图过程　d）作图结果

【解】 分析：圆台的轴线是水平放置的，它的两端面是平行于 OYZ 坐标面的圆，可按平行于该坐标面的圆的正等测轴测图画出。

作图步骤：

1）在正投影图中确定坐标系，如图 5-12a 所示。

2）画轴测轴，定出两端面中心位置 O_1、O_2，画出两端圆的外切正方形正等测轴测图，如图 5-12b 所示。

3）画左端面小椭圆、右端面大椭圆可见部分，如图 5-12c 所示。

4）作两椭圆的公切线，擦去多余作图线后描深，如图 5-12d 所示。

第三节　斜 轴 测 图

常用的斜轴测投影图有两种，即正面斜轴测图和水平面斜轴测图，下面分别进行介绍。

一、正面斜轴测投影

当轴测投影面与正立面（V 面）平行或重合时，所得到的斜轴测投影称为正面斜轴测投影，简称正面斜轴测，如图 5-13a 所示。

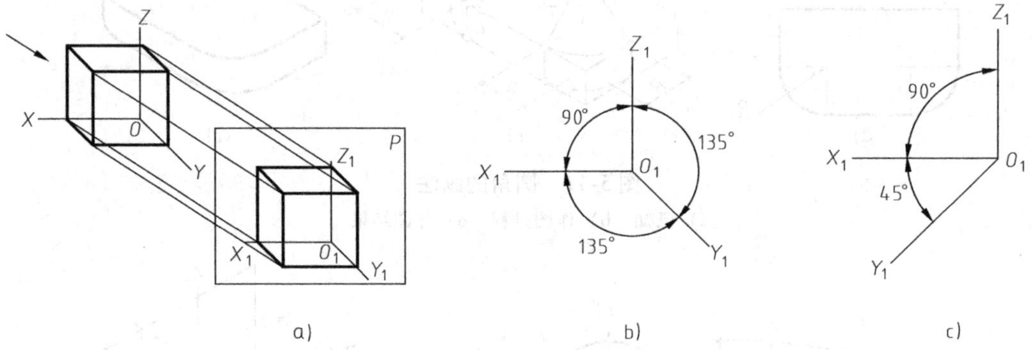

图 5-13　正面斜轴测图的形成和正面斜轴测坐标系

a）直观图　b）、c）正面斜轴测坐标系

1. 轴间角及轴向伸缩系数

由于坐标轴 OX 和 OZ 平行于轴测投影面（正平面），其投影不发生变形，故轴间角 $\angle X_1O_1Z_1=90°$，轴向伸缩系数 $p=r=1$，如图 5-13b、c 所示。又因为坐标轴 OY 与轴测投影面垂直，而投影方向 S 是倾斜的，OY 的轴测投影 O_1Y_1 也是斜线，轴测轴 O_1Y_1 与轴测轴 O_1X_1（或水平线）的夹角，一般取 45°，伸缩系数 q 常取 0.5。轴测轴 O_1Y_1 的方向可根据需要选择，如图 5-13b、c 所示。

2. 正面斜轴测图画法

【例 5-6】 已知台阶的投影图如图 5-14a 所示，求作正面斜轴测图。

【解】 作图步骤：

1）在正投影图中确定坐标系，如图 5-14a 所示。

2）画轴测轴，如图 5-14b 所示。

3）画与正面投影完全相同的图形，沿 O_1Y_1 画平行斜线（与水平线成 45°），如图 5-14c 所示。

4）在各平行线上量取 0.5Y 值，连接各点，加深，完成全图（虚线省略不画），如图 5-14d 所示。

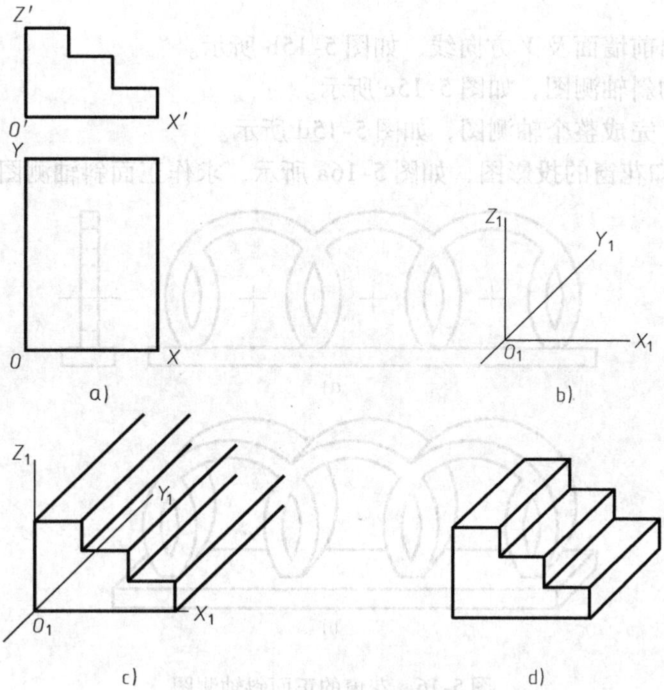

图 5-14　台阶正面斜轴测图

a）已知　b）坐标系　c）作图过程　d）作图结果

【例 5-7】　已知拱形门的投影图如图 5-15a 所示，求作正面斜轴测图。

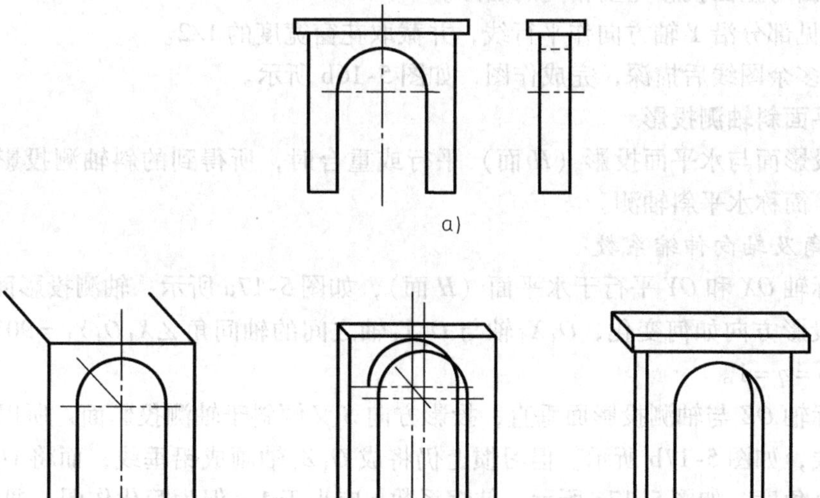

图 5-15　拱形门正面斜轴测图

a）已知　b）、c）作图过程　d）作图结果

【解】 分析：该拱形门由门身和顶板两部分组成，作正面轴测图时，必须注意各部分在 Y 方向的位置。

作图步骤：

1）按实形画出前墙面及 Y 方向线，如图 5-15b 所示。

2）完成门身的斜轴测图，如图 5-15c 所示。

3）画出顶板，完成整个轴测图，如图 5-15d 所示。

【例 5-8】 已知花窗的投影图，如图 5-16a 所示，求作正面斜轴测图。

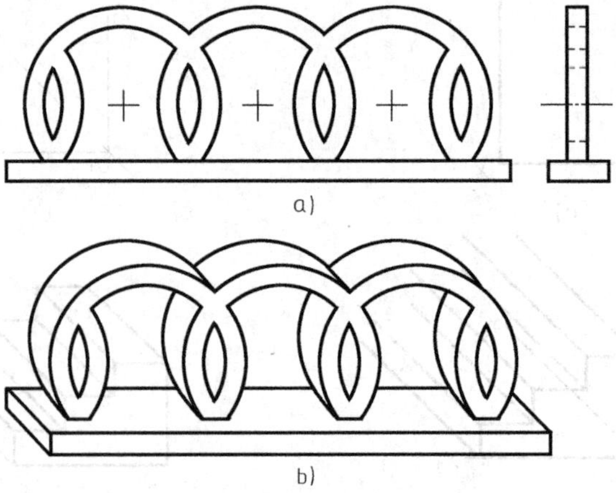

图 5-16　花窗的正面斜轴测图

a）投影图　b）正面斜轴测图

【解】 作图步骤：

1）先画出与正面投影完全相同的图形。

2）将可见部分沿 Y 轴方向作平行线，并截取花窗宽度的 1/2。

3）擦去多余图线后描深，完成作图，如图 5-16b 所示。

二、水平面斜轴测投影

当轴测投影面与水平面投影（H 面）平行或重合时，所得到的斜轴测投影称为水平面斜轴测投影，简称水平斜轴测。

1. 轴间角及轴向伸缩系数

由于坐标轴 OX 和 OY 平行于水平面（H 面），如图 5-17a 所示，轴测投影面 P 又平行 H 面。则不论投影方向如何变化，O_1X_1 轴与 O_1Y_1 轴之间的轴间角 $\angle X_1O_1Y_1=90°$，其上的伸缩系数恒为 $p=q=1$。

由于坐标轴 OZ 与轴测投影面垂直，投影方向 S 又倾斜于轴测投影面，所以轴测轴 O_1Z_1 是一条倾斜线，如图 5-17b 所示。但习惯上仍将成 O_1Z_1 轴画成铅垂线，而将 O_1X_1 和 O_1Y_1，相应转动一个角度，如图 5-17c 所示。伸缩系数 r 应小于 1，但为简化作图，通常仍取 $r=1$。

由于水平斜轴测图适用于画水平面上有复杂图案的形体，故在工程上常用来绘制一个小区的总体规划图或绘制一幢建筑物的水平剖面图。

2. 水平斜轴测图一般作图步骤

1）画正投影的水平面投影图，并将其逆时针旋转 30°。

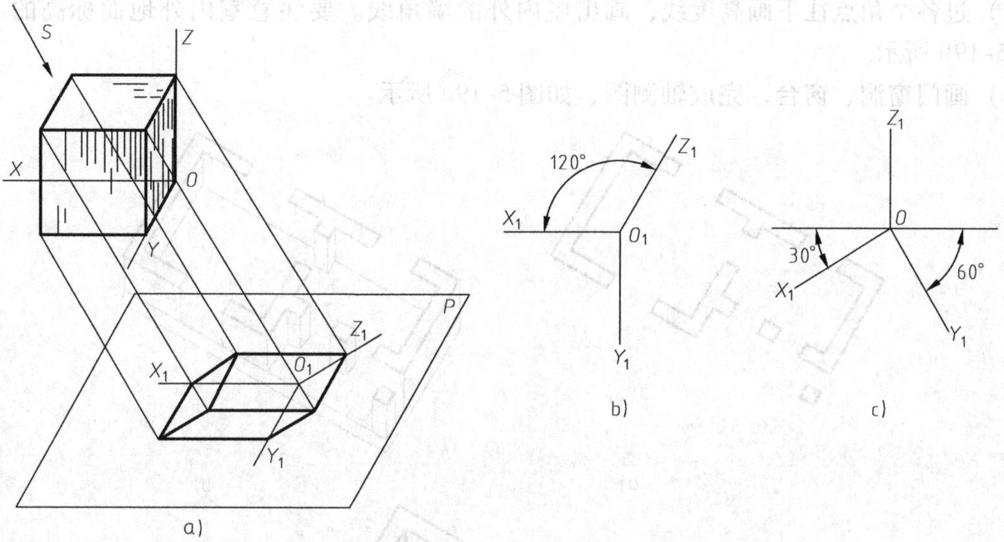

图 5-17　水平面斜轴测图的形成和水平面斜轴测坐标系

a）直观图　b）、c）水平面斜轴测坐标系

2）过水平投影图的各个顶点向下作垂线。

3）在各垂线上取空间物体的高度，并连接。

4）加深图线，完成轴测图。

3. 水平斜轴测图画法

【例 5-9】　据房屋的立面图和平面图（图 5-18），作带水平截面的水平面斜轴测图。

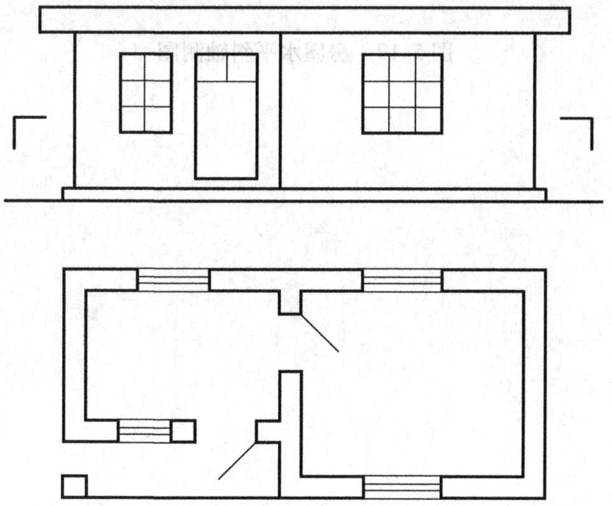

图 5-18　房屋立面图和平面图

【解】　分析：本例实质上是用水平剖切平面剖切房屋后，将下半截房屋画成水平面轴测图。

作图步骤：

1）先画出断面，即把水平面图旋转 30°后画出，如图 5-19a 所示。

2）过各个角点往下画高度线，画出屋内外的墙角线。要注意室内外地面标高的不同，如图 5-19b 所示。

3）画门窗洞、窗台，完成轴测图，如图 5-19c 所示。

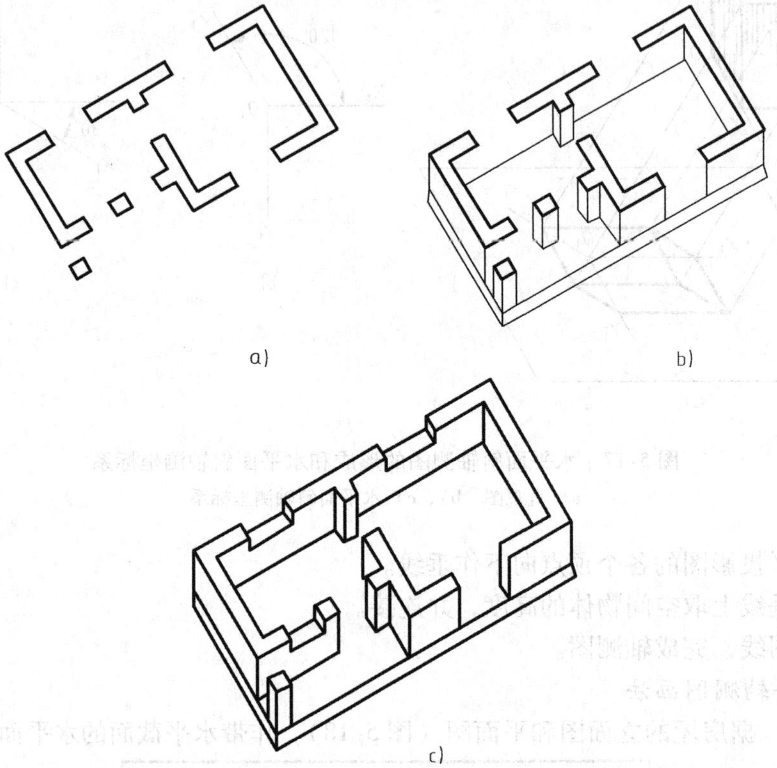

图 5-19　房屋水平斜轴测图

第六章　建筑形体的表达方法

第一节　各种建筑形体视图

在房屋建筑制图中，将物体向投影面投射所得到的图形称为视图。对于形状简单的物体，一般用三面投影图（也叫三视图）就可以表达清楚。但大多数建筑物或构筑物的形状和结构通常是比较复杂的，必须增加视图的数量才能清晰、完整地表达出来。

一、基本视图

1. 六面视图

表达一个形体可有六个基本投射方向，这六个基本投影面组成了一个正六面体，把形体向各基本投影面投影并展开后得到的六个视图都称为基本视图，即在原有三个投影面的基础上，再增设三个投影面（分别与 H 面、V 面、W 面平行），组成一个正六面体。逐一展开各基本投影面至与正立投影面平齐的位置，形成六个视图，基本视图的形成和投影面的展开方法如图 6-1a、b 所示。显然，六视图中各视图之间的投影关系与三视图的投影关系是相同的。

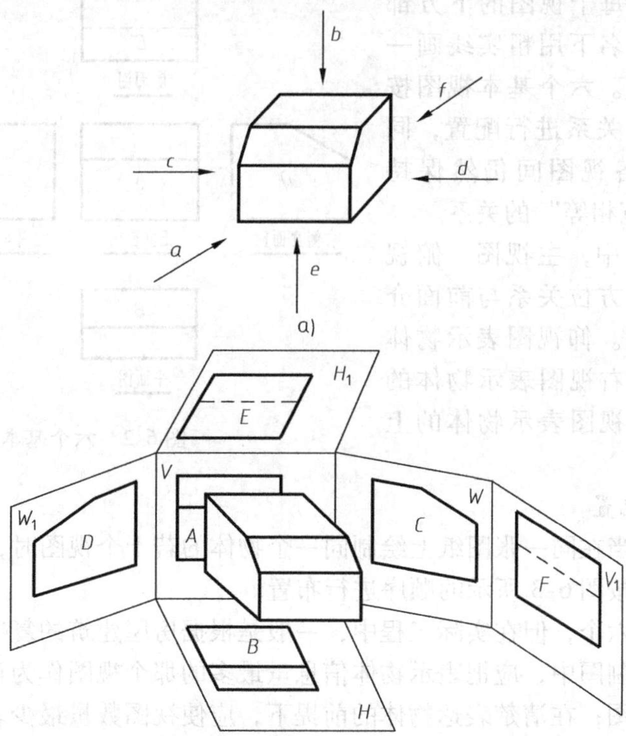

图 6-1　基本视图的形成和投影面的展开方法

a）基本投射方向图　b）六面投影体系的展开

2. 基本视图的名称

通常，把由前向后投射得到的视图称为主视图（或正立面图）；把由上向下投射得到的视图称为俯视图（或平面图）；把由左向右投射得到的视图称为左视图（或左侧立面图）；把由下向上投射得到的视图称为仰视图（或底面图）；把由右向左投射得到的视图称为右视图（或右侧立面图）；把由后向前投射得到的视图称为后视图（或背立面图）。六个视图的命名及投射方向见表6-1。

表6-1 六面视图的命名及投射方向

视图名称	投射方向
正立面图	从前向后投射
平面图	从上向下投射
左侧立面图	从左向右投射
右侧立面图	从右向左投射
底面图	从下向上投射
背立面图	从后向前投射

制图标准规定，每个视图的下方都应注写图名，并在图名下用粗实线画一条与图名等长的横线。六个基本视图按照图6-2所示的位置关系进行配置，同三面投影图一样，各视图间仍然保持“长对正、高平齐、宽相等”的关系。

在六个基本视图中，主视图、俯视图、左视图所表示的方位关系与前面介绍的三面投影图相同。仰视图表示物体的左右、前后关系；右视图表示物体的上下、前后关系；后视图表示物体的上下、左右关系。

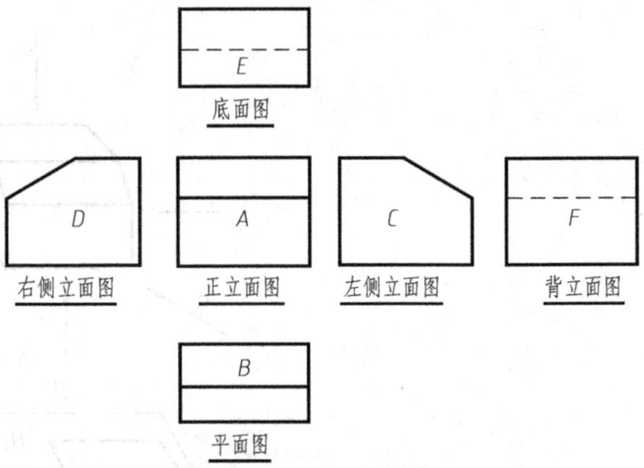

图6-2 六个基本视图

3. 基本视图的配置

在实际工作中，当在同一张图纸上绘制同一个物体的若干个视图时，为了合理地利用图纸，可将各视图位置按图6-3所示的顺序进行布置。

虽然基本视图有六个，但在实际工程中，一般是根据房屋建筑的复杂程度来确定视图的数量。通常，在建筑制图中，应把表示物体信息量最多的那个视图作为正立面图，然后根据实际需要选用其他视图；在清楚表达物体的前提下，应使视图数量最少。画物体视图时，主要可见轮廓线用粗实线，次要可见轮廓线用中实线，更次要可见轮廓线用细实线；主要不可见轮廓线用中虚线，次要不可见轮廓线用细虚线；同时要注意应尽量避免使用虚线，并应避免不必要的细节重复。

二、辅助视图

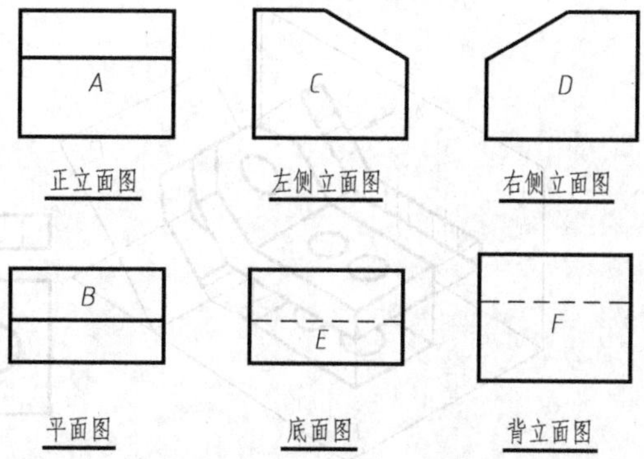

图 6-3 视图配置

工程制图中，形体除了可以用基本视图表达外，当需要时，也可以采用辅助视图来表达。下面为几种常用的辅助视图。

1. *局部视图*

对于一些用三视图（甚至二视图）就可以基本表达清楚总体构造的简单建筑形体，为了减少绘图量，经常用局部视图来表达其局部的构造细节。

局部视图是将形体的某一部分向基本投影面投射所得的视图。与斜视图类似，也是用带字母的箭头指明要表达的部位和投射方向，并注明视图名称。局部视图的范围用波浪线表示，如图 6-4 中的 *A* 向视图。当表示的局部结构是完整的且外轮廓封闭时，波浪线可省略，如图 6-4 中的 *B* 向视图。如果局部的细节构造尺度比较小，也可画成与主视图比例不相同的局部放大视图。

局部视图可按基本视图的配置形式配置，也可根据图面情况自由配置。局部视图在机械制图中使用较多，土木工程常以详图的形式出现。

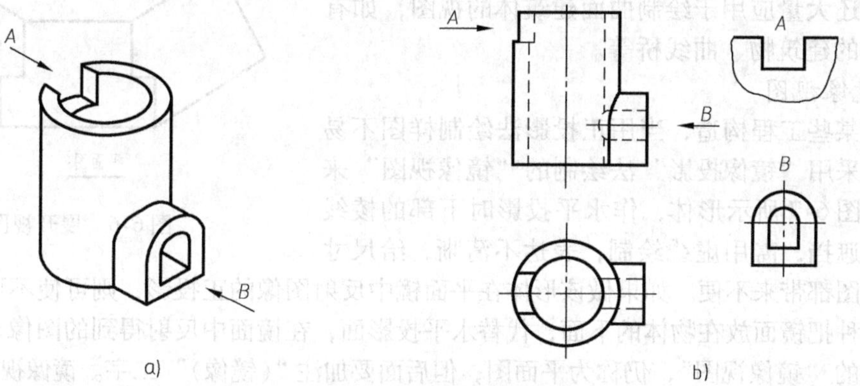

图 6-4 局部视图

a）立体图 b）投影图

2. *斜视图*

当形体的某些部位与基本投影面不平行时，投影就不能显示实形，给读图带来不便。如图 6-5a 设置辅助投影面 *P*，就可在辅助投影面上得到一个反映物体倾斜部分实形的视图，这个视图就称为斜视图。斜视图一般只表达倾斜部分的局部形状，与其相连的其他部分用波浪线断开，不必全画。画斜视图时，应在主视图上用箭头标明投射方向，并用大写的拉丁字母标注；在斜视图的上方注写相应的字母，以明确对应关系。斜视图可画在主视图上箭头所指的方向上，如图 6-5b 所示；也可平移或转正后画在图面的其他适当的位置上，但画成转正的视图时要在斜视图的上方加一表示旋转方向的旋转符号，如图 6-5c 所示。

3. *展开视图*

如果组成建筑形体的两部分互相不垂直，在作投影图时，若将平行于其中某个部分的面

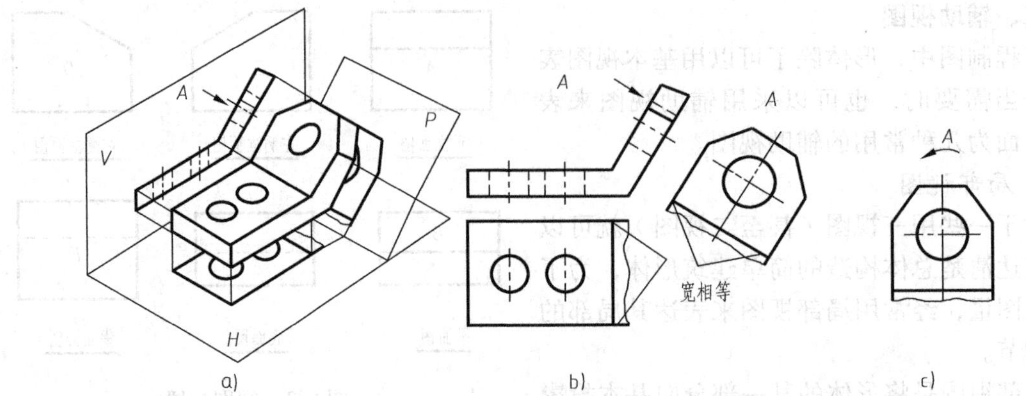

图 6-5　斜视图

a）立体图　b）斜视图　c）旋转平移后的斜视图

作为投影面，则另一部分必然与这个投影面不平行，在该投影面上的投影也将不反映实形。为了能在一个投影面上使两部分都反映实形，常常将与投影面不平行的那部分旋转到与投影面平行的位置，再作投影图，这种投影图称为展开视图，如图6-6所示。除此之外，展开视图还大量应用于绘制曲面建筑体的视图，如有弧形立面的建筑物、曲线桥等。

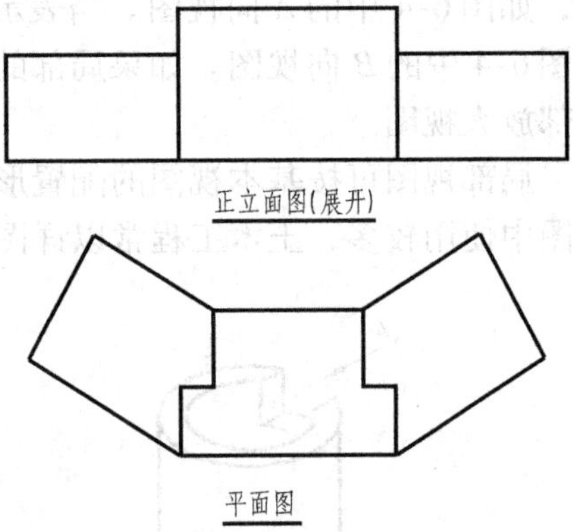

图 6-6　展开视图

4. 镜像视图

对于某些工程构造，当用正投影法绘制样图不易表达时，采用“镜像投影”法绘制的“镜像视图”来表示。如图 6-7 所示形体，作水平投影时下部的棱线被上底面遮挡，需用虚线绘制，表达不清晰，给尺寸标注和读图都带来不便。如果做该形体在平面镜中反射图像的正投影，则可使不可见部分变为可见，这种把镜面放在物体的下面，代替水平投影面，在镜面中反射得到的图像，称为镜像视图。所谓的“镜像视图”，仍称为平面图，但后面要加注“(镜像)”二字。镜像视图与平面图和底面图是完全不相同的，读者可利用图 6-7 自行比较。通常用镜像视图来绘制建筑物的吊顶图。

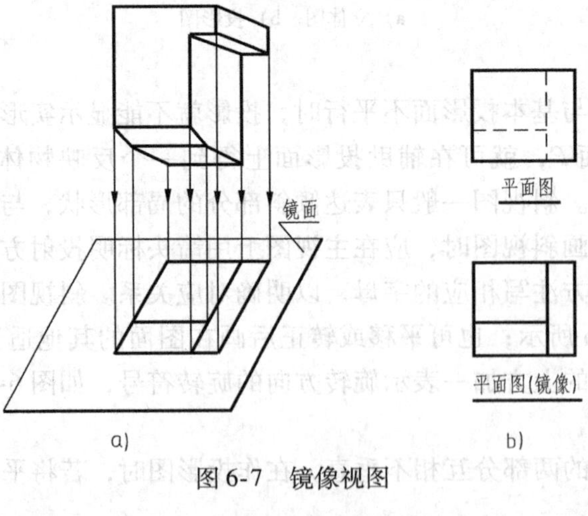

图 6-7　镜像视图

三、视图的选择

1. 主视图的选择

一套工程图样有许多张图，编排顺序时第一张图能给读图的人对所要阅读的工程结构物有一个直观、清晰的印象非常重要。因此，通常把一套工程图样的第一张图作为主视图。绘制工程设计图时，首先要选择建筑形体在正常情况下比较能表达其特征形状的一面作主视图，然后再根据建筑物的特征确定绘制其他必要的投影图的数量。

对于不同的工程结构物主视图的选择也不尽相同，桥梁工程通常以立面图作为主视图，房屋建筑工程通常以平面图作为主视图，但总的原则是必须能反映特征形状和虚线要少，如图 6-8 所示的挡土墙，a 方案要比 b 方案要好。

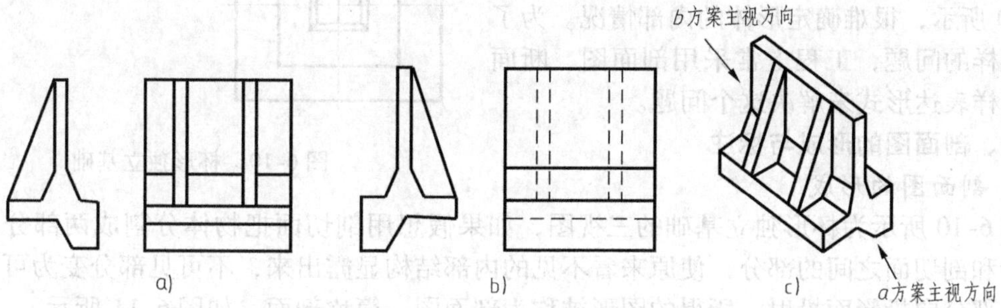

图 6-8　挡土墙投影图

a）主视图 a 方案　b）主视图 b 方案　c）立体图

2. 视图数量的选择

用几个视图才能完整清晰地表达出建筑形体的形状是需要根据建筑形体的复杂程度来确定的，确定形体视图数量的原则是在能够完整、准确表达形体形状的基础上，尽量减少视图的数量，略去多余的投影图，以减少作图的工作量，如图 6-9 所示。

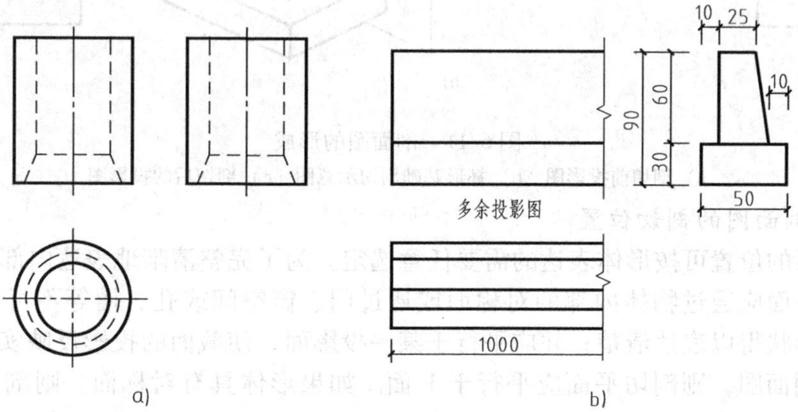

图 6-9　视图数量的选择

a）沉井　b）挡土墙

第二节　剖　面　图

在投影图中，形体的可见轮廓线用实线表示，形体内部不可见的孔洞以及被外部遮挡的轮廓线用虚线表示。当形体比较简单时，只用投影图表达是可以的，当物体的内部结构复杂或被遮挡的部分较多时，图上就会出现较多的虚线，形成图面虚、实线交错而混淆不清的情况，既不便于标注尺寸，又容易产生差错。如图6-10所示，很难确定形体的内部情况。为了解决这样的问题，工程上常采用剖面图、断面图的图样表达形式来解决这个问题。

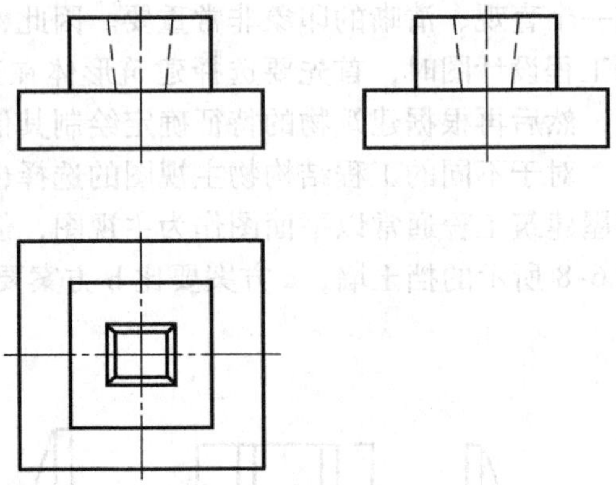

图6-10　杯形独立基础

一、剖面图的形成与标注

1. 剖面图的形成

图6-10所示为杯形独立基础的三视图，如果假想用剖切面把物体分割成两部分，移去观察者和剖切面之间的部分，使原来看不见的内部结构显露出来，不可见部分变为可见，而将其余部分向投影面投射，所得的图形被称为剖面图，简称剖面，如图6-11所示。

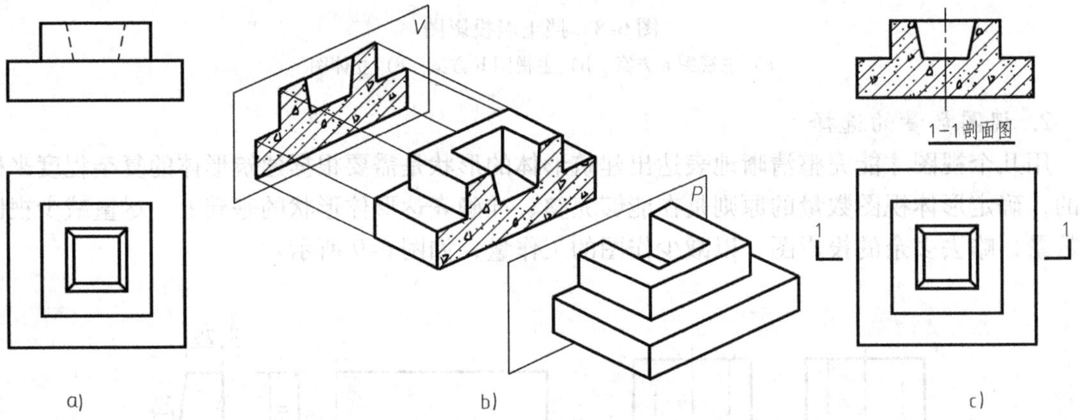

图6-11　剖面图的形成
a）剖切前投影图　b）杯形基础剖切示意图　c）剖切后的投影图

2. 确定剖面图的剖切位置

剖切平面的位置可按形体表达的需要任意选定。为了完整清晰地表达内部形状，一般情况下，剖切平面应通过物体内部的对称面或通过门、窗空间或孔、槽等不可见部分的中心线，使内部形状得以表达清楚；并应平行于某一投影面，使截面的投影反映实形。如要将 V 面投影画成剖面图，则剖切平面应平行于 V 面。如果形体具有对称面，则剖切平面应通过形体的对称中心平面。

3. 剖面图的标注

剖面图标注包括画出剖切符号、注写编号和书写剖面图的名称，如图6-12所示。

（1）剖切符号　剖面图的剖切符号是表示剖切面起、讫和转折位置及投射方向的符号。

剖切符号由剖切位置线和投射方向线组成，均用粗实线表示，剖切符号不宜与图面上任何图线相接触。剖切位置线表示的是剖切平面的位置，其长度为6～10mm；投射方向线（又叫剖视方向线）是指明剖切后投射的方向，画在剖切位置线外端且与剖切位置线垂直的粗实线，其长度应短于剖切位置线，长度为4～6mm。剖切符号的编号，宜按由左至右，由下至上的顺序，采用阿拉伯数字注写在剖视方向线的端部。

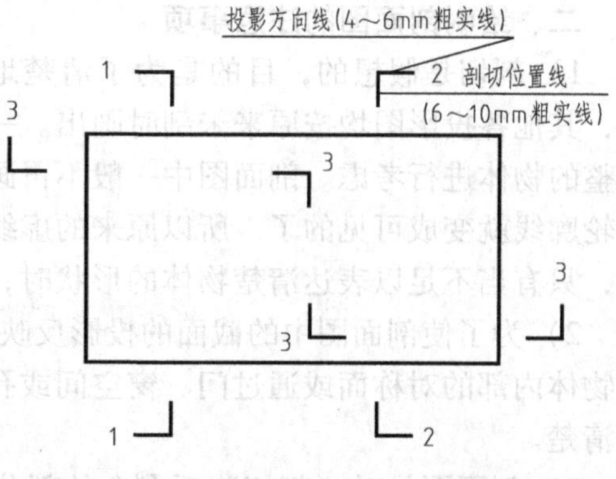

图6-12　剖面图的剖切符号和编号

（2）注写编号　剖面图剖切符号的编号宜采用阿拉伯数字或大写拉丁字母，并注写在投射方向线的端部，按顺序由左至右、由下至上连续编排。需要转折的剖切位置符号，在转折处为避免与其他图线发生混淆，应在转角的外侧加注与该符号相同的编号。

剖面图的名称常用相应的编号，如1－1剖面图、2－2剖面图、$A-A$剖面图、$B-B$剖面图等表示。图名注写在该剖面图的下方，图名下方还应画上粗实线，粗实线的长度与图名字体的长度相等。

（3）剖面图的图线及图例　如图6-11c所示，物体被剖切后所形成的断面轮廓线，用粗实线画出；物体未剖到部分的投影用粗线或中粗线画出；看不见的虚线，一般省略不画。

为了明显地表达出物体的内部构造，在画剖面图时，要求把剖切平面与物体的接触部分（即剖面区域内），绘制相应的材料图例。当材料未知时可绘制通用的剖面线，以区别于剖切平面与物体的不接触部分（如孔或槽的部分）。通用剖面线应画成方向一致、45°的等间隔的细实线，与建筑材料中普通砖的材料图例相同。土木工程常用的建筑材料图例如图6-13所示。

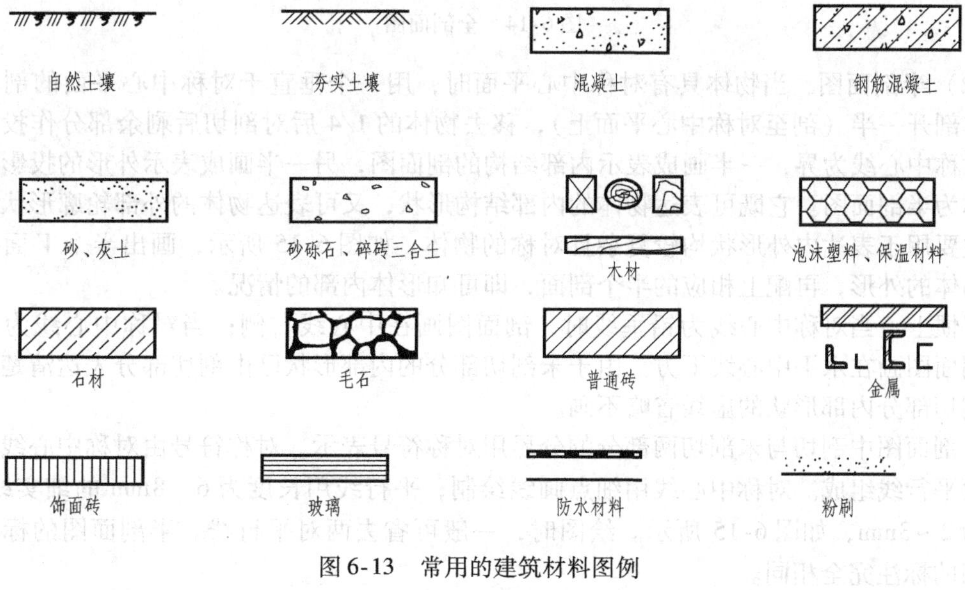

图6-13　常用的建筑材料图例

二、绘制剖面图的注意事项

1）剖切是假想的，目的是为了清楚地表达物体的内部形状，故除了剖面图和断面图外，其他各投影图均按原来未剖时画出。一个物体无论被剖切几次，在每次剖切前，都应按完整的物体进行考虑。剖面图中一般不再画虚线，形体被剖切开后，原来用虚线表示的不可见轮廓线就变成可见的了，所以原来的虚线应改画成实线；剩余部分的不可见轮廓线一般不画，只有当不足以表达清楚物体的形状时，为了节省一个视图，才可在剖面图上画出虚线。

2）为了使剖面图中的截面的投影反映实形，剖切平面一般应平行于某一投影面，且通过物体内部的对称面或通过门、窗空间或孔、槽等不可见部分的中心线，使内部形状得以表达清楚。

3）剖面图是对“剖切”后剩余的部分进行投影，所以，在画剖面图时，剩下部分所有能看见的图线均应画出，看不见的虚线一般省略不画。

三、剖面图的种类

（1）全剖面图　假想用一个剖切平面完全地剖开物体所得的剖面图称为全剖面图。该图一般用于不对称且外形较简单的物体，如图 6-14 所示，物体的内部形状就清楚在各剖面图中的得已表达。

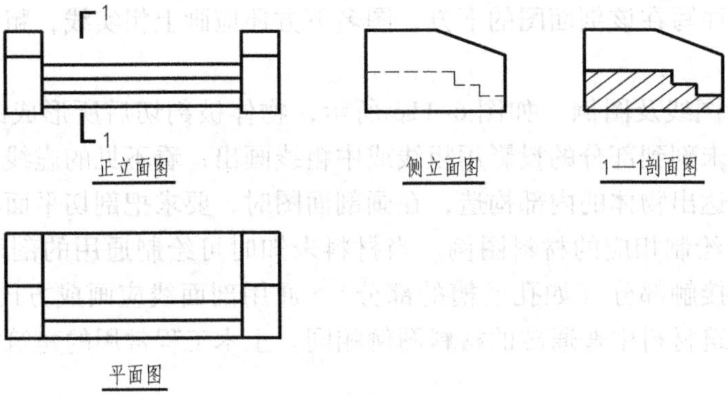

图 6-14　全剖面图

（2）半剖面图　当物体具有对称中心平面时，用一个垂直于对称中心平面的剖切平面将物体剖开一半（剖至对称中心平面上），移去物体的 1/4 后对剖切后剩余部分作投影，可以以对称中心线为界，一半画成表示内部结构的剖面图，另一半画成表示外形的投影图，此图形称为半剖面图。它既可表达物体的内部结构形状，又可表达物体的外部轮廓形状。半剖面图主要用于表达内外形状均较复杂且对称的物体。如图 6-15 所示，画出半个 V 面投影以表示物体的外形，再配上相应的半个剖面，即可知形体内部的情况。

习惯上，当对称中心线为铅垂线时，剖面图画在中心线右侧；当对称中心线为水平线时，剖面图画在水平中心线下方。由于未剖切部分的内部形状已由剖切部分表达清楚，故表达未剖切部分内部形状的虚线省略不画。

半剖面图中剖切与未剖切两部分的分界用对称符号表示。对称符号由对称中心线和两端的两对平行线组成。对称中心线用细点画线绘制；平行线用长度为 6 ~ 8mm 的细实线绘制，间距为 2 ~ 3mm，如图 6-15 所示。绘图时，一般可省去两对平行线。半剖面图的标注与全剖面图的标注完全相同。

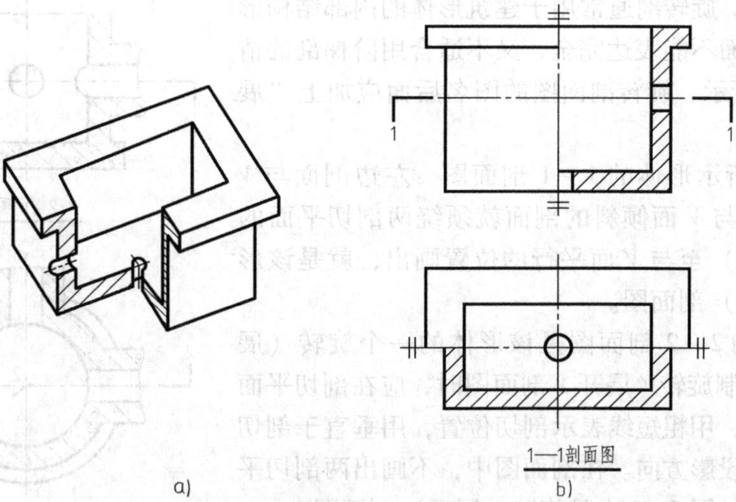

图 6-15　半剖面图

a）水池剖切示意图　b）水池半剖面图

（3）阶梯剖面图　当物体内部结构层次较多时，用两个或两个以上平行的剖切平面剖切物体后得到的剖面图称为阶梯剖面图。用这种剖面图，表达出的物体内部构造更清楚，如图 6-16 所示。该形体内部有两个孔，平面图中所示直角转折剖切，从产生的三个剖切面中选择分别通过其大小孔的并平行于 *V* 面的两个剖切平面进行投影，从而画出剖面图。

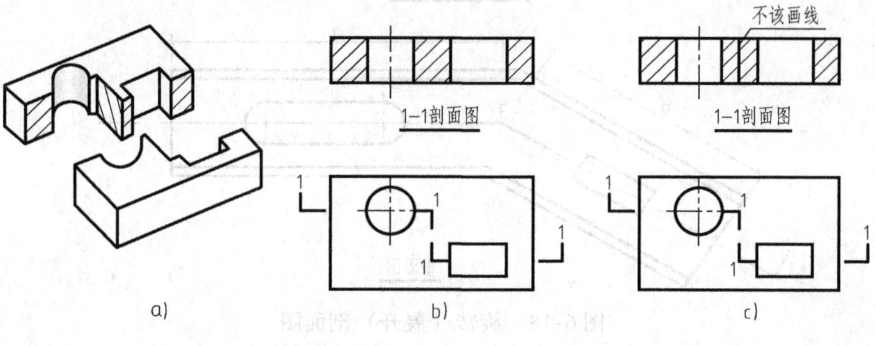

图 6-16　阶梯剖面图

a）直观图　b）正确画法　c）错误画法

平行平面的数量根据所需表达的内容确定。画阶梯剖面图时，应在剖切平面的转折处用粗短线表示剖切平面的转折方向，并且应在转角的外侧加注与该剖面剖切符号相同的编号。但如果视图的线条不多，图形比较简单，在不至于产生误读的情况下，也可不标注转折处的剖切编号。

画这种剖面图时应注意，由于剖切是假想的，因此剖切平面转折处由剖切平面形成的交线是不存在的，所以由剖切平面形成的交线不画，如图 6-16 所示。并且要注意，避免剖切面在图形轮廓线上转折。

（4）旋转（展开）剖面图　用两个以上相交且交线垂直于基本投影面的剖切平面，对物体进行剖切，并将其中倾斜的部分旋转到与投影面平行的位置再进行投射，习惯上把这种剖切方法称为旋转剖。旋转剖通常用于建筑形体的内部结构形状用一个剖切平面不能表达完全，又不适合用阶梯剖的情况，如图6-17所示。旋转剖面图的图名后面应加上“展开”二字。

如图6-17所示形体的1－1剖面图，左边剖面与V面平行，而右边与V面倾斜的剖面就须绕两剖切平面的交线旋转（展开）至与V面平行的位置画出，就是该形体的旋转（展开）剖面图。

图6-17中的2－2剖面图是该形体的一个旋转（展开）剖面图，绘制旋转（展开）剖面图时，应在剖切平面的起始及相交处，用粗短线表示剖切位置，用垂直于剖切线的粗短线表示投影方向。在剖面图中，不画出两剖切平面相交处的交线。图6-18也是旋转（展开）剖面图。

（5）局部剖面图　当形体的大部分结构形状已表达清楚，仅剩下局部的内部形状需要表达，可以只将需要

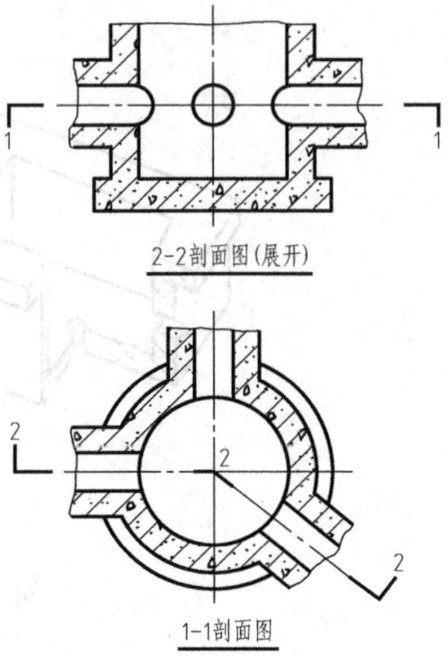

图6-17　旋转（展开）剖面图

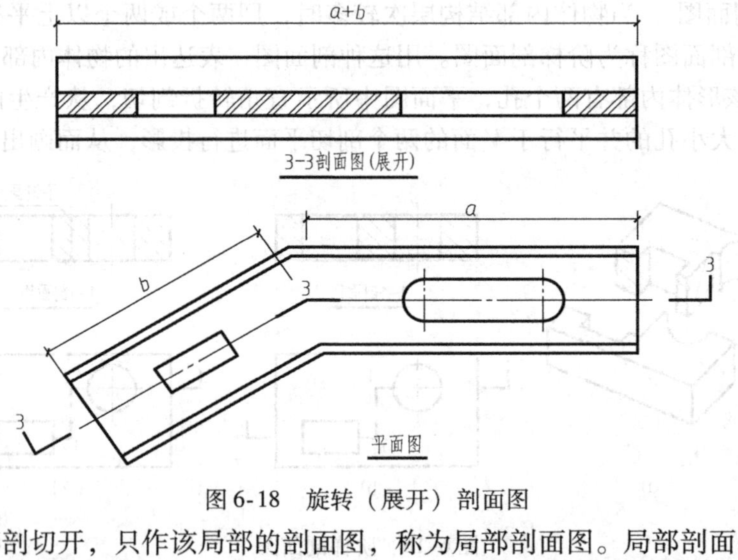

图6-18　旋转（展开）剖面图

表达的部分局部剖切开，只作该局部的剖面图，称为局部剖面图。局部剖面图适用于内外形状均需表达且不对称的物体，可将物体的某一部分或某几部分剖开。

图6-19为一个杯形基础的局部剖面图，剖切开的一角显示出了基础的配筋情况。

局部剖面图一般不再进行标注，用波浪线将剖面图与外形投影图分开，波浪线可理解为形体断裂处实体断裂面形状的投影；波浪线应只画在物体断开部分的实体表面上，不能穿过空洞，不应与图样上的其他图线重合，也不允许超出轮廓线之外或画成图形的延长线，如图6-19所示。

在建筑工程图样中，对于一些具有层状构造的构件（如建筑工程和装饰工程中的楼面、屋面、墙面及地面），可按实际需要用分层剖切的方法进行剖切，从而获得分层局部剖面图。分层局部剖面图应按层次以波浪线将各层隔开，波浪线不应与任何图线重合。图6-20所示为用分层局部剖面图表达某道路人行道的多层构造。

由于局部剖面图中剖切位置都比较明显，所以图中一般不需要标注剖切符号及剖面图的名称。

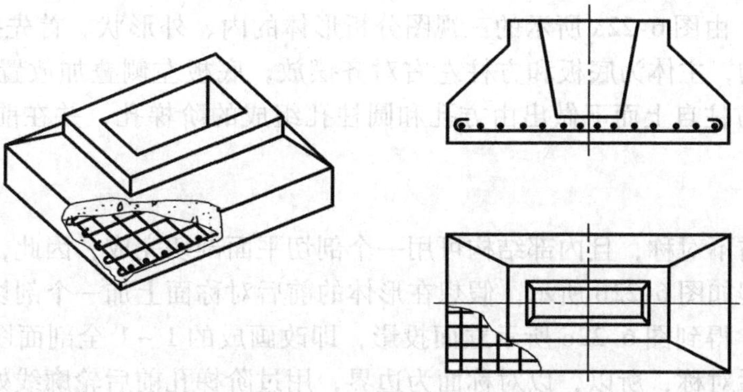

a)　　b)

图 6-19　杯形基础的局部剖面图

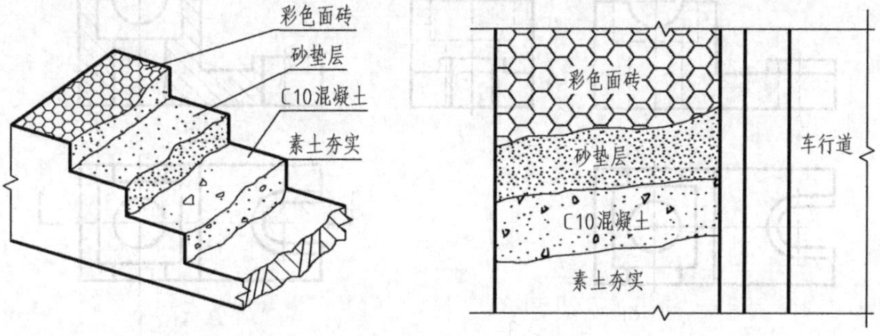

a)　　b)

图 6-20　人行道分层局部剖面图

a）剖切示意图　b）局部剖面图

对于某些对称中心线与轮廓线重合的形体，用半剖面图就不能表达清楚形体的特征，通常也是采用局部剖面图来表达，但此时须掌握剖切的量，剖切时必须要保留与对称中心线重合的轮廓线。如图 6-21a 同时表示内、外轮廓线；图 6-21b 表示外轮廓线；图 6-21c 表示内轮廓线。

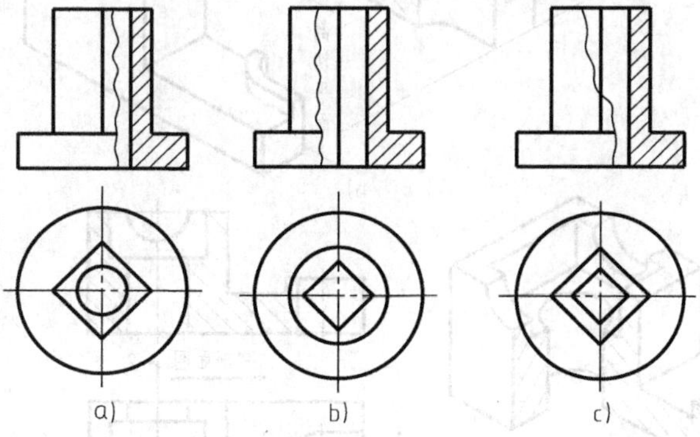

a)　　b)　　c)

图 6-21　轮廓线与对称中心线重合情况下的局部剖面图

用单一剖、阶梯剖、旋转剖的剖切方法可以得到全剖面图、半剖面图、局部剖面图。采用何种剖切方法应视形体的实际情况而定。

四、综合应用

【例 6-1】 如图 6-22a 所示，已知三视图，试将立面图和侧面图改画成适当的剖面图。

【解】 分析：由图 6-22a 所示的三视图分析形体的内、外形状。首先按形体分析可知，形体是前后对称的，主体为底板和方柱左右对齐摆放，底板左侧叠加放置一 U 形台，并向下开出 U 形槽；方柱自上而下做出由方孔和圆柱孔组成的阶梯孔，并在前后壁上做出半径一致的半圆孔。

作图步骤：

由于形体左右不对称，且内部结构可用一个剖切平面剖切完成，因此，立面图改画成全剖面图，剖切过程如图 6-22b 所示，假想在形体的前后对称面上加一个剖切平面，把留下的部分进行正投影，得到图 6-22c 所示立面投影，即改画成的 1－1 全剖面图。如图 6-22d 所示，由于形体前后对称，所以，以对称面为边界，用过阶梯孔前后轮廓线处的剖切平面剖切形体前半部分，剖到对称中心面为止，把左前角 1/4 部分移走，留下部分进行侧面投影，得到图 6-22e 所示的侧面投影改画的 2－2 剖面图。

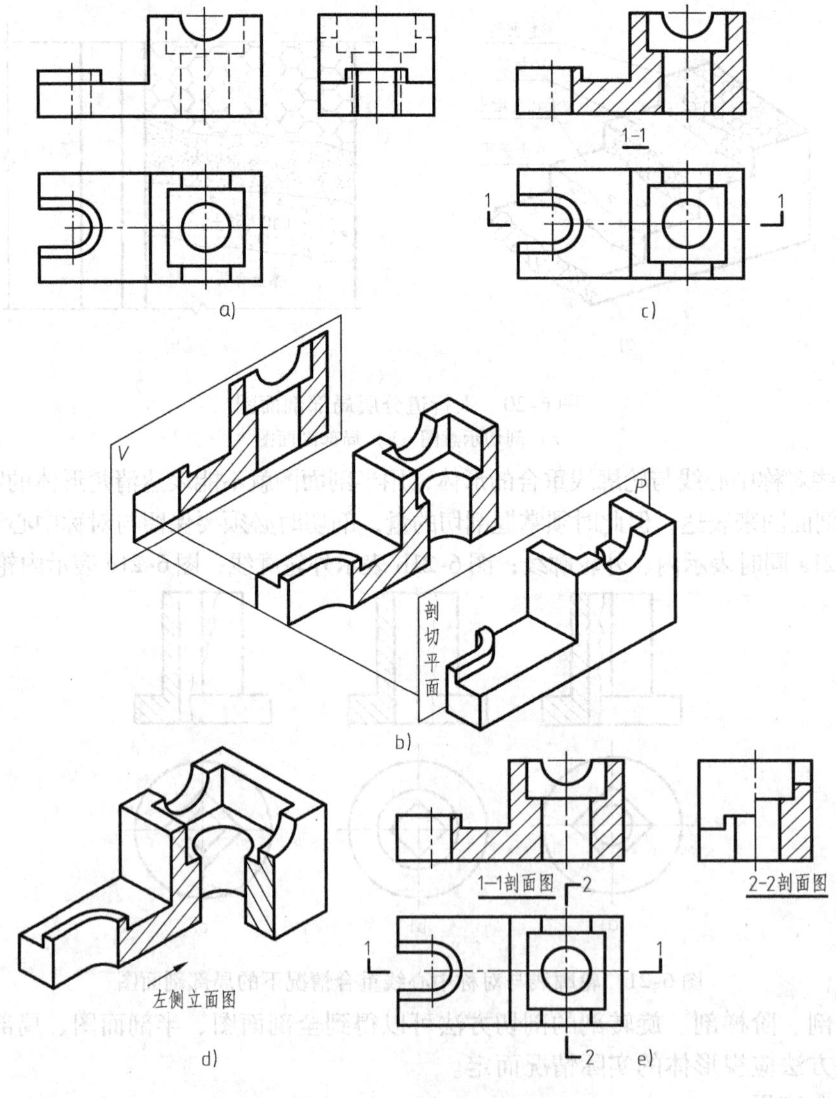

图 6-22　剖面图的画法示例

a）已知三视图　b）全剖面图的剖切过程　c）全剖面图　d）半剖面图的形成　e）半剖面图

第三节　断面图的画法

为了清楚表达构件的局部构造、形状以及材料，在某些只关心形体的剖切断面形状的情况下，为减少绘图的工作量和读图的方便，经常只把剖切断面绘制出来形成所谓的断面图。

一、断面图的形成

断面图就是用假想的剖切面将物体剖开，将处于观察者与剖切面之间的部分移去后，画出的剖切平面与形体的截交线所围成的图形（即截断面的形状）。显然，断面图是剖面图的一部分，所以其画法和标注要求与剖面图基本相同，如断面轮廓线都用粗实线绘制，断面轮廓范围内都要画材料图例等。

图 6-23 所示为杯形基础的断面图，从图可见，断面图与剖面图都是用假想的剖切平面剖开形体，其区别主要有以下几点：

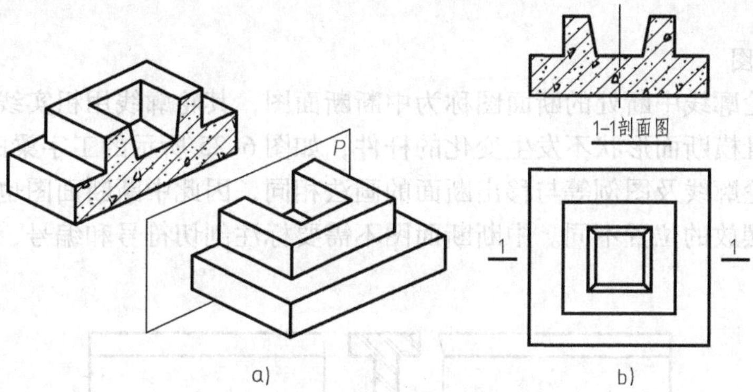

图 6-23　断面图的形成

a）杯形基础断面图的形成　b）杯形基础的断面图

1）表达的内容不同。断面图是形体被剖切之后断面的投影，是“面”的投影；而剖面图是形体被剖切之后剩余部分的投影，在绘图时除画出断面的投影外，还要画出断面后面物体可见部分的投影，是“体”的投影。因此可以说，断面图只是剖面图的一部分。

2）剖切符号的标注不同。断面图的剖切符号只画剖切位置线，用粗实线绘制，长度为 6～10mm，用编号的注写位置来代表投射方向，编号注写在剖切位置线的哪侧，就表示向哪侧投射。如编号写在剖切线的下方，则表示向下投射，编号写在剖切线的左侧，则表示向左投射。如图 6-23b 中 1－1 断面表示的剖视方向是由下向上。剖面图用剖切位置线、投射方向线和编号来表示。

3）断面图只有单一剖切平面进行剖切的方式，常用来表达形体中某断面的形状和结构；剖面图还有两个或两个以上的剖切平面进行剖切的方式，常用来表达形体内部形状和结构。

二、断面图的种类和画法

按照断面图布置位置的不同，可将断面图分为三种。

1. 移出断面图

当物体有多个断面图时，断面图应按剖切顺序排列在物体的投影图之外，这种断面图称为移出断面图。图6-24b所示的表达钢筋混凝土牛腿柱身形状的1－1、2－2两个断面图都是移出断面图。当断面图是对称图形，其位置紧靠原视图，中间无其他视图隔开时，只需用细点画线表示剖切位置，用剖切线的延长线作为断面图的对称中心线画出断面图，并可省略剖切符号和编号；对于具有单一截面的较长杆件，其断面可以画在靠近其端处，多个断面时应按从上至下，自左至右的顺序依次排列。

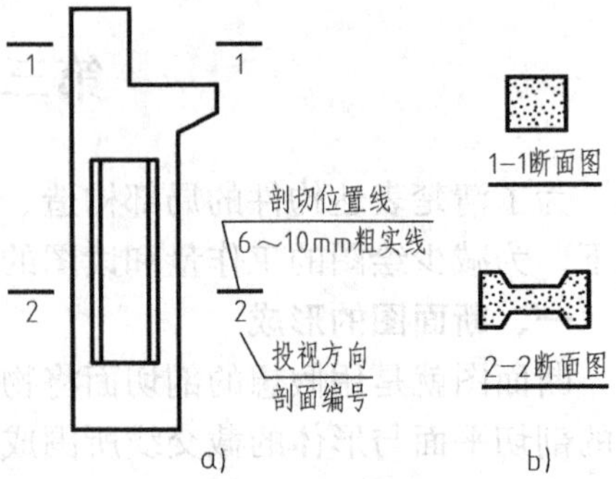

图6-24　移出断面图

移出断面图的轮廓线用粗实线画出，断面上还要画出剖面线（45°的等间隔细实线）或材料图例，移出断面图一般应标注剖切位置、投影方向和断面名称。断面图允许使用与原视图不同的比例绘制，但要在图名下注明采用的新比例。

2. 中断断面图

绘制在视图轮廓线中断处的断面图称为中断断面图，其轮廓线用粗实线表示。中断断面常用来表示较长且横断面形状不发生变化的杆件，如图6-25所示的工字梁的断面图。

中断断面的轮廓线及图例等与移出断面的画法相同，因此中断断面图也可视为移出断面图，只是断面图摆放的位置不同。中断断面图不需要标注剖切符号和编号，其比例与原视图相同。

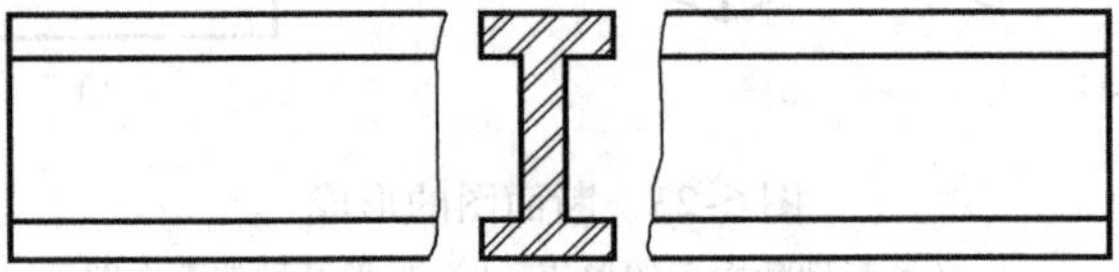

图6-25　工字梁的断面图（中断断面图）

3. 重合断面图

把断面图和投影图重叠画在一起，形成的视图称为重合断面图，用于表示简单构件的断面形状或构件表面的凹凸起伏状况。采用重合断面图时，要求视图中图线不多，将断面图画在投影图内不会影响其清晰性。

当视图的轮廓线为粗实线时，重合断面的轮廓线用细实线画出；当视图的轮廓线为细实线时，重合断面的轮廓线用粗实线画出；当视图中轮廓线与重合断面轮廓线重合时，视图中的轮廓线仍应连续画出，不可间断。当仅表示表面凹凸起伏情况时，可不画构件的厚度，但重合断面的轮廓线比视图的轮廓线还要粗，如图6-26所示。

重合断面图的比例与基本视图（原视图）相同，断面轮廓内要画上相应的材料图例；当断面尺寸较小时，也可将断面涂黑；重合断面不需标注剖切符号和编号。剖切后将断面图绕剖切面的投影按形成左侧立面图（向右旋转）或平面图（向下旋转）的旋转方向画在原视图上。

重合断面图常用来表示建筑墙面的花饰、屋面形状与坡度等。当重合断面不画成封闭图形时，应沿断面的轮廓线画出一部分剖面线，如图6-26所示。

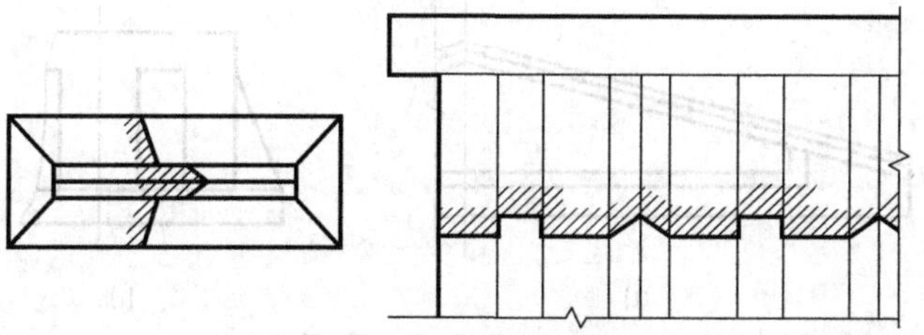

a)　　b)

图 6-26　重合断面图

第四节　投影图的简化画法

为了表达方便，技术制图国家标准（GB/T 16675.1—1996《技术制图　简化表示法　第1部分：图样画法》等）和《房屋建筑制图统一标准》（GB/T 50001—2010）规定可以采用以下简化画法。

1. 对称图形的简化画法

对称形体的图形可以以对称中心线为界，只画该图形的一半，但必须画出对称轴线，并加上对称符号。对称轴线用细点画线表示，对称符号用两条垂直于对称轴线、平行等长的细实线绘制，其长度为 6～10mm，间距为 2～3mm，画在对称轴线两端，且平行线在对称轴线两侧长度相等，对称轴线两端的平行线到投影图轮廓线的距离也应相等；也可以画成稍超出图形的对称中心线，即略大于对称图形的一半，然后在折断处加上波浪线或折断线，此时可不画对称符号，但必须画出对称轴线。

如图 6-27a 所示杯形基础平面图，可以画出左半部，并画出对称符号，如图 6-27b 所示；当图形上下、左右都对称时，可进一步简化，只画出该图形的四分之一，同时要增加水平的对称符号，如图 6-27c 所示。

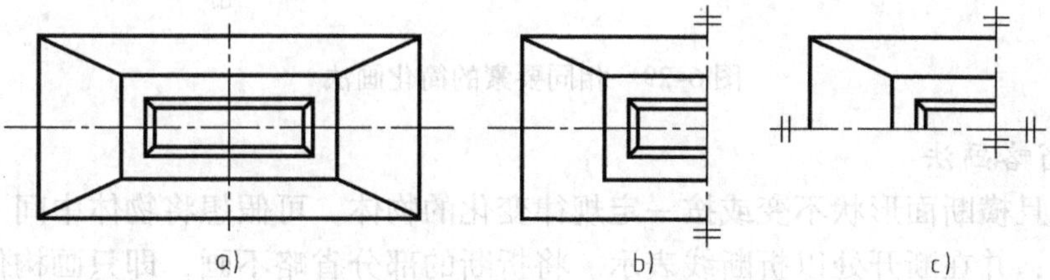

a)　　b)　　c)

图 6-27　对称图形的简化画法（一）

对称图形也可以超出图形的对称中心线，此时不需画对称符号，而是在超出对称中心线部分画上折断线，如图 6-28 所示。

2. 相同要素的简化画法

当物体内有多个完全相同且连续排列的结构要素时，可只在两端或适当的位置画出这些要素的完整形状，其余的用中心线或中心线交点来表示，以确定其位置，并在图形中注明个数。如图 6-29a、b 所示混凝土多孔砖、花格装饰的画法。

如果形体上有多个形状相同但不连续排列的结构要素时，可在适当位置画出少数几个要

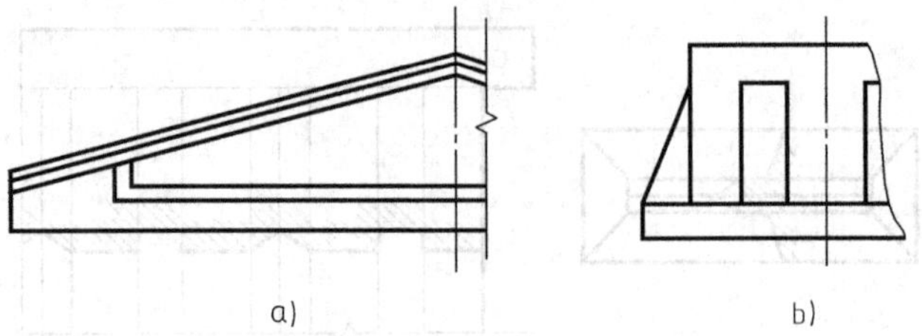

图 6-28 对称图形的简化画法（二）

a）屋架 b）杯形基础

素的形状，其余的以中心线交点处加注小黑点表示，并注明要素总量，如图 6-29c、d 所示。

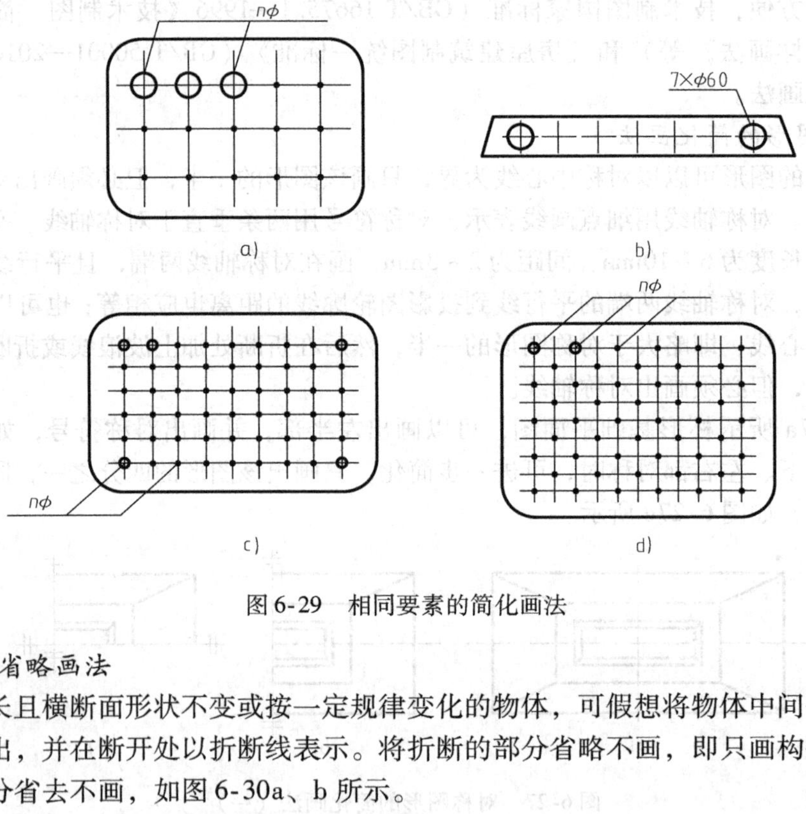

图 6-29 相同要素的简化画法

3. 折断省略画法

对于较长且横断面形状不变或按一定规律变化的物体，可假想将物体中间一段去掉，两端靠近后画出，并在断开处以折断线表示。将折断的部分省略不画，即只画构件的两端，将中间折断部分省去不画，如图 6-30a、b 所示。

应当注意的是：采用断开画法后，标注尺寸时应注写物体的真实长度。当只需表示形体某一部分的形状时，可以只画出该部分的图形，其余部分折去不画，并在折断处画上折断线，如图 6-30c 所示。

一个构配件若与另一构配件仅部分不同，该构配件可以只画出不同的部分，但要在两个构配件的相同部分与不同部分的分界线处，分别画上连接符号。两个连接符号应对准在同一位置线上，如图 6-31 所示。

图 6-32 所示是某些材料的折断线的画法，其中的通用折断线画法的两端应超出图形线 2～3mm。

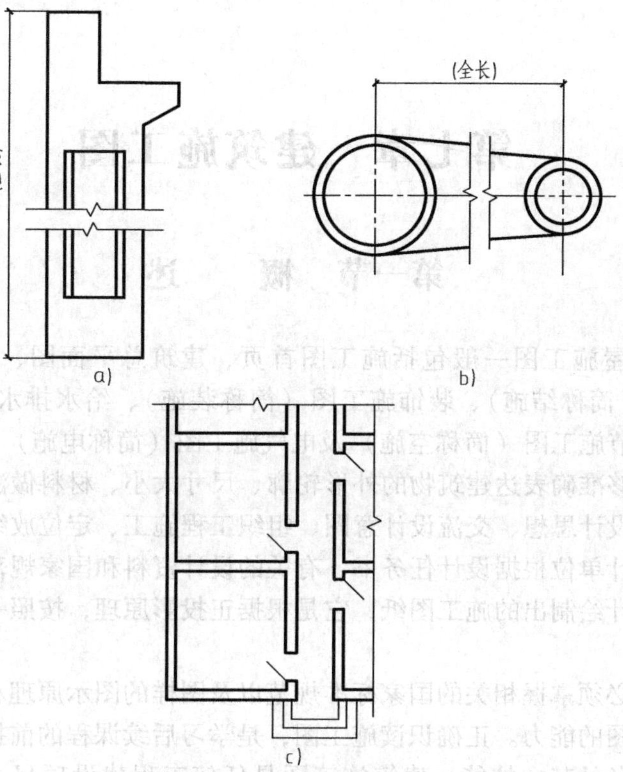

图 6-30　折断省略画法

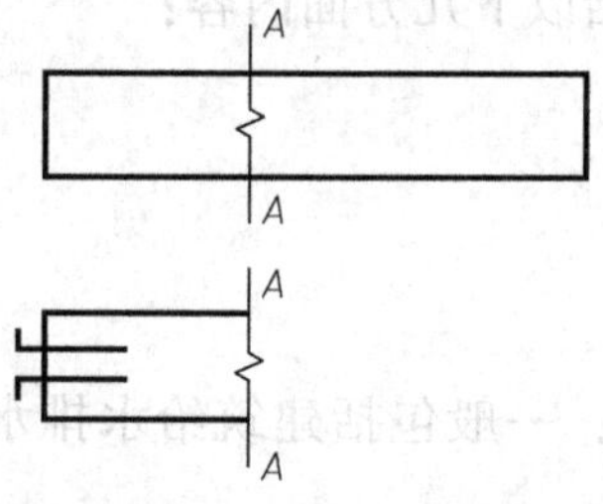

图 6-31　构件局部不同省略画法

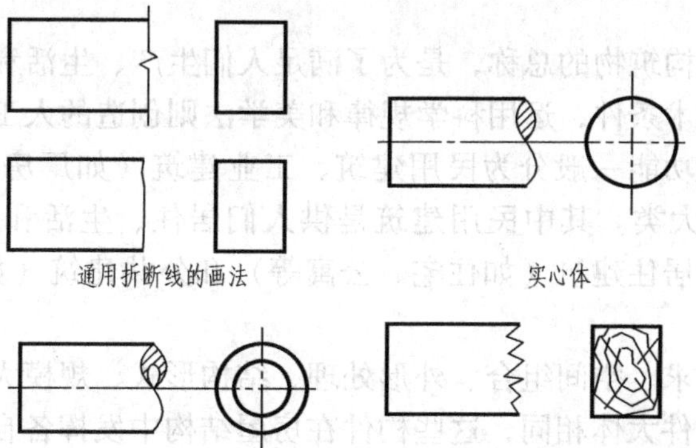

图 6-32　某些材料的折断线的画法

第七章 建筑施工图

第一节 概　　述

一套完整的房屋施工图一般包括施工图首页、建筑总平面图、建筑施工图（简称建施）、结构施工图（简称结施）、装饰施工图（简称装施）、给水排水施工图（简称水施）、采暖通风与空气调节施工图（简称空施）及电气施工图（简称电施）等内容。

房屋施工图能够准确表达建筑物的外形轮廓、尺寸大小、材料做法、结构构造及有关技术要求等，是表达设计思想、交流设计意图、组织工程施工、定位放线、完成工程预算的重要依据。它是由设计单位根据设计任务书、有关的设计资料和国家规范、计算数据及建筑美观等多方面因素设计绘制出的施工图纸，它是根据正投影原理，按照一定的规则和方法绘制而成的。

识读施工图，必须掌握相关的国家标准规范以及图样的图示原理和阅读方法，具备一定的绘制和阅读施工图的能力。正确识读施工图，是学习后续课程的前提和必要条件，也是专业工程技术人员必备的基本技能。建筑施工图是任何工程建设项目“技术语言”的载体，是“工程师的语言”。

一套完整的施工图一般应包括以下几方面内容：

1）图样目录

2）设计说明（即首页）

3）建筑施工图（简称建施）

4）结构施工图（简称结施）

5）设备施工图（简称设施）：一般包括建筑给水排水施工图、采暖通风施工图、电气照明施工图。

本章重点介绍建筑施工图的作用、图示内容、绘制方法及识读方法。

一、房屋的组成

建筑是指建筑物和构筑物的总称，是为了满足人们生产、生活和进行各类社会活动的需要，利用一定的物质技术条件，运用科学规律和美学法则创造的人工造物，并以一定的空间形式而存在。按其使用功能一般分为民用建筑、工业建筑（如厂房、车间等）和农业建筑（谷仓、饲养场等）三大类。其中民用建筑是供人们居住、生活和从事各类社会活动的建筑。民用建筑又可分为居住建筑（如住宅、公寓等）和公共建筑（如商场、办公楼、学校、医院等）。

各类建筑在使用要求、空间组合、外形处理、结构形式、规模大小等方面各不相同，但构成房屋建筑的基本构件大体相同，这些构件在房屋结构中发挥各自的作用。

为了掌握施工图的图示内容及识读方法，首先应了解房屋各组成部分的名称及作用。民用建筑通常是由基础、墙体（或柱）、楼板层（楼地层）、楼梯、门窗、屋顶等六大主要部分所组成，如图 7-1 所示。

1）基础：位于建筑物最底部的承重构件，承受建筑物的全部荷载，并把荷载传递给地基。

2）墙体（或柱）：是建筑物的竖向承重、围护或分隔构件，承受屋顶、楼板传来的荷载，并传递给基础。

3）楼板层（楼地层）：是建筑物水平方向上的承重和分隔构件，将建筑物从高度方向分隔成若干层并将楼板层（楼地层）上的荷载传递给墙或柱。

4）楼梯：是上下楼层的垂直交通设施，供人们上下楼梯和紧急疏散使用。

5）门窗：门满足人们内外联系和起分隔房间作用；窗具有采光、通风、供眺望等作用，门窗都属非承重构件。

6）屋顶：是建筑物最上部结构，属于建筑顶部的外围护和承重构件。

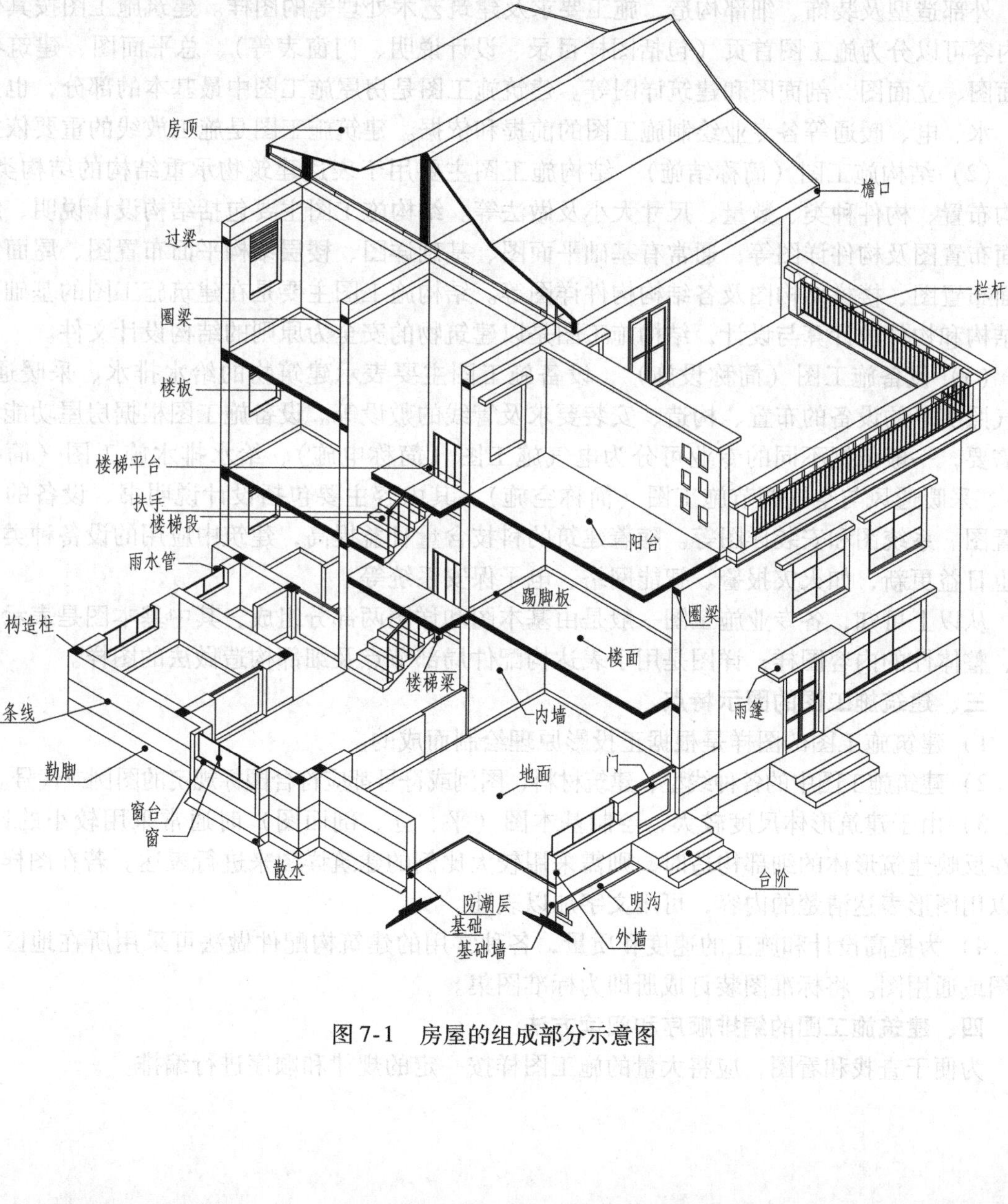

图 7-1　房屋的组成部分示意图

除以上六大主要组成部分以外，房屋根据功能的不同，还有一些其他基本构件和设施，如台阶、坡道、散水、明沟、防潮层、勒脚、墙裙、圈梁、构造柱、阳台、遮阳板、雨篷、天沟、雨水管等其他附属设施。

二、房屋施工图的种类

根据建筑工程建设过程中各个阶段的不同要求，建筑工程图分为方案设计图、建筑工程施工图和建筑工程竣工图。由于建设工程中的各个阶段的任务及要求不同，各类图样所表达的内容、深度和方式也有差别。方案设计图主要是在方案设计阶段中，为征求建设单位意见和供有关部门审批时所绘制的初步图样。建筑工程施工图将建筑工程的形状、大小等准确地表达在平面图上的图样，是施工组织的重要依据。建筑工程竣工图是在建筑工程完工后，按实际建造情况绘制的图样，作为技术档案资料保存，以便今后查阅。

根据各专业的不同，施工图一般分为建筑施工图、结构施工图和设备施工图三大部分。

（1）建筑施工图（简称建施） 建筑施工图是主要用于表达建筑物的平面及内部空间布局、外部造型及装饰、细部构造、施工要求及建筑艺术处理等的图样。建筑施工图按其作用和内容可以分为施工图首页（包括图样目录、设计说明、门窗表等）、总平面图、建筑各层平面图、立面图、剖面图和建筑详图等。建筑施工图是房屋施工图中最基本的部分，也是结构、水、电、暖通等各专业绘制施工图的前提和依据。建筑施工图是施工放线的重要依据。

（2）结构施工图（简称结施） 结构施工图主要用于表达建筑物承重结构的结构类型、结构布置、构件种类、数量、尺寸大小及做法等。结构施工图主要包括结构设计说明、结构平面布置图及构件详图等，通常有基础平面图、基础详图、楼层结构平面布置图、屋面结构平面布置图、楼梯结构图及各结构构件详图等。结构施工图主要是在建筑施工图的基础上进行结构和构件的计算与设计，结构施工图是以建筑物的安全为原则的结构设计文件。

（3）设备施工图（简称设施） 设备施工图主要表示建筑物的给水排水、采暖通风、电气照明等的设备的布置、构造、安装要求及管线的敷设等。设备施工图根据房屋功能设计的需要，一般依据不同的专业可分为电气施工图（简称电施）、给水排水施工图（简称水施）、采暖通风与空气调节施工图（简称空施）。其内容主要包括设计说明书、设备的平面布置图、系统图和安装详图等。随着建筑的科技含量日益提高，建筑中应用的设备种类和技术也日益更新，如火灾报警、智能网络、电子保安系统等。

从以上可知，各专业施工图一般是由基本图和详图两部分组成，其中基本图是表示全局性、整体性的内容图样；详图是用于表达构配件局部节点及细部构造做法的图样。

三、建筑施工图的图示特点

1）建筑施工图的图样是根据正投影原理绘制而成的。

2）建筑施工图中的各种线型、建筑材料、图例或符号都应符合国标规定的图例或代号。

3）由于建筑形体尺度较大，绘制基本图（平、立、剖面图）时通常采用较小的比例，但在反映建筑形体的细部构造时，则需采用较大比例的建筑详图来进行表达。若在图样中有难以用图形表达清楚的内容，可用文字加以表述。

4）为提高设计和施工的速度和质量，各种常用的建筑构配件做法可采用所在地区的标准图或通用图。将标准图装订成册即为标准图集。

四、建筑施工图的编排顺序和阅读方法

为便于查找和看图，应将大量的施工图样按一定的规律和顺序进行编排。

建筑施工图一般的编排顺序为：施工图首页（包括图样目录、施工总说明、门窗表、装修等各类汇总表等）、建筑总平面图、建筑施工图、结构施工图、给水排水施工图、电气施工图、采暖通风施工图等。同时，在各专业的施工图中，一般遵循：基本图在前，详图在后；总体图在前、局部详图在后；布置图在前，构件图在后；先施工的在前，后施工的在后等规律。

一幢房屋从施工到建成，需要有全套房屋施工图作指导。阅读这些施工图时应按图样目录顺序（即设计说明、建施、结施、设施），先从大的方面看，然后再依次阅读细小部分，即先粗看后细看。

简单地说，先整体后局部；先文字说明后图样；先基本图样后详图，先图形后尺寸等依次仔细阅读，并应注意各专业图样之间的相互对应关系。

五、建筑施工图的有关规定和要求

为使建筑工程图达到标准化和规范化，在绘制建筑施工图时，应严格遵守国家标准中的有关规定。我国现行建筑制图规定主要有 GB/T 50001—2010《房屋建筑制图统一标准》、GB/T 50104—2010《建筑制图标准》、GB/T 50103—2010《总图制图标准》等国家有关标准。其中，“GB/T”为推荐性国家标准代号，一般简称“国标”，G、B、T 分别表示“国”、“标”、“推”字汉语拼音的第一个字母。“GB/T”后面的数字如“50001”表示该标准的编号，“2010”表示该标准发布的年号。

为方便学习，现对建筑施工图中的常用规定和表示方法作摘要介绍。

1. 比例

图样的比例应为图形和实物相对应的线性尺寸之比。由于建筑形体的尺寸较大，所以建筑施工图常选用缩小比例绘制。如何选用比例，应考虑图样的用途与被绘对象的复杂程度，以准确清楚表达图形内容为原则，建筑施工图选用的比例，一般应符合表 7-1 的规定。一般情况下，一个图样只选用一种比例。

表 7-1　比例

图　名	比　例
总平面图	1:300、1:500、1:1000、1:2000
建筑物或构筑物的平面图、立面图、剖面图	1:50、1:100、1:150、1:200、1:300
建筑物或构筑物的局部放大图	1:10、1:20、1:25、1:30、1:50
配件及构造详图	1:1、1:2、1:5、1:10、1:15、1:20、1:25、11:30、1:50

2. 图线

（1）图线线宽与用途　建筑施工图中采用的各种图线，应符合《建筑制图标准》中的规定，见表 7-2：

表 7-2　图线

名称	线　型	线宽	用　途
粗实线	——	b	1. 平、剖面图中被剖切的主要建筑构造（包括构配件）的轮廓线 2. 建筑立面图或室内立面图的外轮廓线 3. 建筑构造详图中被剖切的主要部分的轮廓线 4. 建筑构配件详图中的外轮廓线 5. 平、立、剖面图的剖切符号

（续）

名称	线　型	线宽	用　途
中粗实线		0.7b	1. 平、剖面图中被剖切的次要建筑构造（包括构配件）的轮廓线 2. 建筑平、立、剖面图中建筑构配件的轮廓线 3. 建筑构造详图及建筑构配件详图中的一般轮廓线
中实线		0.5b	小于0.7b的图形线、尺寸线、尺寸界限、索引符号、标高符号、详图材料做法引出线、粉刷线、保温层线、地面及墙面的高差分界线等
细实线		0.25b	图例填充线、家具线、纹样线等
中粗虚线		0.7b	1. 建筑构造详图及建筑构配件不可见的轮廓线 2. 平面图中的起重机轮廓线 3. 拟扩建的建筑物轮廓线
中虚线		0.5b	图例线、小于0.5b的不可见轮廓线
细虚线		0.25b	图例填充线、家具线等
粗单点长画线		b	起重机轨道线
细单点长画线		0.25b	中心线、对称线、定位轴线
折断线		0.25b	部分省略表示时的断开界线
波浪线		0.25b	部分省略表示时的断开界线，曲线形构件断开界限 构造层次的断开界线

注：地坪线的线宽可用1.4b。

（2）图线的选用　图样上的图线，应根据图样的复杂程度和比例，选用不同的线宽和线型，如图7-2所示：

3. 定位轴线与编号

定位轴线是用来确定建筑物主要承重结构或构件位置及其标志尺寸的基准线。在建筑施工图中，凡承重墙、柱、梁或屋架等主要承重构件都必须画出其定位轴线，以确定其位置。定位轴线是建筑施工时砌筑墙身、浇筑柱梁、安装构件等施工定位放线的重要依据。对于非承重或次要承重构件，如隔断墙等，一般不画定位轴线，可用附加定位轴线标注，并应注明它与临近定位轴线的尺寸及位置关系。

定位轴线应用细单点长画线绘制。定位轴线一般应编号，编号应注写在轴线端部的圆内。圆应用细实线绘制，直径为 8 ~ 10mm。定位轴线圆的圆心，应在定位轴线的延长线上或延长线的折线上。

平面图上定位轴线的编号，宜标注在图样的下方与左侧。横向定位轴线编号应用阿拉伯数字，从左至右顺序编写；竖向定位轴线编号应用大写拉丁字母，从下至上顺序编写。如图 7-3 所示。

拉丁字母的 I、O、Z 不得用做轴线编号，以免与数字 1、0、2 混淆。当字母数量不够使用，可增用双字母或单字母加数字注脚，如 A_A、B_A、…、Y_A 或 A_1、B_1、…、Y_1。

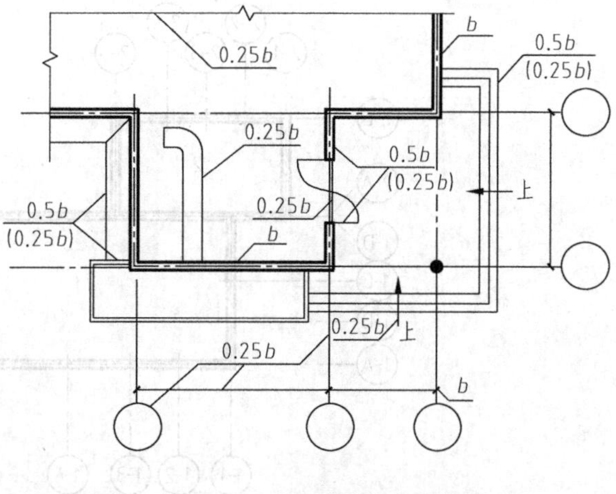

图 7-2　平面图图线宽度选用

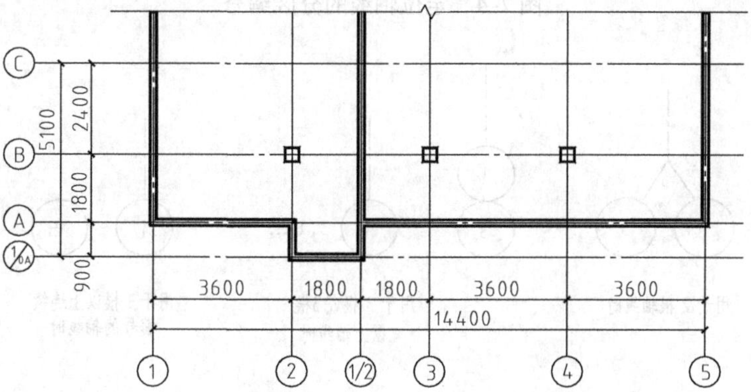

图 7-3　定位轴线的编号顺序

组合较复杂的平面图中定位轴线也可采用分区编号，如图 7-4 所示，编号的注写形式应为“分区号 - 该分区编号”，采用阿拉伯数字或大写拉丁字母表示。

附加定位轴线的编号，应以分数形式表示，并应按下列规定编写：

1）两根轴线间的附加轴线，分母表示前一轴线的编号，分子表示附加轴线的编号，编号宜用阿拉伯数字顺序编写，如：

(1/2) ——2 号轴线之后附加的第一根轴线；

(2/B) ——B 号轴线之后附加的第二根轴线。

2）1 号轴线或 A 号轴线之前的附加轴线的分母应以 01 或 0A 表示，如：

(1/01) ——1 号轴线之前附加的第一根轴线；

(1/0A) ——A 号轴线之前附加的第一根轴线。

一个详图适用于几根轴线时，应同时注明各有关轴线的编号，如图 7-5 所示。

通用详图中的定位轴线，应只画圆，不注写轴线编号。

圆形与弧形平面图中定位轴线的编号，其径向轴线应以角度进行定位，编号宜用阿拉伯数字表示，从左下角或 -90°开始，按逆时针顺序编写；其圆周轴线宜用大写拉丁字母表示，从

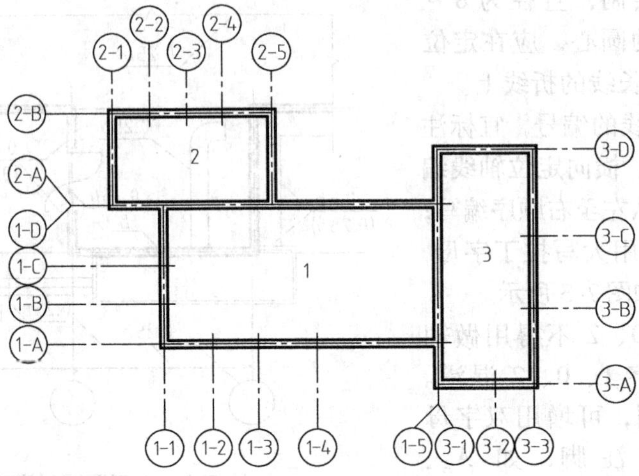

图 7-4　定位轴线的分区编号

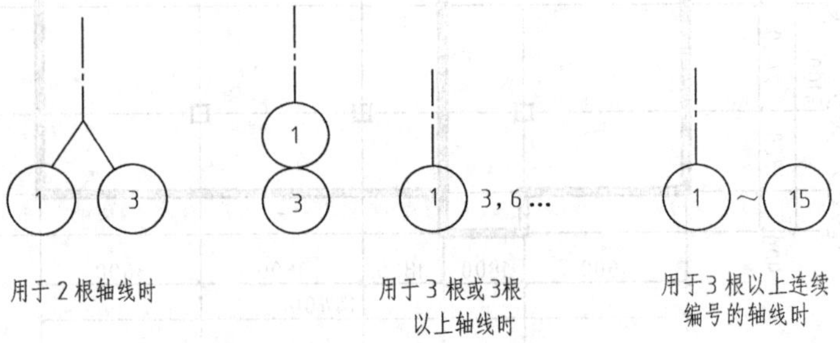

图 7-5　详图的轴线编号

外向内顺序编写，如图 7-6 所示。折线形平面图中定位轴线的编号可按图 7-7 所示的形式编写。

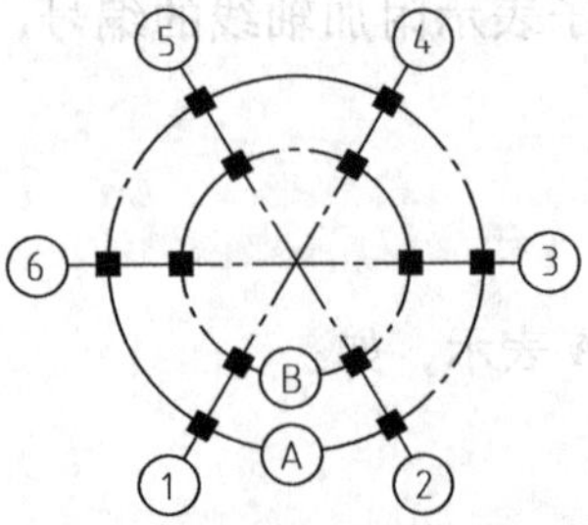

图 7-6　圆形平面定位轴线的编号

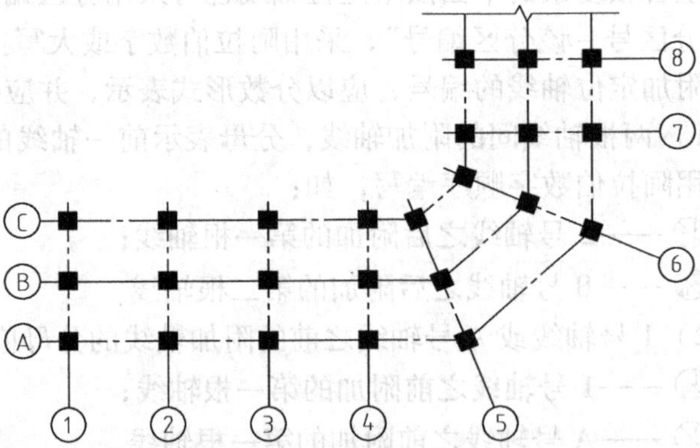

图 7-7　折线形平面定位轴线的编号

4. 索引符号与详图符号

(1) 索引符号　图样中的某一局部或构件，如需另见详图，应用索引符号索引（图 7-8a）。

索引符号由直径为 8 ~ 10mm 的圆和水平直径组成，圆和水平直径用细实线绘制，并应按下列规定编写：

1）索引出的详图如与被索引的详图同在一张图样内，应在索引符号的上半圆中用阿拉伯数字注明该详图的编号，并在下半圆中间画一段水平细实线（图 7-8b）。

2）索引出的详图如与被索引的详图不在同一张图样内，应在索引符号的上半圆中用阿拉伯数字注明该详图的编号，并在下半圆中用阿拉伯数字注明该详图所在图样的编号（图 7-8c）。数字较多时，可加文字标注。

3）索引出的详图如采用标准图，应在索引符号水平直径的延长线上加注该标准图册的编号（图 7-8d）。需要标注比例时，文字在索引符号右侧或延长线下方，与符号对齐。

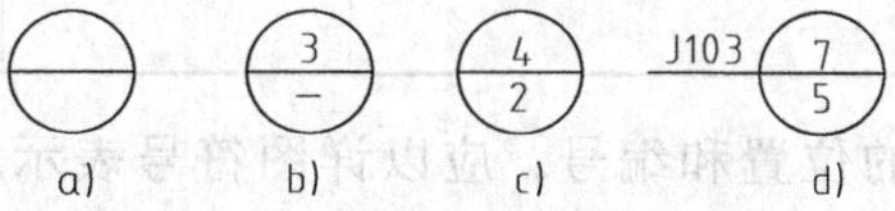

图 7-8　索引符号及其编写方法

索引符号如用于索引剖视详图，应在被剖切的部位绘制剖切位置线，并以引出线引出索引符号，引出线所在的一侧应为剖视方向。索引剖视详图中符号的编写同索引详图。具体详见表 7-3。

表 7-3　索引符号与详图符号

名称	符　号	绘制	说　明
索引符号	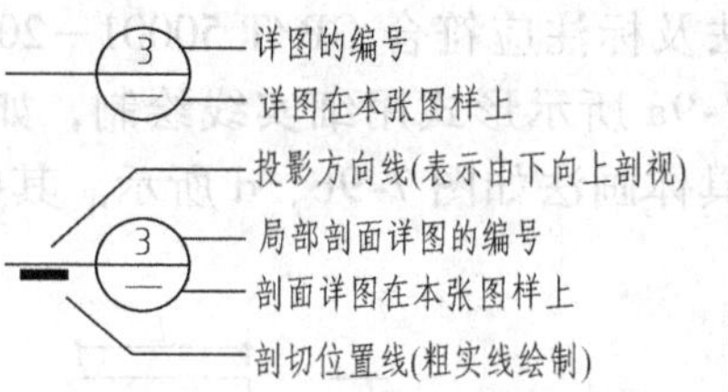	细实线绘制，直径为 10mm 的圆	详图在本张图样上
	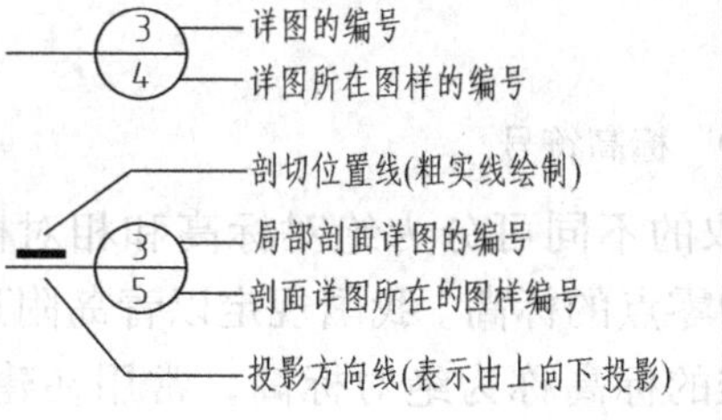		详图不在本张图样上
	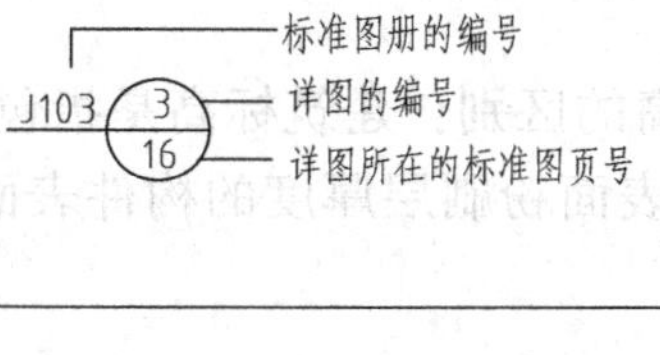		详图采用标准图

（续）

名称	符　号	绘制	说　明
详图符号		粗实线绘制，直径为 14mm 的圆	被索引的图样在本张图样上
	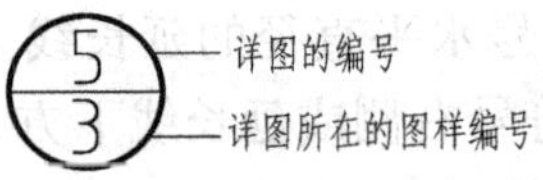		被索引的图样不在本张图样上

（2）详图符号　详图的位置和编号，应以详图符号表示。详图符号的圆应用直径为 14mm 的粗实线绘制。详图应按下列规定编号（详见表 7-3）：

1）详图与被索引的图样同在一张图样内时，应在详图符号内用阿拉伯数字注明详图的编号。

2）详图与被索引的图样不在同一张图样内，应用细实线在详图符号内画一条水平直径，在上半圆中注明详图编号，在下半圆中注明被索引的图样的编号。

5. 标高

标高是标注建筑物某一部位相对于基准面（标高零点）的竖向高度的一种尺寸形式，是竖向定位的依据。

（1）标高符号的画法　标高符号的画法及标注应符合 GB/T 50001—2010 的标准要求。标高符号应以直角等腰三角形表示，按图 7-9a 所示形式用细实线绘制，如标注位置不够，也可按图 7-9b 所示形式绘制，标高符号的具体画法如图 7-9c、d 所示。其中 L 取适当长度注写标高数字；h 根据需要取适当高度。

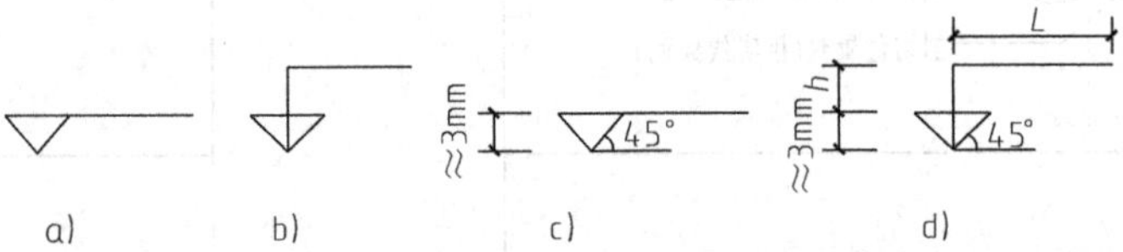

图 7-9　标高符号

（2）标高的分类　标高按其基准面选取的不同可分为绝对标高和相对标高。绝对标高是以一个国家或地区统一规定的基准面作为零点的标高。我国规定以青岛附近黄海的平均海平面作为标高的零点，其他各地以此为基准的标高称为绝对标高，常用在建筑总平面图中。为了设计和施工的方便，在建筑工程上主要采用相对标高，一般是以建筑物室内首层主要地面作为为零点标高，以此为基准的标高称为相对标高。在施工图中，一般规定以底层室内主要地坪为零点，读作 ±0.000。

房屋各部位的标高还有建筑标高和结构标高的区别：建筑标高是指包括粉刷层在内的、装修完成后的标高；结构标高则是不包括构件表面粉刷层厚度的构件表面的标高，如图 7-10 所示。

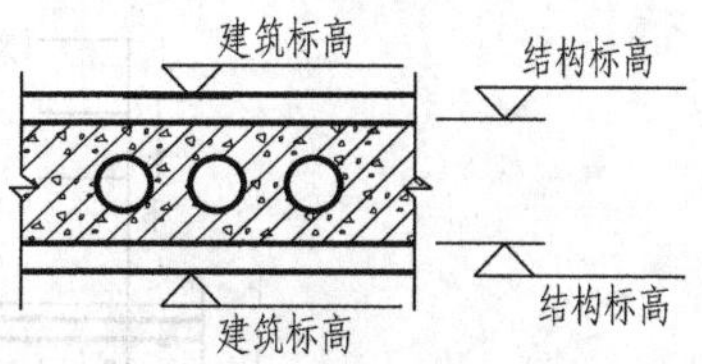

图 7-10　建筑标高与结构标高

（3）标高的注写　总平面图室外地坪标高符号，宜用涂黑的三角形表示（图 7-11a），具体画法如图 7-11b 所示。

标高符号的尖端应指至被注高度的位置。尖端宜向下，也可向上。标高数字应注写在标高符号的上侧或下侧（图 7-11c）。

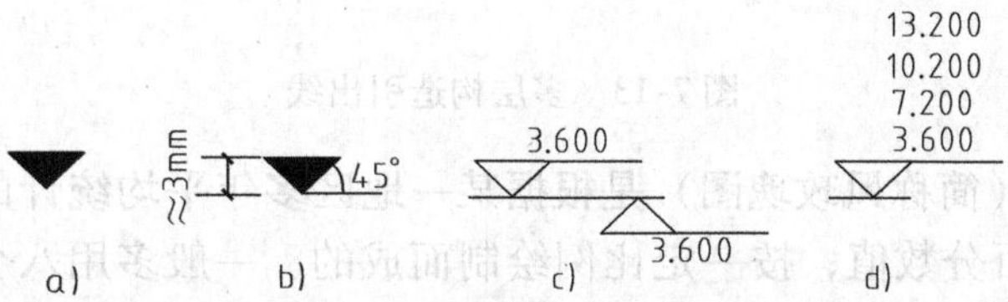

图 7-11　标高的画法与注写

标高数字应以米（m）为单位，注写到小数点以后第三位。在总平面图中，可注写到小数点以后第二位。零点标高应注写成 ±0.000，负数标高应注“－”，表示该处位置低于零点标高；正数标高不注“＋”，则表示高于零点标高。如 3.000、－0.450。在图样的同一位置需表示几个不同标高时，标高数字可按图 7-11d 的形式注写。

6. 引出线

建筑施工图中标注文字说明、编号及数字等常用引出线。

引出线应以细实线绘制，宜采用水平方向的直线，与水平方向成 30°、45°、60°、90°的直线，或经上述角度再折为水平线。文字说明宜注写在水平线的上方（图 7-12a），也可注写在水平线的端部（图 7-12b）。同时引出几个相同部分的引出线，宜互相平行（图 7-12c），也可画成集中于一点的放射线（图 7-12d）。

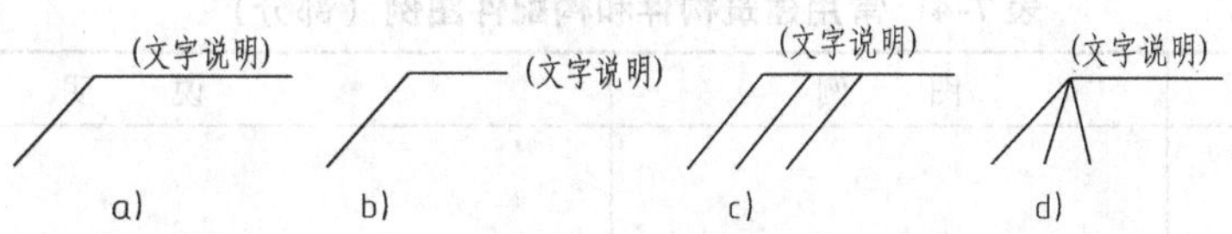

图 7-12　引出线及共用引出线

多层构造或多层管道共用引出线，应通过被引出的各层，并用圆点示意对应各层次。文字说明宜注写在水平线的上方，或水平线的端部，说明的顺序由上至下，并与被说明的层次相互一致；如层次为横向排序，则由上至下的说明顺序应与从左至右的层次相互一致（图 7-13）。

7. 指北针与风向频率玫瑰图

指北针用于表示建筑物的位置朝向。指北针的形状宜如图 7-14 所示，其圆的直径宜为 24mm，用细实线绘制；指针尾部的宽度宜为 3mm，针尖方向为北向，并加注“北”或“N”字。需用较大直径绘制指北针时，指针尾部宽度宜为直径的 1/8。指北针应绘制在建筑物 ±0.000 标高的平面图上，并放在明显位置，所指的方向应与总图一致。

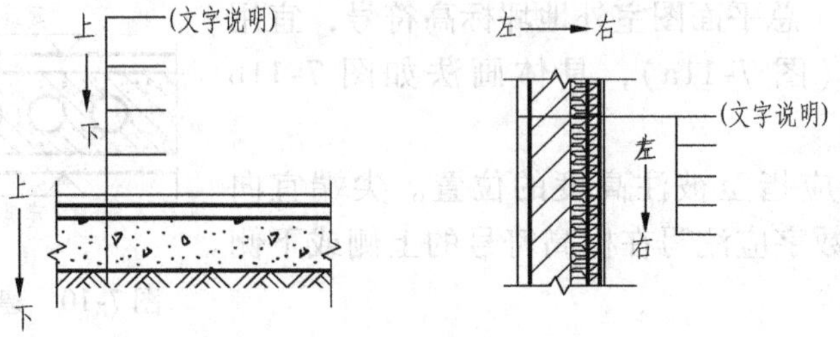

a)　　b)

图 7-13　多层构造引出线

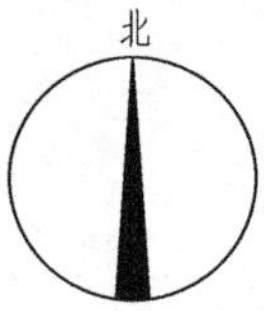

图 7-14　指北针

图 7-15　风向频率玫瑰图

风向频率玫瑰图（简称风玫瑰图）是根据某一地区多年平均统计的各个方向吹风次数的百分数值，按一定比例绘制而成的。一般多用八个或十六个罗盘方位表示。玫瑰图上所表示的风向，是从外面吹向该地区中心的。风玫瑰图均按上北下南绘制，如图 7-15 所示。图中细实线表示的是十六个罗盘方位，粗实线表示的是常年主导风向频率，风向频率是指在一定时间内某一风向出现的次数占总观察次数的百分比，虚线则表示夏季六、七、八三个月的风向频率。因此，在总平面图中，风玫瑰图除了表示房屋朝向外，还可以表示该地区常年主导风向和夏季风向频率。在风玫瑰图中，频率最高的方位，表示该风向出现的次数最多。从图 7-15 中可以看出该地区常年主导风向是西南风。风玫瑰图一般只在建筑总平面图上表示，是建筑所在地区的气候基本条件之一。在进行平面布局设计等工作时，可以根据风玫瑰图判断常年主导风向，以此作为设计依据。

8. 图例

在国家制图标准中，为了制图的简便和统一，规定了常用构件和配件图例，见表 7-4：

表 7-4　常用建筑构件和构配件图例（部分）

序号	名称	图　例	说　明
1	墙体	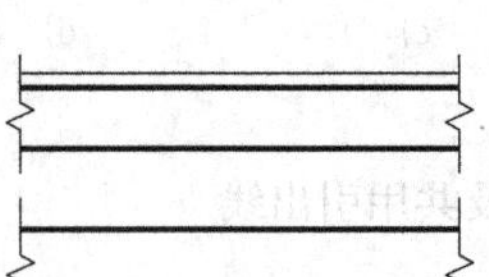	1. 上图为外墙，下图为内墙 2. 外墙细线表示有保温层或有幕墙 3. 应加注文字或填充图例表示墙体材料 4. 在各层平面图中防火墙宜着重以特殊图案填充表示
2	隔断		1. 加注文字或涂色或图案填充表示各种材料的轻质隔断 2. 适应于到顶与不到顶隔断
3	栏杆		

（续）

序号	名称	图　例	说　明
4	楼梯	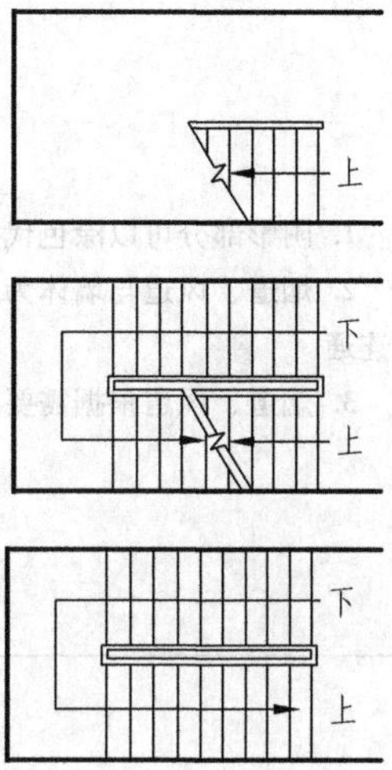	1. 上图为底层楼梯平面，中图为中间楼梯平面，下图为顶层楼梯平面 2. 需设置靠墙扶手或中间扶手时，应在图中表示
5	坡道	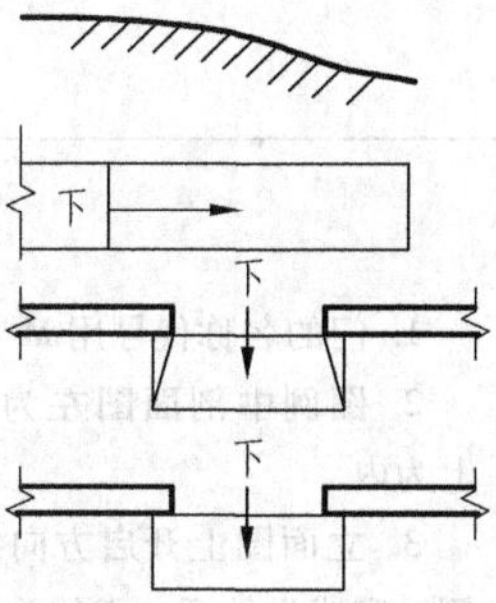	长坡道 上图为两侧找坡的门口坡道，下图为两侧垂直的门口坡道
6	平面高差	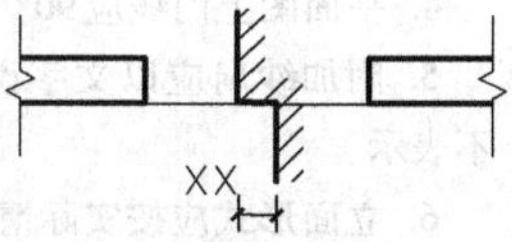	用于高差小的地面或楼面交接处，并应与门的开启方向协调
7	检查口	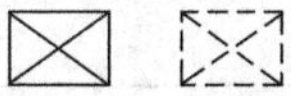	左图为可见检查口，右图为不可见检查口
8	孔洞		阴影部分可以填充灰度或涂色代替
9	坑槽		
10	墙预留洞		1. 以洞中心定位 2. 宜以涂色区别墙体和留洞位置
11	墙预留槽	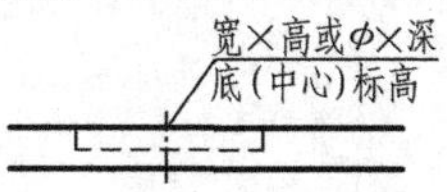	1. 以槽中心定位 2. 宜以涂色区别墙体和预留槽位置

（续）

序号	名称	图　例	说　明
12	烟道	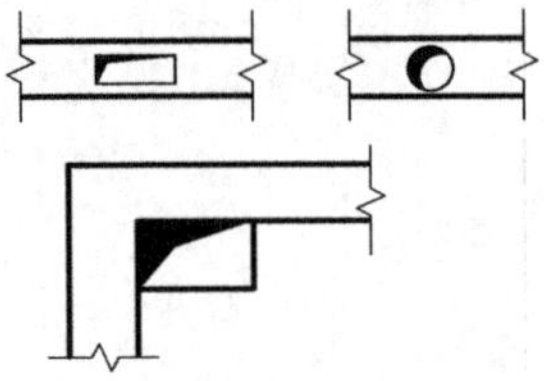	1. 阴影部分可以涂色代替 2. 烟道、风道与墙体为同一材料，其相接处墙身线应连通 3. 烟道、风道根据需要增加不同材料的内衬
13	风道	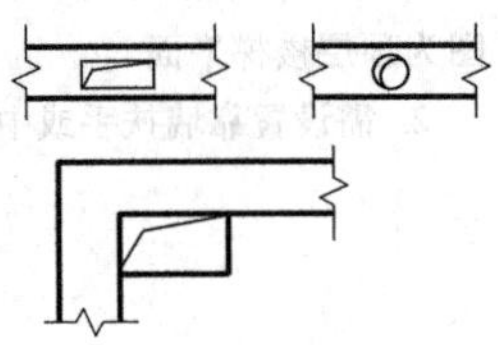	
14	空门洞	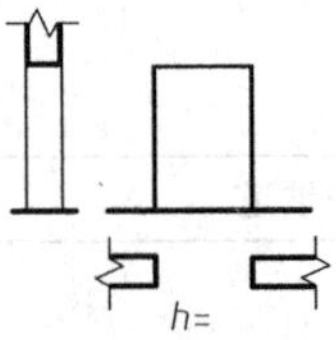	*h* 为门洞高度
15	单面开启单扇门（包括平开或单面弹簧）	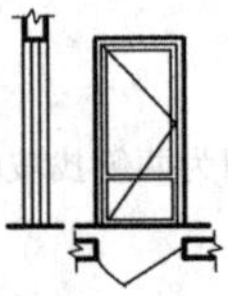	1. 门的名称代号用 M 2. 图例中剖面图左为外、右为内，平面图下为外、上为内 3. 立面图上开启方向线交角的一侧为安装合页的一侧，实线为外开，虚线为内开。立面图上的开启线在一般设计图中可不表示，在详图及室内设计图上应表示 4. 平面图上门线应 90° 或 45° 开启，开启弧线宜绘出 5. 附加纱扇应以文字说明，在平、立、剖面图中均不表示 6. 立面形式应按实际情况绘制
16	单面开启双扇门（包括平开或单面弹簧）	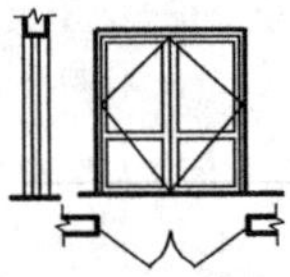	
17	折叠门	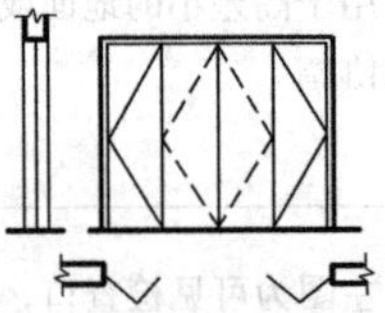	
18	双面开启单扇门（包括双面平开和双面弹簧）	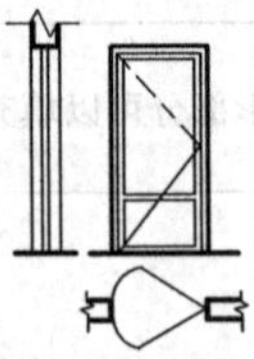	说明同上
19	双面开启双扇门（包括双面平开和双面弹簧）	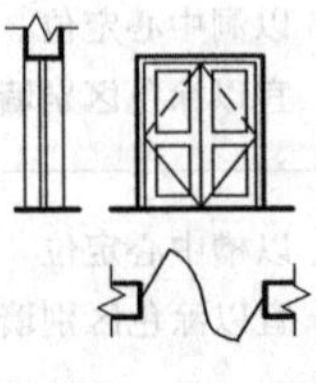	

（续）

序号	名称	图　　例	说　　明
20	墙中双扇推拉门	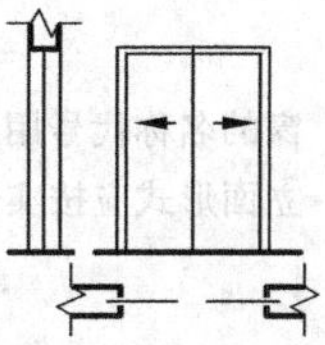	1. 门的名称代号用 M 2. 图例中剖面图左为外、右为内，平面图下为外、上为内 3. 立面形式应按实际情况绘制
21	旋转门	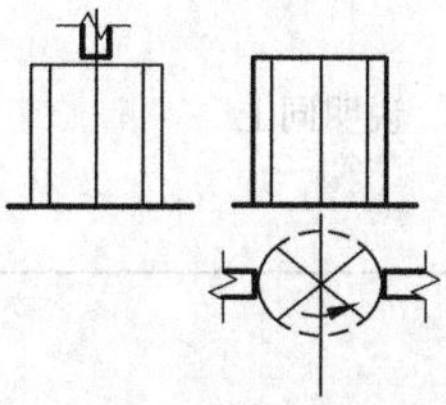	1. 门的名称代号用 M 表示 2. 立面形式应按实际情况绘制
22	固定窗	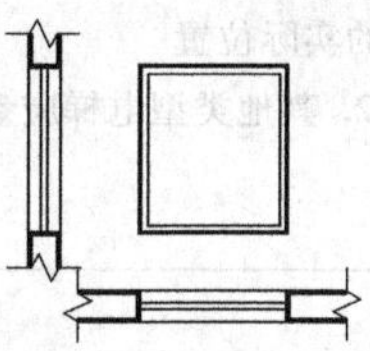	1. 窗的名称代号用 C 表示 2. 立面图中的斜线表示窗的开启方向，实线为外开，虚线为内开。开启方向线交角的一侧为安装合页的一侧。开启线在建筑立面图中可不表示，在门窗立面大样图中需绘出 3. 剖面图所示左为外、右为内，平面图所示下为外、上为内 4. 剖面图中的虚线仅说明开启方式，项目设计不表示 5. 窗的立面形式应按实际绘制 6. 附加纱窗应以文字说明，在平、立、剖面图中均不表示
23	上悬窗	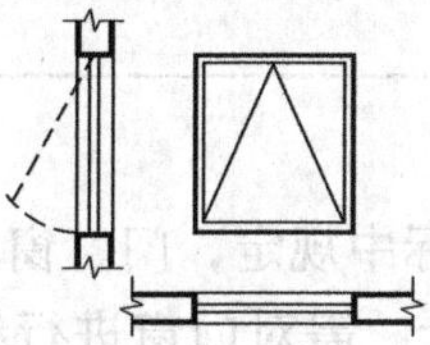	
24	中悬窗	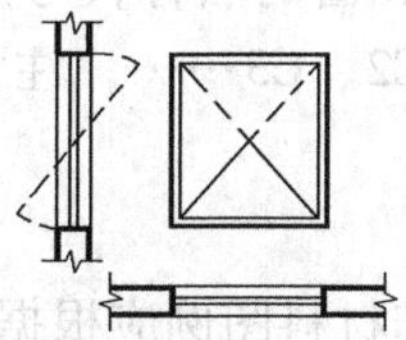	
25	单层外开平开窗	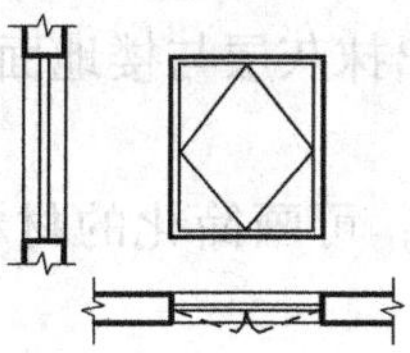	
26	双层内外开平开窗	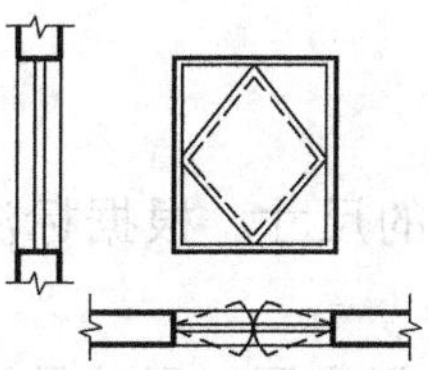	

（续）

序号	名称	图　例	说　明
27	单层推拉窗	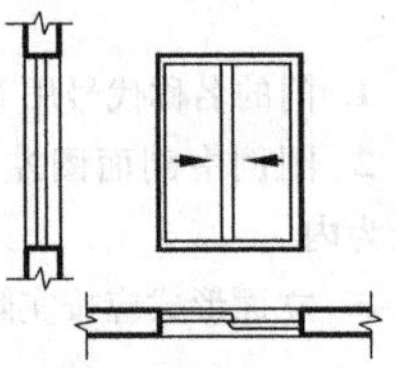	1. 窗的名称代号用 C 表示 2. 立面形式应按实际情况绘制
28	百叶窗	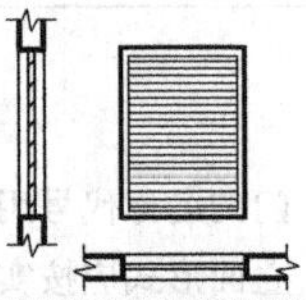	说明同上
29	电梯	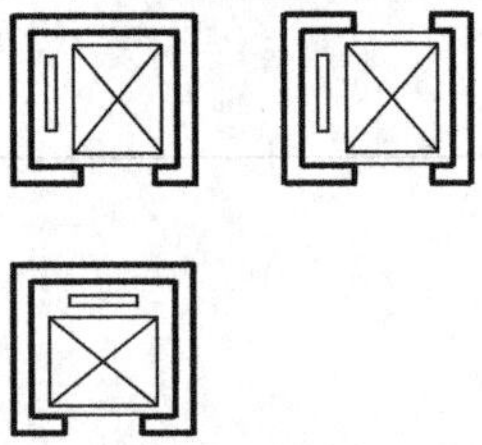	1. 电梯应注明类型，并按实际绘出门和平衡锤或导轨的实际位置 2. 其他类型电梯应参照本图例按实际情况绘制
30	自动扶梯	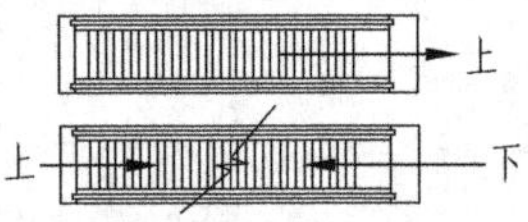	箭头方向为设计运行方向

9. 门窗编号

由于建筑平面图采用较小比例绘制，所以国标中规定，门、窗均用图例来表示。常用门窗的图例见表 7-4。为了区别门窗类型和便于统计，需对门窗进行编号，常用汉语拼音的第一个大写字母来表示，如门的名称代号用 M 表示、窗的名称代号用 C 表示、可对门窗的代号进行不同的编号，如 M1、M2、M3……，C1、C2、C3……，注意编号相同的门窗，表示其类型及尺寸完全相同。

10. 材料图例及面层线

平面图中被剖切到的构配件断面，其抹灰层和材料图例应根据不同的比例绘制。按 GB/T 50104—2010《建筑制图标准》中的规定绘制。

1）比例大于 1∶50 的平面图、剖面图，应画出抹灰层与楼地面、屋面的面层线，并宜画出材料图例。

2）比例为 1∶100～1∶200 的平面图、剖面图，可画简化的材料图例，如砖墙断面涂红（或不表示），钢筋混凝土断面涂黑等。

3）比例小于 1∶200 的平面图、剖面图，可不画出材料图例、楼地面与屋面的面层线。

11. 建筑平面图上的尺寸标注

建筑平面图中的尺寸主要有以下几部分组成：

（1）外部尺寸　标注建筑平面图轮廓线以外的尺寸。根据标注对象的不同，按由内向外顺序，可分为三道尺寸：

第一道尺寸（细部尺寸）：标注建筑物外墙的门窗洞口尺寸及墙段尺寸。

第二道尺寸（轴线尺寸）：标注建筑物房间的开间、进深，一般情况下，横向定位轴线之间的距离称为开间，纵向定位轴线之间的距离称为进深。

第三道尺寸（总尺寸）：标注建筑物外轮廓的总长、总宽，即从一端外墙边到另一端外墙边的尺寸，又称为外包尺寸。

建筑物的平面尺寸一般宜标注在图形的下方和右侧；有时当平面图较为复杂时，需要在图形的各个方向进行尺寸标注，尺寸标注应齐全。

（2）内部尺寸　标注建筑平面图内部构造的尺寸，如房屋内部门窗洞口尺寸及位置，内部墙体的尺寸及墙厚等，室内设备尺寸大小及定位尺寸。相同的内部构造或尺寸，可省略或简化标注。

（3）标高尺寸　在建筑平面图中，主要标注建筑物的各楼（地）面完成面的标高。通常以建筑物室内首层地面的标高为 ±0.000 的基准。标高以米为单位，标注到小数点后三位。

（4）坡度尺寸　在屋顶平面图上，应标注屋面的坡度尺寸，坡度尺寸通常由两部分组成，即坡比和坡向。

六、建筑模数

为实现建筑设计标准化和构配件生产工业化，使不同建筑构配件、组合件具有较大的通用性和互换性，加快设计速度，提高施工质量和效率，降低建筑造价，建筑物的设计及其各种建筑制品、构配件、组合件的尺寸等都必须统一协调，遵守 GBJ 2—1986《建筑模数协调统一标准》。模数协调同时能简化施工图的绘制，使施工放线更具有规律性，便于统一协调，提高施工速度。

模数是指选定的尺寸单位，作为建筑构配件、建筑制品以及有关设备尺寸间相互协调的增值单位。建筑模数是建筑设计、施工、建材及其制品生产、建筑设备等各方面进行尺度协调的基础。模数分为基本模数和导出模数。基本模数是模数协调中选定的基本尺寸单位，数值为 100mm，符号用 M 表示，即 1M = 100mm。导出模数分为扩大模数（基本模数的整数倍）和分模数（基本模数的分数）。其基数应符合下列规定：

1）水平扩大模数的基数为 3M、6M、12M、15M、30M、60M，其相应的尺寸分别为 300mm、600mm、1200mm、1500mm、3000mm、6000mm；竖向扩大模数的基数为 3M 与 6M，其相应的尺寸为 300mm 和 600mm。

2）分模数基数为 1/10M、1/5M、1/2M，其相应的尺寸为 10mm、20mm、50mm。

以选定的模数基数为基础而展开的数值系统称为模数数列。建筑物中的所有尺寸，除特殊情况外，都必须符合模数数列的规定。模数数列的应用如下：水平基本模数主要用于门窗洞口和构配件截面等处；竖向基本模数主要用于建筑物的层高、门窗洞口和构配件截面等处；水平扩大模数主要用于建筑物的开间或柱距、进深或跨度、构配件尺寸和门窗洞口等处，按 3M 数列进级；竖向扩大模数 3M 数列主要用于建筑物高度、层高和门窗洞口等处；6M 数列，主要用于建筑物高度、层高；分模数 1/10M、1/5M、1/2M 主要用于缝隙、构造节点、构配件截面等处。

七、标准图与标准图集

为了加快设计与施工的速度，提高质量，把房屋工程中各种大量常用的建筑及建筑构配件，按国家标准规定的统一模数，根据不同的规格标准，设计编制成套的施工图，称为标准图或通用图。将标准图装订成册即为标准图集。标准图集有相应的使用范围，其使用范围限制在图集批准单位所在的地区。如“西南05J302”即西南地区建筑标准设计通用的“地下建筑防水构造图集”。它是建筑工程施工中规范性或标准式做法的图册，可作为设计施工图的替代，从而简化设计工作量。

常见标准图有两种：一种是整幢房屋的标准设计（定型设计）；另一种是目前大量使用的建筑构配件标准图集。标准图集代号，常用的可分为建筑——“J”、结构——“G”、给水排水——“S”、通风——“T”、采暖——“N”、电气——“D”、（热）动力——“R”等。

按照标准图集的使用范围，一般可分为以下两类：经国家批准，可以在全国范围内使用的标准图集，如03G101、04G101等；经各省、市、自治区、直辖市批准，在本地区范围内使用的标准图集。如西南地区（云、贵、川、渝、藏）“屋面构造图集”代号为“西南J202”，四川省“空心板图集”代号为“川G202”，重庆市“楼梯标准图集”代号为“渝结7905”等。

第二节　施工图首页

一套完整的施工图应包括以下几方面内容：建筑施工图的首页，一般包括图样目录、建筑设计总说明、门窗表、装修等各类汇总表以及有关的技术经济指标等内容。

一、图样目录

图样目录起编排图样顺序的作用，说明该项工程是由哪几个工种的图样所组成的，一般设置为表格形式，每一项工程少则几十张图样，多则上百张图样，为便于查找图样，统计各工程图样的名称、张数和幅面大小，进行顺序编号，并编制图样目录，以方便了解该工程的图样内容以及相对应的图样号。有时图样幅面大小也反映在图样目录中。见表7-5。

表7-5　建施图样目录

序号	图号	图 样 内 容	张数	幅面大小	备注
1	建施1	图样目录	1	A4	
2	建施2	建筑设计总说明　门窗统计表	1	A2	
3	建施3	总平面图	1	A2	
4	建施4	一层平面图　门窗大样图　室内装修用料表	1	A2	
5	建施5	二层平面图　卫生间、厨房大样图　节点详图	1	A2	
6	建施6	三层平面图（屋顶平面图）⑨-①立面图　节点详图	1	A2	
7	建施7	①-⑨Ⓐ-Ⓕ立面图Ⓕ-Ⓐ立面图1-1剖面图　节点详图	1	A2	
8	建施8	屋顶大样图　墙身大样图	1	A2	
9	建施9	楼梯平面大样图　楼梯大样图	1	A2	

二、建筑设计总说明

建筑设计总说明是建筑专业施工图的主要文字部分。设计总说明主要是对建筑施工图中未能详细表达或不易用图形表达的内容等采用文字或图表形式加以说明。建筑设计总说明反映该工程的工程概况及总体施工要求。建筑设计总说明对于指导整个施工至关重要。

建筑设计总说明中的内容一般包括：施工图的主要设计依据；工程概况（如工程名称、建设地点、建筑面积、建筑层数、工程地质条件、设计使用年限、抗震设防烈度、耐火等级、屋面防水等级、本项目的相对标高与总图绝对标高的对应关系等）；结构类型，主要结构的施工方法；室内室外的用料说明、装修及做法（必要时可单独列成装修表）；采用新材料、新技术的做法说明以及施工项目的技术要求以及对图样上未能详细注写的用料、做法或需要统一说明的问题进行详细说明；构件使用或套用标准图的图集代号等。其中设计依据一般指该项目工程施工图设计的依据性文件、上级批文和相关设计规范。

建筑设计总说明模板见附录。

三、技术经济指标

技术经济指标通常包括建筑用地面积、占地面积、建筑面积、容积率、建筑密度、绿地率、停车位、单位综合指标等。技术经济指标是判断工程设计能否满足规划部门要求的依据。

1）占地面积：建筑物底层外墙皮以内所有面积之和。

2）建筑面积：建筑物外墙皮以内各层面积之和。

3）容积率：在一定范围内，建筑面积总和与用地面积的比值。

4）建筑密度：在一定范围内，建筑物的基底面积总和与用地面积之比（%）。

5）绿地率：一定地区内，各类绿地总面积占该地区总面积的比例（%）。

表7-6是某住宅小区的技术经济指标。

表7-6　技术经济指标

指标名称	指标值
总用地面积	26467m^2
总建筑面积	27653.6m^2（其中商铺总建筑面积3697.6m^2）
小区服务用房建筑面积	464.6m^2
低层住宅建筑面积	13264m^2
多层住宅建筑面积	10227.4m^2
建筑容积率	1.05
建筑密度	30%
绿地率	45%
住宅总户数	低层住宅：64户，多层住宅：86户
机动车车位数	120个
户均机动车车位	0.8个/户

四、门窗表

门窗表一般包括门窗的编号、类型、洞口尺寸、规格大小、数量等设计要求，见表7-7。门窗表的编制是为了计算每幢房屋不同类型的门窗数量，可供订货加工之用。当门窗类型、数量不多时，可在单体建筑平面图上直接列出。

表 7-7 门窗表

类型	设计编号	门窗名称	洞口尺寸/mm	数量				窗台高	备注 静电粉末喷涂		
			宽×高	底层	二层	三层	合计	/mm	图集名称	页次	选用型号
门	HM1	复合防盗门	1200×2400	2			2		由专业厂家制作安装		
	HM2	复合防盗门	900×2100			2	2		由专业厂家制作安装		
	M1	塑钢推拉门	1500×2700	2			2		立面详建施 4		
	M2	实木门（带合页）	750×2100	2	2	2	6		做法参照西南 04J611	6	YJ—0824
	M3	实木门	900×2100		6		6		做法参照西南 04J611	6	Ja—0924
	M4	实木门（双开）	1200×2100			2	2		做法参照西南 04J611	6	Ja—1221
窗	C1	塑钢推拉窗	2400×2150	2			2	900	立面详建施 4		
	C2	塑钢推拉窗	1500×1700	2	6		8	900	立面详建施 4		
	C3	塑钢推拉窗	900×1700	2	2	2	6	900	立面详建施 4　该窗为卫生间窗，为磨砂玻璃带合页固定窗		
	C4	塑钢推拉窗	1800×1700	2	2		4	900	立面详建施 4		
	C5	塑钢推拉窗	1200×1700	2	2	2	6	900	立面详建施 4		
	C6	塑钢推拉窗	2400×1700			2	2	900	立面详建施 4		

注：1. 所有门窗实量尺寸及复核数量后方可订货或下料制作。

2. 所有外墙门窗均需设为带纱窗。

3. 梁下设置窗，如梁高不够，加耳朵梁（详结施）。

五、装修表

装修表一般包括室内室外的装修用料说明，如砖、砂浆、混凝土强度等级、墙身防潮层、地下室防水、勒脚、散水、窗台、台阶、屋面、室内外装修等做法。装修情况除了用表格说明外，也可用文字说明。详见表 7-8。

表 7-8 装修表

装修做法 / 使用部位	楼地面			墙面		踢脚		顶棚		
	木地板 03J930－1，44，P43	防滑地砖 03J930－1，8，P31	水泥砂浆地坪 03J930－1，3，P29	乳胶漆 03J930－1，3，P70	卫生瓷砖 03J930－1，21，P76	实木 03J930－1，13，P63	地砖 03J930－1，7，P62	石膏板 03J930－1，13，P87	铝扣板 03J930－1，19，P89	乳胶漆 03J930－1，3，P70
客厅		○		○			○	○		
卧室　起居室	○			○		○				○
厨房		○			○		○		○	
餐厅		○		○		○		○		
客房	○			○		○				○
书房	○			○		○				○
更衣室	○			○		○				○
卫生间、洗衣间		○			○		○		○	
走道	○			○		○		○		
楼梯间	○			○		○		○		
露台		○			○					
室外地面	深浅相间广场砖									
装修材料颜色　特殊做法说明										

第三节 总 平 面 图

一、总平面图的概念及作用

1. 总平面图的概念

将新建建筑物四周一定范围内的新建、原有和拆除的建筑物、构筑物连同其周围的地形地貌、地物状况及道路，用水平投影方法和相应图例所绘制出的图样，称为总平面图。通常以含有±0.00标高的平面作为总图平面。GB 50001—2010《房屋建筑制图统一标准》规定，总平面图反映建筑物在室外地坪上的墙基外包线，不应绘制屋顶平面投影图。

2. 总平面图的作用

总平面图反映新建工程的总体布局以及原有建筑物和构筑物的情况，是新建建筑物定位、施工放线、填挖土方及施工总平面布置的主要依据，同时也是室外水、暖、电管线等布置的依据。

总平面图除了要满足本工程的总体布置的规定，还应当符合城市规划、交通、市政、环保、园林绿化等相关部门对工程的具体要求，并应经过相应部门的审批。

二、总平面图的主要内容

1）图名、比例、图例。

图名应注写在总平面图的正下方，并在图名的下面绘制一条粗实线，比例一般注写在图名的右侧，其字号比图名字号小一号或两号。必须注意的是，图样上所标注的尺寸为物体的实际尺寸，与绘图的比例无关。因此在识读总平面图上的尺寸时，不能用比例尺在图样上直接量取。由于总平面图表达的区域较大，在GB/T 50103—2010《总图制图标准》中规定，总平面图宜采用的比例为1:300、1:500、1:1000、1:2000。

总平面图中的尺寸单位为米（m），注写到小数点后两位，不足时以“0”补齐。总平面图需要表示的内容较多，由于比例较小，图中的各种有关物体均用图例的形式表示，图例比较简明直观，总平面图的图例应符合《总图制图标准》中规定，常用图例可见表7-9。

表7-9 总平面图常用图例

名称	图 例	备 注
新建建筑物	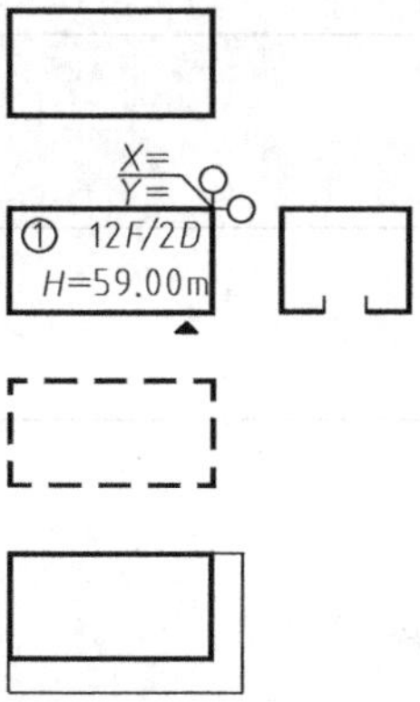	新建建筑物以粗实线表示与室外地坪相接处±0.00外墙定位轮廓线 建筑物一般以±0.00高度处的外墙定位轴线交叉点坐标定位。轴线用细实线表示，并标明轴线号 根据不同设计阶段标注建筑编号，地上、地下层数，建筑高度，建筑出入口位置（两种表示方法均可，但同一图纸采用一种表示方法） 地下建筑物以粗虚线表示其轮廓 建筑上部（±0.00以上）外挑建筑用细实线表示 建筑物上部连廊用细虚线表示并标注位置
原有建筑物		用细实线表示

（续）

名称	图　例	备　注
围墙及大门	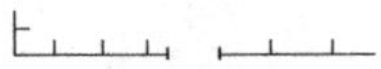	
铺砌场地	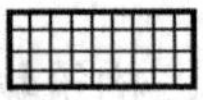	
水池坑槽		也可以不涂黑
方格网交叉点标高	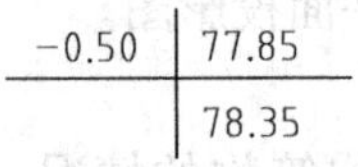	“78.35”为原地面标高，“77.85”为设计标高“－0.50”为施工高度，“－”表示挖方（“＋”表示填方）
挡土墙		被挡土在“突出”的一侧
新建的道路	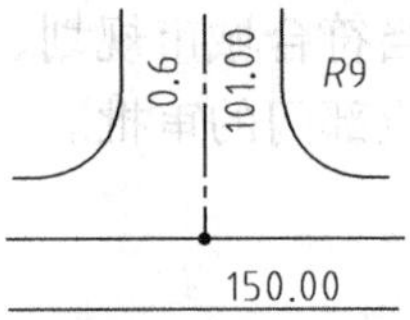	“*R*9”表示道路转弯半径为9m，“150.000”为路面中心控制点标高，“0.6”表示0.6%的纵向坡度，“101.00”表示变坡点间距离
拆除的道路	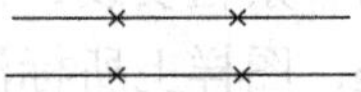	
烟囱		实线为烟囱下部直径，虚线为基础，必要时可注写烟囱高度和上、下口直径
管线	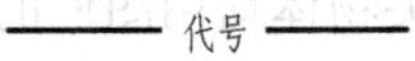	管线代号按国家现行有关标准的规定标注
常绿阔叶乔木	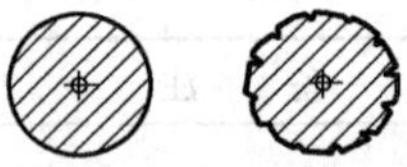	
拆除的建筑物		用细实线表示
计划扩建的预留地或建筑物		用中虚线表示
散状材料露天堆场	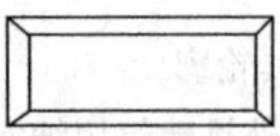	需要时可注明材料名称
其他材料露天堆场或露天作业场	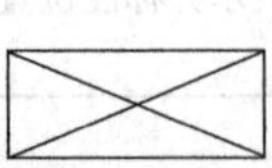	

（续）

名称	图　例	备　注
地面露天停车场	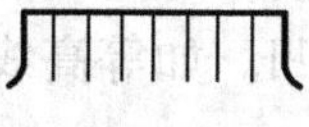	
坐标	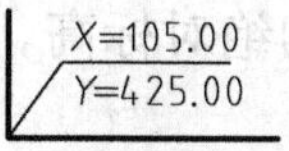 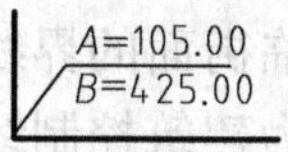	上图为测量坐标 下图为建筑坐标
雨水口		
消火栓井		
填挖边坡		
截水沟		“1”表示1%的沟底纵向坡度；“40”表示变坡点距离；箭头表示水流方向
室内标高		
室外标高		室外标高也可采用等高线表示
桥梁	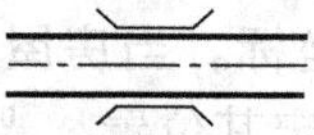 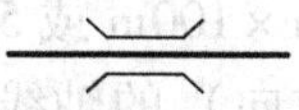	1. 上图为公路桥，下图为铁路桥 2. 用于旱桥时，应注明
原有道路		
计划扩建的道路	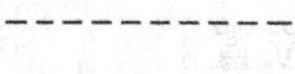	
落叶针叶乔木		
常绿阔叶灌木		

2）新建建筑物的高程及周围的地形、地貌。总平面图中一般用绝对标高来标注高程，如果标注的是相对标高，则应注明相对标高与绝对标高之间的关系。当地形高低起伏较大时，还应画出地形的等高线。等高线间距越大，则地势越平缓；等高线间距越小，则地势越陡峭。依据等高线的数值大小，可判断出地形是上凸还是下凹。如等高线的数值是由外圈向内圈逐渐增大，则说明地形为上凸。

3）标明建筑物首层地面的绝对标高、室外地坪及道路的绝对标高。通过标高可以了解土方挖填情况、地面坡度以及水流方向。

4）场地四周、道路红线、建筑红线或用地界限的位置。道路红线是指规划城市道路路幅的边界线；建筑红线是指城市道路两侧控制沿街建筑物靠临街面的界线，即土地使用范围的界限。任何建筑物在设计和施工中均不能超过此线，又称为建筑控制线。用地界限是指某一建设项目的全部用地范围，其作用在于严格控制各建设项目的建设用地范围。

5）新建建筑物、原有建筑物、拟建建筑物等总体布局，包括周围道路、室外场地等设施、景观环境绿化及各种管线布置系统等情况。

6）新建建筑物的名称、层数、平面形状、位置，与原有建筑物的相对位置关系。为了能清楚了解建筑物的总体情况，一般在建筑图形的右上角以涂黑的小圆点数或数字表示楼层数。

7）指北针或风玫瑰图：在《总图制图标准》中明确规定，应绘制指北针或风玫瑰图，以此明确建筑物的朝向和该地区的常年主导风向。

8）新建建筑物的定位，即确定新建建筑物的平面尺寸。新建建筑物的定位主要有以下两种方法：按原有建筑物、构筑物或原有道路作为参照物进行定位；按坐标对新建房屋进行定位。

坐标定位可分为测量坐标定位和建筑坐标定位两种。由国土管理部门提供给建设单位红线图，在红线图上用细线画成交叉十字线的坐标网，用 100m × 100m 或 50m × 50m 绘制而成，南北向为 X 轴，东西向为 Y 轴，这样的坐标称为测量坐标。当房屋的两个主向与测量坐标网平行时，只需标记出建筑物两个墙角的坐标，即可确定其位置。当房屋的两个主向与测量坐标网不平行时，通常在建筑物主墙方向用细实线 100m × 100m 或 50m × 50m 绘制方格网，横墙方向（竖直方向）轴线为 A 轴，纵墙方向（水平方向）的轴线为 B 轴，这样的坐标称为建筑坐标，如图 7-16 所示。当总平面图上有测量坐标系和建筑坐标系时，应注明两种坐标系的坐标换算公式。

当场地不大、建筑物较少时，一般是根据原有房屋或道路来作为新建建筑物的定位依据，只需注出新建房屋与周围邻近建筑或道路的定位尺寸，即可确定其位置；当修建的工程项目规模较大或地形较为复杂时，用坐标确定房屋及道路的位置。

9）根据实际工程的需要，除了总平面布置图外，有时还需设计竖向布置图、总平面放线图、场地剖面图、挡墙定位图等。在各种管道综合图上，还应标明引进的电缆、煤气、自来水、供热等管线与建筑物的间距和管线间距，当管线较为复杂时，还需画出断面图并标明各管线交叉时的位置和标高。

三、总平面图的识读方法

1）总平面图中的内容大多使用图例、符号表示。首先应熟悉相关图例符号的含义。

2）看清总平面图的比例，了解新建工程项目的规模。

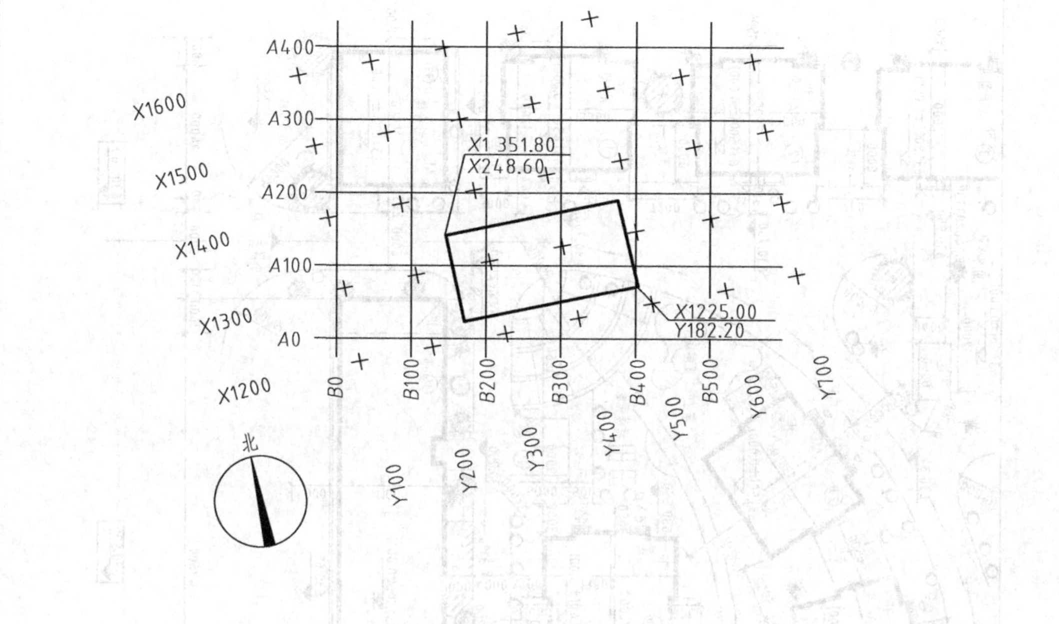

图 7-16　建筑坐标与测量坐标

3）看清用地范围内新建、拟建、原有、拆除建筑物或构筑物的位置。

4）查看新建建筑物的室内、外地面高差，道路标高和地面坡度及排水方向。

5）根据风向频率玫瑰图，了解建筑物朝向和常年主导风向。

6）查看图中的尺寸，了解新建建筑物或构筑物自身占地面积以及新建建筑物与周边道路及建筑物的相对距离。

7）看清总平面图中的各种管线编号、坡度、中心距离及出入建筑物的具体位置。

8）看清图中的草坪、乔木、灌木、花坛、水景等具体的布置位置及尺寸。

9）总平面图是以上各项内容的定位依据，其表达内容多，涉及面广，综合性强，需要仔细认真阅读。

四、总平面图的识读举例

现以图 7-17 所示的某小区总平面图（部分）为例，介绍总平面图的识读方法。

1）看清图样的比例、图例及文字说明。图中绘制了风向频率玫瑰图，可以了解每幢房屋的朝向。该小区为别墅型住宅，房屋的朝向有南北向，也有东西向，总平面图的比例为 1∶300。小区主入口设置在东侧方向，并设有小区综合楼。在建筑总平面图上绘制有图例，如图 7-18 所示。

2）了解新建建筑物的基本情况、建筑规模、用地范围、地形地貌以及周围的环境等。该小区位于公路主干道的西侧，临街一侧的新建房屋为多层建筑，建筑层数为 5 层。从图中可以看出，总平面图中新建的建筑物用粗实线绘制出建筑物的外形轮廓，除临街的多层建筑外，小区内布置有 32 幢双拼别墅，共有 64 户，别墅建筑层数为 3 层，属于低层住宅，小区建筑物四周设有绿化带。双拼别墅建筑的总长为 13. 8m，总宽为 12. 0m。在本例中，新建建筑物的位置是根据测量坐标来定位的，从图上可看出建筑物相邻之间的距离、小区道路的宽度等。

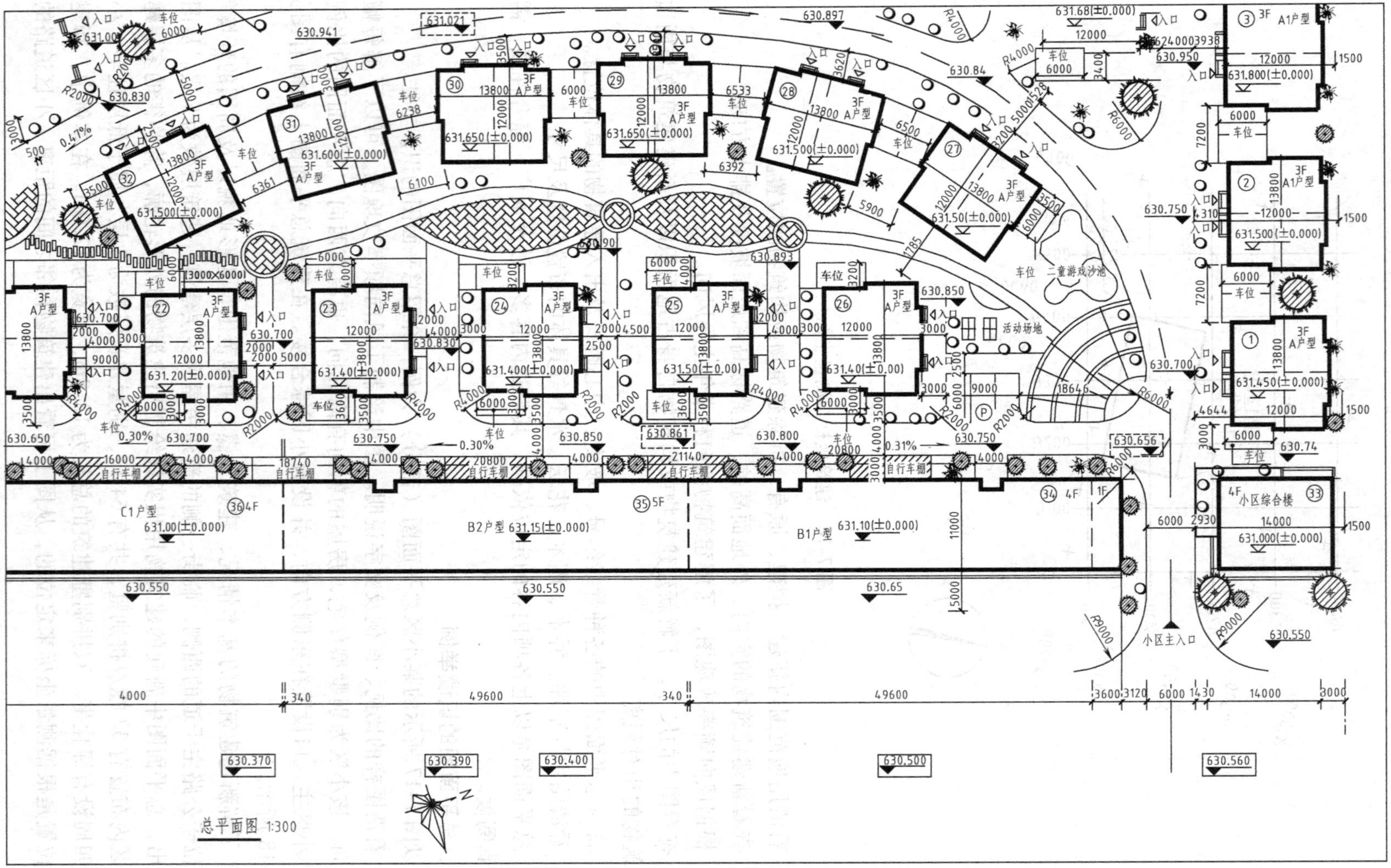

图 7-17　某小区的总平面图（部分）

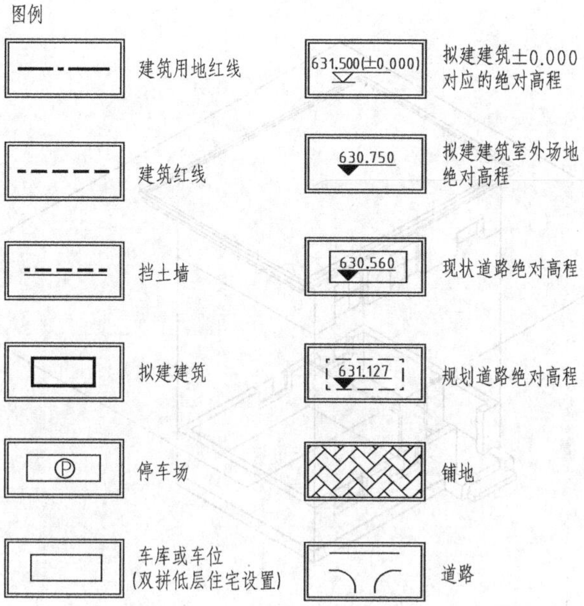

图 7-18　某小区的总平面图图例

3）了解新建建筑物的标高。图中新建建筑物的室内地坪标高 ±0.000 为绝对标高 631.500m，室外整平标高为 630.750m，小区内不同栋号的建筑物，其室内地坪标高为绝对标高的数值、室外整平标高略有差异，图中还标注了临街道路的标高及道路的转弯半径。

4）了解新建建筑物的周围设施等情况。小区内设置了活动场所、儿童游戏沙池、停车位、自行车棚等，小区主要道路宽度为 5m。

5）了解新建建筑物的周围绿化等情况。在总平面图中反映出道路的绿化及围墙的情况，在小区四周都设置了大量的绿化带，使每幢建筑物之间有一定的分隔。

第四节　建筑平面图

一、建筑平面图的形成与作用

用一个假想的水平剖切平面沿窗台洞口处将房屋剖切开，移去剖切平面以上部分，将余下部分向水平面正投影所得到的投影图称为建筑平面图，简称为平面图。建筑平面图实质上是一个水平剖面图，如图 7-19 所示。

在 GB/T 50104—2010《建筑制图标准》中作了如下规定：建筑物平面图应在建筑物的门窗洞口处水平剖切俯视（屋顶平面图应在屋面以上俯视），图内应包括剖切面及投射方向可见的建筑构造以及必要的尺寸、标高等，如需表示高窗、洞口、通气孔、槽、地沟及起重机等不可见部分，应以虚线绘制。

建筑平面图较全面且直观地反映出建筑物的平面形状、大小、内部空间的布局及各房间的功能，内外交通联系、采光通风处理、构造做法等基本情况。如在建筑平面图中能较清楚地了解到墙（柱）的位置、厚度，楼梯、走廊的布置及门窗洞口位置等。建筑平面图是表

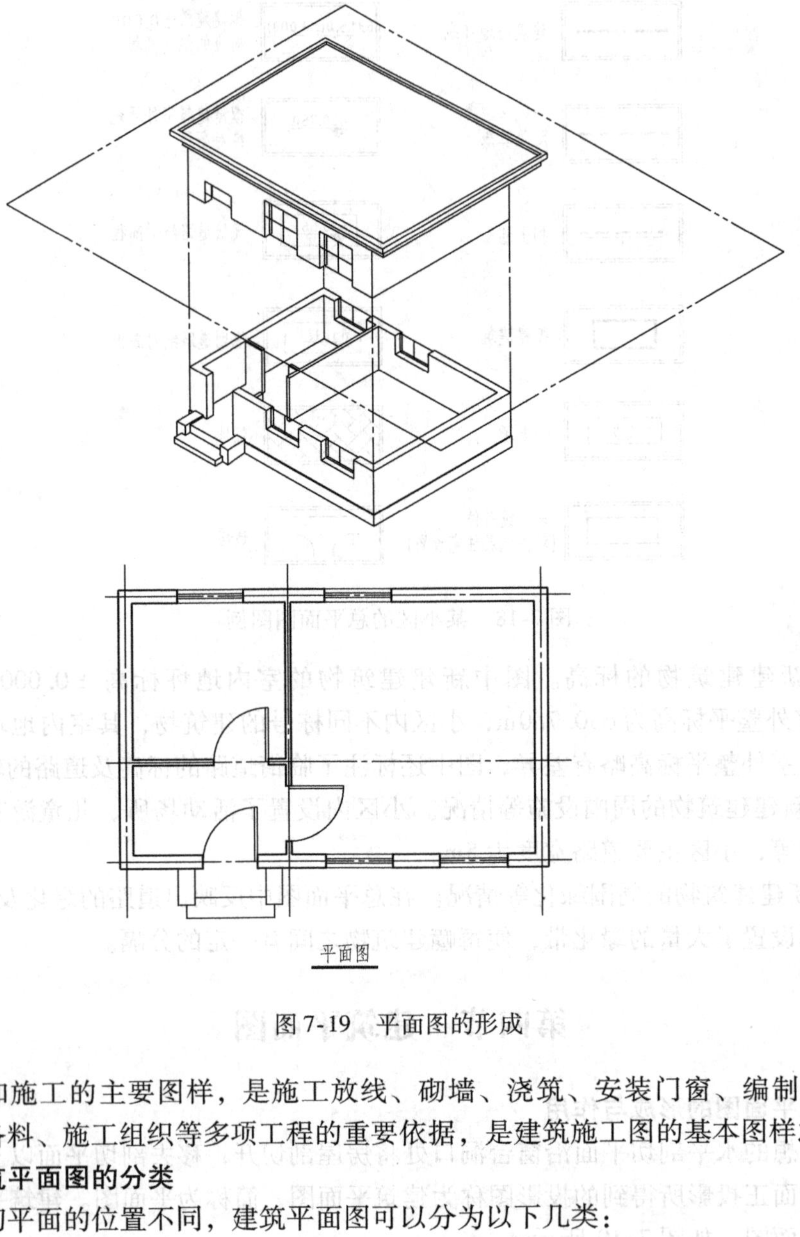

图 7-19　平面图的形成

达房屋功能和施工的主要图样，是施工放线、砌墙、浇筑、安装门窗、编制概（预）算、装修及施工备料、施工组织等多项工程的重要依据，是建筑施工图的基本图样之一。

二、建筑平面图的分类

根据剖切平面的位置不同，建筑平面图可以分为以下几类：

1. *首层平面图*

首层平面图又称为一层平面图或底层平面图。它是假想一个水平剖切面沿底层门窗洞口位置剖切后形成的平面图，称为首层平面图。首层平面图的剖切位置尽量通过底层的门窗洞口处，这样才能反映出房屋门窗洞口的位置及尺寸大小。首层平面图不仅要绘制出剖切到的门窗洞口和墙体（柱）等，同时还要绘制出投影可以看到的室外台阶（坡道）、散水、排水沟、花池等位置、形状及尺寸。但应注意的是，建筑剖面图的剖切符号（包括剖切位置线、投射方向线和编号）及指北针，只能在首层平面图中绘制，其他平面图上不再标注；在某层平面图中已经表示清楚的构配件，就不必再在其他平面图中重复绘制。如二层以上的平面图不再绘制台阶、坡道、散水等室外设施，三层平面图不再绘制已由二层平面图表示清楚的雨篷等构配件。

2. 标准层平面图

用同样的剖切方法可以绘制出房屋的各楼层平面图，一般来讲，只要房屋内部的平面布局不同，就应该单独绘制每一层的平面图，并以楼层数来命名，如“二层平面图”、“三层平面图”、“四层平面图”等。但在实际工程中，如多层和高层建筑，往往中间几层存在许多相同或相近平面布置的楼层，此时可共同用一个平面图来表达，这样的平面图统称为“标准层平面图”或“×~×层平面图”。

3. 顶层平面图

顶层平面图就是假想一个水平剖切面沿顶层门窗洞口位置剖切后形成的平面图，称为顶层平面图。由于顶层楼梯的投影特殊性，一般情况下需要单独绘制。顶层平面图也可用相应的楼层数来命名。

4. 屋顶平面图

将建筑物的屋顶向水平投影面做正投影所得到的投影图称为屋顶平面图。屋顶平面图也相当于建筑屋顶的外观俯视图。主要表达屋顶的形式、坡度、排水方式、屋面细部构造及其他设施。屋顶平面图较为简单，有时可用较小比例绘制。一般需绘制出屋顶的水平投影外轮廓线、相关的定位轴线、女儿墙、檐沟、排水坡度、分水线、雨水口位置、上人孔、屋顶水箱及变形缝等，有时需附加一些必要的文字说明。此外，还应绘制出因顶层平面图中未能画出的顶层阳台的雨篷和顶层窗子的遮阳板等构配件。

三、建筑平面图的图示内容及识读方法

1. 建筑平面图的图示内容

1）图名、比例及指北针。

2）墙（柱）定位轴线及其编号。

3）墙厚和柱截面尺寸，门窗的位置、尺寸及编号。

4）建筑物各房间的名称及编号。

5）建筑物的尺寸标注。

6）各地面标高及详图索引符号。

7）楼梯、阳台的形式、位置及尺寸。

8）建筑物室外设施及其他构配件。

9）剖面图的剖切位置及投射方向。

10）屋面的排水方式及排水坡度。

2. 建筑平面图的识读方法

本章将以图 7-20 所示的一幢别墅为实例，详细介绍建筑施工图的识读与绘制方法。

该工程为双拼别墅，共有三层，绘制有三张建筑平面图，比例为 1∶100。

一层平面图（图 7-21）的识读：

1）画有指北针，了解房屋为南北朝向。

2）画有对称符号，可知该栋别墅左右对称。

3）了解定位轴线，定位轴线位于墙的中心线，墙厚 240mm，卫生间隔墙 120mm，其中横向定位轴线为①~⑨；纵向定位轴线为Ⓐ~Ⓕ；其中$\frac{1}{0A}$为附加定位轴线，表示 A 轴线前

图 7-20　别墅的效果图

附加的第一根轴线。

4）了解各房间的名称，设有客厅、餐厅、厨房、1#卫生间、储物间和楼梯间。

5）室外设施情况，室外入口处设有台阶和平台，在入口处两侧设有花池，房屋前后设有前院和后院，房屋一侧设有车位，四周有围墙线。散水和暗沟，设置在外墙四周，其中散水宽度为600mm，暗沟宽度为300mm，其做法可详见标准图集。车位地面的坡度为12%，箭头方向指向水流方向，即排向集水坑，集水坑的尺寸大小为400mm×400mm，其做法详见西南05J302P43②。

6）室内外地面标高情况，一层主要地面的标高为±0.000，对于厨房、卫生间用水的房间地面，为保证使用安全，应降低地面高度，厨房降低50mm，卫生间地面分别降低20mm和30mm。从图上可以看出两边地面标高不同，因此在门边有一条投影轮廓线，用细实线绘制。客厅为了美观，设计上增加了净空高度，使客厅地面下沉450mm，需上三个踏步才可到±0.000位置，在客厅与餐厅相邻处，设有栏杆和扶手，在二次装修时完成。入口处的平台设有1%的排水坡度，排水方向指向室外。室外标高为-0.750m，从室外到平台要经过两步踏步，踏步的尺寸为300mm（踏面宽度）×150mm（踢面高度）。

7）设有构造柱（代号GZ），设置在房屋的转角及纵横墙交界处，因绘图比例较小，可简化材料图例，钢筋混凝土构造柱可涂黑表示。

8）了解门窗位置、洞口尺寸、数量及编号，入户门（编号HM1），根据门窗表可知，采用复合防盗门，洞口尺寸为1200mm×2400mm。其余门窗可查阅门窗表或门窗大样图。

9）了解楼梯形式，室内设有通往二楼的楼梯，楼梯形式为三跑楼梯，楼梯具体尺寸可见大详图。楼梯上的箭头表示楼梯的走向，即上下行方向，指示楼梯走向时的起点必须为该楼层的平台处。为有效利用空间，在楼梯段及平台的下方还设有储物间。

10）尺寸标注，共有三道外部尺寸，由里向外分别为门窗洞口尺寸、轴线尺寸和总尺寸，同时在房屋内部还标注有局部尺寸，分别表示各构配件的定型及定位尺寸。

11）了解剖面图的剖切符号，包括剖切位置和投射方向。该平面图上的1-1平面图的剖切符号，表示1-1剖面为全剖面图，它的剖切位置通过厨房、餐厅、客厅、C2、M1及

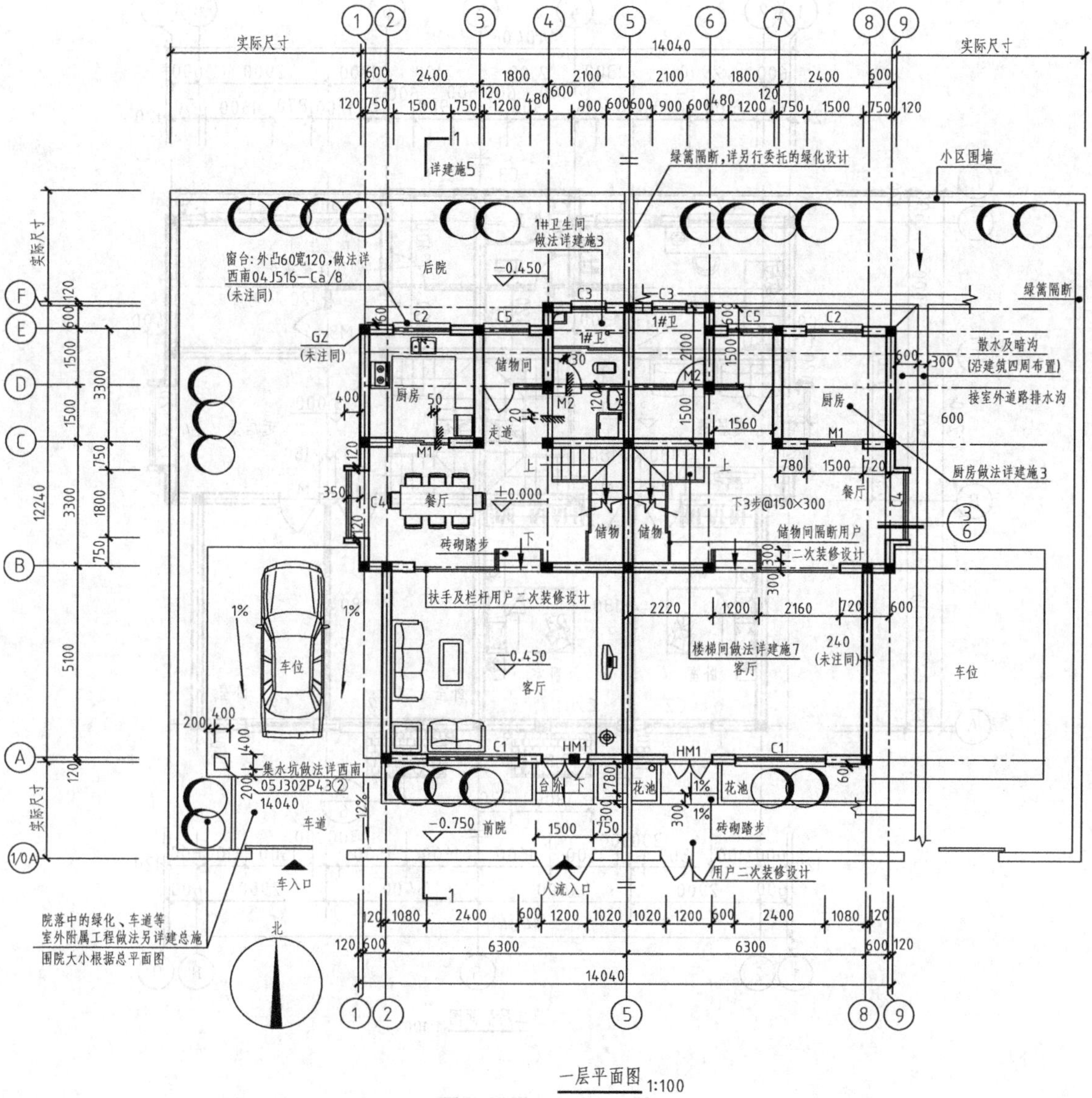

图 7-21　一层平面图

墙体，其投射方向是从左向右投影，投影可见楼梯、客厅与餐厅之间的踏步栏杆、储物间的门。值得注意的是，剖切位置是底层一直到屋面，将整个房屋剖切开，具体的剖面图内容可详见 1－1 剖面图。

注意：指北针及剖切符号只画在底层平面图上，其他层平面图上不再标出。

二层平面图（图 7-22）的识读：

1）对照二层平面图识读。可以看出二层平面图与一层平面图，外墙墙体上下贯通，没有缩进和挑出，轴线减少了附加轴线，其余没有变化，主要承重结构保持上下对正，符合结构的合理性。房间的功能有了一定的增减，减少了厨房、餐厅、储物间，增设了书房、起居

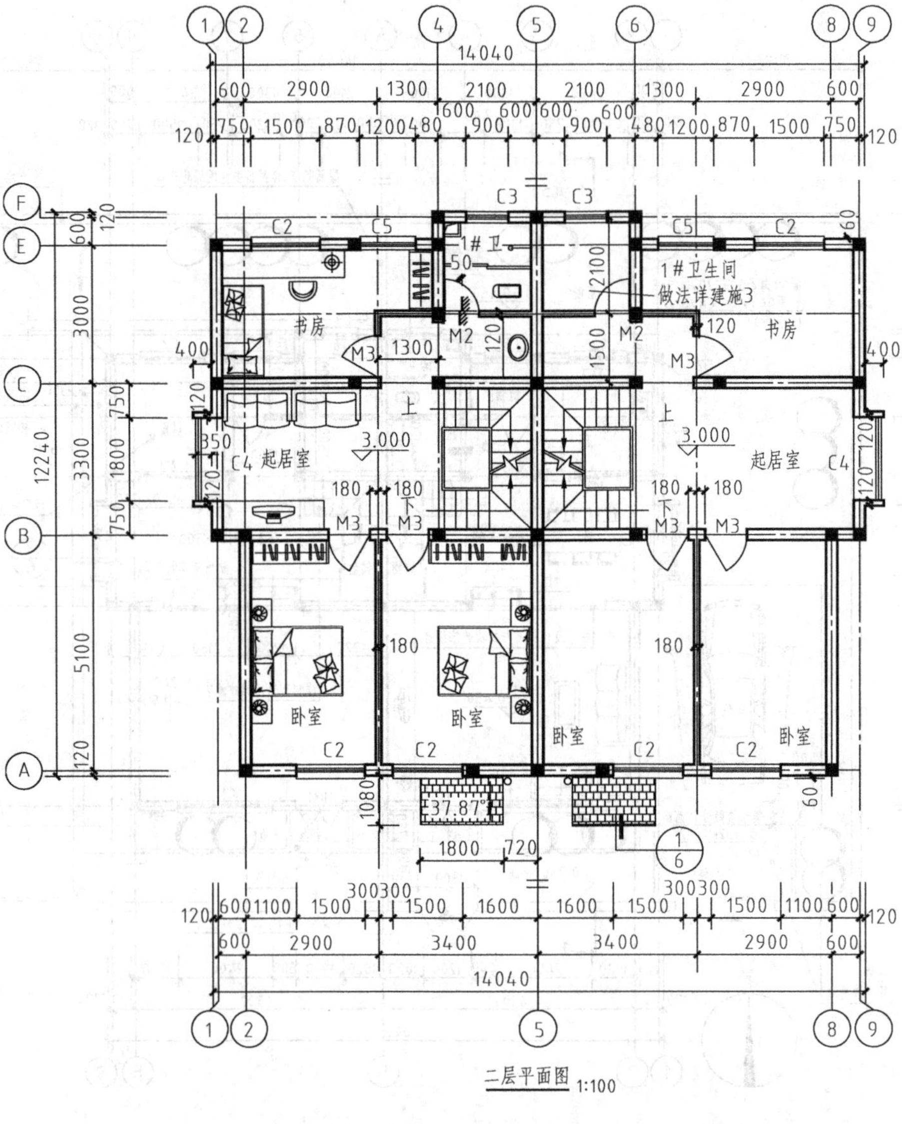

图 7-22　二层平面图

室、两间卧室，楼梯间及1#卫生间的布置位置则与一层平面图相同。

要注意的是在一层平面图上看到的室外台阶、入口、散水等设施的轮廓线，在二层平面图上不再画出，也不必绘出指北针和剖切符号。

2）标高变化。二层的楼板标高为3.000m，可知层高为3m，卫生间地面标高比楼面标高降低50mm，即卫生间地面标高为2.950m。

3）雨篷投影。从二层平面图上可以看到底层入口处的雨篷，雨篷长度1800mm，宽度1080mm，雨篷的坡度为37.87°，为自由落水。

4）详图索引符号。在雨篷端部画有剖视索引符号，说明此节点处绘制有详图。其详图位置在建施6，详图编号为1，剖视方向由右向左投影。

5）二层楼梯平面图与底层楼梯平面图不同，主要是由于剖切水平位置在二层楼略高于窗台处，向水平面做投影时不仅看到上行梯段，同时也看到了下行梯段。为清楚表达，习惯上将梯段上的剖切线画成倾斜的折断线。楼梯尺寸与构造可详见楼梯平面图与楼梯剖面图。

三层平面图（顶层平面图，图7-23）的识读：

1）对照一层、二层平面图进行识读。可看到A、B轴线取消了墙体，更改设置为露台，房间设有主卧室、更衣房，2#卫生间与1#卫生间的轴线尺寸无变化，但取消了内部的隔墙，尺寸及内部的设施可详见2#卫生间大样图。

2）楼梯间位置与一、二层布置相同。但三层楼梯的平面图上只有下行方向线。

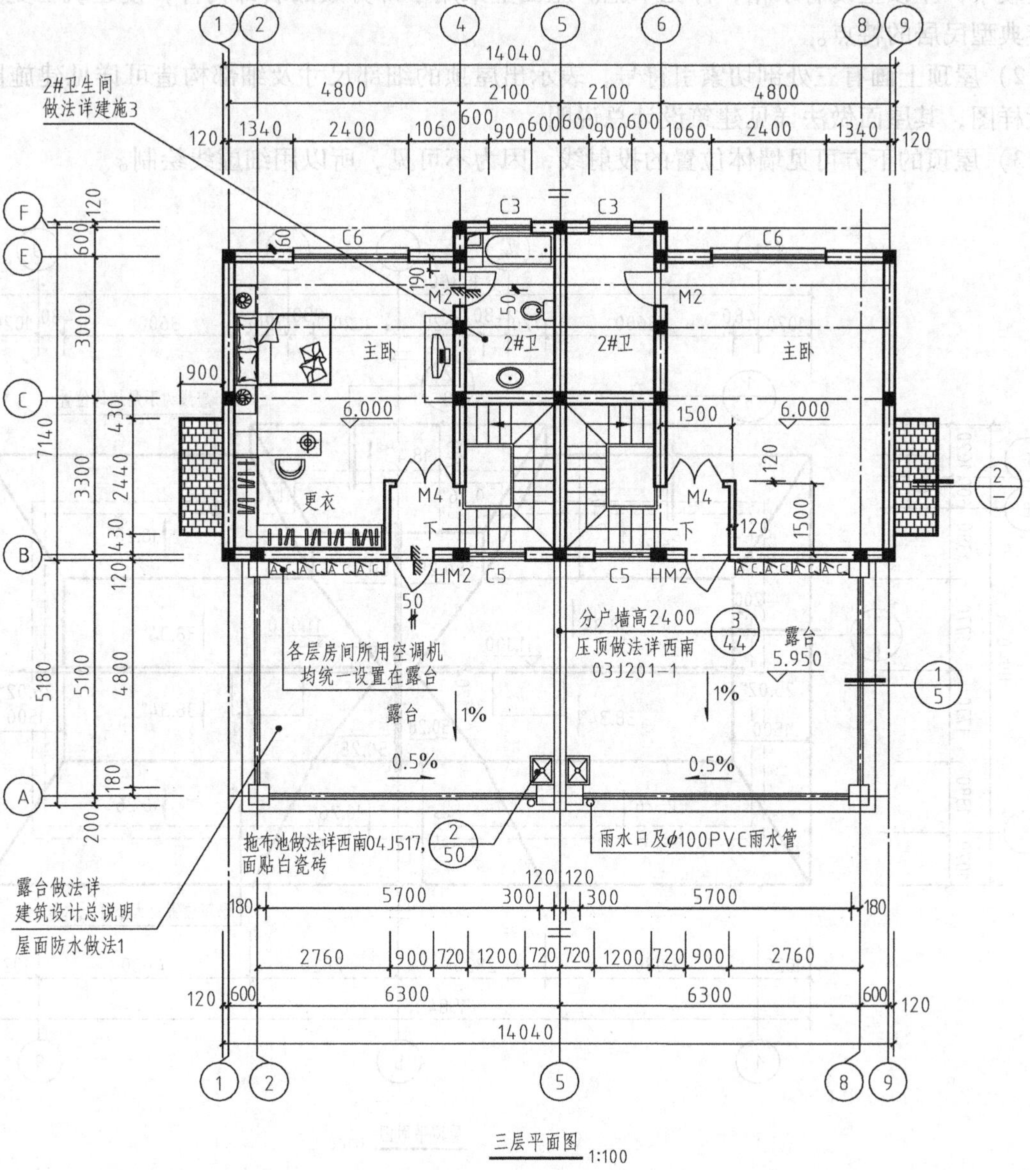

三层平面图 1:100

图7-23　三层平面图

3）在B轴线墙体上设有门（HM2）通向露台，开设有窗（C5）为楼梯间采光。露台两边地面高差为50mm，露台上设有排水坡度，坡度方向指向雨水口，同时设有拖布池，做法详见标准图集。

4）在三层平面图上还可看到二层平面图中的起居室窗（C4）上设置的雨篷投影轮廓线，雨篷构造见建施6，编号为2的详图。

屋顶平面图（图7-24）的识读：

1）屋顶平面图是该房屋屋顶的俯视图。屋顶的形式总体为同坡屋面，相关屋面的坡度相同，图中标注了有关的轴线，表示了屋顶的形状、屋脊线、斜脊线、各屋面的坡度大小及排水方向。注明了有关尺寸及屋脊线的标高。整个房屋坡度高低有致，中间坡度较大，四周坡度较小，屋顶上设有水箱，详见水施。屋面上采用了部分成品装饰构件，使建筑物更具有傣族典型民居的特点。

2）屋顶上画有三处剖切索引符号，表示出屋顶的细部尺寸及细部构造可详见建施图中的大样图，其屋面做法详见建筑设计总说明。

3）屋顶的下方可见墙体位置的投射线，因为不可见，所以用细虚线绘制。

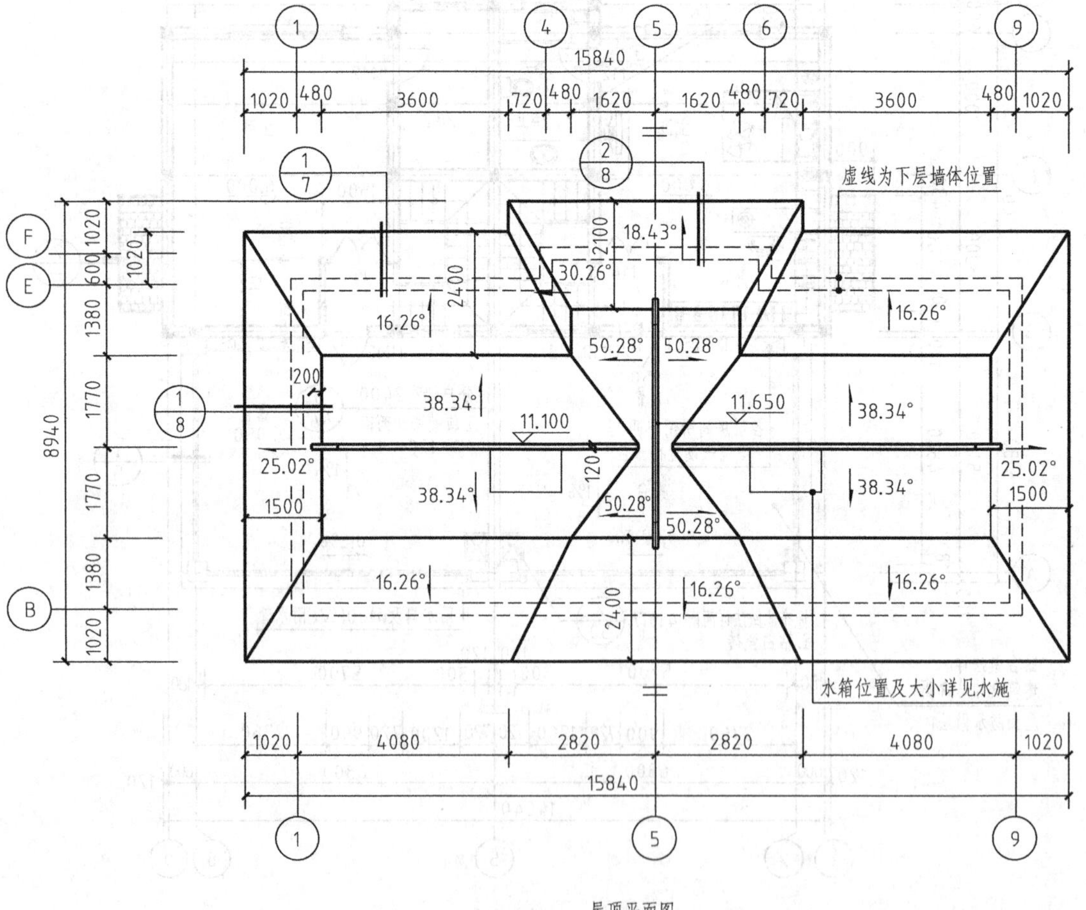

图7-24　屋顶平面图

3. 局部平面图的识读

在1∶100的各层平面图中，1#及2#卫生间的细部尺寸及构造因比例较小，无法表达清楚，故选择1∶50的比例，将1#及2#卫生间放大绘制。如图7-25所示，图中可清楚地了解墙体厚度、门窗位置及主要卫生洁具的形状和定位尺寸。卫生洁具为采购成品，不用标注细部尺寸，只需标注在平面图上的位置。

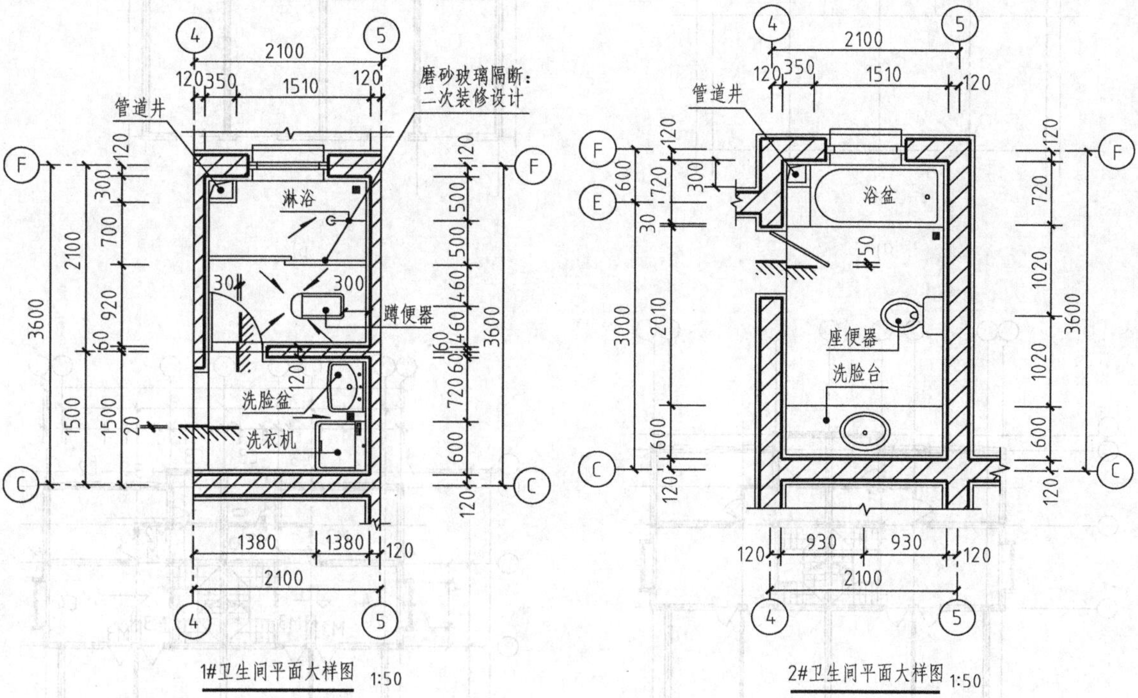

图7-25 局部平面图

四、建筑施工图的绘制步骤

绘制建筑平面图必须依照“国标”的相关规定，总的原则是：先整体再局部，由粗到细，先绘制定位轴线，然后再依次绘制墙体、门窗、楼梯等，逐步深化细部，一般分为以下几个步骤（图7-26）：

1）选定绘图比例及图幅。

2）绘制图框和标题栏。

3）合理布置图面，首先绘制出定位轴线。

4）绘制剖切到的墙身线（柱断面轮廓线）、门窗洞口位置线、图例线，以及可见的窗台、楼梯踏步、台阶、平台、露台、散水等。

5）绘制指北针、剖切符号、索引符号等。

6）用尺规作图时，以上内容可用铅笔轻细实线先打底线，经校对无误后，再按不同的线型、线宽区别加深。线型应符合前面所述的各项规定。如用计算机绘图，可不受此项限制。

7）最后标注尺寸、轴线编号、注写文字、符号、图名及比例，完成全图。

现以建筑底层平面图为例，介绍绘制施工图方法步骤：

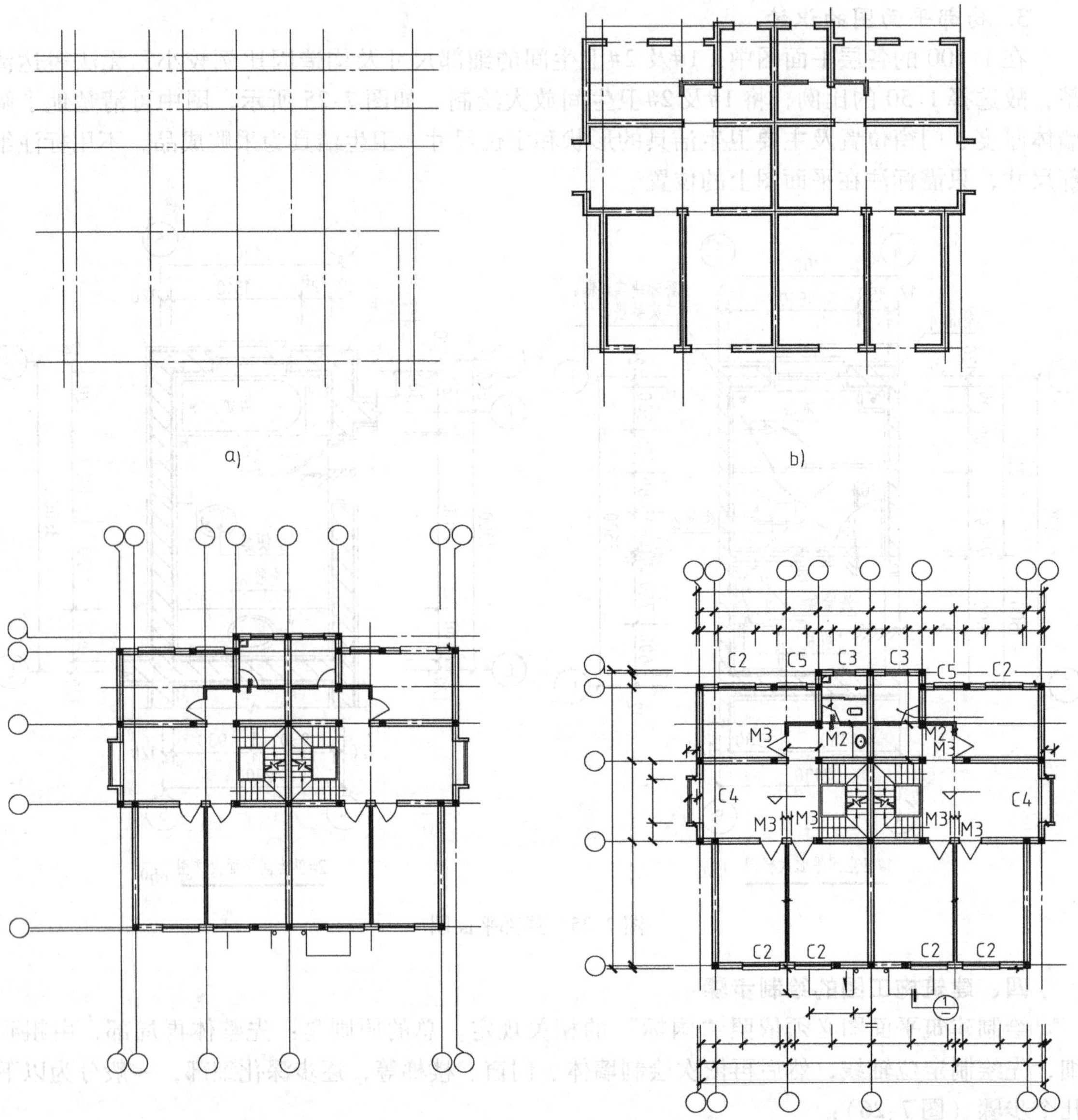

图 7-26 建筑施工图的绘制步骤

a）绘制定位轴线 b）绘制墙身、门窗洞口线 c）绘制楼梯、台阶等细部构造 d）检查并标注尺寸、注写文字

第五节 建筑立面图

一、建筑立面图的形成及作用

建筑立面图是以平行于房屋外墙面为投影面所作的正投影图，简称立面图。建筑立面图主要表达房屋的外部造型、门窗的位置及形式、层数、房屋的高度、屋顶形式、外墙饰面及材料做法等。

建筑立面图不仅反映出一幢建筑物的外部造型，同时它也是形状、材质和色彩等多方面的综合体现。建筑立面图反映出建筑物的美观，是表达立面设计效果的重要图样。在施工中，是外墙面造型、外墙面装修、工程概（预）算、施工定位等的依据。

二、建筑立面图的命名

当建筑物的前后、左右立面各不相同时，应画出各个方向的立面图。建筑立面图的命名方式有以下三种：

1）按两端定位轴线编号命名：如①－⑨立面图，⑨－①立面图，Ⓐ－Ⓕ立面图等。

2）按投影（或立面）的主次命名：将建筑物的主要出入口，能反映建筑物的主要特征的立面图命名为正立面图，其余的命名为背立面图、左侧立面图、右侧立面图。

3）按朝向命名：当房屋为正朝向时，可以命名为东（西、南、北）立面图。

上述命名各有优缺点，应根据实际情况灵活选用。本例的立面图采用了以定位轴线来命名的方式，如图 7-27 所示。

三、建筑立面图的图示内容及特点

1. 图名、比例

建筑立面图的比例应与平面图相同。

2. 定位轴线

在立面图中，一般只标注房屋两端的定位轴线及编号，且应与平面图对应一致。

3. 图例

由于绘制立面图的比例较小，所以外墙面上的门窗、阳台、栏杆及墙面复杂的装修等细部用图例来表示，其细部构造做法可用文字加以说明或绘制必要的详图。

4. 图线

为了使立面图中的主次轮廓线层次分明，应采用不同的图线，即不同的线型和线宽。房屋两端的轴线用细单点长画线（$0.25b$）绘制；室外地坪线用特粗实线（$1.4b$）绘制；立面外包轮廓线用粗实线（b）绘制；在轮廓线内的门窗洞口、阳台、雨篷、台阶、檐口、柱子、花台等用中粗实线（$0.7b$）及中实线（$0.5b$）绘制；其他细部构造，如门窗分格线，阳台栏杆、扶手、雨水管、装饰线条、墙面分隔线及文字说明引出线等均用细实线（$0.25b$）绘制。

5. 标高及尺寸标注

立面图上应标注室内外地坪、入口处地面、门窗洞口、阳台、雨篷、柱、台阶、檐口及各层楼面等各主要部位的相对标高。在建筑立面图中，高度尺寸主要以标高形式来标注，有时也进行尺寸标注，一般包含有三道尺寸，最靠近建筑物的第一道尺寸为门窗洞口高度等细部尺寸；第二道尺寸为层高；第三道尺寸为建筑物总高。注意在立面图水平方向一般不标注尺寸。

6. 其他标注

在立面图的指定位置处，利用引出线加文字说明，注写出外墙面各部位饰面的材料、颜色及装修做法，如需表达外墙面相应构配件的局部构造，还应在图中注以节点详图的索引符号。

四、建筑立面图的识读

以图 7-27、图 7-28、图 7-29 为例，介绍建筑立面图的识读方法。

1）了解图名、比例。从定位轴线的命名可知，该立面图表示的是房屋的正立面和背立面，其比例是 1:100，与平面图比例相同。

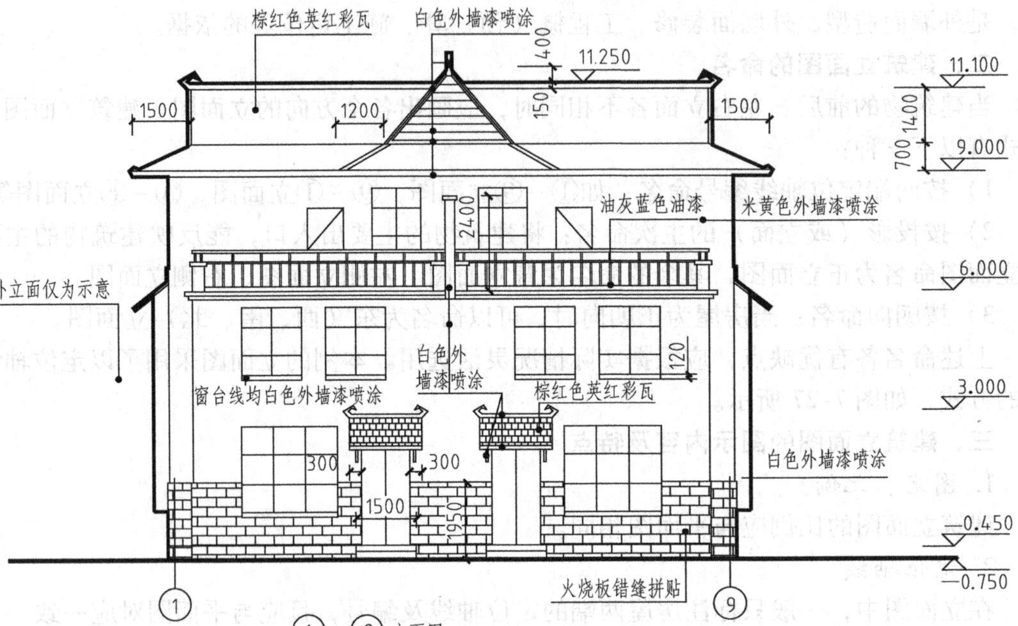

图7-27 ①-⑨立面图

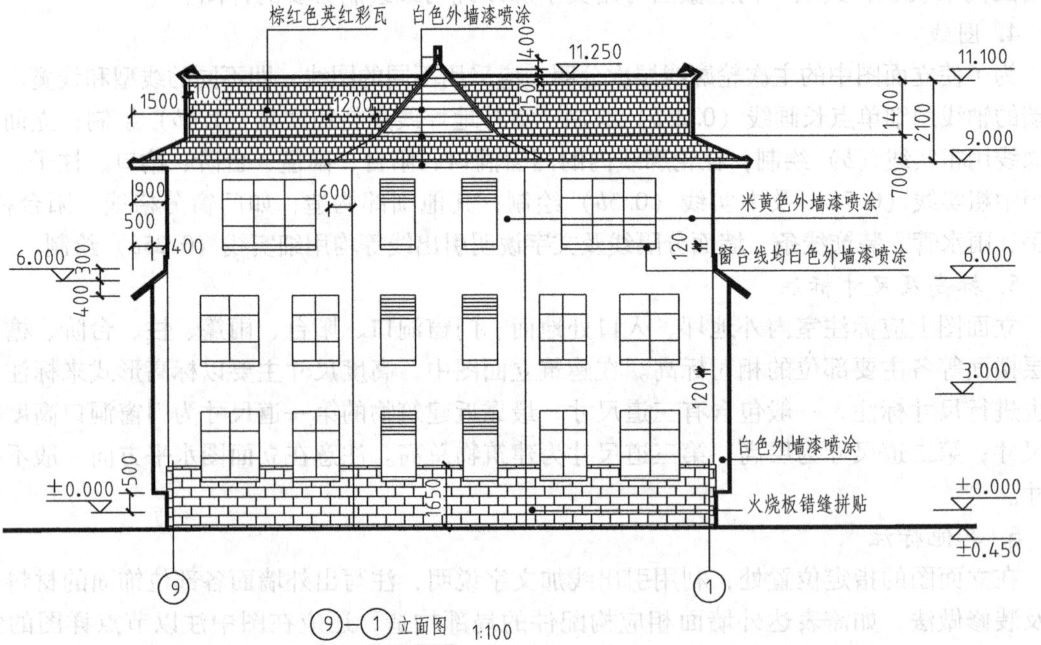

图7-28 ⑨-①立面图

2）了解房屋的形状及造型。从立面图上可以了解到，该别墅为双拼别墅，屋顶形式采用坡屋面，三楼设有露台，底层入口处设有台阶、雨篷，同时可了解到门窗开设位置、类型及数量。在靠近①轴线和⑨轴线旁边，看到了左侧立面和右侧立面二层窗子设置的雨篷。在

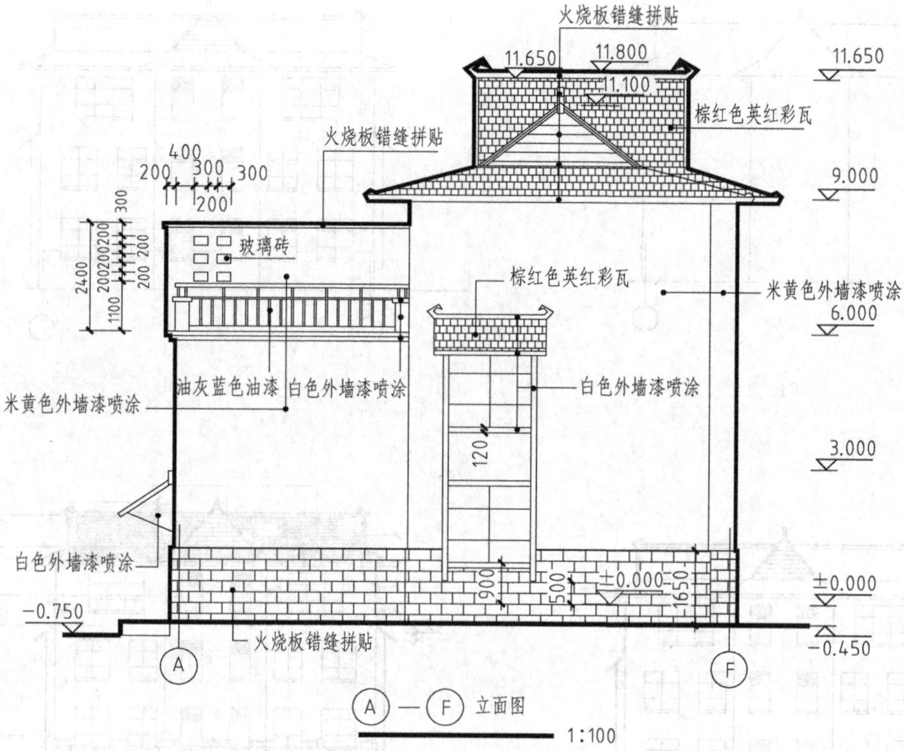

图 7-29 Ⓐ－Ⓕ立面图

注：Ⓕ－Ⓐ立面图参照Ⓐ－Ⓕ立面图

右侧立面图上还可了解到露台栏杆形式及露台隔墙上玻璃砖设置的位置、数量及细部尺寸。

3）了解立面上各部分标高及尺寸。该别墅共有三层，层高为3m，室外地坪分别为－0.450m和－0.750m，北低南高，屋顶屋脊线处的标高分别为11.000m、11.650m，入口处的室内外高差为0.750m，建筑物总高度为12.05m。同时从图上可以看到屋顶、雨篷等细部尺寸。

4）了解外墙面的装饰。从图上可知各部位选用的装饰材料，屋顶和雨篷采用棕红色英红彩瓦，墙面采用米黄色外墙漆喷涂，隔墙、窗台线、雨篷边线均采用白色外墙漆喷涂。

5）从图上可知，由于房屋的左侧立面和右侧图相同，故只画Ⓐ－Ⓕ立面图。

6）在识读过程中，应注意将各张立面图对应起来看，同时应当将立面图与平面图结合起来识读，而不能孤立地只看一张图。

五、建筑立面图的绘制步骤

绘制立面图与绘制平面图方法步骤相同，先确定绘图比例和图幅，然后按下列步骤绘制底稿，最后经检查无误后，再加深线型，如图 7-30 所示。

1）绘制立面图中的室外地坪线、外墙轮廓线、墙面分隔线和屋面线。

2）绘制墙面上的细部构造，如门窗、露台、雨篷、勒脚、屋面檐口线等。

3）经检查无误后，擦去多余的作图线，按立面图上的图线规定进行加深。地坪线为 1.4b 的加粗实线，立面图的外轮廓线为 b 的粗实线；突出墙面可见的门窗、阳台、雨篷、

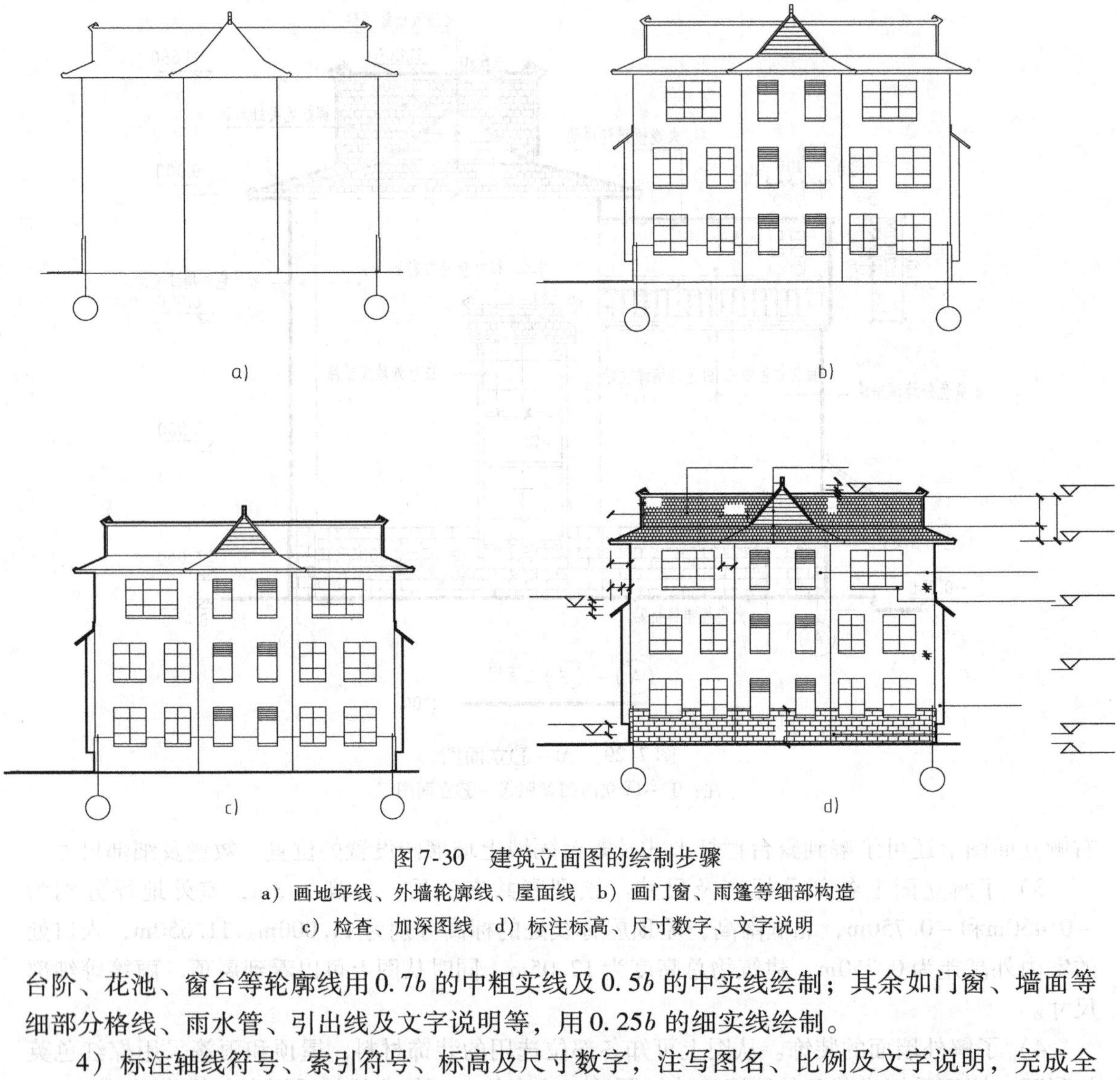

图7-30　建筑立面图的绘制步骤

a）画地坪线、外墙轮廓线、屋面线　b）画门窗、雨篷等细部构造

c）检查、加深图线　d）标注标高、尺寸数字、文字说明

台阶、花池、窗台等轮廓线用0.7*b*的中粗实线及0.5*b*的中实线绘制；其余如门窗、墙面等细部分格线、雨水管、引出线及文字说明等，用0.25*b*的细实线绘制。

4）标注轴线符号、索引符号、标高及尺寸数字，注写图名、比例及文字说明，完成全图。注意标高符号应尽量整齐排列在一条竖直线上，标高符号应对齐，以保证图面的清晰。

第六节　建筑剖面图

一、建筑剖面图的形成与作用

建筑剖面图是用一个或多个假想的垂直于外墙轴线的铅垂剖切平面，将房屋从上至下剖切开，移去剖切后的某一部分形体，将余下的部分向与剖切平面平行的投影面所作的正投影图，称为建筑剖面图，简称剖面图。

建筑剖面图可清楚表达出房屋内部的竖向构造情况，如楼层数、层高、楼板厚度、屋顶的坡度、墙柱的设置位置、门窗洞口高度、楼地面标高、室内外高差及房屋内部结构及各部位的相互关系等，是施工、概（预）算及备料的重要依据。

在建筑施工图中，建筑平面图表示房屋的平面布置，立面图反映房屋的外部特征和装饰，而剖面图则表示房屋内部的竖向构造。建筑平、立、剖面图都是按正投影法绘制的，三者之间既有区别，同时又紧密联系，是不可分割的一个整体。只有将平、立、剖面图相互对照配合，才能由外到内、从上至下完整地了解建筑物的全貌。

二、建筑剖面图的图示内容及有关规定

建筑剖面图内应包括剖切面和投影方向可见的建筑构造、构配件以及必要的尺寸、标高等内容。

1. 图名、比例、剖切符号

剖面图的比例一般与平面图、立面图的比例相同，常用比例为1:50，1:100，1:200。

采用不同的剖切位置和投射方向，可绘制出不同的剖面图。为使剖面图能较好地反映房屋内部的构造情况，应合理地选择剖切形式。其中剖切符号由剖切位置、投射方向和剖面图编号组成。

根据剖切平面的不同，剖面图可分为全剖面图和阶梯剖面图；根据剖切位置的不同，剖面图可分为横剖面图和纵剖面图。横剖面图就是将建筑物沿纵向定位轴线的垂直方向切开所得到的正面投影图；纵剖面图就是将建筑物沿横向定位轴线的垂直方向切开所得到的正面投影图。

剖面图的剖切位置应根据图样的用途或设计深度，选择在平面图上能反映房屋全貌、内部构造特征以及有代表性的部位（如通过楼梯间、门窗洞口、门厅等）。剖切数量视建筑物的复杂程度和实际情况而定，剖面图符号可用阿拉伯数字、罗马数字或拉丁字母编号，剖面图的命名与标注剖切位置的编号要一致。剖面图中习惯不画基础，用折断线断开，折断线以下的基础部分可见结构施工图中的基础图。

剖切符号应标注在底层平面图上。

2. 图线

在剖面图中，图线的选用应按“国标”的规定进行。室外地坪线用1.4b的加粗实线绘制；房屋中被剖切到的各构件的外轮廓线用b的粗实线绘制，如墙身、楼地面、楼梯、圈梁、过梁、屋面板、雨篷、阳台、台阶等；对于未剖切到，但投影可见的构造轮廓线，用0.7b的中粗实线及0.5b的中实线绘制；其余可见的墙面细部分隔线、粉刷线、引出线、图例线等一律用0.25b的细实线绘制。

当绘制较为简单的剖面图时，为使图样表达清晰，可采用两种线宽，即被剖切到的主要建筑构配件的轮廓线用粗实线，其余一律用细实线。

3. 图例

与剖切平面相接触的形体部分，应按“国标”规定画出材料图例，由于绘图比例较小，图例可简化表示。如钢筋混凝土材料可涂黑。

4. 定位轴线

凡剖切到的承重墙、柱都必须标注定位轴线，轴线注写的编号应与平面图中轴线相一致。

5. 尺寸及标高

剖面图和立面图一样，对于室外地坪、各层楼地面、门窗、楼梯平台、阳台、雨篷、台阶、檐口、屋脊、女儿墙等处应标注完成面的标高，标高宜标注在同一竖线上。注意标高应与相应的平、立面图相一致。

剖面图上的尺寸标注可分为竖直尺寸和水平尺寸。竖直尺寸一般可标注三道尺寸，第一道为细部尺寸，靠近建筑形体，标注门窗洞口、女儿墙、檐口高度及其定位尺寸；第二道为层高尺寸，标注各层层高，层高是指两层楼地面之间的垂直距离；第三道为总尺寸，标注建筑物的总高，建筑物的总高是指室外地坪至檐口或女儿墙顶的高度，屋顶上的水箱、电梯机房和楼梯出口小间等局部升起的高度可不计入总高度。

6. 节点详图索引符号

由于剖面图比例较小，某些构造节点不能表达清楚，可在该部位处绘制详图索引符号，另用详图来表示其细部构造及尺寸。

三、建筑剖面图的识读

下面以图 7-31 建筑剖面图为例，介绍建筑剖面图的识读方法。

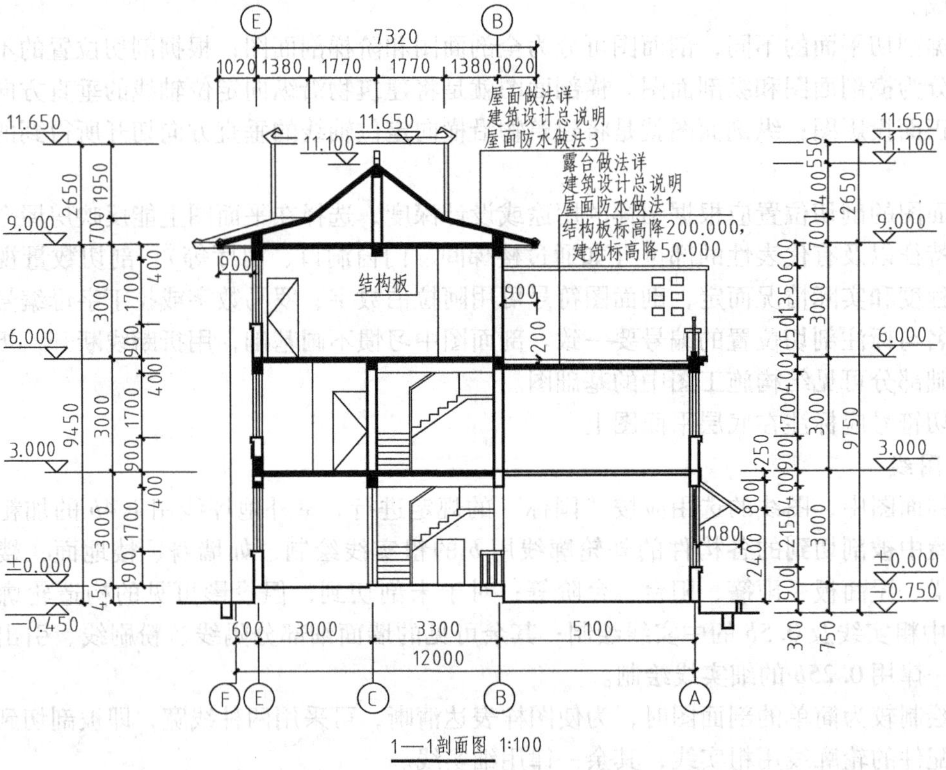

图 7-31　建筑剖面图

1. 了解剖面图的形成

根据剖面图的编号，查看在一层平面图上的剖切符号，弄清楚具体的剖切位置和投射方向，了解 1-1 剖面图的形成，将剖面图与平面图结合识读，相互对照，查看轴线及墙体的变化情况，看清楚剖切到哪些部分，没有剖切到但投影可见的部分，包括门、窗的投影等，初步建立起房屋内部的空间概念。

从一层平面图上可知，1-1 剖面图是利用一个平行于侧面的垂直投影面沿房屋厨房、餐厅、客厅和室外的花池、散水及暗沟，将房屋整个切开，移去左边部分，将余下部分向右侧面做正投影，所得到的投影图就是1－1剖面图。此剖面图形式为全剖面图，剖面图不仅剖切到了室内地坪以上房屋各部分的构件及屋顶，而且也画出未剖切到而投影看得到的构造部分。剖面图的宽度应与平面图相等，剖面图的高度应与立面图平齐。

2. 线型

被剖切到的房屋主要部分的轮廓线用粗实线绘制，其余投影可见部分一律用细实线绘制。

3. 轴线标注

剖面图上标注了剖切到的墙体的轴线及编号，其编号与平面图轴线编号相对应。

4. 了解各部位的标高及尺寸

从剖面图上可知，该别墅有三层，在高度方向上注写有三道尺寸。最里边一道尺寸为细部尺寸，可知窗台高度、窗洞口高度等，第二道尺寸为层高尺寸，标注了每层楼层及屋顶高度等尺寸，由第三道尺寸可知建筑总体高度，此外还标注了某些局部尺寸，如雨篷的宽度等细部尺寸。图中标高都是以±0.000为基准的相对标高，注写了房屋主要部分的标高，如室内外地坪、各层楼面标高及屋面等主要部位的标高。

水平方向上标注了两道尺寸，里面一道尺寸为剖切到的墙的轴线尺寸，外面一道尺寸为总尺寸。这里应注意的是，Ⓕ轴线的墙体未剖切到，但可看到其外轮廓线的投影为一条细实线。

5. 了解房屋的结构形式及构造

由于剖面图的比例较小，故对剖切到的楼板、屋面板、梁等钢筋混凝土材料水平承重构件均涂黑表示，剖切到的承重墙体为砖墙，轮廓线用粗实线绘制。此外，还剖切到墙体上的门和窗。除剖切到的上述部分外，投影还看到了各层楼沿高度的变化情况，对照各层平面图可见以下投影：如一层地面的高差变化、楼梯形式、梯段下储物间的门洞、客厅到餐厅的三个踏步及栏杆、厨房门（M1）的剖面；二层投影可见楼梯、书房门（M3）的立面及隔墙的轮廓线；三层投影可见主卧室到卫生间的门（M2）立面、露台与室内地面的高差、露台上分户墙的构造及尺寸；屋顶为坡屋顶形式，可见屋顶的构造及尺寸。

6. 文字说明

通过文字说明可知露台地面做法详见建筑设计总说明屋面防水做法1，露台的结构板标高降200mm，建筑标高降50mm；屋面的做法详见建筑设计总说明屋面防水做法3。

四、建筑剖面图的绘制步骤

绘制剖面图与绘制平面图、立面图的方法步骤基本相同，先确定绘图比例和图幅，然后按下列步骤绘制底稿，最后经检查无误后，再加深线型，如图7-32所示。

1）绘制剖面图中的墙身轴线、室内外地坪线、各层楼地面、屋面等处的标高控制线。

2）绘制墙厚、楼板、屋面板等主要可见的轮廓线。

3）绘制门窗、楼梯踏步、栏杆扶手、雨篷、露台、屋顶等细部构造。

4）经检查无误后，擦去多余的作图线，按剖面图的图线规定进行加深，剖切到的部分用粗实线绘制，其余一律用细实线绘制。钢筋混凝土材料图例，由于比例较小不易绘出，可涂黑表示。

5）标注轴线符号、标高及尺寸数字，注写图名、比例及文字说明，完成全图。注意标高符号应尽量整齐排列在一条竖直线上，标高符号应对齐，以保证图面的清晰。

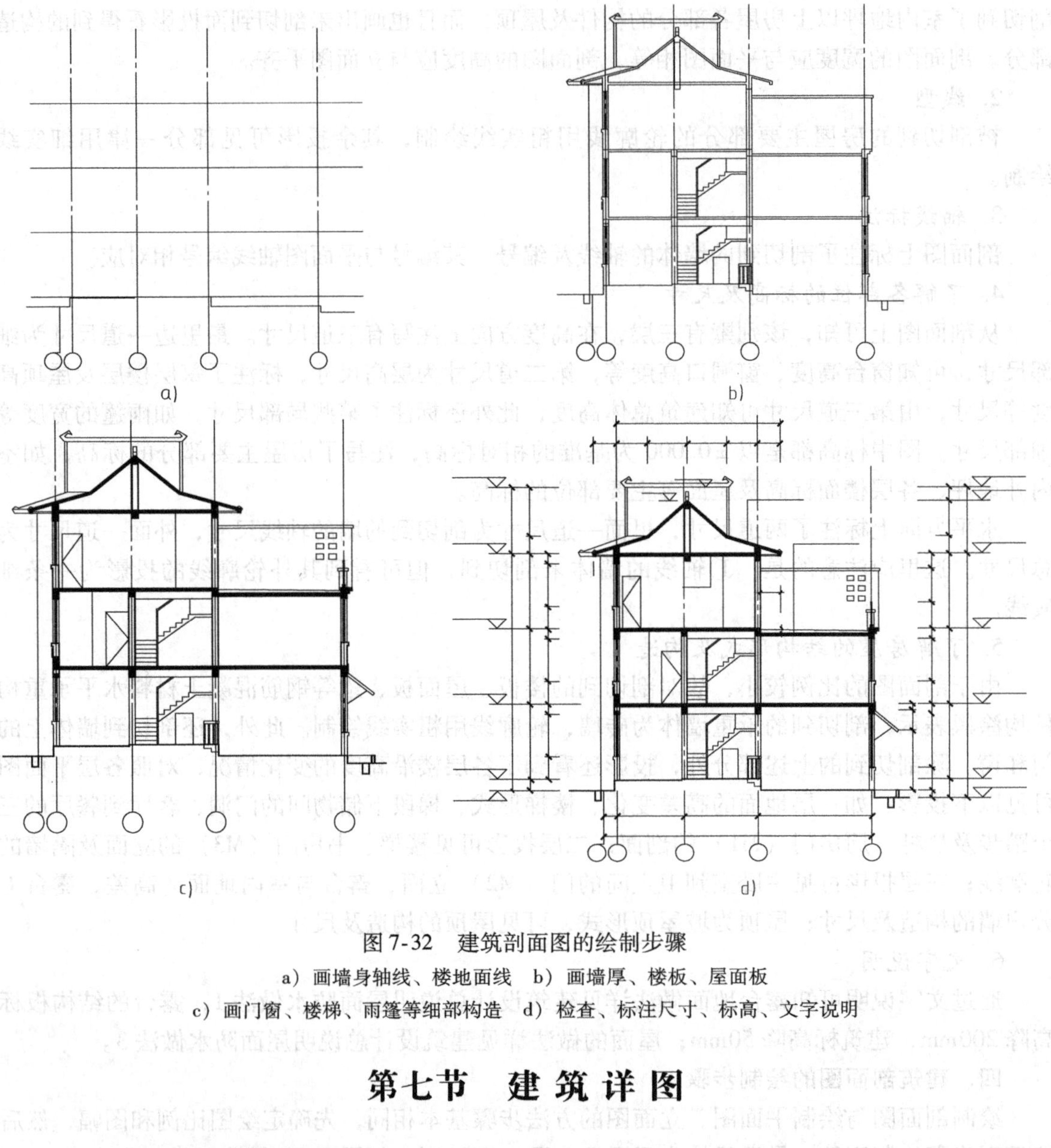

图 7-32　建筑剖面图的绘制步骤

a）画墙身轴线、楼地面线　b）画墙厚、楼板、屋面板

c）画门窗、楼梯、雨篷等细部构造　d）检查、标注尺寸、标高、文字说明

第七节　建筑详图

一、建筑详图的形成及特点

由于建筑平、立、剖面图都是采用较小的比例绘制，因而某些细部构造无法表达清楚，为了满足施工的需要，用较大比例绘制出的建筑细部构造图样，称为建筑详图或大样图。建筑详图能详细表达建筑节点及建筑构、配件的形状、材料、尺寸及做法等内容，建筑详图是建筑平、立、剖基本图样的重要补充和深化，也是建筑施工图不可缺少的内容。

建筑详图的数量，视建筑物的设计复杂程度而定，以满足施工需要为原则。由于各地区都编有标准图集，因此在实际工程中，有的详图可直接查阅标准图集。

根据需要可将平、立、剖面图中的某个细部进行放大，也可画出其剖面图或断面图。

建筑详图主要具有以下特点：

1）建筑详图是在建筑平、立、剖面图上无法表达清楚时，采用大比例（1:50、1:30、1:20、1:10、1:5 等）绘制的局部图样，也称为大样图或节点详图。

2）建筑详图采用较大比例绘制，标高、尺寸标注齐全，构造做法详尽清楚。

3）对于选用标准图或通用详图的建筑构配件和节点，只需注明标准图集的名称、编号或页码，不必再绘制详图。

4）建筑详图应注明图名、比例及详图编号。详图编号注写时，应注意与被索引的图样上的索引符号相对应。

5）建筑详图内容繁多。常见的详图有楼梯详图，墙身大样图，卫生间、厨房详图，檐口详图，门窗节点详图，阳台、雨篷详图，台阶详图，坡道、屋顶、变形缝等详图。现以本工程别墅建筑详图为例来说明。

二、墙身大样图

墙身大样图是对房屋建筑的外墙身各主要节点所作的剖面详图。主要用以表达室外地坪、地面、楼面、屋面与外墙的连接关系。具体表示外墙与其连接的防潮层、室内外地坪、散水、勒脚、门窗洞口、窗台、楼地面、门窗过梁、檐口、屋面等部位的尺寸、材料和做法等内容，故墙身大样图又称为外墙身详图。

墙身大样图可根据底层平面图中墙身的剖切位置及投射方向来绘制，也可根据房屋剖面图中外墙身上索引符号的节点详图来绘制。

墙身大样图常用 1:20、1:25、1:30 比例绘制，所以在大样图中必须画出各种材料的相应图例，且按“国标”的要求，画出抹灰层及相应的层线。为使图样表达简洁完整，常在门窗洞上下口中间用折断线断开。

有时也可将上下洞口处画成几个节点详图的组合，分别注明各详图编号及比例。多层房屋中，若中间各层的构造相同，可以只画底层、顶层和一个中间层来表示。

墙身详图的防潮层以下的基础以结施图中的基础图为准。

下面以一别墅型住宅介绍房屋墙身大样图，如图 7-33 所示。该图是根据底层平面图上的索引剖切符号来绘制的。墙体厚度为 240mm，底层窗台高 900mm，一、二层窗洞口高均为 1700mm，室内地坪标高为 ±0.000，室外地坪标高 -0.450m，可在图中可看到底层地面、散水、各层楼面标高、屋顶及窗台等细部构造做法。

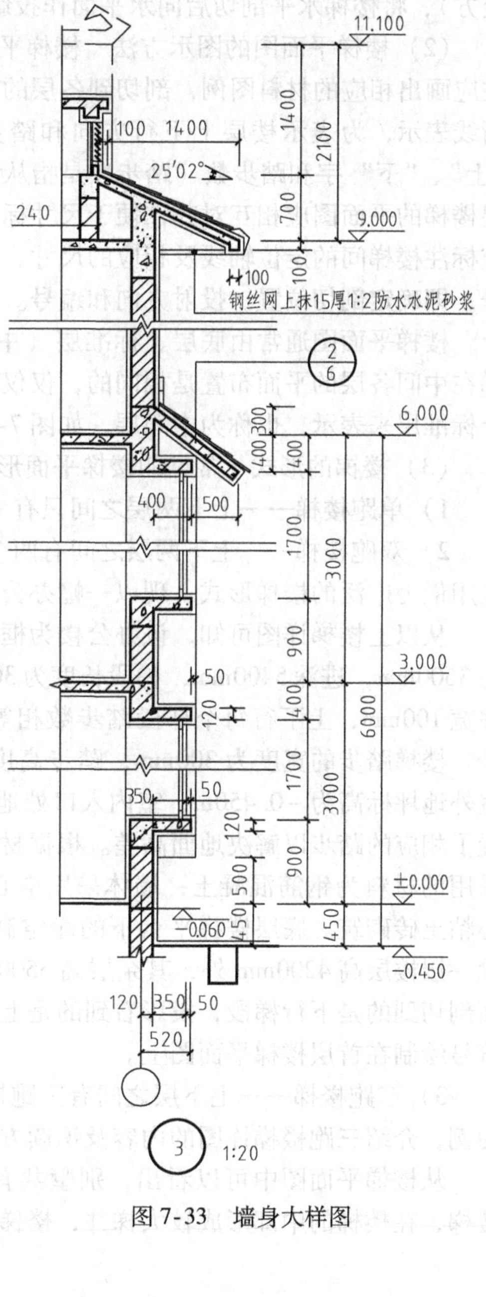

图 7-33　墙身大样图

三、楼梯详图

楼梯是建筑物楼层垂直交通的必要设施。楼梯一般由梯段、平台（中间平台和楼层平台）和栏杆扶手（或栏板）组成。

在建筑平立面和剖面图中，由于绘制比例较大，楼梯的踏步、平台和栏杆等细部构造及尺寸难以表达清楚，因此需要绘制楼梯详图。楼梯详图表示楼梯的组成和结构形式，一般由楼梯平面图及楼梯剖面图两部分组成。必要时可再画出栏杆扶手、楼梯踏步等节点详图。楼梯详图是楼梯施工放线的主要依据。

1. 楼梯平面图

（1）楼梯平面图的形成　假想沿各层楼梯上行第一梯段的任意位置（一般位于窗洞口上方），将楼梯水平剖切后向水平面作投影所得到的图形，称为楼梯平面图。

（2）楼梯平面图的图示方法　楼梯平面图实质上是一个水平剖面图，对于剖切到的墙、柱应画出相应的材料图例，剖切到各层的梯段，按“国标”规定，均在平面图中以45°细折断线表示，为表示楼层上下行方向和踏步总数，在每一楼层处用带箭头的指示线，注写“上”、“下”字和踏步数（踏步数是指从该层楼地面至相邻上下楼层的总踏步数）。通常各层楼梯的平面图应相互对齐，便于尺寸标注和省略重复尺寸，同时也方便阅读。各层平面图应标注楼梯间的定位轴线及相应的尺寸，在底层楼梯平面图上还应标注楼梯剖面图的剖切符号，即确定剖切位置、投射方向和编号。

楼梯平面图通常由底层、标准层（中间层）和顶层三个平面图组成。一般情况下，楼梯在中间各层的平面布置是相同的，仅仅只是楼梯平台标高不同，因此将中间各层合并为一个标准层来表示，也称为中间层，如图7-34所示。

（3）楼梯的形式　常见的楼梯平面形式有：

1）单跑楼梯——上下两层之间只有一个梯段。

2）双跑楼梯——上下两层之间有两个梯段，设有一个中间平台。其中双跑平行楼梯是应用最为广泛的楼梯形式。现以一幢办公楼的楼梯为例来介绍，如图7-35所示。

从以上楼梯详图可知，该办公楼为框架结构，共有七层，楼梯为双跑平行楼梯。楼梯开间3600mm，进深5400mm，梯段长度为3000mm，平台深度2200mm，梯段宽度1650mm，梯井宽100mm，上下行每个梯段踏步数相等，都为11步，上行或下行楼层踏步数则共有22步。楼梯踏步的宽度为300mm，踏步高度除一层楼梯为163.64mm外，其余为159.09mm。室外地坪标高为-0.450m，室内入口处地坪标高为-0.150m，走道地坪标高为0.600m，设置了相应的踏步以解决地面高差。根据材料图例可知，剖切到的楼板、楼梯、梁、雨篷等所采用的材料为钢筋混凝土；墙体采用空心砖；从-0.150m处到0.600m处的四个踏步用实心粘土砖砌筑。底层楼梯平台下的净空高度为2200mm，满足不小于2000mm的规范规定。除一层楼层高4200mm外，其余层高3500mm。从楼梯1-1剖面图的剖切符号可知，剖切平面剖切到的是下行梯段，投影看到的是上行梯段轮廓线。值得注意的是：楼梯剖面图的剖切符号绘制在首层楼梯平面图上。

3）三跑楼梯——上下层之间有三跑梯段，中间设有两个休息平台。现以别墅住宅楼梯为例，介绍三跑楼梯详图的内容及识读方法，如图7-36所示。

从楼梯平面图中可以看出，别墅共有三层，砖混结构，墙厚240mm，楼梯形式为三跑楼梯，在楼梯的中部形成较大梯井，楼梯开间2100mm，楼梯进深3300mm，层高3000mm，

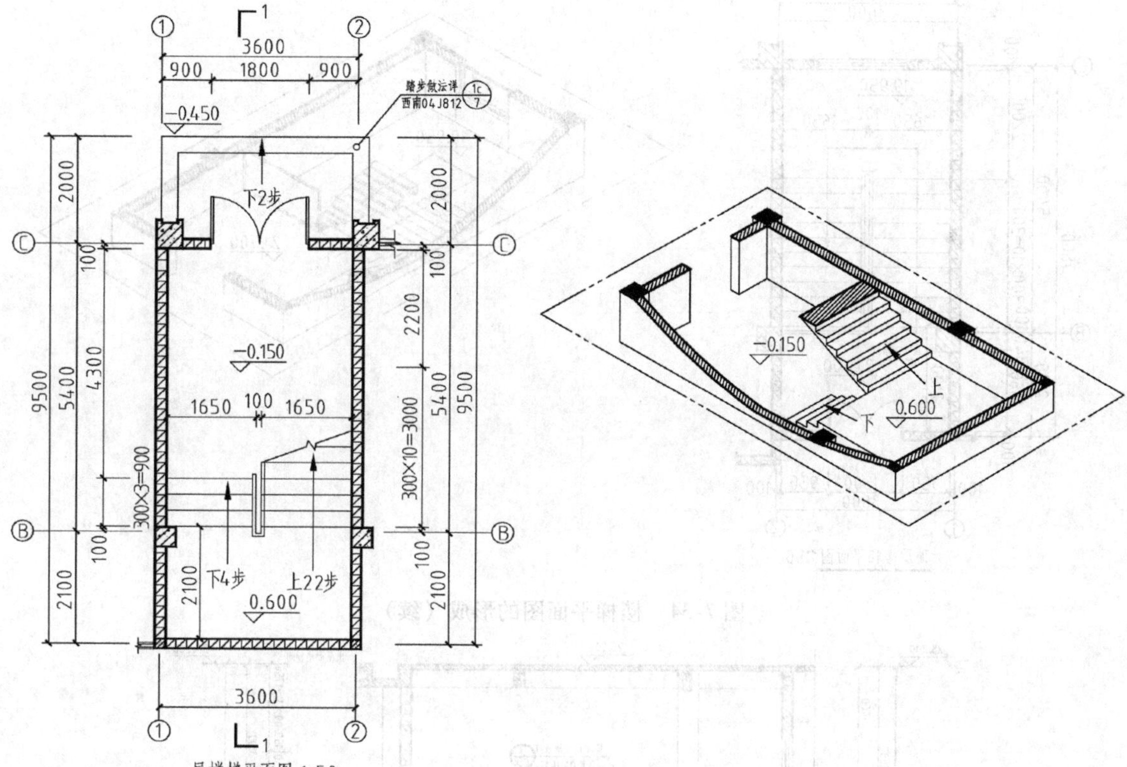

一层楼梯平面图 1:50

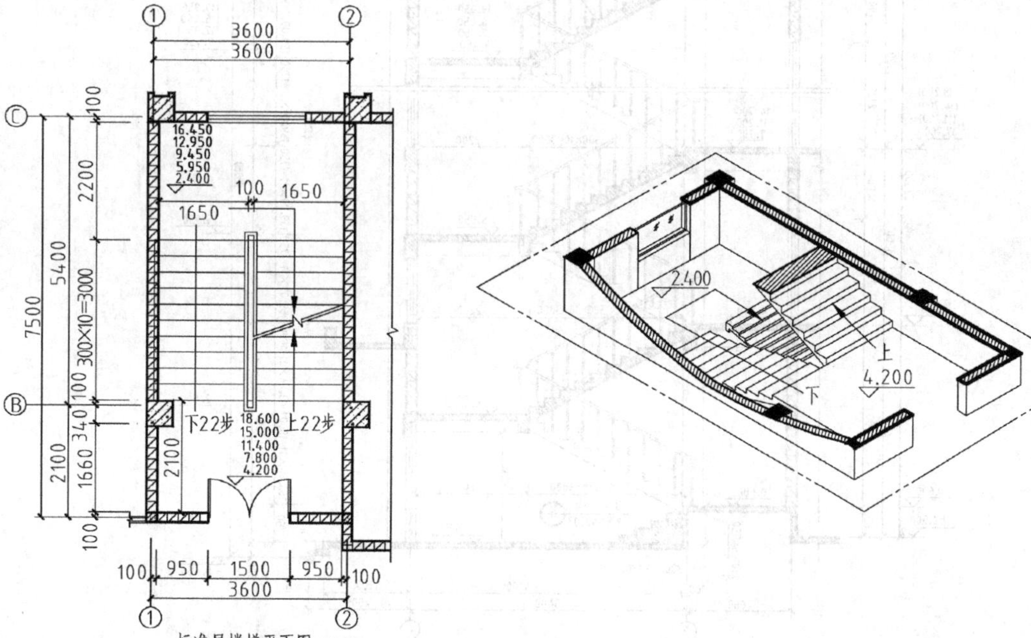

标准层楼梯平面图 1:50

图 7-34　楼梯平面图的形成

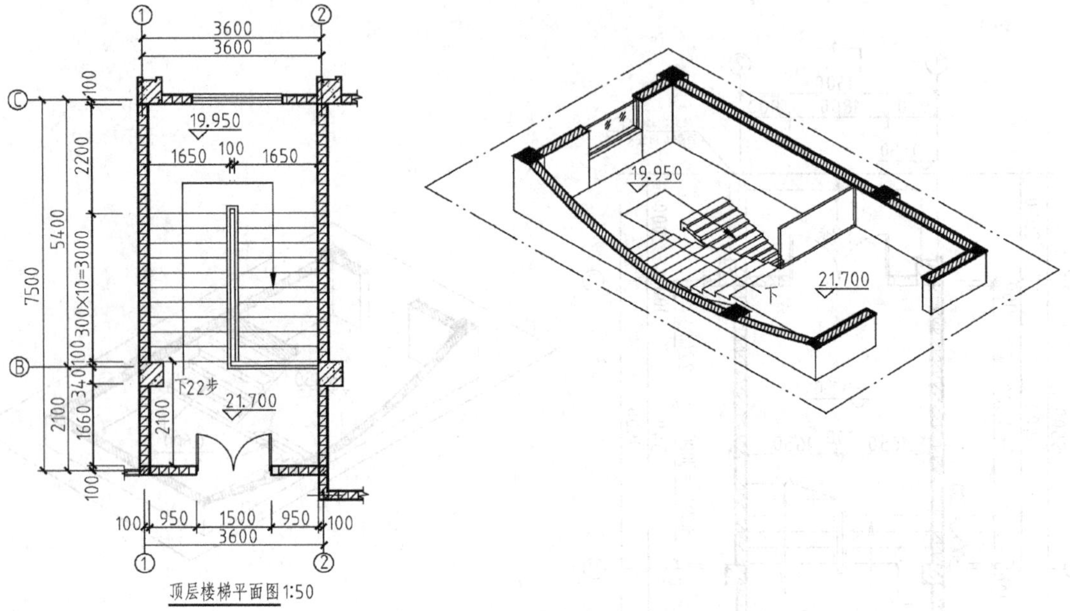

图 7-34　楼梯平面图的形成（续）

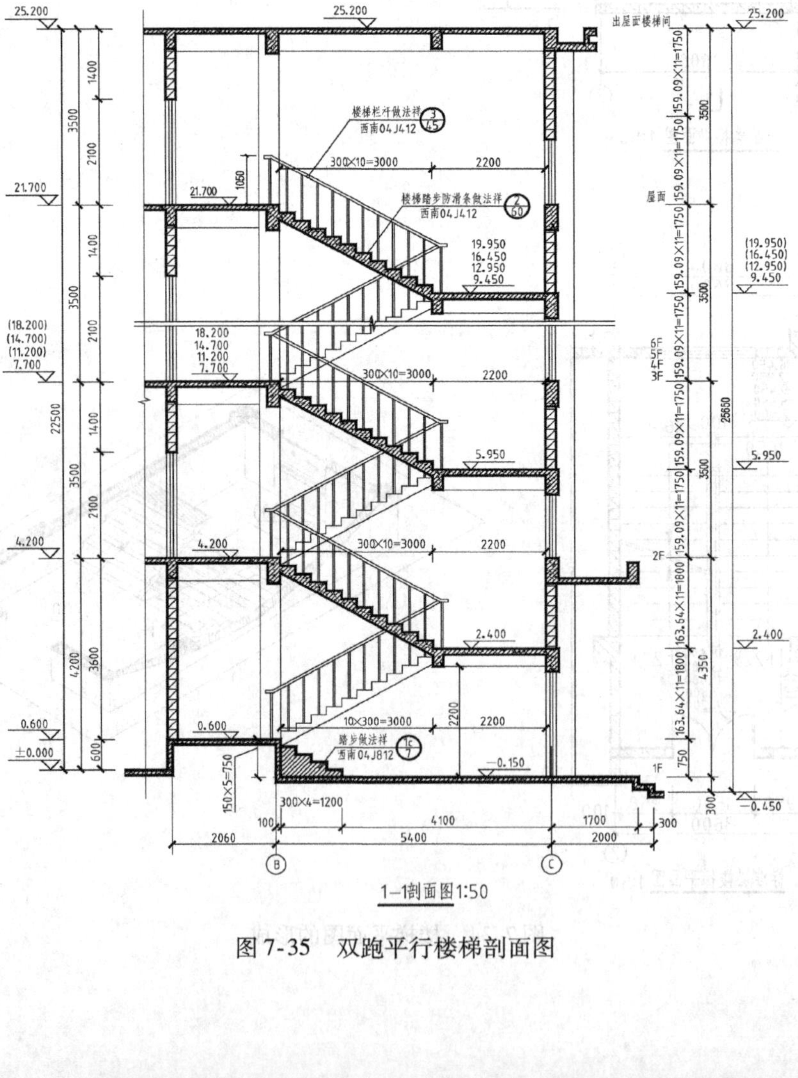

图 7-35　双跑平行楼梯剖面图

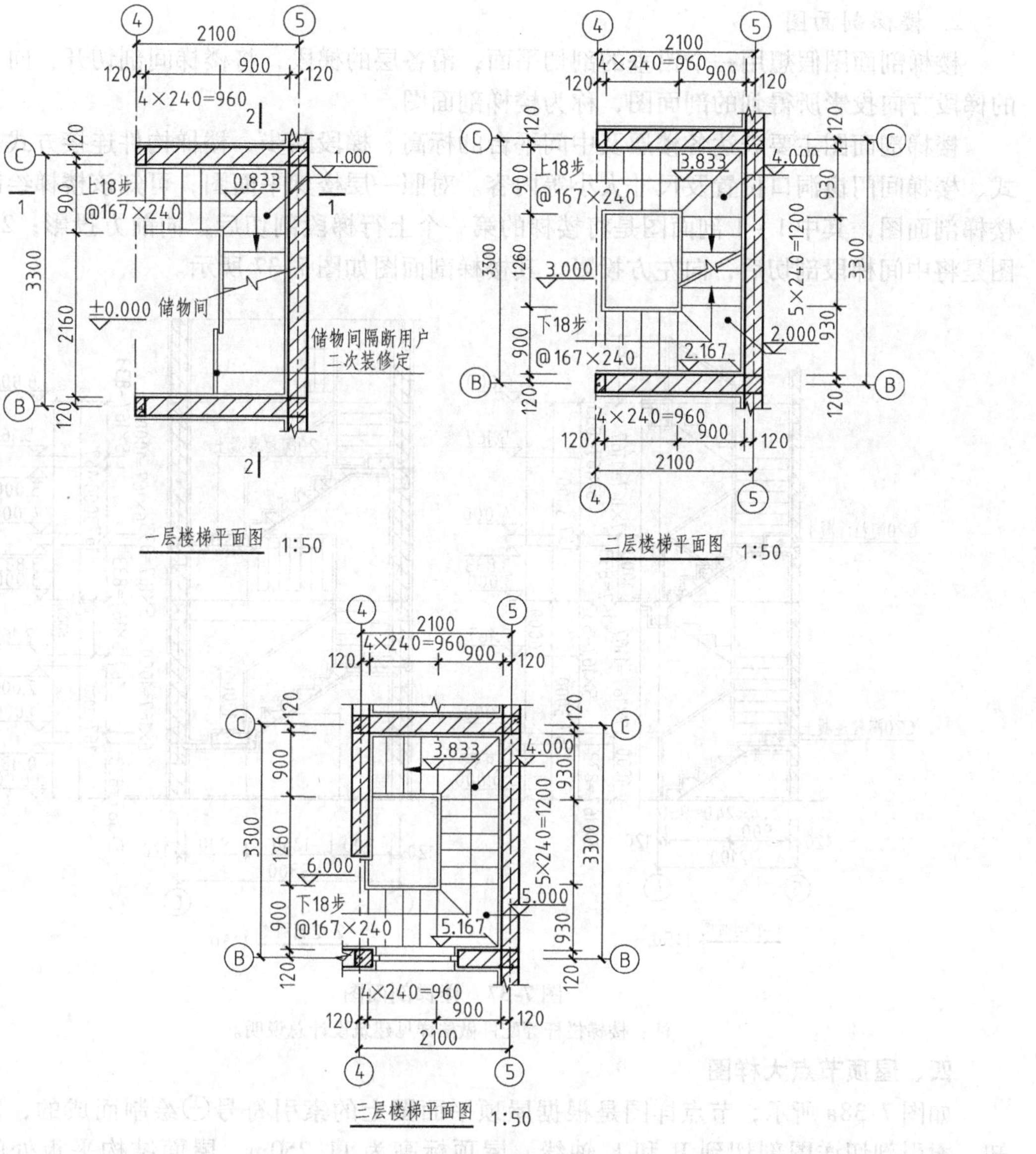

图 7-36　三跑楼梯平面图

楼层梯段的踏步数都相等，都为 18 步，由于楼梯通行人数较少，故楼梯的梯段宽度为 900mm，平台宽度为 900mm。楼梯踏步的宽度 240mm，踏步高度 167mm。为加强房屋的整体刚度和抗震性能，在楼梯的四角设置了构造柱，构造柱的截面尺寸同墙厚（240mm × 240mm）。

（4）楼梯的尺寸标注　楼梯平面图应标注出楼梯间的开间和进深、楼地面和平台面的标高尺寸、轴线编号以及其他的细部尺寸。如墙厚、楼梯梯段的宽度、平台的宽度等。

楼梯梯段中水平的面称为踏面，竖直面称为踢面。在标注梯段的长度时，常采用等长尺寸简化的标注方法，即“踏面数 × 踏面宽度 = 梯段长度”的形式标注。在此需要注意的是，梯段的水平投影长度，总是比楼梯的级数少一步，即 5 级踏步的楼梯，其水平投影长度只有 4 步，而竖直方向仍为 5 步。

2. 楼梯剖面图

楼梯剖面图假想用一个铅垂的剖切平面，沿各层的梯段，将楼梯间剖切开，向未剖切到的梯段方向投影所得到的剖面图，称为楼梯剖面图。

楼梯剖面图主要表达各楼层及中间平台的标高、梯段踏步、楼梯构件连接方式、栏杆形式、楼梯间门窗洞口位置及尺寸大小等内容。对照一层楼梯平面图，可知该楼梯绘制有两个楼梯剖面图，其中 1－1 剖面图是将楼梯的第一个上行梯段剖切后，向前方投影；2－2 剖面图是将中间梯段剖切后，向左方投影。其楼梯剖面图如图 7-37 所示。

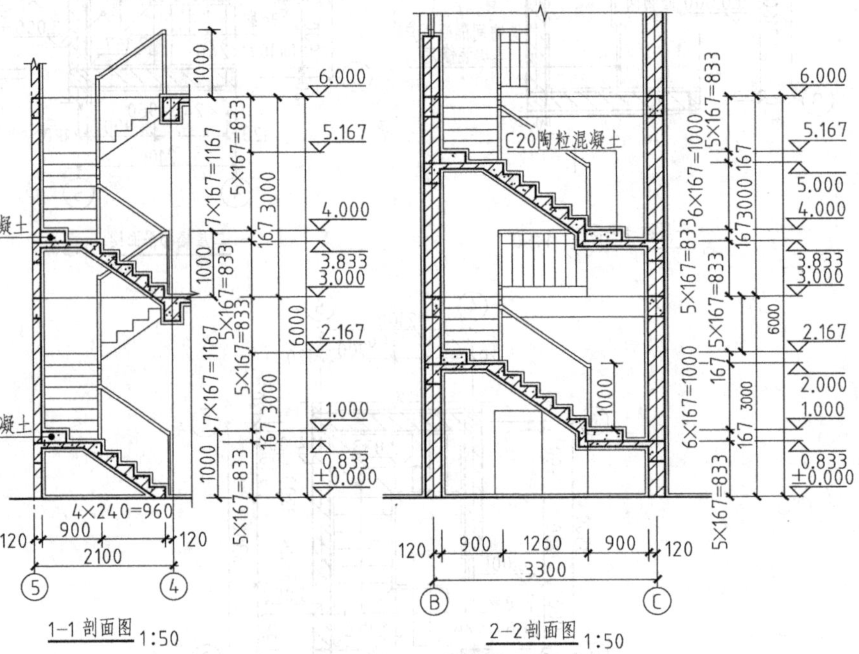

图 7-37 楼梯剖面图

注：楼梯栏杆等配件做法详见建筑设计总说明。

四、屋顶节点大样图

如图 7-38a 所示，节点详图是根据屋顶平面图上的索引符号(1/7)绘制而成的，从图上可知，索引剖切详图剖切到 B 和 E 轴线，屋顶标高为 11.250m，屋面结构平板处的标高为 9.000m，可见屋面各处的坡度大小、其他细部尺寸及材料做法。

如图 7-38b 所示，节点详图是根据屋顶平面图上的索引符号(2/8)绘制而成的，从图上可知，索引剖切详图剖切到屋顶的最高处，B 和 E 轴线墙体投影可见，屋顶成品装饰构件的顶面标高为 11.800m，屋面结构平板处的标高为 9.000m，屋顶设有塑钢百叶窗，其他可见屋面坡度大小、细部尺寸、构造及材料做法。

如图 7-38c 所示，节点详图是根据屋顶平面图上的索引符号(1/8)绘制而成的，从图上可知，沿纵向将房屋剖切开，剖切到屋顶的最高处，屋顶成品装饰构件的顶面标高为 11.800m，屋面结构平板处的标高为 9.000m，可知屋顶上塑钢百叶窗、防虫网等的位置，同时剖到房屋的横向定位轴线，可知其他可见屋面细部构造、尺寸及材料做法。

五、栏杆节点详图

如图 7-39 所示，栏杆节点详图是根据三层平面图上的索引符号(1/5)绘制而成的。从图中

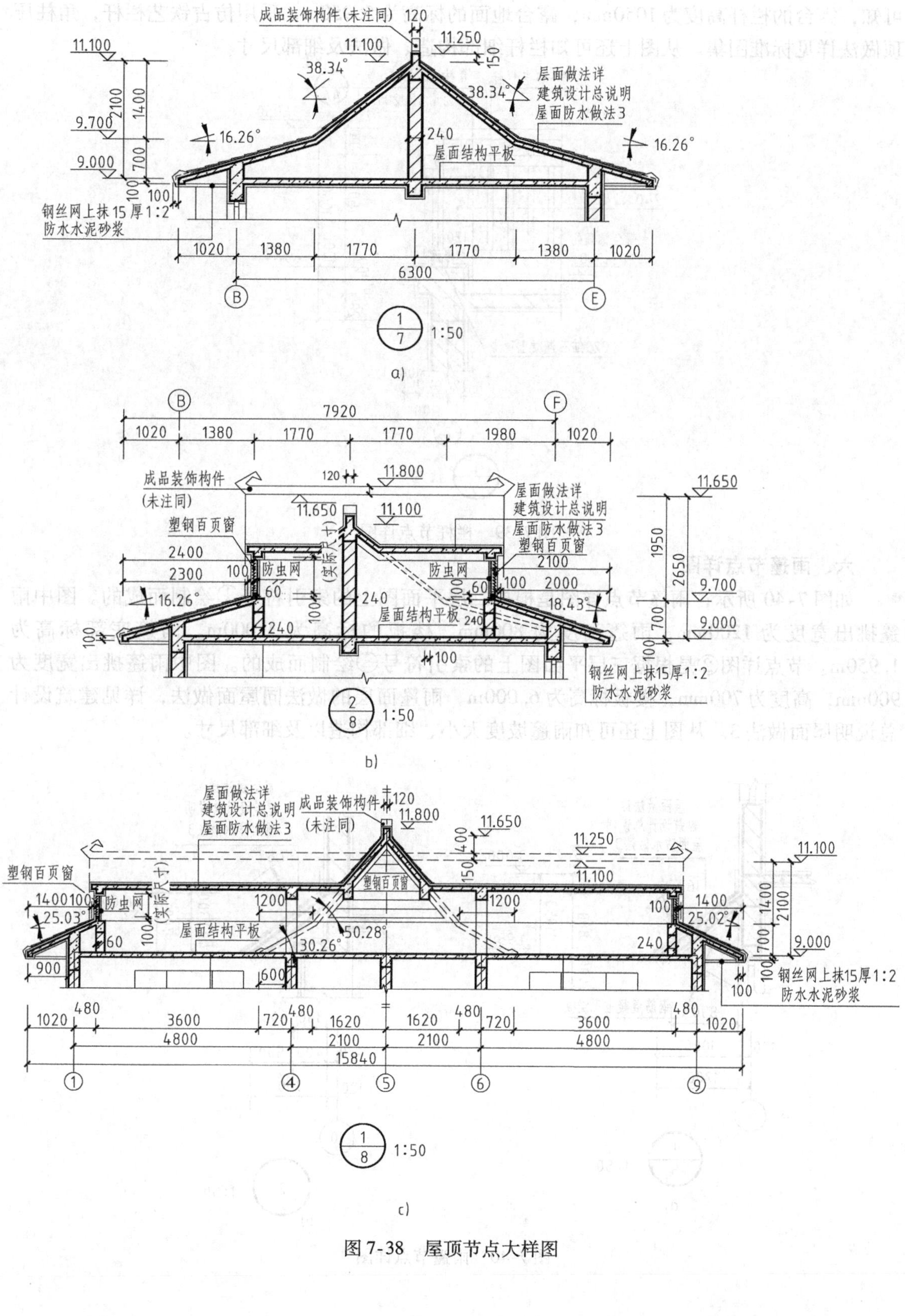

图 7-38　屋顶节点大样图

可知，露台的栏杆高度为1050mm，露台地面的标高为5.950m，采用仿古铁艺栏杆，角柱压顶做法详见标准图集。从图上还可知栏杆细部构造、做法及细部尺寸。

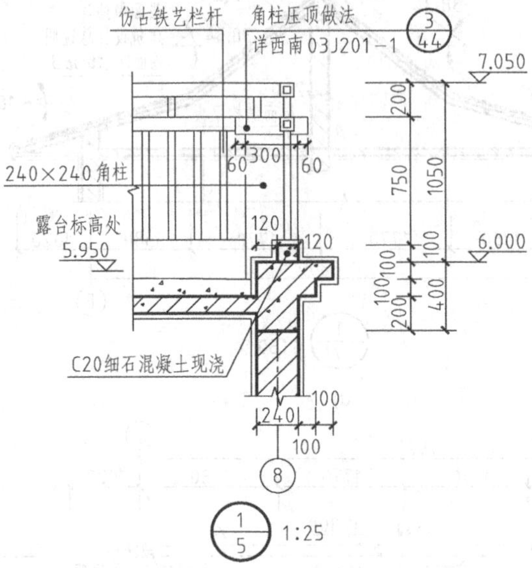

图7-39　栏杆节点详图

六、雨篷节点详图

如图7-40所示，雨篷节点详图是根据二层平面图上的索引符号$\frac{1}{6}$绘制而成的。图中雨篷挑出宽度为1200mm，雨篷高度为800mm，楼板的标高为3.000m。雨篷底部标高为1.950m。节点详图②是根据三层平面图上的索引符号$\frac{2}{-}$绘制而成的。图中雨篷挑出宽度为900mm，高度为700mm，楼板标高为6.000m，雨篷面层的做法同屋面做法，详见建筑设计总说明屋面做法3。从图上还可知雨篷坡度大小、细部构造以及细部尺寸。

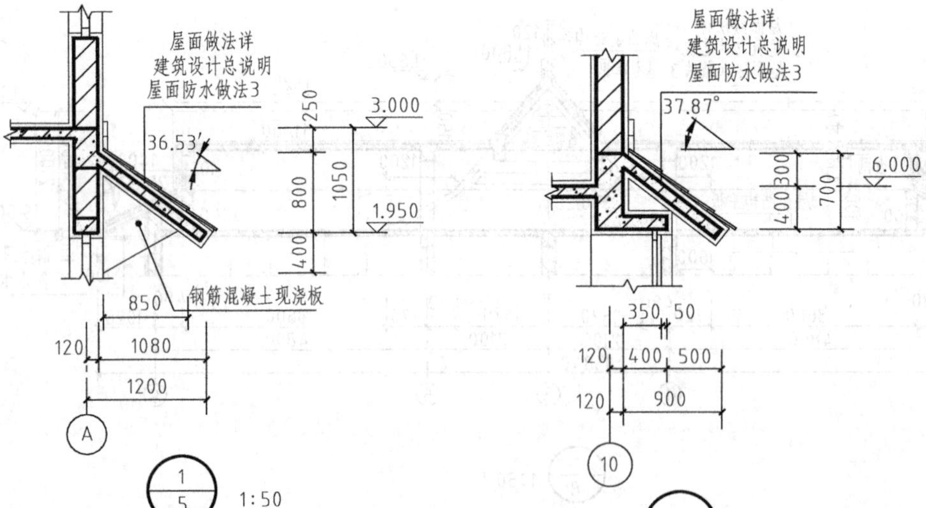

图7-40　雨篷节点详图

第八章　结构施工图

第一节　概　　述

一、结构施工图简介

建筑物是由许多结构构件（如基础、梁、板、柱、墙、楼梯、屋架等）所组成的。这些结构构件承受建筑物的荷载并将荷载传递给基础下面的地基。一幢建筑物的施工图除了进行建筑设计，还需进行结构设计。结构设计是在建筑设计的基础上，根据建筑物的使用要求和作用在建筑构件上的荷载，选择合理的结构类型，进行结构布置，通过力学和结构计算，确定各构件的截面形状、大小、材料及构造。将结构设计的结果按国家制图标准绘制出来的图样，就称为结构施工图，简称“结施”。结构施工图按 GB/T 50105—2010《建筑结构制图标准》绘制。

结构施工图是进行构件制作、结构安装、指导施工、编制预算和施工进度等的重要依据。结构施工图内容通常包括结构设计总说明，基础平面图及基础详图，楼层结构平面图，屋顶结构平面图，楼梯结构详图，结构构件详图。结构施工图在房屋建筑工程中起着指导施工、确保建筑物安全性的重要作用。因此结构施工图是建筑施工图的一个重要内容。在学习结构施工图时应首先掌握房屋建筑施工图的正确识读。

二、房屋结构的分类

（1）按承重构件的材料分类　一般可分为砖混结构、钢筋混凝土结构、砖石结构、钢结构、木结构等。

（2）按承重结构体系分类　一般可以分为混合结构、框架结构、框架—剪力墙结构、剪力墙结构等。

三、结构施工图的主要内容

结构施工图一般包括以下内容。

1. 结构设计总说明

结构设计总说明是带有全局性的文字说明，一般包括：主要设计依据（如地质条件、风雪荷载、抗震设防烈度等）；选用结构材料的类型、规格；地基情况；选用的标准图集和通用图集；施工注意事项等。

2. 结构布置平面图

结构布置平面图一般包括基础平面图、楼层结构布置平面图、屋面结构布置平面图。

3. 构件详图

构件详图一般包括梁、板、柱及基础结构详图，楼梯结构详图，屋面结构详图，其他构件详图。

结构施工图是指导施工放线，开挖基槽，支模板，绑扎钢筋，设置预埋件，浇筑混凝土，安装梁、板、柱等构件以及编制预算和施工组织计划的依据。

四、结构施工图的一般规定

1. 常用构件代号

结构构件的种类较多，为方便绘制图样和识读图，在结构施工图中的构件常用代号来表示其名称。表示方法用构件名称的汉语拼音字母中的第一个字母表示，详见表8-1。

表8-1　常用构件代号

序号	名称	代号	序号	名称	代号	序号	名称	代号
1	板	B	18	连系梁	LL	35	设备基础	SJ
2	屋面板	WB	19	基础梁	JL	36	桩	ZH
3	空心板	KB	20	楼梯梁	TL	37	挡土墙	DQ
4	槽形板	CB	21	框架梁	KL	38	地沟	DG
5	密肋板	MB	22	框支梁	KZL	39	柱间支撑	ZC
6	折板	ZB	23	屋面框架梁	WKL	40	垂直支撑	CC
7	楼梯板	TB	24	檩条	LT	41	水平支撑	SC
8	挡雨板或檐口板	YB	25	屋架	WJ	42	梯	T
9	盖板或沟盖板	GB	26	托架	TJ	43	梁垫	LD
10	墙板	QB	27	天窗架	CJ	44	阳台	YT
11	天沟板	TGB	28	框架	KJ	45	雨篷	YP
12	吊车安全走道板	DB	29	刚架	GJ	46	预埋件	M
13	梁	L	30	支架	ZJ	47	钢筋网	W
14	屋面梁	WL	31	柱	Z	48	钢筋骨架	G
15	吊车梁	DL	32	框架柱	KZ	49	基础	J
16	圈梁	QL	33	构造柱	GZ	50	暗柱	AZ
17	过梁	GL	34	承台	CT			

注：预应力钢筋混凝土构件代号，应在构件代号前加注“Y－”，如Y－KB表示预应力空心板。

2. 结构施工图的线型和比例

在《建筑结构制图标准》中，对建筑结构施工图中选用的图线和比例作了规定。施工图样应根据复杂程度和比例大小，选用不同的线宽和线型，结构施工图的线型见表8-2。

表8-2　结构施工图的线型

名称		线型	线宽	一般用途
实线	粗	————	b	螺栓、主钢筋线、结构平面图中的单线结构构件线、钢木支撑及系杆线，图名下横线、剖切线
	中粗	————	$0.7b$	结构平面图及详图中剖到或可见的墙身轮廓线，基础轮廓线，钢、木结构轮廓线，钢筋线
	中	————	$0.5b$	结构平面图及详图中剖到或可见的墙身轮廓线、基础轮廓线、可见的钢筋混凝土构件轮廓线、钢筋线
	细	————	$0.25b$	尺寸线、标注引出线、标高符号线、索引符号线

（续）

名称		线型	线宽	一般用途
虚线	粗		b	不可见的钢筋线、螺栓线，结构平面图中不可见的单线结构构件线及钢、木支撑线
	中粗		0.7b	结构平面图中的不可见构件、墙身轮廓线及钢、木构件轮廓线、不可见钢筋线
	中		0.5b	结构平面图中的不可见构件、墙身轮廓线及不可见钢、木结构构件线、不可见的钢筋线
	细		0.25b	基础平面图中的管沟轮廓线、不可见的钢筋混凝土构件轮廓线
单点长画线	粗		b	柱间支撑、垂直支撑、设备基础轴线图中的中心线
	细		0.25b	定位轴线、对称线、中心线、直心线
双点长画线	粗		b	预应力钢筋线
	细		0.25b	原有结构轮廓线

绘图时根据图样的用途，被绘物体的复杂程度，应选用表 8-3 中的常用比例，特殊情况下也可选用可用比例。当构件的纵、横向断面尺寸相差悬殊时，同一详图中的纵、横向可选用不同的比例绘制。轴线尺寸与构件尺寸也可选用不同的比例绘制。

表 8-3　结构施工图的比例

图　名	常用比例	可用比例
结构平面图、基础平面图	1:50、1:100、1:150	1:60、1:200
圈梁平面图、总图中管沟、地下设施等	1:200、1:500	1:300
配件及构件详图	1:10、1:20、1:50	1:5、1:25、1:30

3. 钢筋混凝土结构的基本知识

混凝土是由水泥、砂、石子和水按一定比例配合后，浇入定形模板内，经振捣密实和养护成型而形成的一种人造石材。混凝土的强度等级按立方体抗压强度标准值确定，GB 50010—2010《混凝土结构设计规范》规定的混凝土强度等级分为 C15、C20、C25、C30、C35、C40、C45、C50、C55、C60、C65、C70、C75、C80 十四个强度等级，如混凝土强度等级为 C30 表示混凝土的立方体抗压强度标准值为 $30N/mm^2$，C 表示混凝土，C 后面的数字表示混凝土的抗压强度。混凝土的抗压强度较高，但抗拉强度较低，一般仅为抗压强度的 1/10～1/20，容易因受拉而断裂，如图 8-1a 所示。为提高混凝土构件的抗拉性能，常在混凝土构件的受拉区配置一定数量的钢筋，充分发挥钢筋的抗拉性能和混凝土的抗压性能，使构件承载能力大大提高，如图 8-1b 所示。

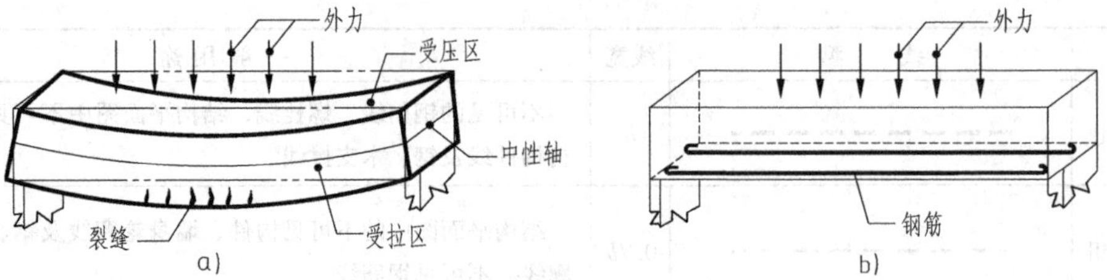

图 8-1　梁的受力示意图

钢筋不仅具有良好的抗拉强度，而且与混凝土有良好的粘结力，其热膨胀系数与混凝土相近。因此，把混凝土和钢筋这两种材料组合成一体，使混凝土主要承受压力，钢筋主要承受拉力，就形成钢筋混凝土结构。用钢筋混凝土制成的梁、板、柱、基础等构件，称为钢筋混凝土构件。由于混凝土材料的抗拉性能较低，因此，普通钢筋混凝土构件常常是带裂缝工作的，影响结构的耐久性和美观。为提高普通钢筋混凝土构件的抗拉和抗裂性能，在构件制作时，通过张拉钢筋预先对混凝土施加一定的压力，以提高构件的抗拉和抗裂性能，这种构件称为预应力钢筋混凝土构件。钢筋混凝土构件根据施工方式的不同，可以分为现浇钢筋混凝土构件和预制钢筋混凝土构件。前者是在施工现场直接浇筑成型；后者是在预制构件厂或在工地预制完成后，再进行起吊安装就位。

(1) 钢筋的分类与作用　根据配置在构件中的钢筋所起作用的不同，可分为以下几种，如图 8-2 所示。

1) 受力筋——主要承受拉（压）应力的钢筋，配置于梁、板、柱等各种钢筋混凝土构件中。根据形状不同，受力筋可分为直筋和弯起钢筋，其中弯起钢筋是位于梁中与支座附近弯起的钢筋，弯起部分可以承受剪力。

2) 箍筋——主要承受剪力或扭矩的钢筋，并用于固定受力筋的位置，用于梁、柱等构件中。箍筋也称为钢箍。

3) 架立筋——主要用于梁内，固定梁内箍筋的位置，并与梁内受力筋、箍筋共同构成钢筋骨架。

4) 分布筋——主要用于板内，固定板中受力筋的位置，并与受力筋一起构成钢筋骨

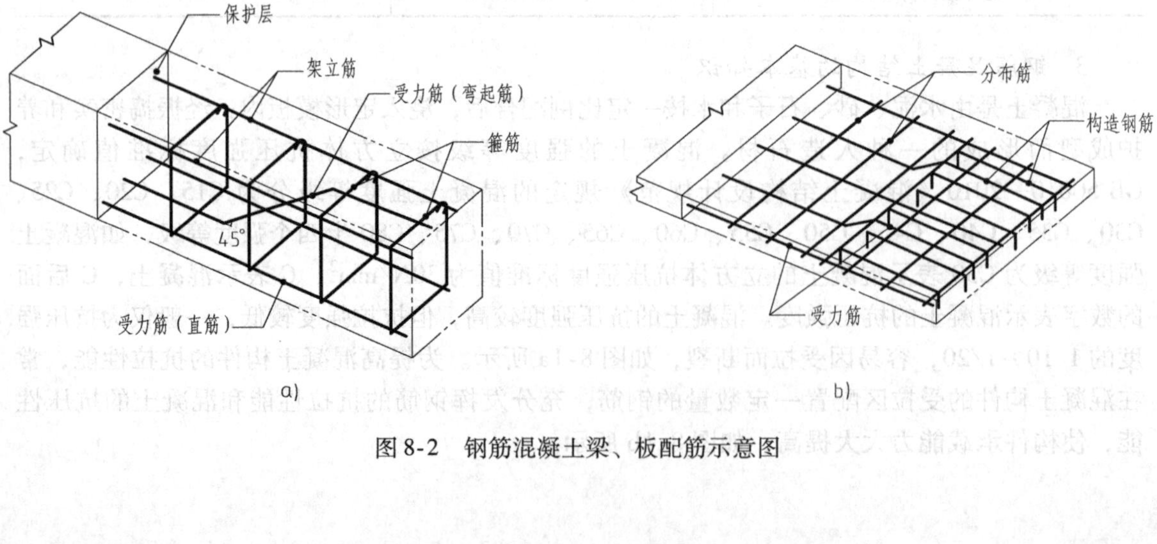

图 8-2　钢筋混凝土梁、板配筋示意图

架。将承受的重力均匀地传给受力筋，同时可抵抗热胀冷缩引起的温度变形。

5）构造筋——因构件的构造要求和施工安装需要而配置的钢筋，如吊筋、拉结筋、梁侧的纵向构造钢筋、预埋锚固筋、吊筋等。架立钢筋和分布钢筋也属于构造筋。

（2）保护层与弯钩　为了保护构件中的钢筋，防止钢筋锈蚀及增强钢筋与混凝土的粘结力，必须要有一定厚度的混凝土作为保护层。钢筋外边缘至构件表面的距离称为保护层。它可起到保护钢筋、防腐蚀、防火及增加钢筋与混凝土粘结力的作用。纵向受力的普通钢筋及预应力钢筋，其保护层厚度不应小于钢筋的公称直径，且根据 GB 50010—2010《混凝土结构设计规范》，钢筋保护层最小厚度应符合表 8-4 的规定。

表 8-4　混凝土保护层的最小厚度 *c*（mm）

环境类别	板、墙、壳	梁、柱、杆
一	15	20
二 a	20	25
二 b	25	35
三 a	30	40
三 b	40	50

注：1. 混凝土强度等级不大于 C25 时，表中保护层厚度数值应增加 5mm；

2. 钢筋混凝土基础宜设置混凝土垫层，基础中钢筋的混凝土保护层厚度应从垫层顶面算起，且不应小于 40mm。

钢筋与混凝土必须具有良好的粘结力，才能共同工作。为加强二者之间的粘结力，若钢筋采用光圆钢筋，则两端必须设置弯钩，以防止钢筋在受拉时滑动；若采用带肋钢筋，因与混凝土的粘结力较强，故两端不必弯钩。

钢筋端部的弯钩常用两种形式：带有平直部分的半圆弯钩和直弯钩，如图 8-3a、b 所示。箍筋两端也应弯钩，如图 8-3c 所示。

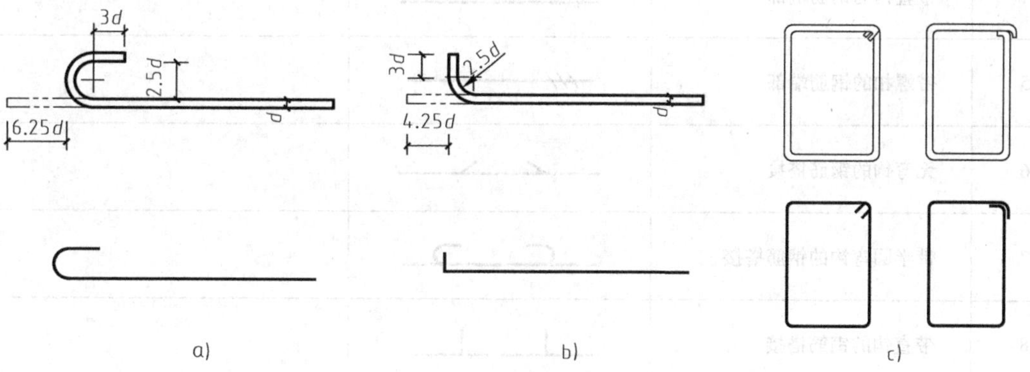

图 8-3　钢筋和箍筋的弯钩形式及简化画法

a）钢筋的半圆弯钩　b）钢筋的直弯钩　c）箍筋的弯钩

（3）钢筋的种类与符号　常用的钢筋和钢丝主要有热轧钢筋、冷加工钢筋、热处理钢筋、预应力钢绞线、钢丝等，钢筋按其强度和种类分为不同的等级，分别用不同的符号表示，以便标注与识别。详见表 8-5。

（4）钢筋的表示方法与标注

1）钢筋的一般表示方法应符合《建筑结构制图标准》中的规定。具体见表 8-6。

表 8-5　普通热轧钢筋的种类及符号

牌号	符号	公称直径 d（mm）	屈服强度标准值 f_{yk}	极限强度标准值 f_{stk}
HPB300	Φ	6～22	300	420
HRB335 HRBF335	Φ $Φ^F$	6～50	335	455
HRB400 HRBF400 RRB400	Φ $Φ^F$ $Φ^R$	6～50	400	540
HRB500 HRBF500	Φ $Φ^F$	6～50	500	630

注：H、R、P、B 分别为热轧、带肋、光圆、钢筋四个词的英文首写字母，F 为细粒晶体的意思。如 HPB 为热轧光圆钢筋，HRB 为热轧带肋钢筋，RRB 为余热处理钢筋。

表 8-6　一般钢筋

序号	名称	图例	说明
1	钢筋横断面		
2	无弯钩的钢筋端部		下图表示长、短钢筋投影重叠时，短钢筋的端部用45°斜画线表示
3	带半圆形弯钩的钢筋端部		
4	带直钩的钢筋端部		
5	带螺扣的钢筋端部		
6	无弯钩的钢筋搭接		
7	带半圆弯钩的钢筋搭接		
8	带直钩的钢筋搭接		
9	花篮螺钉钢筋接头	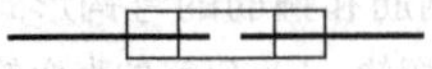	
10	机械连接的钢筋接头	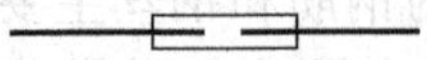	用文字说明机械连接的方式（或冷挤压或直螺纹等）

2）钢筋的画法。结构施工图中的钢筋画法应符合《建筑结构制图标准》中的规定。具体见表 8-7。

表 8-7　钢筋的画法

序号	说　明	图　例
1	在结构楼板中配置双层钢筋时，底层钢筋的弯钩应向上或向左，顶层钢筋的弯钩则向下或向右	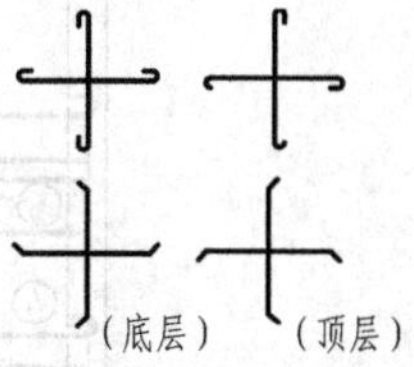
2	钢筋混凝土墙体配双层钢筋时，在配筋立面图中，远面钢筋的弯钩应向上或向左，而近面钢筋的弯钩向下或向右。（JM 近面；YM 远面）	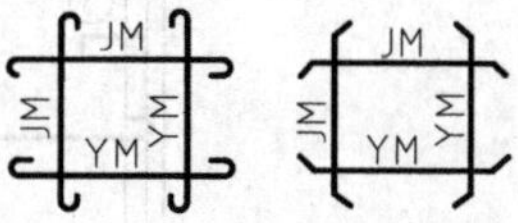
3	若在断面图中有不能表达清楚的钢筋布置，应在断面图外增加钢筋大样图（如钢筋混凝土墙、楼梯等）	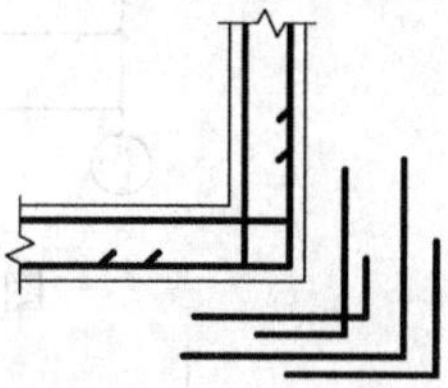
4	图中所表示的箍筋、环筋等若布置复杂时，可加画钢筋大样及说明	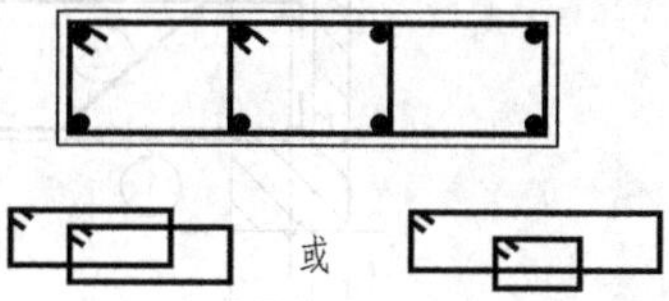
5	每组相同的钢筋、箍筋或环筋，可用一根粗实线表示，同时用一两端带斜短画线的横穿细线，表示其钢筋及起止范围	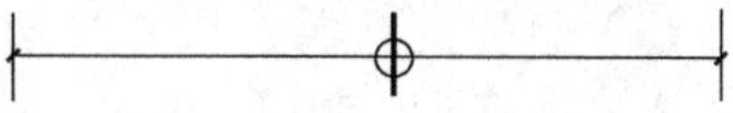

3）钢筋在平面、立面、剖面（断面）中的表示方法。应符合下列规定：钢筋在平面图中的配置应按图 8-4 所示的方法表示。当钢筋标注的位置不够时，可采用引出线标注。引出线标注钢筋斜短画线应为中实线或细实线。当构件布置较简单时，结构平面布置图可与板配筋平面图合并绘制。平面图中的钢筋配置较复杂时，可按表 8-6 的方法绘制，如图 8-5 所示。钢筋在立面、断面图中的配置，应按图 8-6所示的方法表示。

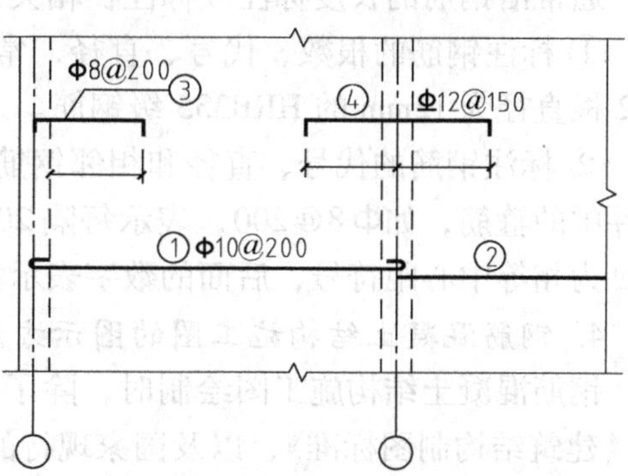

图 8-4　钢筋在平面图中的表示方法

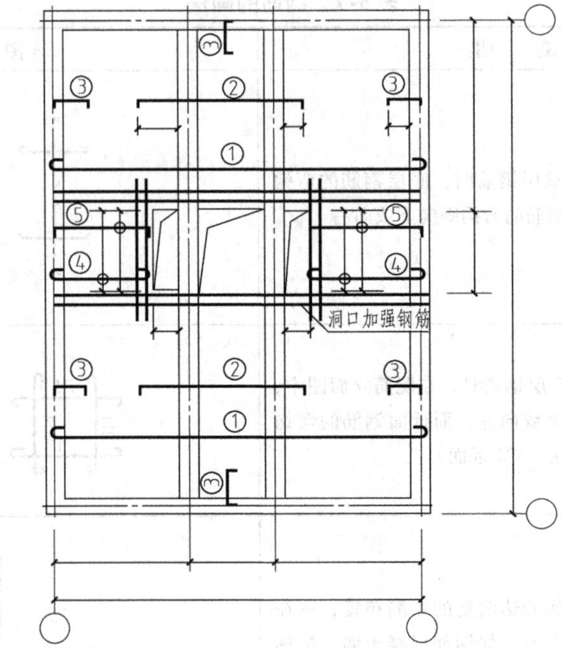

图 8-5　楼板配筋较复杂的结构平面图

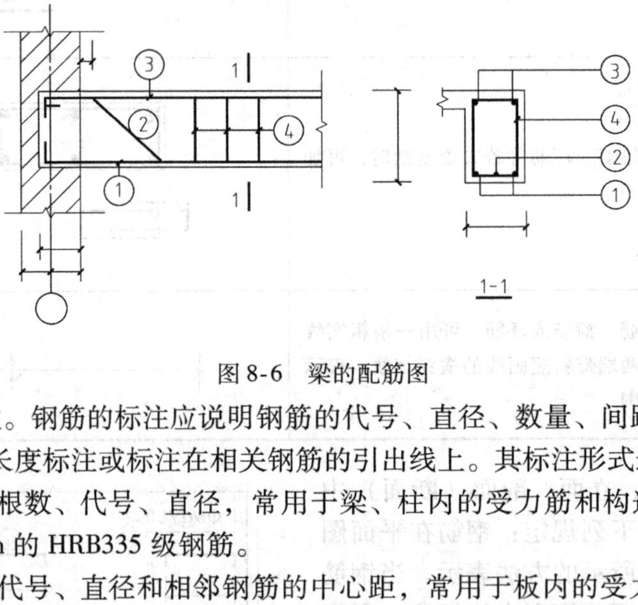

图 8-6　梁的配筋图

4）钢筋的标注。钢筋的标注应说明钢筋的代号、直径、数量、间距、编号及所在的位置，通常沿钢筋的长度标注或标注在相关钢筋的引出线上。其标注形式通常有以下两种：

① 标注钢筋的根数、代号、直径，常用于梁、柱内的受力筋和构造筋，如 2 Φ 12，表示 2 根直径为 12mm 的 HRB335 级钢筋。

② 标注钢筋的代号、直径和相邻钢筋的中心距，常用于板内的受力筋和分布筋，以及构件中的箍筋，如Φ 8@ 200，表示每隔 200mm 设置一根直径为 8mm 的 HPB300 级钢筋。其中@ 为相等中心距符号，后面的数字表示相邻钢筋中心距（≤200mm）。

4. 钢筋混凝土结构施工图的图示方法

钢筋混凝土结构施工图绘制时，除了应遵守《房屋建筑制图统一标准》之外，还应遵守《建筑结构制图标准》，以及国家现行的有关标准、规范的规定。结构施工图与建筑施工图相同，采用正投影原理及多面视图来表达。

为了能清楚地表示钢筋混凝土构件内部钢筋的配置情况，假想混凝土为透明体。表示构件内部钢筋配置（钢筋的数量、形状和规格）的图样，称为配筋图。构件配筋图一般由立面图、断面图和详图组成，立面图中构件的轮廓线用细实线绘制，钢筋采用简化画法，用粗实线绘制。断面图中剖切到的钢筋断面用涂黑的小圆点表示，其余未剖切到的钢筋仍画成粗实线。断面图上不画出材料图例，而用相应的符号及图例来表达。

在结构平面图中主要标注各构件定位轴线的尺寸及构件顶（底）面的结构标高。构件详图中则表示构件的定形尺寸及细部构造尺寸。结构施工图中的轴线编号、尺寸必须与其对应的建筑施工图统一，同时结构施工图中的构件代号、编号及尺寸也应相互对应一致。

本章将主要以某别墅型住宅为例，重点介绍钢筋混凝土构件详图、基础施工图、各层结构布置图及楼梯结构详图等结构施工图的内容、图示特点以及识读图的基本方法。另外对于目前广泛应用于设计单位和施工单位的结构施工图平面整体表示方法，简称“平法”，也将作详细的介绍。

第二节　钢筋混凝土构件详图

一、钢筋混凝土构件详图

钢筋混凝土构件详图主要由模板图、配筋图、钢筋明细表和预埋件详图等组成，它是加工钢筋、制作构件、统计用料的重要依据。

（1）模板图　从图示表达看，模板图实际上就是构件的外形视图，它主要表示构件的形状、大小、预埋件和预留孔洞的尺寸和位置。对较简单的构件，可不必画模板图，只需在构件的配筋图中，把各部尺寸标注清楚就行了；而对于较复杂的构件，需要单独画出模板图，以便模板的制作与安装。模板图用中粗实线绘制。

（2）配筋图　配筋图也称为钢筋布置图，它主要表示构件内部各种钢筋的形状、大小、数量、级别和排放情况，对一般的钢筋混凝土构件，标注有钢筋编号、规格、直径等符号的配筋立（平）面图及若干配筋断面图就可清楚地表示构件中的钢筋配置情况。

（3）钢筋明细表　在钢筋混凝土构件施工图中，一般构件要列出钢筋明细表，以便于钢筋的备料、加工和编制预算。表中要列出的内容有构件代号、钢筋编号、简图、规格、长度、数量、总长、总质量等，如图 8-7 所示。需要说明的是在钢筋明细表中简图里所注钢筋长度是未包括钢筋弯钩长度的，而在“长度”一栏内的数字则是加了弯钩长度的，并且在钢筋加工时的实际下料长度还另有计算方法。另外，在钢筋简图一栏里，画出了各种类型的钢筋形状简图，此时如在配筋图中已画出了钢筋详图，钢筋简图就可不注尺寸了。

（4）预埋件详图　在钢筋混凝土构件制作中，有时为了安装、运输的需要，在构件内还设置有各种预埋件，如吊环、钢板等，因此还需要画出预埋件详图。

下面选择工程中具有代表性的梁、板、柱构件来说明钢筋混凝土构件详图表达的内容。钢筋混凝土构件详图的阅读步骤一般为：先看图名，再结合结构平面布置图、钢筋详图、钢筋表查看构件立面图和断面图。

二、钢筋混凝土梁

图 8-7 所示为一钢筋混凝土梁详图，由于其外形简单，故只画出配筋图和钢筋明细表。配筋图包括配筋立面图、断面图。

1. 形成

假设钢筋混凝土梁为一透明体，内部钢筋可以看见，将此梁向投影面作投射，所得到的投影图称为配筋立面图。

2. 基本内容和画法

（1）图名、比例、图线　如图 8-7 所示，L1 为构件的名称代号及编号。由于梁的长度远大于其断面的高度和宽度，故立面图与断面图采用不同比例绘制。梁的可见轮廓线用细实线表示，不可见轮廓线用细虚线表示，断面图不画材料符号。

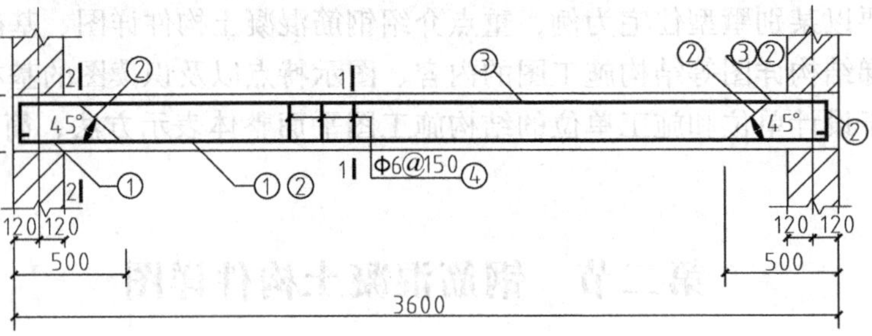

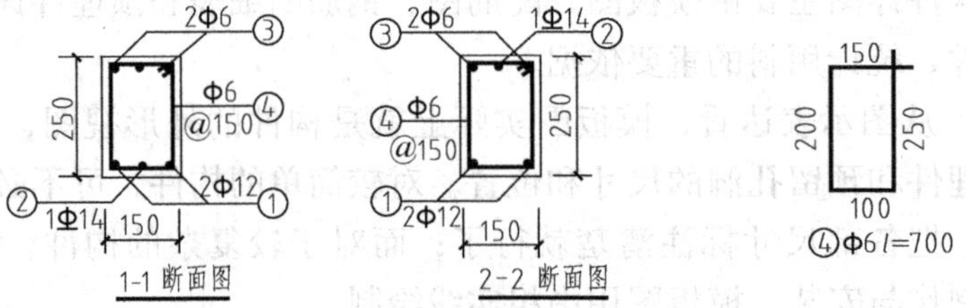

编号	规格	简图	单根长度	根数	总长/m
①	Φ12		3700	2	7.40
②	Φ14		4110	1	4.11
③	Φ6		3550	2	7.10
④	Φ6		700	24	16.80

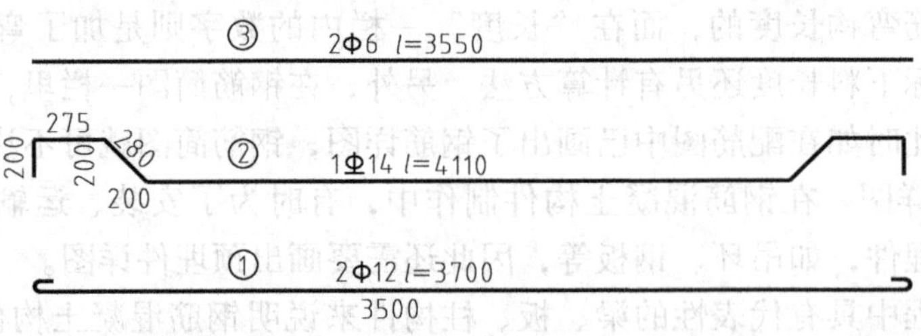

图 8-7　L1 梁的配筋图

（2）钢筋图示方法及标注　如图 8-7 所示，钢筋的立面图用粗实线表示，钢筋的断面图用小黑圆点表示。所有钢筋都应编号，并注写根数、等级、直径和间距。如①号筋是两根 HPB300 级直筋，两端带有半圆弯钩，放在梁底部两端；②号筋是弯起筋，只有一根，位于梁下部的中间，其中间段位于梁下部，接近两端时斜向 45°弯起至上部，到两端又垂直向下弯 200mm；③号钢筋也有两根，分别布置在梁上部的两端，是根据构造要求配置的，不带弯钩，在梁上部全长设置；④号钢筋为Φ6@150 箍筋，表示 HPB300 级钢筋，直径为 6mm，钢筋间距为 150mm，沿梁长均匀布置。

（3）断面图　立面图应注明断面图的剖切位置，断面图数量的多少以能将钢筋走向表达清楚为宜。从图 8-7 中可以看出梁为矩形梁，1－1、2－2 是梁的两个断面图，1－1 表达梁的中间情况，2－2 表达梁的两端情况，钢筋的弯起部分不必画断面。1－1 断面②号筋在底部，2－2 断面②号筋弯至上部，两断面其余钢筋相同。

（4）钢筋详图　钢筋详图一般都画在与立面图相对应的位置，从构件最上或最左的钢筋开始依次排列，并与立面图中的同号钢筋对齐。同一编号钢筋只画一根，在钢筋上标注编号、根数、品种、直径及下料长度。

（5）尺寸标注　立面图应标注梁的长度、弯起钢筋的弯起位置、梁底标高，断面图上应标注断面的宽度和高度。

（6）钢筋明细表　钢筋明细表中包括的项目有构件名称、构件数量、钢筋编号、规格、简图、长度、根数、总长等。钢筋明细表必须与配筋图完全相同，才能保证施工的准确性。

三、钢筋混凝土柱

民用建筑中柱的形状比较简单，通过配筋图就能将其形状和配筋表达清楚，故不必画出模板图。

1. 形成

将柱向投影面作正投影，所得的投影图称为柱的模板图，假设柱为透明体，内部钢筋可见，将其向投影面作正投影，所得的投影图称为柱的配筋图。

2. 基本内容和画法

（1）图名、比例、图线　如图 8-8 所示，Z－1 为构件的名称代号及编号。由于柱的高度远大于其断面高度和宽度，故立面图与断面图采用不同比例绘制。柱的可见轮廓线用细实线表示，不可见轮廓线用细虚线表示，断面图不画材料符号。

（2）钢筋图示方法及标注　如图 8-8 所示，钢筋的立面图用粗实线表示，钢筋的断面图用小黑点表示。

（3）立面图和断面图　钢筋混凝土柱的结构详图一般用立面图和断面图表示，其图示方法与钢筋混凝土梁的图示方法基本相同，图 8-8 所示为某住宅中柱 Z－1 的结构详图。

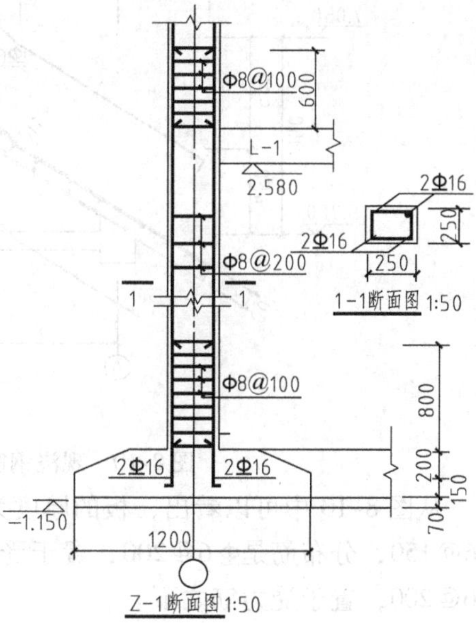

图 8-8　钢筋混凝土柱详图

从图 8-8 立面图和断面图可知，Z－1 的断面为 250mm×250mm 的正方形，受力筋为 4Φ16。下端与柱基础中的预留插筋搭接；上端伸出二层楼面 600mm，与二层柱的受力筋 4Φ16 搭接，搭接长度 600mm，搭接区的箍筋需加密为Φ8@100，而柱中的箍筋则采用Φ8@200。

在柱的立面图中还表示了柱与二层楼面梁的连接情况，柱与 L－1 浇筑在一起。

当柱的配筋较复杂，预埋件较多时，应用配筋图与模板图分别表示。

四、钢筋混凝土现浇板

钢筋混凝土现浇板的结构详图，一般采用剖面图表示。

图 8-9 所示为现浇雨篷板（雨篷梁）的结构详图，采用一个剖面图表示，它是一块悬挑板，支撑于雨篷梁（YPL1）上，板的断面采用变截面，板的端部厚 80mm，根部厚 100mm。受力筋Φ10@200 配置在板的上部，分布筋为Φ8@200 置于受力筋之下。板的配筋图中标注出板的外形尺寸，板宽为 900mm，板长一般标注在结构平面图中。雨篷梁（YPL1）的断面也一起表示在 YPB1 结构详图中。为了便于识读配筋图，当配筋的投影互相重叠，不易分清时，应在详图外画出钢筋大样图。另外，YPL1 支撑了悬挑板，梁中将受到扭矩的作用，按构造要求箍筋的弯钩部分必须加长，为此详图中将雨篷板中的受力筋和雨篷板中的箍筋分别画在结构详图附近，并标注钢筋的直径符号、直径和间距。

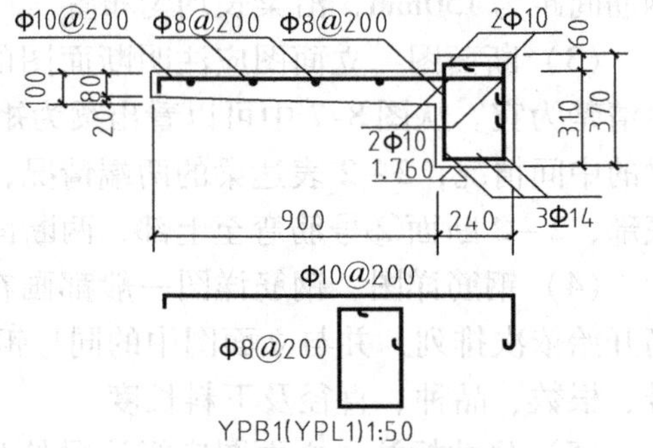

图 8-9 现浇雨篷板（雨篷梁）的结构详图

现浇钢筋混凝土楼板（屋面板）的配筋，当结构平面图采用较大比例，板中配筋又较简单时，常可直接画在楼层结构平面图中，如图 8-10 所示。

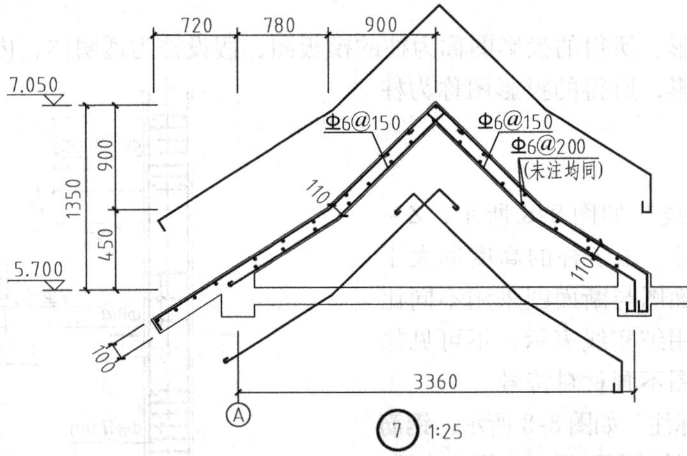

图 8-10 现浇钢筋混凝土楼板（屋面板）的配筋图

从图 8-10 中可以看出，板的厚度为 100mm，板中配置双层钢筋，底层配置的受力筋是Φ6@150，分布筋是Φ6@200，置于受力筋之上；上层配置的受力筋是Φ6@150，分布筋是Φ6@200，置于受力筋之下。

第三节 房屋结构施工图

一、基础平面图和基础详图

基础是建筑物的主要组成部分，作为建筑物地面以下用以承受建筑物全部荷载的构件，并传递至地基。基础的组成如图 8-11 所示。

基础图表示了建筑物室内地面以下基础部分的平面布置及详细构造。通常用基础平面图和基础详图来表示。

基础可采用不同的构造形式，选用不同的材料。基础的形式主要取决于上部结构的形式，如果按形式分主要有墙下条形基础和柱下独立基础、柱下条形基础、筏形等基础及桩基础，如图 8-12 所示；如果按其材料的不同分，有砖基础、毛石基础和钢筋混凝土基础等。

基础图一般包括基础平面图、基础断面图和说明三部分。基础图是施工放线、开挖基槽、砌筑基础等的依据。

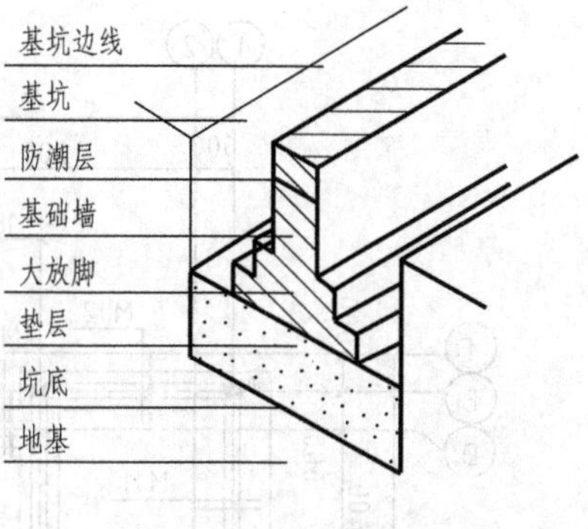

图 8-11　基础的组成

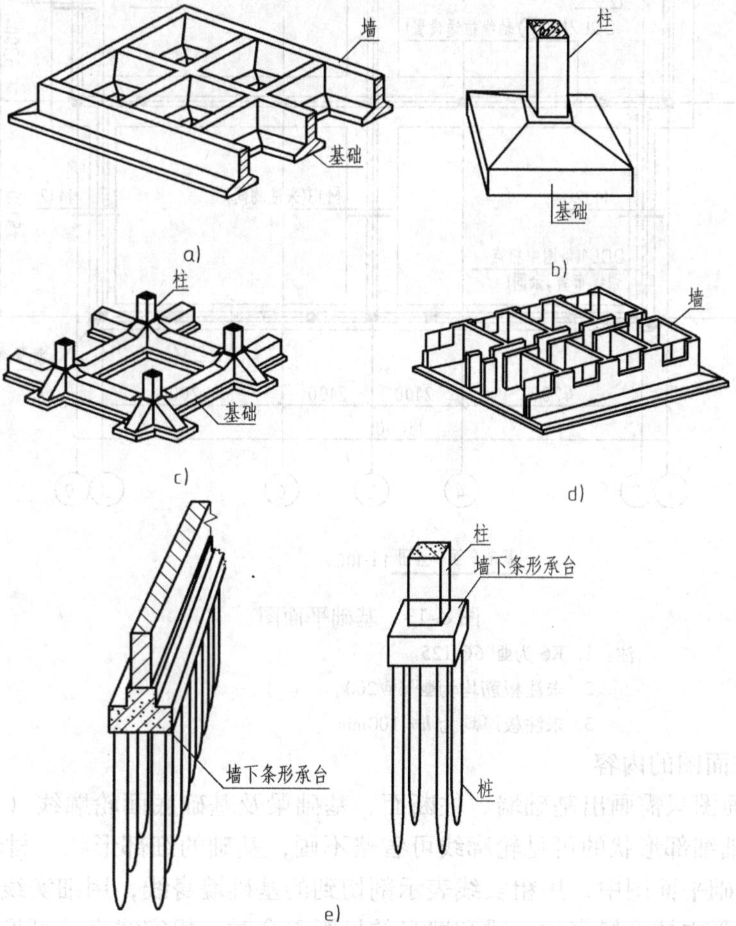

图 8-12　常见基础的形式

a）墙下条形基础　b）柱下独立基础　c）柱下条形基础　d）筏形基础　e）桩基础

1. 基础平面图

假想在建筑物底层室内地面下方作一水平剖切面，沿建筑物底层室内设计地面（即 ±0.000）把整幢建筑物切开，移去剖切平面以上的房屋和基础回填土，得到的水平剖面图称为基础平面图，如图 8-13 所示。

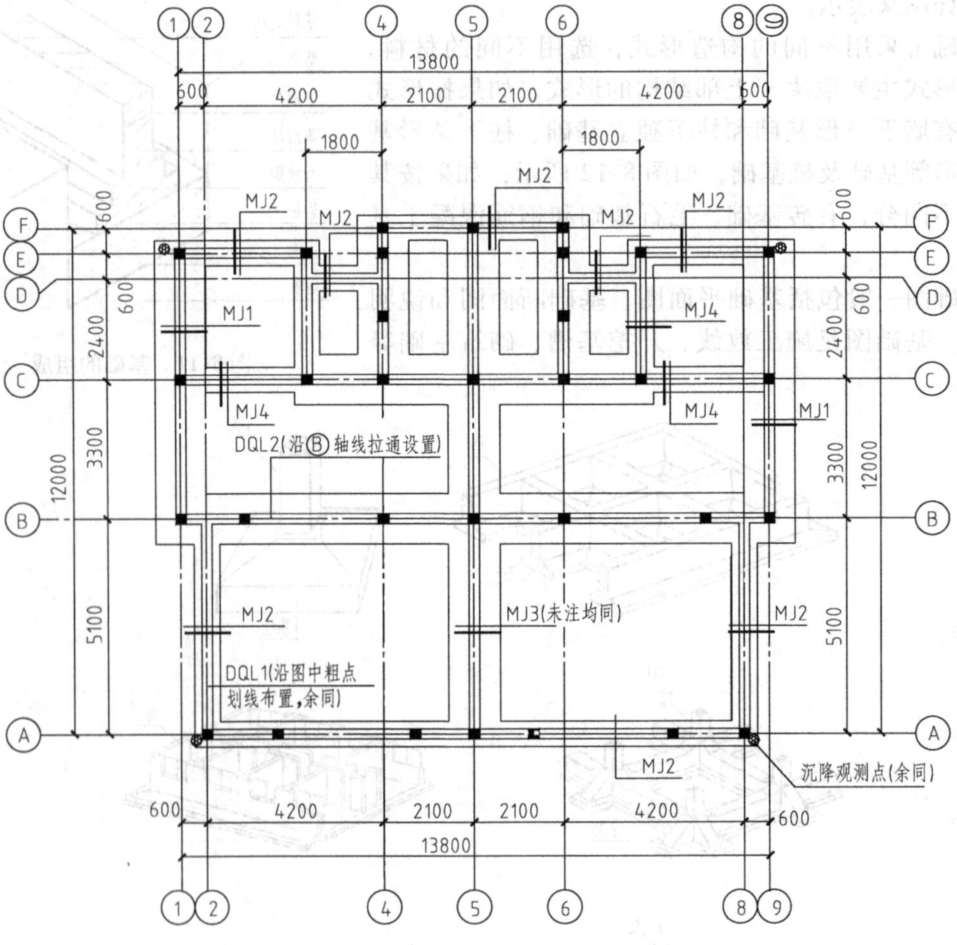

基础平面布置图 1∶100

图 8-13 基础平面图

注：1. K6 为$\Phi^{R}6$@125。

2. 未注板筋均为$\Phi^{R}6$@200。

3. 未注板厚均为 $h=100$mm。

（1）基础平面图的内容

1）基础平面图只需画出基础墙、柱断面、基础梁及基础底面轮廓线（表示基坑开挖的最小宽度）。基础细部形状的可见轮廓线可省略不画，基础的细部形状、材料做法等用基础详图表示。在基础平面图中，用粗实线表示剖切到的基础墙身线，用细实线表示基础底面轮廓线，构造柱、受力柱涂黑表示。梁和墙身的投影重合时，粗实线表示可见的基础梁，不可见的基础梁用粗虚线表示。为使建筑物具有良好的整体性，能满足抗震设防要求，在基础平面图中一般设置基础圈梁，简称地圈梁。

2）为了便于施工对照，基础平面图的比例、定位轴线编号必须与建筑施工图的底层平面图完全相同。

3）图中画出了断面图的剖切位置及编号。同一幢房屋，由于各处有不同的荷载和不同的地基承载力，其下所设基础的大小也不尽相同。对于每一种不同的基础，应采用不同的编号加以区分，并画出断面图的剖切位置及其编号。

4）当建筑物底层有较大的洞口时，在条形基础中常设置基础梁，并要写明基础梁的代号及编号，以便在基础详图中查明基础梁的具体做法。

5）基础平面图尺寸标注主要标注轴线之间的距离；轴线到垫层边、墙边的距离；垫层厚度和墙厚等尺寸；另外，还要注写必要的文字说明，如混凝土、砖、砂浆的强度等级。

（2）基础平面图的绘图步骤

1）先按比例画出与房屋建筑平面图相同的轴线及编号。

2）用中实线画出剖到的或可见的墙或柱的边线，用细实线画出基坑边线。习惯上不画大放脚的水平投影。

3）用粗实线画出不同断面的剖切符号，并分别编号。

4）标注尺寸。主要标注纵向和横向各轴线之间的距离，轴线到基础坑底底边和墙边的距离以及基坑和墙厚等。

5）注写必要的文字说明，如混凝土、砖、砂浆的强度等级，基础埋置深度等。

6）设备较复杂的房屋，在基础平面图上还要配合采暖通风图、给水排水管道图、电源设备图等，用虚线画出管沟、设备孔洞等位置，标注其内径、宽、深尺寸和洞底标高。

2. *基础断面图*

基础详图主要表达基础的截面形状、尺寸、材料和做法。应尽可能与基础平面图画在同一张图上，以便对照施工。

假想用一个铅垂剖切平面，在指定部位垂直剖切基础所得到的断面图，称为基础断面图。断面图应与基础平面图中被剖切的相应代号及剖切符号一致。

基础断面图是基础放线和基础施工的依据，表达了基础断面所在轴线位置及其编号。基础详图中一般包括基础的垫层、基础、基础墙（包括大放脚）、基础梁、防潮层等所用的材料、尺寸及配筋。为使基础墙逐步放宽，而将基础墙体做成阶梯形的砌体，称为大放脚。防潮层则是为了防止地下水沿墙体上升而设置的，位于室内地坪以下，室外地面以上，当设置基础圈梁时，可将基础圈梁代替防潮层。

图 8-14 所示的两个基础断面图均为墙下毛石混凝土条形基础，其上有四层毛石混凝土大放脚，基础上距离 ±0.000 标高 350mm 处用地圈梁做了防潮层，基础底部标高为 -1.500m，室外地面标高根据现场实际情况而确定。

具体作图步骤如下：

1）画出与基础平面图相对应的定位轴线。

2）画出基础底面线、室内外地坪标高位置线。根据基础高度、宽度尺寸画出基础断面轮廓，不需画基坑线。

3）画出砖墙（或其他材料）、大放脚断面尺寸和防潮层。

4）标注室内地面、室外地坪、基础底面标高和其他尺寸。

5）有关混凝土、砖、砂浆的强度等级和防潮层材料及施工技术要求等的说明。

二、结构平面布置图

结构平面布置图主要有楼层结构平面图和屋面结构平面布置图。不同结构布置的楼面应有各自的结构平面图，如果有多层楼面的结构布置情况相同，则可合用一个结构平面图，但应注明合用各层的层数。屋顶由于结构布置要满足排水、隔热等特殊要求，需要设置檐沟、

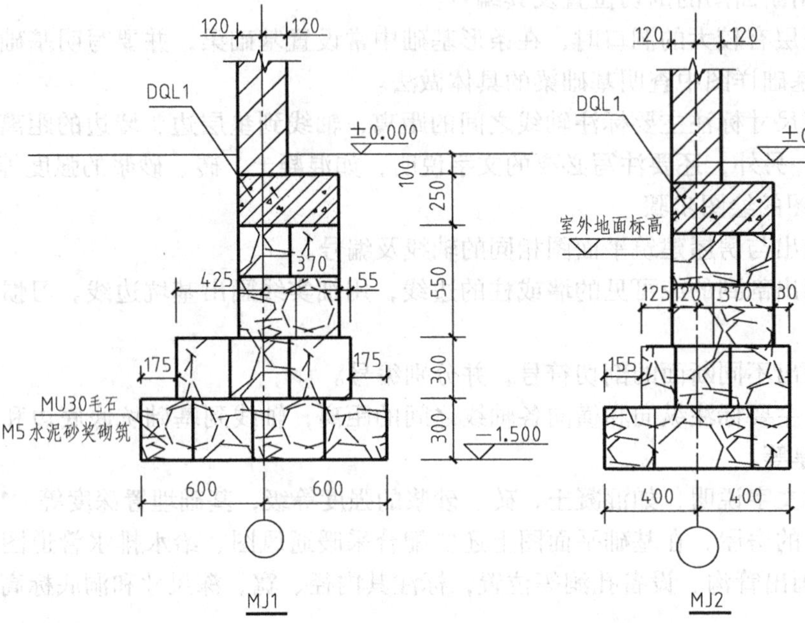

图 8-14 墙下毛石混凝土条形基础断面图

女儿墙、保温隔热层等，所以屋顶的结构布置通常需要用屋顶结构平面图来表示，它的图示内容和形式与楼层结构平面图类似。

楼层结构平面布置图主要表示每层楼面梁、板、柱、墙及楼面下层的门窗过梁、大梁、圈梁的布置，以及现浇板的构造与配筋等情况。它是安装各层楼面的承重构件、制作圈梁和现浇板的施工依据。

1. 楼层结构平面布置图的图示内容

1）各定位轴线及墙、柱、梁等构件的定位尺寸和编号。

2）现浇板的位置及编号（或配筋）。

3）梁、柱、圈梁、门窗过梁的代号及编号。

4）梁、板的断面及连接构造，板顶及梁底的结构标高。

5）详图索引符号及其相关剖切符号。

2. 现浇整体式楼盖

图 8-15、图 8-16、图 8-17、图 8-18 分别为某别墅二层、三层、屋面层及屋顶装饰坡屋面结构平面布置图，它主要表达了梁、板的平面布置，梁、板与柱、墙之间的关系，以及板的配筋情况。图中板、墙的可见轮廓线用中实线表示，而中虚线则表示了板下的梁和墙体的轮廓线。

板中配筋的表达方式按表 8-6 执行，即将水平方向的钢筋按其正立面形状表示。板的配筋可归类表达，如①号板的配筋可见②⑤轴之间的图示，该板为双向板，板厚为 100mm，板中受力钢筋放置于板的下部，短边受力筋为Φ8@150，长边受力钢筋为Φ8@200，支座处

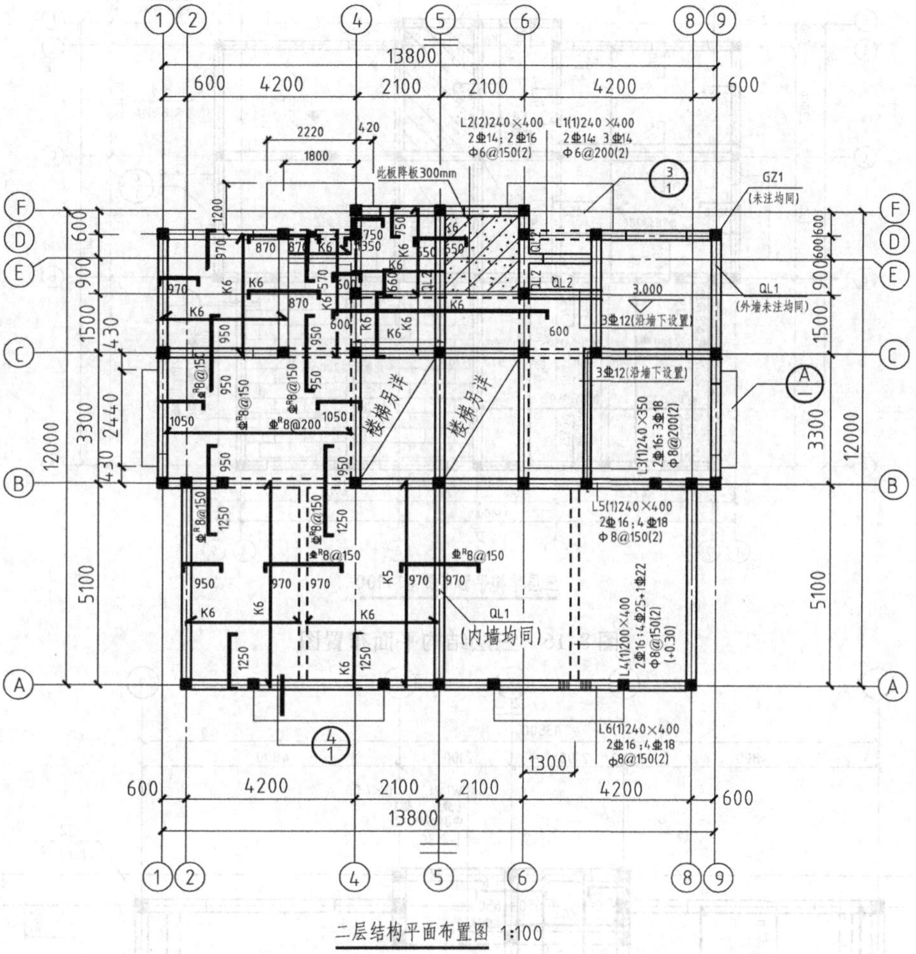

图 8-15　二层结构平面布置图

受力钢筋放置于板的上部，数值 1050 表示钢筋的水平直线长度，弯折段长度为板厚减去板的钢筋保护层厚度。

3. 楼层结构平面布置图的作图步骤

1）在选定的图幅内按一定的比例先画出定位轴线。

2）绘制各构件的轮廓线。

3）画出门窗洞口位置。

4）标注钢筋配置情况并进行编号。

5）标注尺寸、标高、图名和比例。

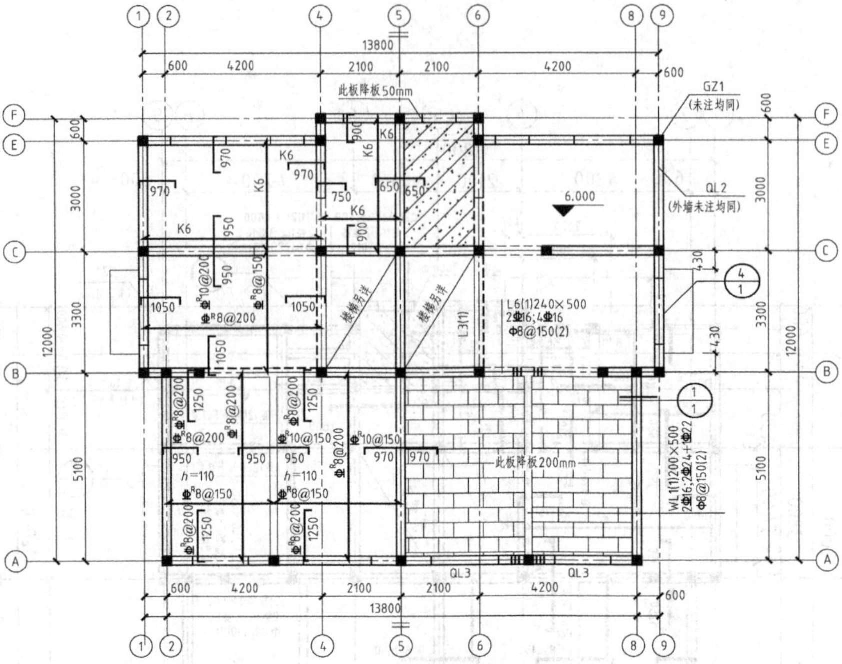

三层结构平面布置图1:100

图 8-16　三层结构平面布置图

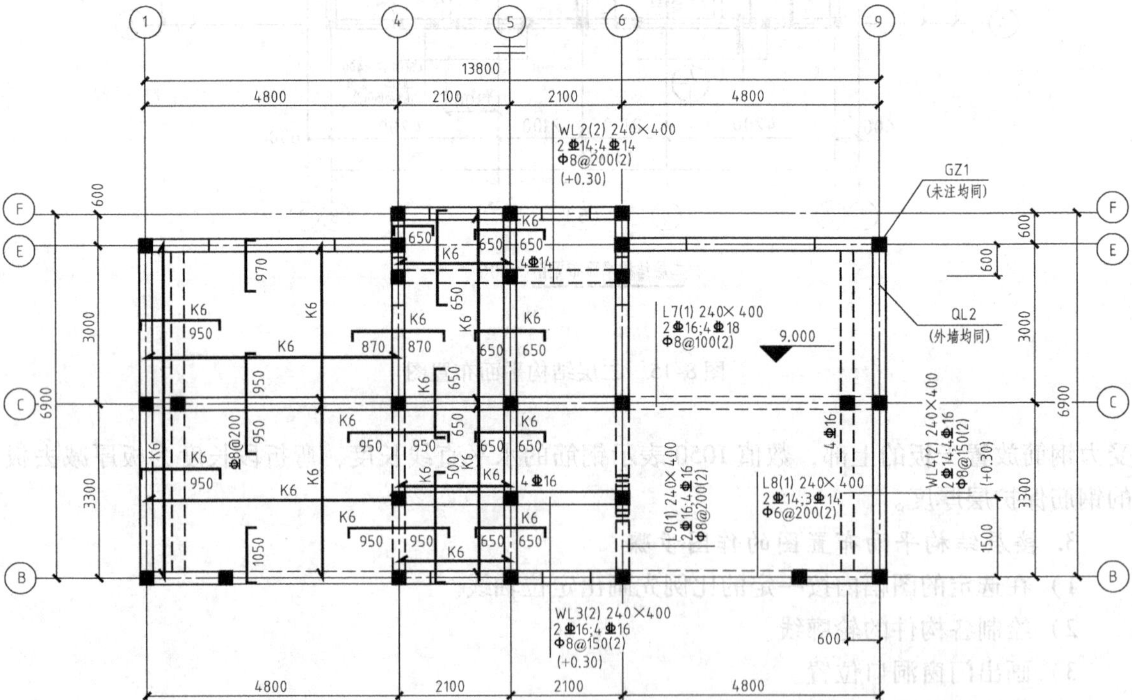

屋面层结构平面布置图1:100

图 8-17　屋面层结构平面布置图

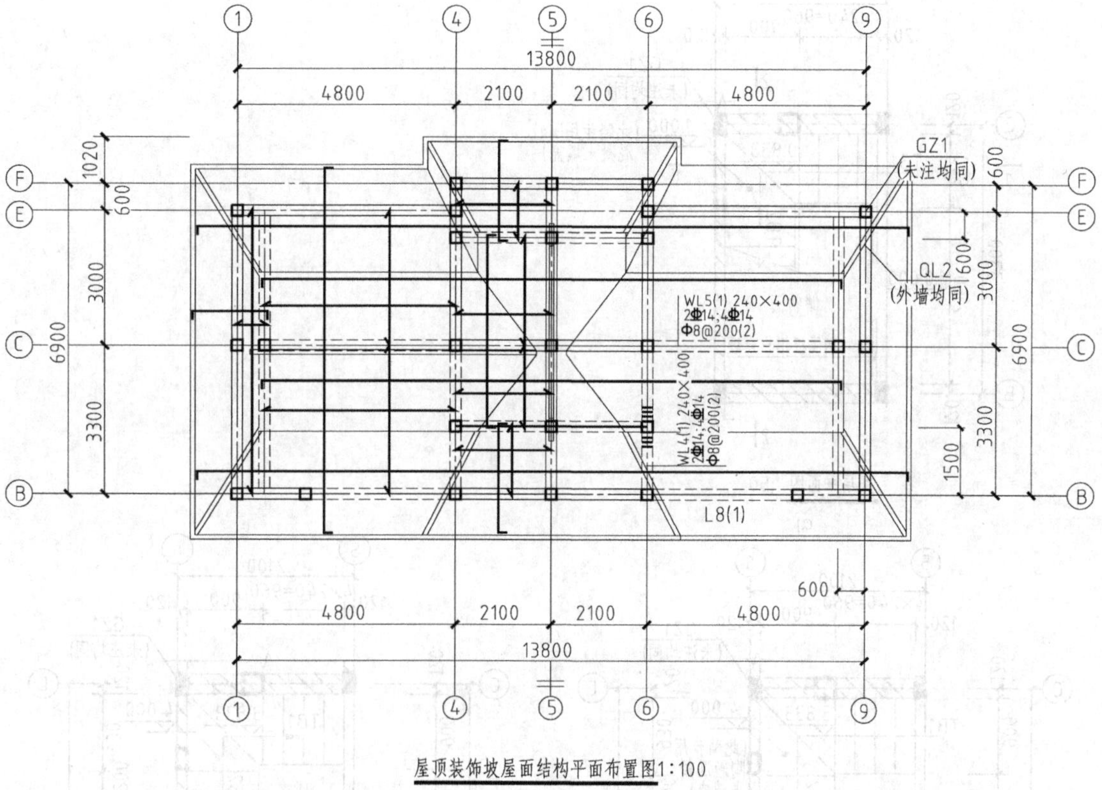

图 8-18　屋顶装饰坡屋面结构平面布置图

第四节　楼梯结构详图

钢筋混凝土楼梯，常见的形式为单跑楼梯和双跑楼梯；其受力形式可分为梁式楼梯和板式楼梯。楼梯结构详图一般由楼梯结构平面图、楼梯剖面图和构件详图组成。

一、楼梯结构平面图

楼梯结构平面图表示了楼梯板和楼梯梁的平面布置、代号、尺寸及结构标高。一般包括底层平面图、标准层平面图和顶层平面图，常用 1:50 的比例绘制。楼梯结构平面图中的轴线编号应和建筑平面图一致，楼梯剖面图的剖切符号通常在底层楼梯结构平面图中表示。为了表示楼梯梁、楼梯板和平台板的布置情况，楼梯结构平面图的剖切位置通常放在层间楼梯平台的上方。

图 8-19a、b、c 所示的楼梯结构平面图有三个，分别是底层平面图、标准层平面图和顶层平面图，比例为 1:50。楼梯平台板、楼梯平台、梁和梯段板都采用现浇钢筋混凝土。

二、楼梯结构剖面图

楼梯结构剖面图表示楼梯承重构件的竖向布置、构造和连接情况，比例与楼梯结构平面图相同。

图 8-20 所示的 1－1 剖面图，剖切位置和剖视方向表示在底层楼梯结构平面图中，该图

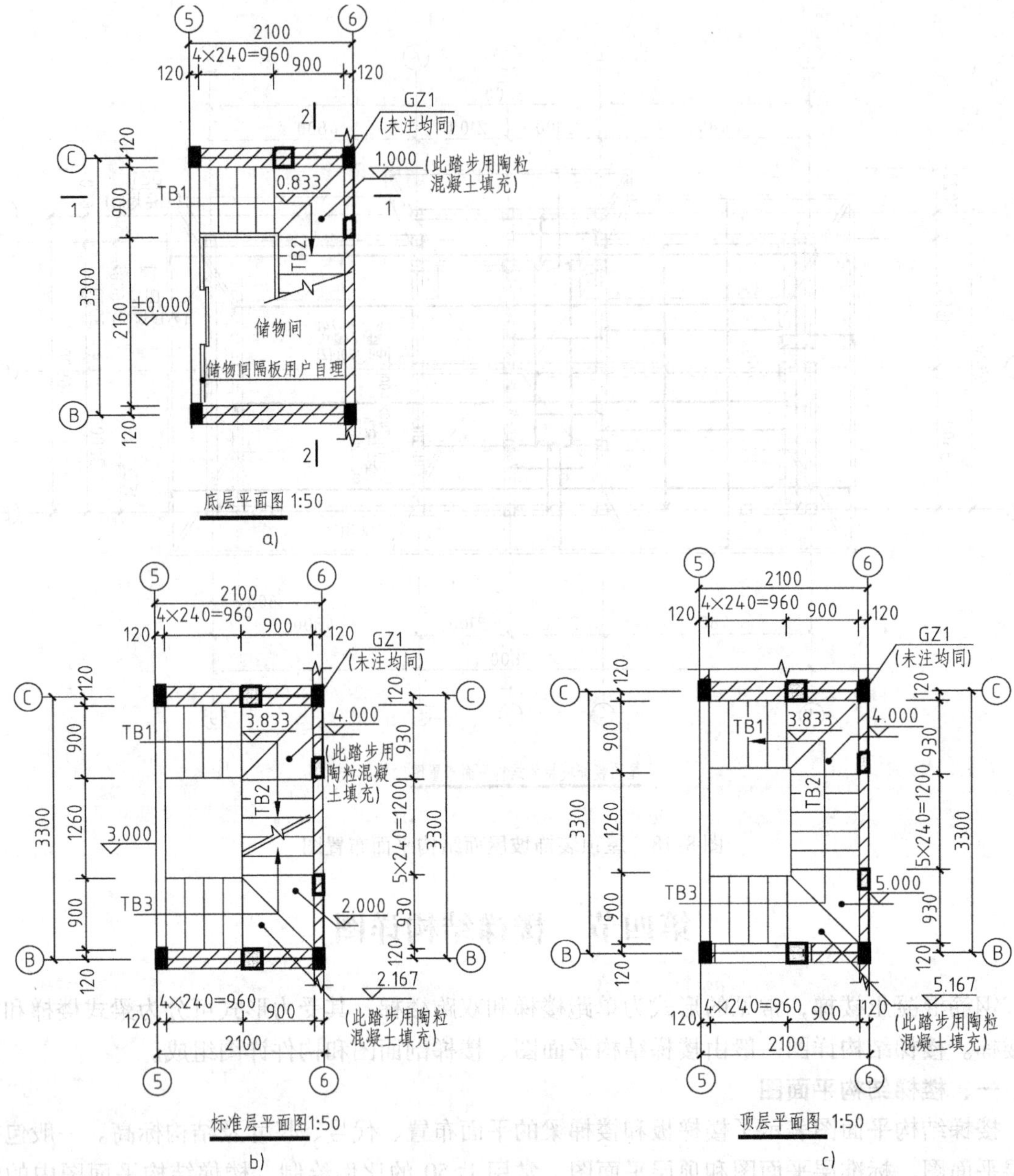

图 8-19　楼梯结构平面图

表示了剖到的梯段板、楼梯平台、楼梯平台梁和未剖切到的可见的梯段板（细实线）的形状和连接情况。剖切到的梯段板、楼梯平台、楼梯平台梁的轮廓线用粗实线画出。

在楼梯结构剖面图中，应标注出梯段的外形尺寸、楼层高度和楼梯平台的结构标高，还应标注出楼梯梁底的结构标高。

三、楼梯配筋图

绘制楼梯结构剖面图时，由于选用的比例较小（1:50），不能详细地表示楼梯板和楼梯平台梁的配筋，所以需另外用较大的比例（如1:30/1:20）画出楼梯的配筋图。楼梯配筋图主要由楼梯板和楼梯平台梁的配筋断面图组成，如图 8-21 所示。

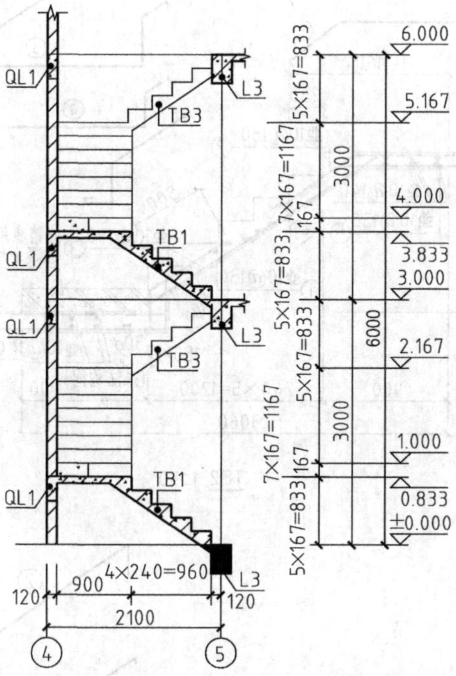

1—1剖面图 1:50

图 8-20　楼梯结构剖面图

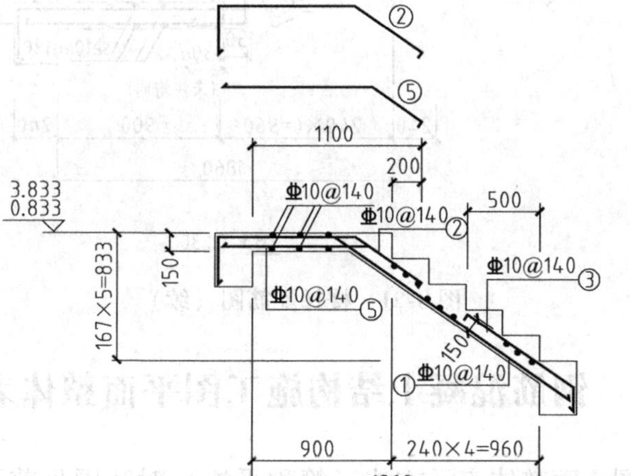

TB1 1:30

图 8-21　楼梯配筋图

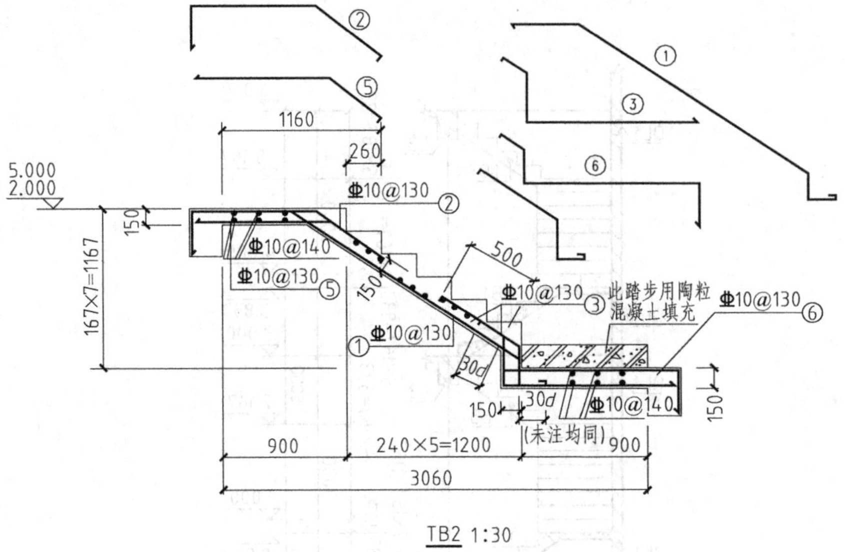

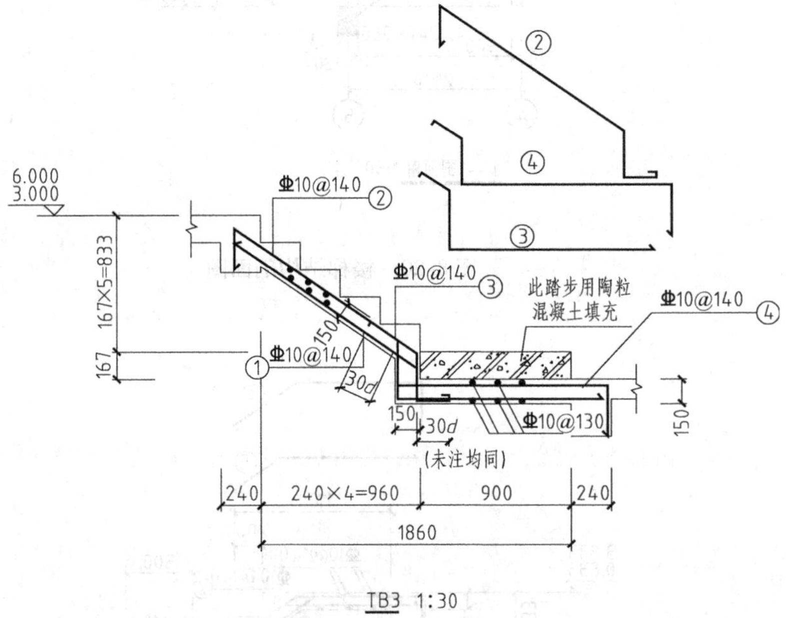

图 8-21 楼梯配筋图（续）

第五节 钢筋混凝土结构施工图平面整体表示方法

混凝土结构施工图平面整体表示方法（简称平法）对我国目前混凝土结构施工图的设计表示方法作了重大改革。平法的表达形式，概括来讲，是把结构构件的尺寸和配筋等，按照平面整体表示方法制图规则，整体直接表达在各类构件的结构平面布置图上，再与标准构造详图相配合，即构成一套新型完整的结构设计。改变了传统的那种将构件从结构平面布置图中索引出来，再逐个绘制配筋详图的烦琐方法。因此，平法的作图简单、表达清晰，适合于常用的现浇混凝土柱、剪力墙、梁等，目前已广泛应用于各设计单位和建设单位。常用图集包括现浇混凝土柱、墙、梁三种构件的平法制图规则和标准构造详图两大部分内容，所使用的图集代号为03G101－1、03G101－2、04G101－3等。

按平法设计绘制的施工图由各类结构构件的平法施工图和标准构造详图两大部分构成。包括构件平面布置图和用表格表示的建筑物各层层号、标高、层高表，标准构造详图一般采用图集。按平法设计绘制结构施工图时，必须根据具体工程设计，按照各类构件的平法制图规则，在按结构（标准）层绘制的平面布置图上直接表示各构件的尺寸、配筋和所选用的标准构造详图。出图时，宜按基础、柱、梁、板、楼梯及其他构件的顺序排列。

在平面布置图上表示各构件尺寸和配筋的方式，有平面注写、列表注写和截面注写三种。按平法设计绘制的结构施工图，应将所有柱、墙、梁构件进行编号，编号中含有构件代号和序号，常见的构件代号见表8-8。

表8-8　平法结构施工图中常见构件代号

<table>
<tr><th colspan="2">柱</th><th>代号</th><th colspan="2">梁</th><th>代号</th></tr>
<tr><td colspan="2">框架柱</td><td>KZ</td><td colspan="2">楼层框架梁</td><td>KL</td></tr>
<tr><td colspan="2">框支柱</td><td>KZZ</td><td colspan="2">屋面框架梁</td><td>WKL</td></tr>
<tr><td colspan="2">芯柱</td><td>XZ</td><td colspan="2">框支梁</td><td>KZL</td></tr>
<tr><td colspan="2">梁上柱</td><td>LZ</td><td colspan="2">非框架梁</td><td>L</td></tr>
<tr><td colspan="2">剪力墙上柱</td><td>QZ</td><td colspan="2">悬挑梁</td><td>XL</td></tr>
<tr><td colspan="2"></td><td></td><td colspan="2">井式梁</td><td>JSL</td></tr>
<tr><th colspan="2">剪力墙</th><th>代号</th><th colspan="2">剪力墙</th><th>代号</th></tr>
<tr><td rowspan="10">墙柱</td><td>约束边缘端柱</td><td>YDZ</td><td rowspan="2">墙洞</td><td>矩形洞口</td><td>JD</td></tr>
<tr><td>约束边缘暗柱</td><td>YAZ</td><td>圆形洞口</td><td>YD</td></tr>
<tr><td>约束边缘翼墙柱</td><td>YYZ</td><td rowspan="5">墙梁</td><td>连梁（无交叉暗撑、钢筋）</td><td>LL</td></tr>
<tr><td>约束边缘转角墙柱</td><td>YJZ</td><td>连梁（有交叉暗撑）</td><td>LL（JA）</td></tr>
<tr><td>构造边缘端柱</td><td>GDZ</td><td>连梁（有交叉钢筋）</td><td>LL（JG）</td></tr>
<tr><td>构造边缘暗柱</td><td>GAZ</td><td>暗梁</td><td>AL</td></tr>
<tr><td>构造边缘翼墙柱</td><td>GYZ</td><td>边框梁</td><td>BKL</td></tr>
<tr><td>构造边缘转角墙柱</td><td>GJZ</td><td rowspan="3">墙身</td><td rowspan="3">剪力墙墙身</td><td rowspan="3">Q</td></tr>
<tr><td>非边缘暗柱</td><td>AZ</td></tr>
<tr><td>扶壁柱</td><td>FBZ</td></tr>
</table>

一、柱平法施工图的表示方法

柱平法施工图是在柱平面布置图上采用列表注写方式或截面注写方式来表示柱的截面尺寸和钢筋配置的施工图。柱平面布置图，可采用适当比例单独绘制，也可与剪力墙平面布置图合并绘制。

1. 列表注写方式

列表注写方式是在柱平面布置图上（一般只需采用适当比例绘制一张柱平面布置图，包括框架柱、框支柱、梁上柱和剪力墙上柱），分别在同一编号的柱中选择一个（有时需要选择几个）截面标注几何参数代号；在柱表中注写柱号、柱段起止标高、几何尺寸（含柱截面对轴线的偏心情况）与配筋的具体数值，并配以各种柱截面形状及其箍筋类型图的方式，用来表达柱平法施工图，如图8-22所示。

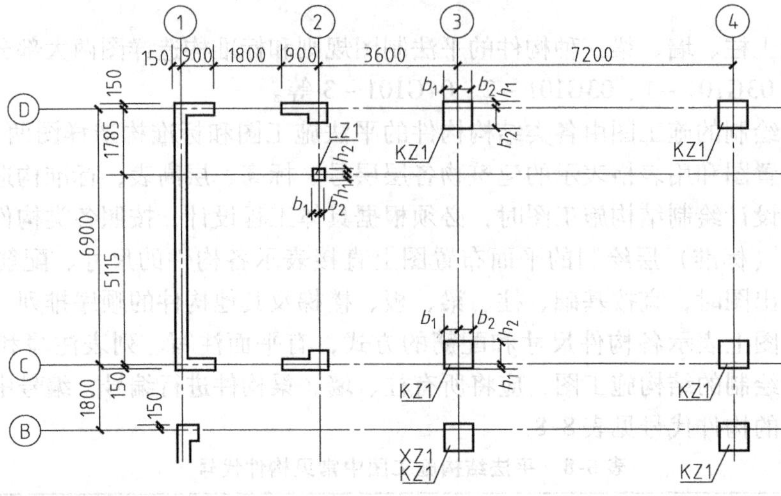

a)

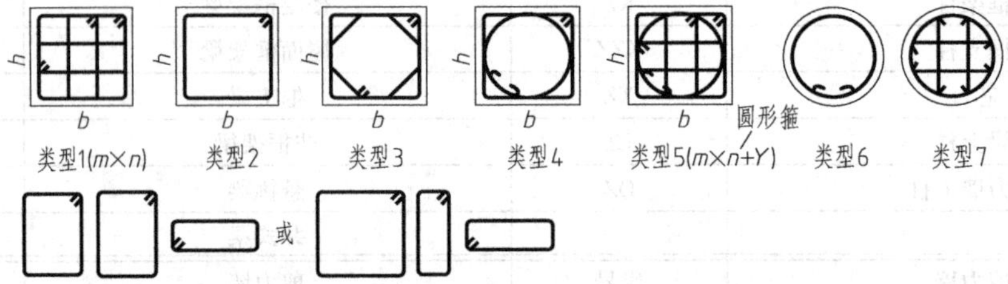

b)

柱号	标 高	($b\times h$) 圆柱直径 d	b_1	b_2	h_1	h_2	全部纵筋	角筋	b边一侧中部筋	h边一侧中部筋	箍筋类型号	箍筋	备 注
KZ1	−0.030~19.470	750×750	375	375	150	550	24Φ25				1 (5×4)	Φ10@100/200	
	19.470~37.470	650×600	325	325	150	450		4Φ22	5Φ22	4Φ20	1 (4×4)	Φ10@100/200	
	37.470~59.070	550×500	275	275	150	350		4Φ22	5Φ22	4Φ20	1 (4×4)	Φ8@100/200	
XZ1	−0.030~8.670						8Φ25				按标准构造详图	Φ10@200	③×Ⓑ轴KZ1中设置
…													

c)

图 8-22　柱平法施工图列表注写方式

a）柱平面布置图　b）箍筋类型图　c）柱表

注写各段柱的起止标高，自柱根部往上以变截面位置或截面未变但配筋改变处为界分段注写。框架柱和框支柱的根部标高是指基础顶面标高；芯柱的根部标高是指根据结构实际需要而定的起始位置标高；梁上柱的根部标高是指梁顶面标高；剪力墙上柱的根部标高分两种：当柱纵筋锚固在墙顶部时，其根部标高为墙顶面标高；当柱与剪力墙重叠一层时，其根部标高为墙顶面往下一层的结构层楼面标高。

1）对于矩形柱，注写柱截面尺寸 $b\times h$ 及与轴线关系的几何参数代号 b_1、b_2 和 h_1、h_2 的具体数值，须对应于各段柱分别注写。其中 $b=b_1+b_2$，$h=h_1+h_2$。当截面的某一边收缩变化至与轴线重合或偏到轴线的另一侧时，b_1、b_2、h_1、h_2 中的某项为零或为负值。对于圆柱，表中 $b\times h$ 一栏改用在圆柱直径数字前加 d 表示。为表达简单，圆柱截面与轴线的关系也用 b_1、b_2 和 h_1、h_2 表示，并使 $d=b_1+b_2=h_1+h_2$。对于芯柱，根据结构需要，可以在某些框架柱的一定高度范围内，在其内部的中心位置设置（分别引注其柱编号）。芯柱截面尺寸按构造确定，并按标准构造详图施工，设计不注，芯柱定位随框架柱走，不需要注写其与轴线的几何关系。

2）注写柱纵筋。当柱纵筋直径相同，各边根数也相同时（包括矩形柱、圆柱和芯柱），将纵筋注写在“全部纵筋”一栏中；除此之外，柱纵筋分角筋、截面 b 边中部筋和 h 边中部筋三项分别注写（对于采用对称配筋的矩形截面柱，可仅注写一侧中部筋，对称边省略不注）。

3）注写箍筋类型号及箍筋肢数时，具体工程所设计的各种箍筋类型图以及箍筋复合的具体方式，须画在表的上部或图中的适当位置，并在其上标注与表中相对应的 b、h 和编上类型号。当为抗震设计时，确定箍筋肢数时要满足对柱纵筋“隔一拉一”以及箍筋肢距的要求。

4）注写柱箍筋，包括钢筋级别、直径与间距。

当为抗震设计时，用“/”区分柱端箍筋加密区与柱身非加密区长度范围内箍筋的不同间距。如Φ10@100/200，表示箍筋为 HPB300 级钢筋，直径为 10mm，加密区间距为 100mm，非加密区间距为 200mm。

当箍筋沿柱全高为一种间距时，则不使用“/”。如Φ10@100，表示箍筋为 HPB300 级钢筋，直径为 10mm，间距为 100mm，沿柱全高加密。

当圆柱采用螺旋箍筋时，需在箍筋前加“L”。

2. 截面注写方式

截面注写方式是在分标准层绘制的柱平面布置图上，分别在同一编号的柱中选择一个截面，以直接注写截面尺寸和配筋具体数值的方式来表达柱平法施工图，如图 8-23 所示。

1）对除芯柱之外的所有柱截面按表 8-8 的规定进行编号，从相同编号的柱中选择一个截面，按另一种比例原位放大绘制柱截面配筋图，并在各配筋图上继其编号后再注写截面尺寸 $b \times h$、角筋或全部纵筋、箍筋的具体数值，以及在柱截面配筋图上标注柱截面与轴线关系 b_1、b_2、h_1、h_2 的具体数值。当纵筋采用两种直径时，须再注写截面各边中部筋的具体数值（对于采用对称配筋的矩形截面柱，可仅在一侧注写中部筋，对称边省略不注）。

2）在截面注写方式中，如柱的分段截面尺寸和配筋均相同，仅分段截面与轴线的关系不同时，可将其编为同一柱号。但此时应在未画配筋的柱截面上注写该柱截面与轴线关系的具体尺寸。

3）在某些框架柱的一定高度范围内，在其内部的中心位置设置芯柱时应编号，并在其编号后注写芯柱的起止标高、全部纵筋及箍筋的具体数值。对于芯柱的其他要求，同“列表注写方式”。

图 8-23 分别表示了框架柱、梁上柱的截面尺寸和配筋。图中编号 KZ1 柱的截面图旁所标注的“650×600”表示柱的截面尺寸，“4Φ22”表示角筋为 4 根直径为 22mm 的 HRB335 级钢筋，“Φ10@100/200”表示所配置的箍筋，直径为 10mm，加密区间距为 100mm，非加密区间距为 200mm；截面上方标注的“5Φ22”，表示 b 边一侧配置的中部筋，截面左侧标注的“4Φ20”表示 h 边一侧配置的中部筋，由于柱截面配筋对称，所以在柱截面图的下方和右侧的标注省略。编号 LZ1 柱的截面图旁所标注的“250×300”表示该柱的截面尺寸，“6Φ16”表示纵筋为 6 根直径为 16mm 的 HRB335 级钢筋，“Φ8@200”表示箍筋为直径 8mm 的 HPB300 级钢筋，间距为 200mm。

二、剪力墙平法施工图的表示方法

剪力墙平法施工图是在剪力墙平面布置图上采用列表注写方式或截面注写方式来表示剪力墙的截面尺寸和钢筋配置的施工图。剪力墙平面布置图可采用适当比例单独绘制，也可与

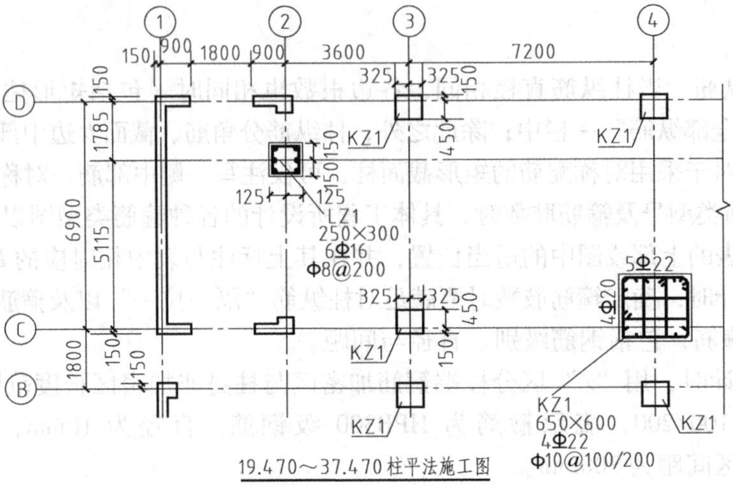

图 8-23　柱平法施工图截面注写方式

柱或梁平面布置图合并绘制。当剪力墙较复杂或采用截面注写方式时，应按标准层分别绘制剪力墙平面布置图。

在剪力墙平法施工图中，应注明各结构层的楼面标高、结构层高及相应的结构层号。对于轴线未居中的剪力墙（包括端柱），应标注其偏心定位尺寸。

1. 列表注写方式

为表达清楚、简便，剪力墙可视为由剪力墙柱、剪力墙身和剪力墙梁三类构件构成。因此，在剪力墙平面布置图上需要对它们分别按表 8-8 进行编号，再分别列出墙柱、墙身、墙梁表。

列表注写方式是分别在剪力墙柱表、剪力墙身表和剪力墙梁表中，对应于剪力墙平面布置图上的编号，用绘制截面配筋图并注写几何尺寸与配筋具体数值的方式来表达剪力墙平法施工图。

1）墙身编号是由墙身代号、序号以及墙身所配置的水平与竖向分布钢筋的排数组成，其中排数应注写在括号内。在编号中，如果若干墙柱的截面尺寸与配筋均相同，仅截面与轴线的关系不同时，可以将其编为同一墙柱号；如果若干墙身的厚度尺寸和配筋均相同，仅墙厚与轴线的关系不同或墙身长度不同时，也可将其编为同一墙身号。

2）剪力墙柱表中表达的内容主要有：编号、墙柱的起止标高、墙柱的截面配筋图、各段墙柱的纵向钢筋和箍筋的规格与间距。

3）剪力墙梁表中表达的内容主要有：编号、墙梁所在的楼层号、墙梁的顶面标高与结构层标高之差、墙梁的截面尺寸、墙梁上部和下部纵筋及箍筋的规格与间距。

4）剪力墙身表中表达的内容主要有：编号、各段墙身起止标高、墙的厚度、一排水平和竖向分布钢筋及拉筋的规格与间距。

图 8-24 所示的是剪力墙平法施工图列表注写方式示例。图 8-24a 给出了结构层楼面标高和层高。从剪力墙柱表中可知编号为 GDZ1 和 GDZ2 的构造边缘端柱、编号为 GYZ2 的构造边缘翼墙（柱）、编号为 GJZ3 的构造边缘转角柱的相关尺寸、标高、纵筋和箍筋配置情况。从剪力墙身表中可知编号为 Q1（2 排）的墙身的标高、厚度、水平分布筋、垂直分布筋和拉筋的配置情况。从剪力墙梁表中可知编号为 LL1 ~ LL4 的连梁所在的楼层、梁顶相对该结构层标高的高差、梁的截面尺寸、梁上下部纵筋和箍筋的配置情况。

结构层平面图中的“YD1”表示剪力墙圆形洞口的编号。根据规范规定，剪力墙上的洞口均可以在剪力墙平面布置图上原位表达，绘制洞口示意，并标注洞口中心的平面定位尺寸。在洞口中心位置应该引注洞口编号、洞口几何尺寸、洞口中心相对标高和洞口每边补强钢筋四项内容，如图 8-24b 中的“$D=200$”表示该圆形洞口的直径为 200mm，“2 层：-0.800，3 层：-0.700”、“其他层：-0.500”表示该圆形洞口中心距离本结构层楼（地）面标高的洞口中心高度，本例中为负值，表示该圆形洞口中心低于本结构层楼面距离。

屋面2	65.670	3.30
塔层2	62.370	3.30
屋面 1（塔层 1）	59.070	3.30
16	55.470	3.60
15	51.870	3.60
14	48.270	3.60
13	44.670	3.60
12	41.070	3.60
11	37.470	3.60
10	33.870	3.60
9	30.270	3.60
8	26.670	3.60
7	23.070	3.60
6	19.470	3.60
5	15.870	3.60
4	12.270	3.60
3	8.670	3.60
2	4.470	4.20
1	-0.030	4.50
-1	-4.530	4.50
-2	-9.030	4.50
层号	标高/m	标高/m

结构层楼面标高
结构层高

a)

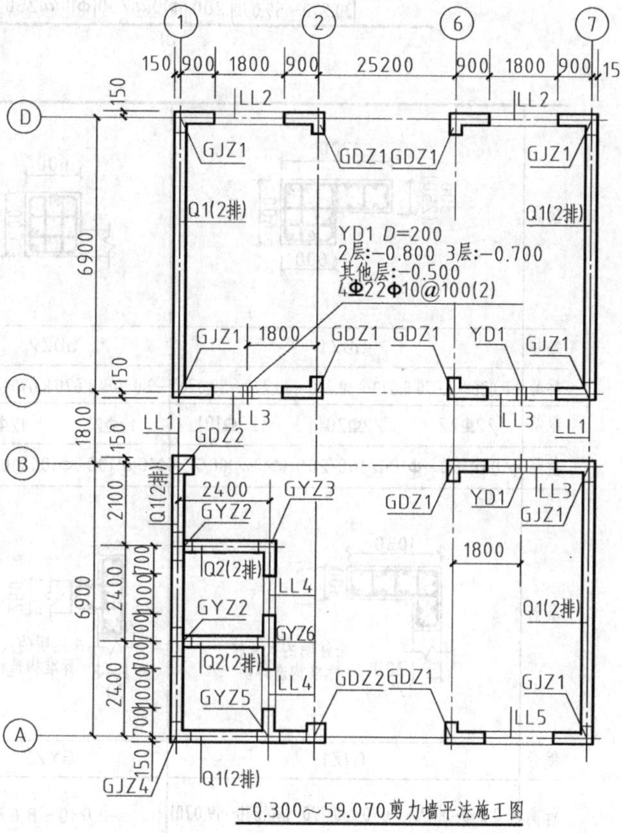

b)

编号	所在楼层号	梁顶相对标高高差	梁截面（$b\times h$）	上部纵筋	下部纵筋	侧面纵筋	箍筋
LL1	2～9	0.800	300×2000	4Φ22	4Φ22	同 Q1 水平分布筋	Φ10@100(2)
	10～16	0.800	250×2000	4Φ20	4Φ20		Φ10@100(2)
	屋面		250×1200	4Φ20	4Φ20		Φ10@100(2)
LL2	3	-1.200	300×2520	4Φ22	4Φ22	同 Q1 水平分布筋	Φ10@150(2)
	4	-0.900	300×2070	4Φ22	4Φ22		Φ10@150(2)
	5～9	-0.900	300×1770	4Φ22	4Φ22		Φ10@150(2)
	10～屋面 1	-0.900	250×1770	3Φ22	3Φ22		Φ10@150(2)
LL3	2		300×2070	4Φ22	4Φ22	同 Q1 水平分布筋	Φ10@100(2)
	3		300×1770	4Φ22	4Φ22		Φ10@100(2)
	4～9		300×1170	4Φ22	4Φ22		Φ10@100(2)
	10～屋面 1		250×1170	3Φ22	3Φ22		Φ10@100(2)
LL4	2		250×2070	3Φ20	3Φ20	同 Q2 水平分布筋	Φ10@120(2)
	3		250×1770	3Φ20	3Φ20		Φ10@120(2)
	4～屋面 1		250×1170	3Φ20	3Φ20		Φ10@120(2)

c)

图 8-24　剪力墙平法施工图列表注写方式
a）结构层楼面标高、高层表　b）结构层平面图　c）剪力墙梁表

编号	标高	墙厚	水平分布筋	垂直分布筋	拉筋
Q1(2排)	-0.030～30.270	300	Φ12@	Φ12@250	Φ6@500
	30.270～59.070	250	Φ10@250	Φ10@250	Φ6@500
Q2(2排)	-0.030～30.270	250	Φ10@250	Φ10@250	Φ6@500
	30.270～59.070	200	Φ10@250	Φ10@250	Φ6@500

d)

截面	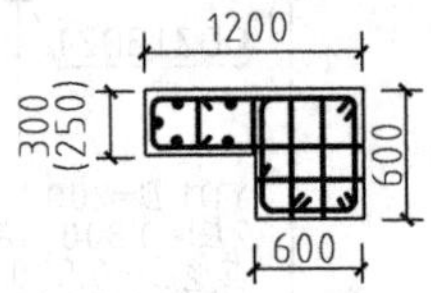	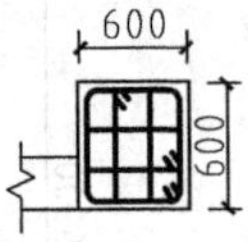	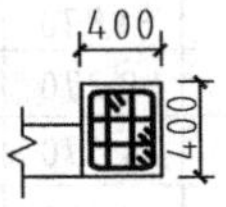
编号	GDZ1	GDZ2	
标高	-0.030～8.670 8.670～30.270 (30.270～59.070)	-0.030～8.670 8.670～59.070	59.070～65.670
纵筋	22Φ22 22Φ20 (22Φ18)	12Φ25 12Φ22	12Φ20
箍筋	Φ10@100 Φ10@100/200 (Φ10@100/200)	Φ10@100 Φ10@100/200	Φ10@100/200
截面	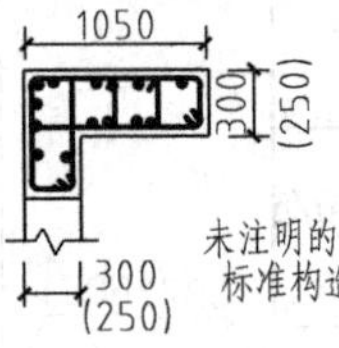 未注明的尺寸按标准构造详图	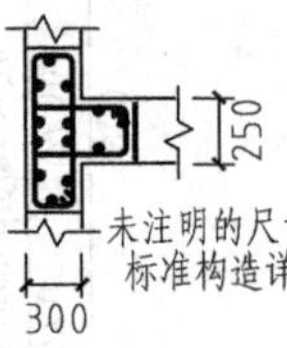 未注明的尺寸按标准构造详图	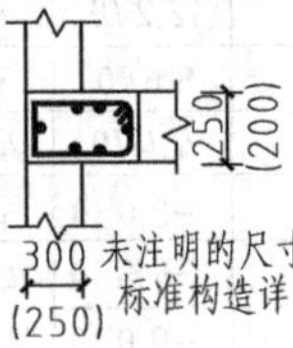 未注明的尺寸按标准构造详图
编号	GJZ1	GYZ2	GJZ3
标高	-0.030～8.670 8.670～30.270 (30.270～59.070)	-0.030～8.670	8.670～30.270 (30.270～59.070)
纵筋	24Φ20 24Φ18 (24Φ16)	20Φ20	10Φ18 (10Φ18)
箍筋	Φ10@100 Φ10@150 (Φ10@150)	Φ10@100	Φ10@150 (Φ10@150)
…			

e)

图 8-24 剪力墙平法施工图列表注写方式（续）
d）剪力墙身表 e）剪力墙柱表

2. 截面注写方式

截面注写方式是在分标准层绘制的剪力墙平面布置图上，以直接在墙柱、墙身、墙梁上注写截面尺寸和配筋具体数值的方式，来表达剪力墙平法施工图。

截面注写方式有两种表示方法。一种是原位注写方式，可以直接在墙柱、墙身、墙梁图上注写；另一种方式，选用适当比例将平面布置图放大后，对墙柱绘制出配筋截面图，再进行注写。不管采用哪一种方法，均应对所有墙柱、墙身和墙梁进行编号，然后分别在相同编号的墙柱、墙身和墙梁中选择一根墙柱、一道墙身、一根墙梁进行注写。注写的内容有：

1）墙柱：编号、截面尺寸及相关几何尺寸、全部纵筋及箍筋。

2）墙身：编号、墙厚尺寸、水平和竖向分布钢筋及拉筋。

3）墙梁：编号、截面尺寸、箍筋、上部和下部纵筋、顶面高差。

图 8-25 是采用截面注写方式完成的剪力墙平法施工图。

三、梁平法施工图的表示方法

梁平法施工图是在梁平面布置图上采用平面注写方式或截面注写方式来表示梁的截面尺寸和钢筋配置的施工图。梁的平面布置图，应分别按梁的不同结构层（标准层），将全部梁和与其相关的柱、墙、板一起采用适当的比例绘制出来，必要时在编号后的括号内还应标注梁顶面标高与标准层楼面标高之差。

1. 平面注写方式

梁的平面注写方式，是在梁平面布置图上，分别在不同编号的梁中各选一根梁，在其上注写截面尺寸和配筋具体数值的方式，来表达梁平法施工图。

平面注写包括集中标注和原位标注两种方式。集中标注注写梁的通用数值，原位标注注写梁的特殊数值。注写前应对所有梁进行编号，梁的编号由梁类型代号、序号、跨数及有无悬挑代号几项组成，如 KL7（5A）表示第 7 号框架梁，5 跨，一端有悬挑；L9（7B）表示第 9 号非框架梁，7 跨，两端有悬挑，但悬挑不计入跨数。

（1）集中标注

1）当采用集中标注时，有五项必须标注的内容及一项选择标注的内容。这五项必须标注的内容是：梁编号、梁的截面尺寸、梁的箍筋、梁上部通长筋或架立筋、梁侧面纵向构造钢筋或受扭钢筋。当集中标注中的某项数值不适用于某梁的某部位时，则将该项数值原位标注，施工时，原位标注取值优先。

梁的截面如图 8-26 所示。如果为等截面，用 $b \times h$（宽 × 高）表示；如果是加腋梁时，用 $b \times h\mathrm{Y}c_1 \times c_2$ 表示，Y 表示加腋，c_1 为腋长，c_2 为腋高，如图 8-26a 所示；如果有悬挑梁且根部和端部的高度不同，用斜线分隔根部与端部的高度值，即为 $b \times h_1/h_2$，如图 8-26b 所示。

2）梁的箍筋，包括钢筋级别、直径、加密区与非加密区间距及肢数等。箍筋加密区与非加密区的不同间距及肢数应用“/”分隔，当箍筋为同一种间距及肢数时，不用“/”，当加密区与非加密区的箍筋肢数相同时，则将肢数注写一次，箍筋肢数应写在括号内。如Φ10@100/200（4）表示箍筋为 HPB300 级钢筋，直径为 10mm，加密区间距为 100mm，非加密区间距为 200mm，均为四肢箍；又如Φ8@100（4）/150（2）表示箍筋为 HPB300 级钢筋，直径为 8mm，加密区间距为 100mm，四肢箍，非加密区间距为 150mm，两肢箍。当抗震结构中的非框架梁、悬挑梁、井字梁及非抗震结构中的各类梁采用不同的箍筋间距及肢数时，也用“/”进行分隔，注写时先注写梁支座端部的箍筋，在“/”后注写梁跨中部分的箍筋间距及肢数。如 13Φ10@150/200（4）表示箍筋为 HPB300 级钢筋，直径为 10mm，梁的两端各有 13 个四肢箍，间距为 150mm，梁跨中部分间距为 200mm，四肢箍。

3）梁上部的通长筋及架立筋，当它们在同一排时，应用加号将通长筋与架立筋连接，注写时应将角部纵筋写在加号的前面，架立筋写在加号后面的括号内。当梁的上部纵筋和下部纵筋为全跨相同且多数跨配筋相同时，该项可以加注下部纵筋的配筋值，用分号将上部与下部纵筋的配筋值分隔开，其含义如下：

屋面2	65.570	3.30
塔层2	62.370	3.30
屋面1 (塔层1)	59.070	3.30
16	55.470	3.60
15	51.870	3.60
14	48.270	3.60
13	44.670	3.60
12	41.070	3.60
11	37.470	3.60
10	33.870	3.60
9	30.270	3.60
8	26.670	3.60
7	23.070	3.60
6	19.470	3.60
5	15.870	3.60
4	12.270	3.60
3	8.670	3.60
2	4.470	4.20
1	-0.030	4.50
-1	-4.530	4.50
-2	-9.030	4.50
层号	标高/m	标高/m

结构层楼面标高
结构层高

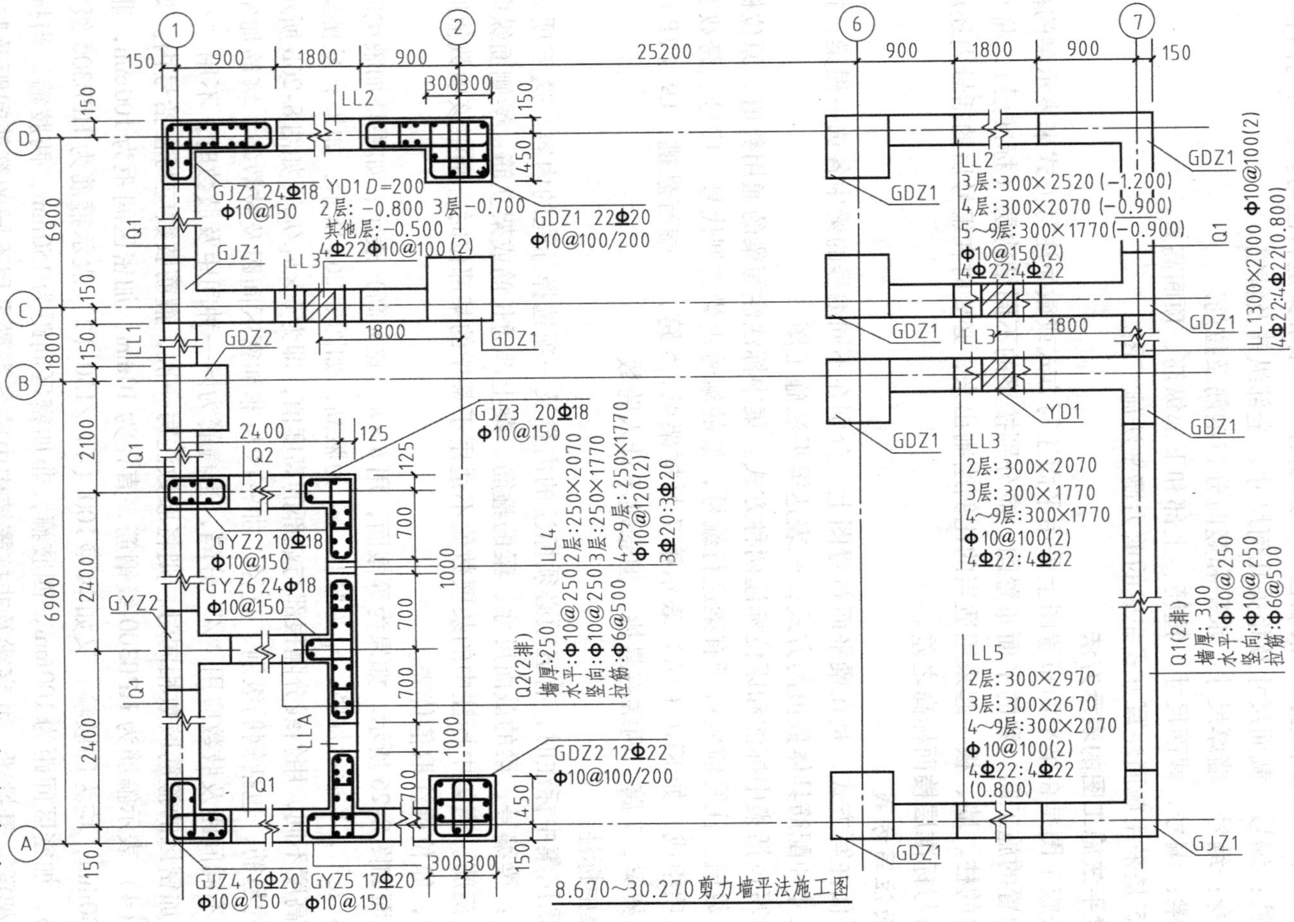

图 8-25　剪力墙平法施工图截面注写方式

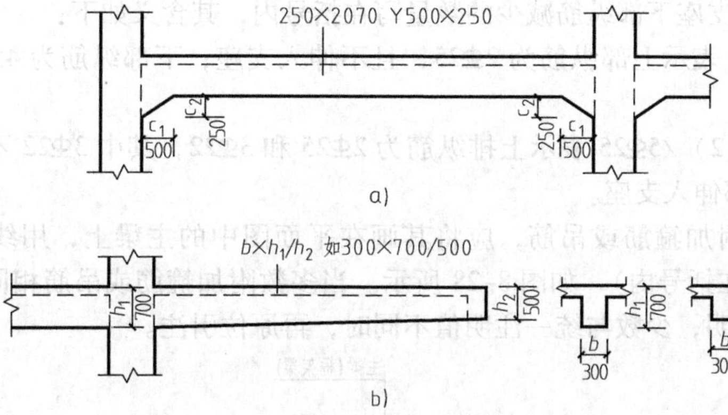

图 8-26　梁的截面尺寸注写

a）加腋梁截面尺寸注写示意　b）悬挑梁不等高截面尺寸注写示意

2Φ25 +2Φ22 表示梁的上部配置了2Φ25 的通长钢筋，同时配置了2Φ22 的架立筋。

3Φ22；3Φ20 表示梁的上部配置了3Φ22 的通长钢筋，下部配置了3Φ20 的通长钢筋。

4）梁侧面纵向构造钢筋或受扭钢筋配置的注写，应按以下要求设计：当梁腹板高度 h_w ≥450mm 时，需配置纵向构造钢筋，在配筋数量前加“G”，注写的钢筋数量为梁两个侧面的总配筋值，为对称配置，如 G4Φ12 表示梁的两个侧面共配置了 4 根直径为 12mm 的 HPB300 级钢筋，每侧各配置 2 根；当梁侧面配置受扭纵向钢筋时，在配筋数量前加“N”，注写的钢筋数量为梁两个侧面的总配筋值，为对称配置。

梁顶面标高高差，是指相对于结构层楼面标高的高差值，对于位于结构夹层的梁，则指相对于结构夹层楼面标高的高差。若有高差，需将其写入括号内，无高差时则不注。当某梁的顶面高于所在结构层的楼面标高时，其标高高差为正值，反之为负值。

（2）原位标注　原位标注通常主要标注梁支座上部纵筋（指该部位含通长筋在内的所有纵筋）及梁下部纵筋，或当梁的集中标注内容不适用于等跨梁或某悬挑部分时，则以不同数值标注在其附近。

1）对于梁支座上部的纵筋，当多于一排时，用斜线将各排纵筋自上而下分开，如图 8-27 所示；当同排钢筋有两种直径时，用加号将两种直径的纵筋相连，注写时将角部纵筋写在前面；当梁中间支座两边的上部纵筋不同时，需在支座两边分别标注，当梁中间支座两边的上部纵筋相同时，可仅在支座一边标注配筋值，另一边省略不注。

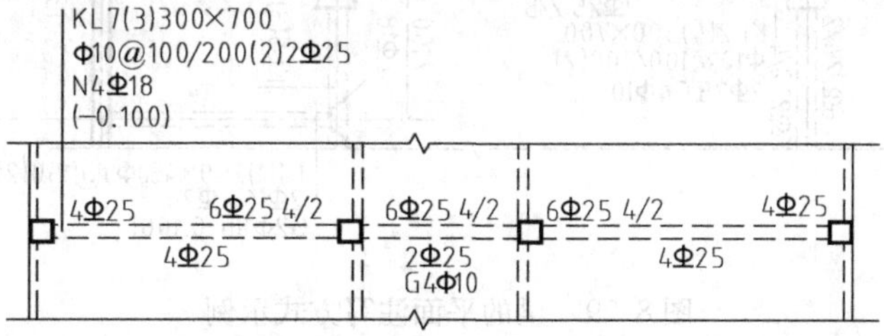

图 8-27　梁的原位标注

2）对于梁下部纵筋，当多于一排时，用斜线将各排纵筋自上而下分开；当同排钢筋有两种直径时，用加号将两种直径的纵筋相连，注写时将角部纵筋写在前面；当梁下部纵筋不全伸入支座时，将梁支座下部纵筋减少的数量写在括号内，其含义如下：

6Φ25 2（−2）/4 表示上部纵筋为 2Φ25，且不伸入支座；下部纵筋为 4Φ25，全部伸入支座。

2Φ25 + 3Φ22 （−2）/5Φ25 表示上排纵筋为 2Φ25 和 3Φ22，其中 3Φ22 不伸入支座；下部纵筋为 5Φ25，全部伸入支座。

3）对于梁中的附加箍筋或吊筋，应将其画在平面图中的主梁上，用线引注中配筋值（附加箍筋的肢数注在括号内），如图 8-28 所示。当多数附加箍筋或吊筋相同时，可以在梁平法施工图上统一注明，少数与统一注明值不同时，再原位引注。

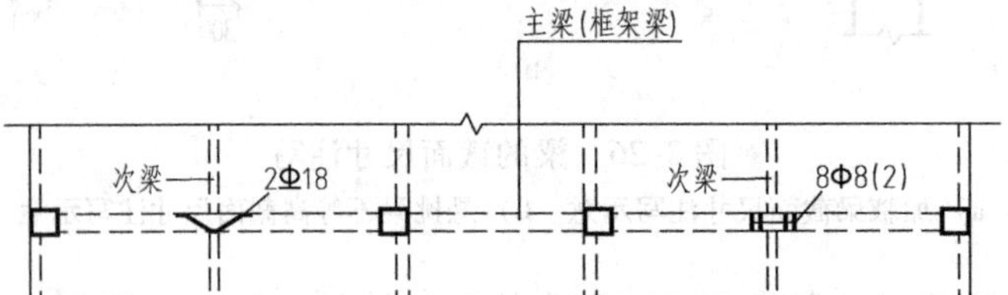

图 8-28　附加箍筋和吊筋的画法

图 8-29 是采用平面注写方式画出的某建筑结构的一部分梁平法施工图。从图中可知，该图中共有 KL1、KL2、KL5 三种楼层框架梁，有 L1、L3、L5 三种非框架梁。

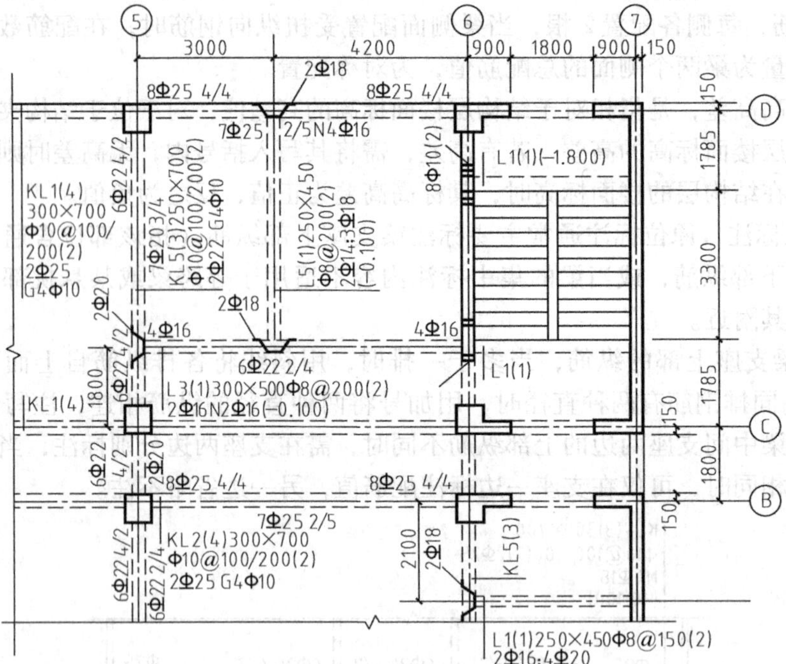

图 8-29　梁的平面注写方式示例

KL1 的截面为 300mm × 700mm，箍筋为Φ10@ 100/200（2），4 跨，梁上部和下部均有两排纵向钢筋，梁上部第一排为 4 根直径为 25mm 的 HRB335 级钢筋，第二排也为 4 根直径为 25mm 的 HRB335 级钢筋，共 8 根；梁下部第一排为 2 根直径为 25mm 的 HRB335 级钢筋，第二排为 5 根直径为 25mm 的 HRB335 级钢筋，共 7 根。KL1 两侧各配置了 2Φ10 的构造钢筋，在 KL1 与 L5 的连接处，KL1 两侧还分别配置了 2 根直径为 16mm 的受扭钢筋。

KL2 的截面为 300mm × 700mm，箍筋为Φ10@100/200（2），4 跨，梁上部和下部均有两排纵向钢筋，梁上部第一排为 4 根直径为 22mm 的 HRB335 级钢筋，第二排也为 2 根直径为 22mm 的 HRB335 级钢筋，共 6 根；梁下部第一排为 3 根直径为 20mm 的 HRB335 级钢筋，第二排为 4 根直径为 20mm 的 HRB335 级钢筋，共 7 根。KL2 两侧各配置了 2Φ10 的构造钢筋。

KL5 的截面为 250mm × 700mm，箍筋为Φ10@100/200（2），3 跨，梁上部和下部均有两排纵向钢筋，梁上部第一排为 4 根直径为 22mm 的 HRB335 级钢筋，第二排也为 2 根直径为 22mm 的 HRB335 级钢筋，共 6 根；梁下部第一排为 3 根直径为 22mm 的 HRB335 级钢筋，第二排为 4 根直径为 22mm 的 HRB335 级钢筋，共 7 根。KL5 两侧各配置了 2Φ10 的构造钢筋。

L1、L3、L5 均为单跨非框架梁，其内部的钢筋配置情况参见图中注写。

4）在多跨梁的集中标注中如果已注明加腋，而该梁某跨的根部不需要加腋时，应该在该跨原位标注等截面的 $b \times h$，以修正集中标注中的加腋信息，如图 8-30 所示。

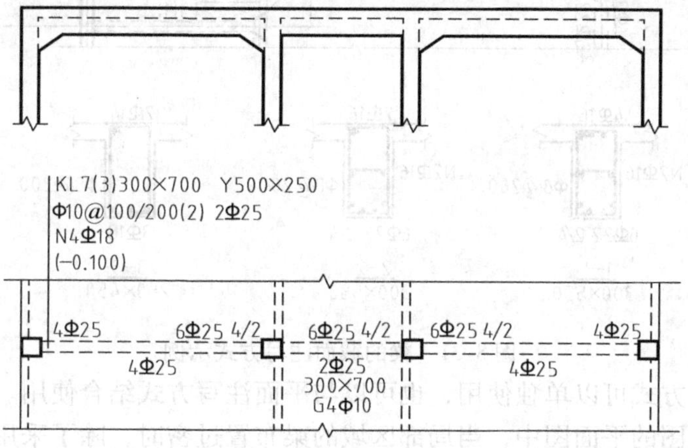

图 8-30　梁加腋平面注写方式表达示例

2. *截面注写方式*

梁的截面注写方式是在分标准层绘制的梁平面布置图上，分别在不同编号的梁中各选择一根梁用剖面号（单边截面号）引出配筋图，并在其上注写截面尺寸和配筋具体数值的方式来表达梁平法施工图。在画出的截面配筋详图上应注写截面尺寸 $b \times h$、上部筋、下部筋、侧面构造筋或受扭筋，以及箍筋的具体数值，表达形式同“平面注写方式”。

图 8-31 中从平面布置图上分别引出了 3 个不同配筋的截面图，各图中表示了梁的截面尺寸和配筋情况。从 1 − 1 截面图中可知，该截面尺寸为 300mm × 550mm，梁上部配置了 4 根直径为 16mm 的 HRB335 级钢筋；下部配置了双排钢筋，上边一排为 2 根直径为 22mm 的 HRB335 级钢筋，下边一排为 4 根直径为 22mm 的 HRB335 级钢筋；该梁还配置了 2 根直径为 16mm 的受扭钢筋，梁内的箍筋为Φ8@200。从 2 − 2 截面图中可知，该截面配筋中除梁上部的配筋变为 2 根直径为 16mm 的 HRB335 级钢筋外，其余均与 1 − 1 截面配筋相同。从3 − 3截面图中可知，该截面尺寸为 250mm × 450mm，梁上部配置了 2 根直径为 14mm 的 HRB335 级钢筋，梁下部配置了 3 根直径为 18mm 的 HRB335 级钢筋，梁内的箍筋为Φ8@200。

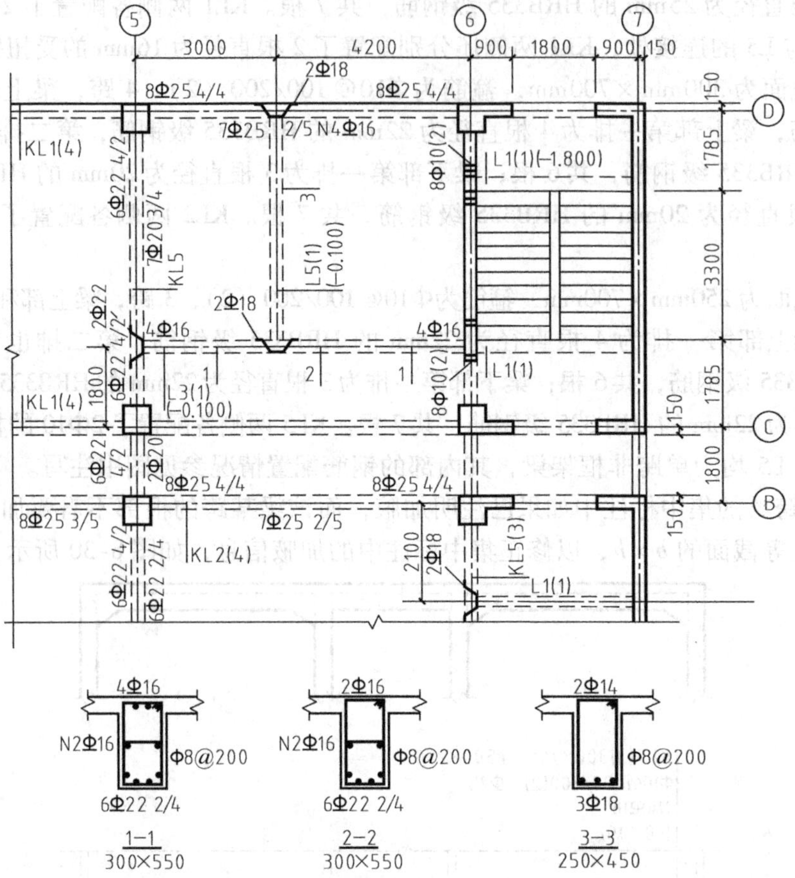

图 8-31 梁的截面注写方式示例

梁的截面注写方式可以单独使用，也可以与平面注写方式结合使用。

在梁平法施工图的平面图中，当局部区域的梁布置过密时，除了采用截面注写方式表达外，也可以将过密区用虚线框出，适当放大比例后再用平面注写方式表示。

当表达异型截面梁的尺寸与配筋时，用截面注写方式相对比较方便。

第六节 钢结构施工图简介

钢结构是由各种形状的型钢组合连接而成的建筑结构形式。表 8-9 列出了一些常用的型钢及其标注方法。

表 8-9 常用的型钢及其标注方法

序号	名称	符号	标注	说明
1	等边角钢	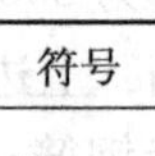	∟$b \times d$	b 为肢宽，d 为肢厚
2	不等边角钢		∟$B \times b \times d$	b 为长肢宽

（续）

序号	名称	符号	标注	说明
3	工字钢		IN，QIN	轻型工字钢时加注 Q 字
4	槽钢		[N，Q[N	轻型槽钢时加注 Q 字
5	方钢	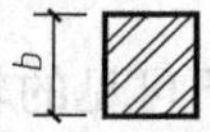	□b	
6	扁钢	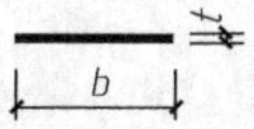	$-b\times t$	
7	钢板		$-t$	
8	圆钢		ϕd	
9	钢管		$\phi d\times t$	t 为管壁厚
10	薄壁方钢管		B□$h\times t$	薄壁型钢时加注 B 字
11	薄壁等肢角钢		B∟$b\times t$	
12	薄壁等肢边角钢	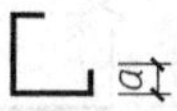	B∟$b\times a\times t$	
13	薄壁槽钢	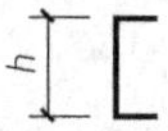	B[$h\times b\times t$	
14	薄壁卷边槽钢	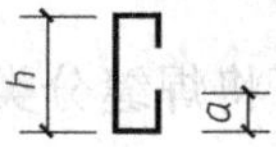	B⊏$h\times b\times a\times t$	
15	薄壁卷边 Z 型钢		B⋝$h\times b\times a\times t$	
16	起重机钢轨		QU××	××为起重机钢轨型号
17	轻轨和钢轨		××kg/m 钢轨	××为轻轨和钢轨型号

一、型钢的特点

钢结构的钢材是由轧钢厂按标准规格（型号）轧制而成的，统称型钢。由于钢结构承载力大，所以常用于高层和超高层建筑、大跨度单体建筑、工业厂房、大跨度桥梁等。钢结构与其他材料建造的结构相比，具有重量轻、强度高、可靠性高、抗震性能好以及有利于工厂化生产和缩短建设工期等优点。

钢结构施工图包括构件的总体布置图和钢结构节点详图。总体布置图表示整个钢结构构件的布置情况，一般用单线条绘制并标注几何中心线尺寸；钢结构节点详图包括构件的截面尺寸、类型以及节点的连接方式等。

此外，根据国标规定，钢结构图中的可见或不可见的轮廓线分别以中粗实线或中粗虚线表示，可见或不可见的螺栓、钢支撑及杆件分别以粗实线或粗虚线表示，柱间支撑、垂直支撑等以粗单点长画线表示。

二、钢材的连接方法

在钢结构施工中，通常将型钢构件连接成整体结构来承受建筑的荷载，连接包括焊接、螺栓连接、铆接，其中螺栓连接分为普通螺栓和高强度螺栓连接。

1. *焊接代号及标注*

在焊接的钢结构图中，常采用焊缝代号表示焊缝的位置、形式和尺寸，焊缝代号应符合《建筑结构制图标准》的规定，它主要由引出线、图形符号和补充符号组成，如图 8-32 所示。

标注构件中较长的角焊缝时，可不用指引线标注，直接将焊缝尺寸 K 标注在焊缝旁，如图 8-33 所示。

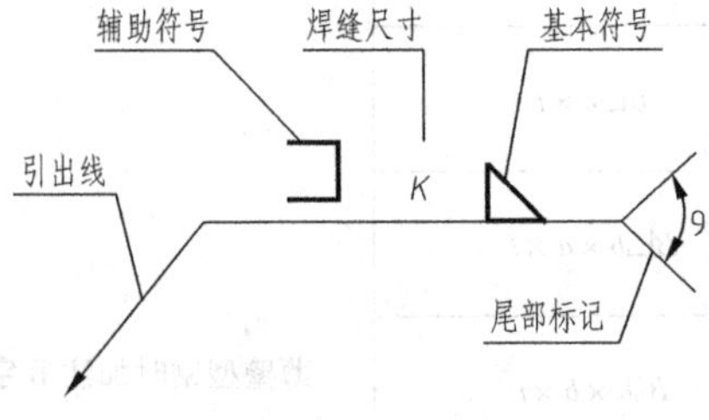

图 8-32　焊缝代号

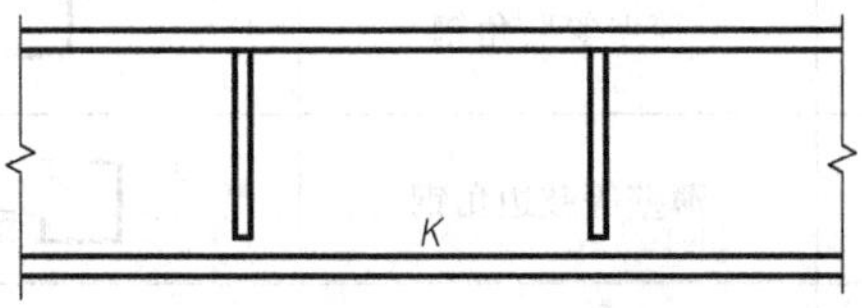

图 8-33　较长焊缝的标注

在同一图形中，当有多种相同的焊缝时，可将焊缝分类编号，采用大写拉丁字母 A、B、C、…，如图 8-34 所示。

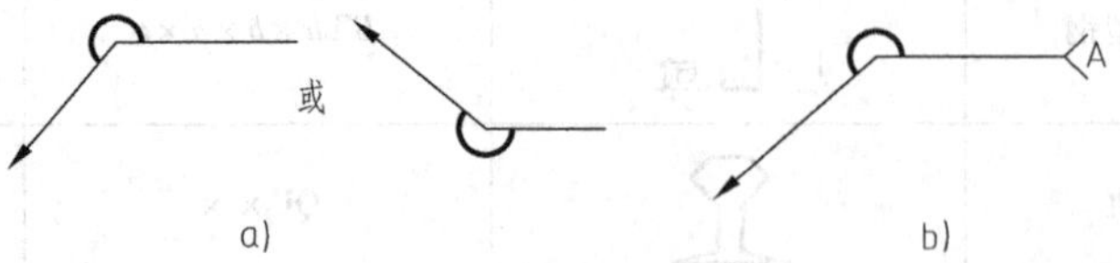

图 8-34　相同焊缝的表示方法

常见焊缝形式和标注方法见表 8-10。

表 8-10　常见焊缝形式和标注方法

	角焊缝			对接焊缝		塞焊缝	围焊	
	双面焊缝	安装焊缝	相同焊缝	单面焊缝	双面焊缝		三面围焊	环绕焊缝
形式	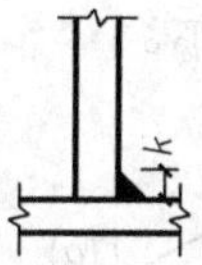		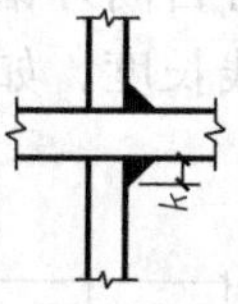	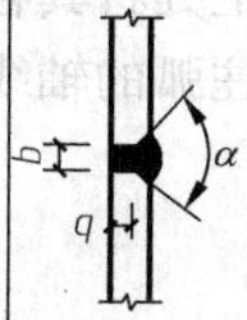	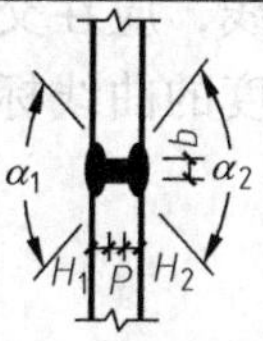		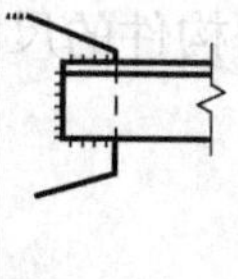	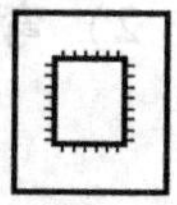
标注方法	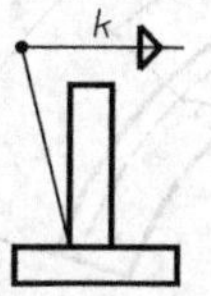		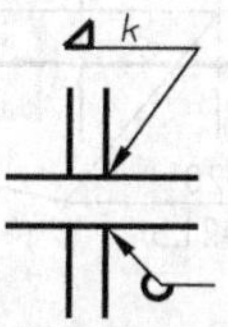	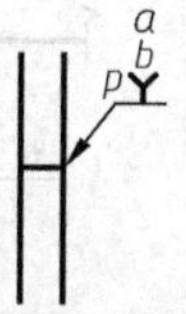	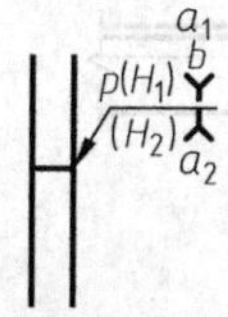	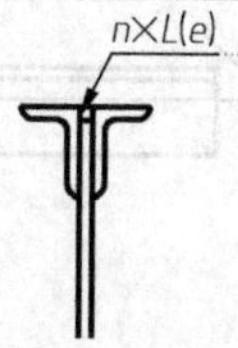	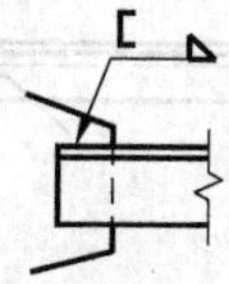	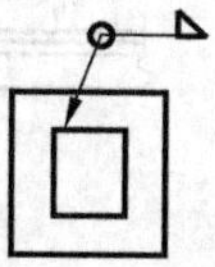
说明	●表示熔透角焊缝	表示现象施焊	表示两个焊缝的各参数相同。3个和3个以上焊件弧焊不得注双面焊缝	对接焊件中只有一个带坡口时，引线箭头指向带坡口的焊件	$H_1=H_2$、$a_1=a_2$时，只需在横线上方标注焊缝符号和尺寸	n为焊缝段，L为焊缝长度，e为焊缝间距	开口指向未施焊一面	环绕构件周围施焊

2. 螺栓连接及标注方法

螺栓连接及标注方法见表 8-11。

表 8-11　螺栓连接及标注方法

序　号	名　　称	图　　例	说　　明
1	永久螺栓	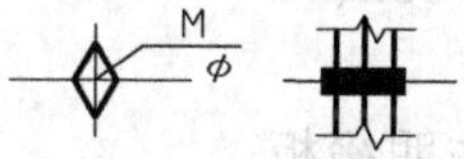	1. 细“+”线表示定位线 2. M 表示螺栓型号 3. ϕ 表示螺栓孔直径 4. d 表示膨胀螺栓、电焊铆钉直径 5. 采用引出线标注螺栓时，横线上标注螺栓规格，横线下标注螺栓孔直径
2	高强螺栓	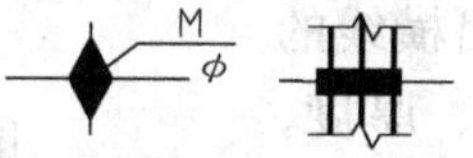	
3	安装螺栓	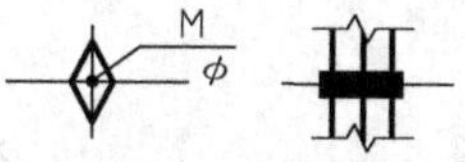	
4	胀锚螺栓	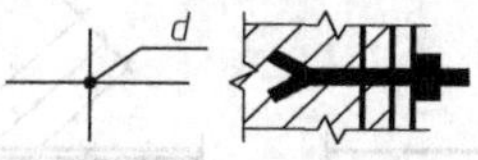	
5	圆形螺栓孔	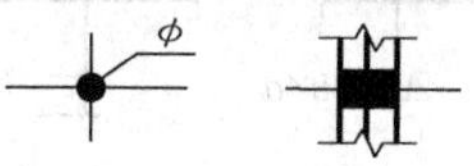	
6	长圆形螺栓孔	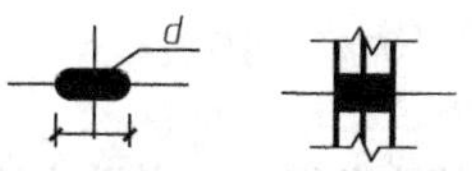	
7	电焊铆钉	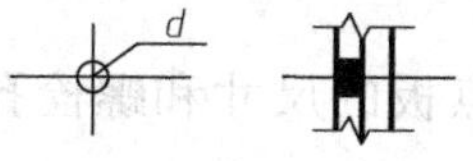	

三、尺寸标注

钢结构构件的加工和连接安装要求较高，因此标注尺寸时应准确、清楚、完整。钢结构图的尺寸标注方法为：

1）两构件的两条很近的重心线，应在交汇处将其各自向外错开，如图 8-35 所示。

2）弯曲构件的尺寸应沿其弧度的曲线标注弧的轴线长度，如图 8-36 所示。

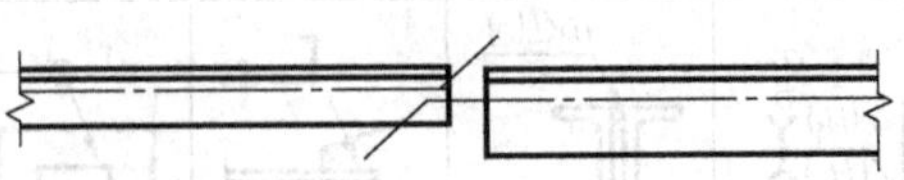

图 8-35　两构件重心线不重合

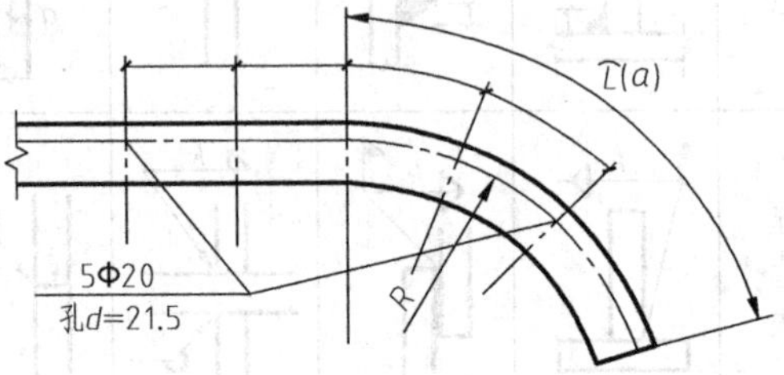

图 8-36　弯曲构件的标注方法

3）切割的板材，应标注各个线段的长度位置，如图 8-37 所示。

4）不等边角钢的构件，必须标注出角钢一肢的尺寸，如图 8-38a 中的 B。

5）节点尺寸，应注明节点板的尺寸和各构件螺栓孔中心或中心距，以及构件端部至几何中心线交点的距离，如图 8-38a、b 所示。

6）双型钢组合截面的构件，应注明缀板的数量及尺寸，如图 8-39 所示。引出横线的上方标注缀板的数量及缀板的宽度、厚度，引出横线的下方标注缀板的长度尺寸。

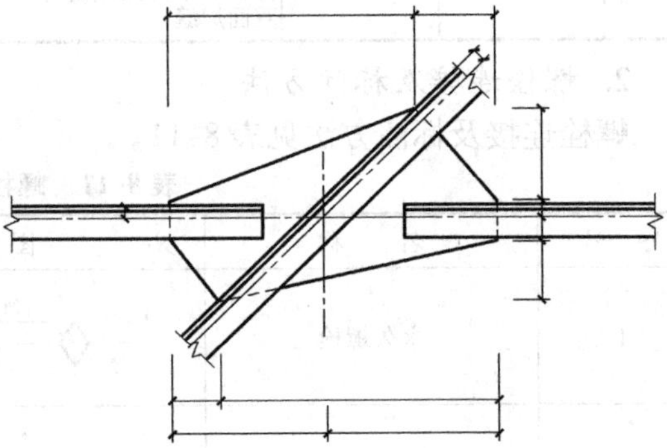

图 8-37　切割板材的标注方法

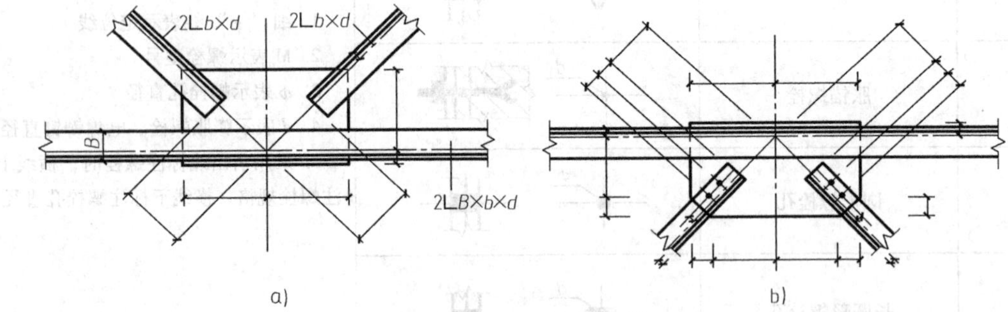

图 8-38　不等边角钢和节点尺寸的标注方法

7）非焊接的节点板，应注明节点板的尺寸和螺栓孔中心及与几何中心线交点的距离，如图 8-40 所示。

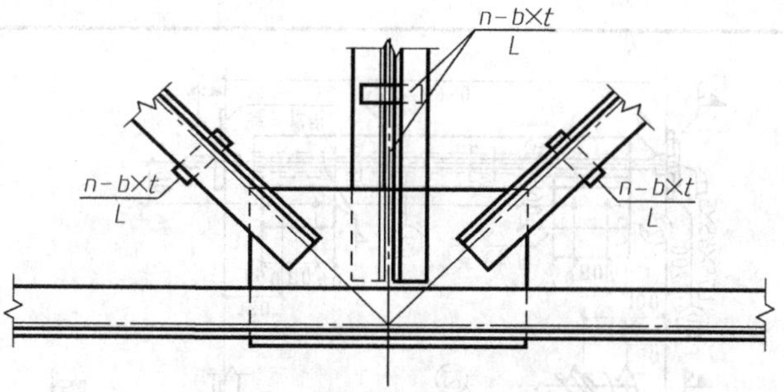

图 8-39　缀板的标注方法

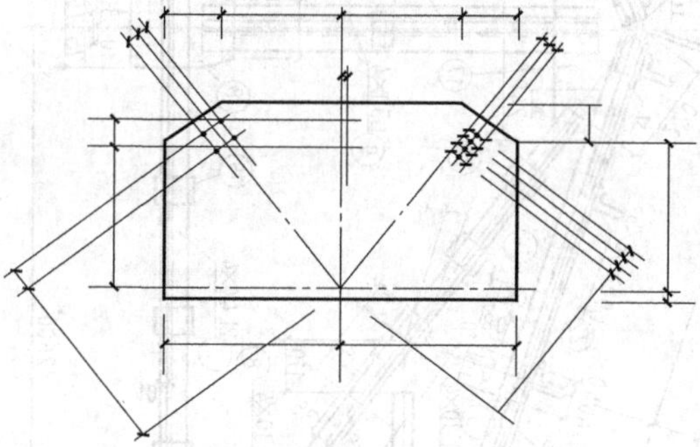

图 8-40　非焊接节点板尺寸的标注方法

四、钢屋架结构施工图实例

图 8-41 是跨度为 12m 的三角形钢屋架详图，它由屋架几何尺寸及内力图、屋架详图、节点详图及材料表组成。

1. 屋架几何尺寸及内力图

由图 8-41 可见，图中标注了屋架的跨度、高度、各杆件的轴线几何长度及结构形式。左半部沿着杆件方向直接标注了杆件轴线的几何尺寸（单位为 mm）；右半部分标注了各杆件的内力（单位为 kN），并以前面的正负号区别杆件受拉或受压，其中正号可省略。

2. 屋架详图

屋架详图主要表明各杆件的规格、组成、连接方式、节点构造及详细尺寸等。由于杆件长细比较大，为了将细部表达清楚，常采用两种比例，轴线长度采用较小的比例（如 1∶20），杆件断面则采用较大的比例（如 1∶10）。

如图 8-41 所示，钢屋架详图以立面为主，由于该屋架对称，故采用了对称画法，图中分别画出了上弦平面图，屋架端节点剖面图及跨中腹杆侧面图，并对各杆件进行编号，以便编制材料表。材料表是制作钢屋架时备料的依据。

由图 8-41 可知，1 号杆件为上弦杆，是由两根等肢角钢（2∟63×5）组成的 T 形截面；2 号杆件为下弦杆，由两根等肢角钢（2∟40×4）组成的倒 T 形截面。3～8 号杆均为腹杆，分别由一根或两根等肢角钢，组成 L 形或 T 形截面，9 号杆也是腹杆，其截面形式为十字形，由两根等肢角钢（2∟30×4）组成。10 号杆件为屋脊连接件采用不等肢角钢∟75×45×5，长度 200mm，22 号杆件为檩条，其长度为 210mm，由 3－3 断面图可看出。11～21 号分别为节点板及缀板，23 号为屋架垂直支撑连接件。

所有构件的长度、定形尺寸、规格及数量均可由材料表查出，本图材料表略。

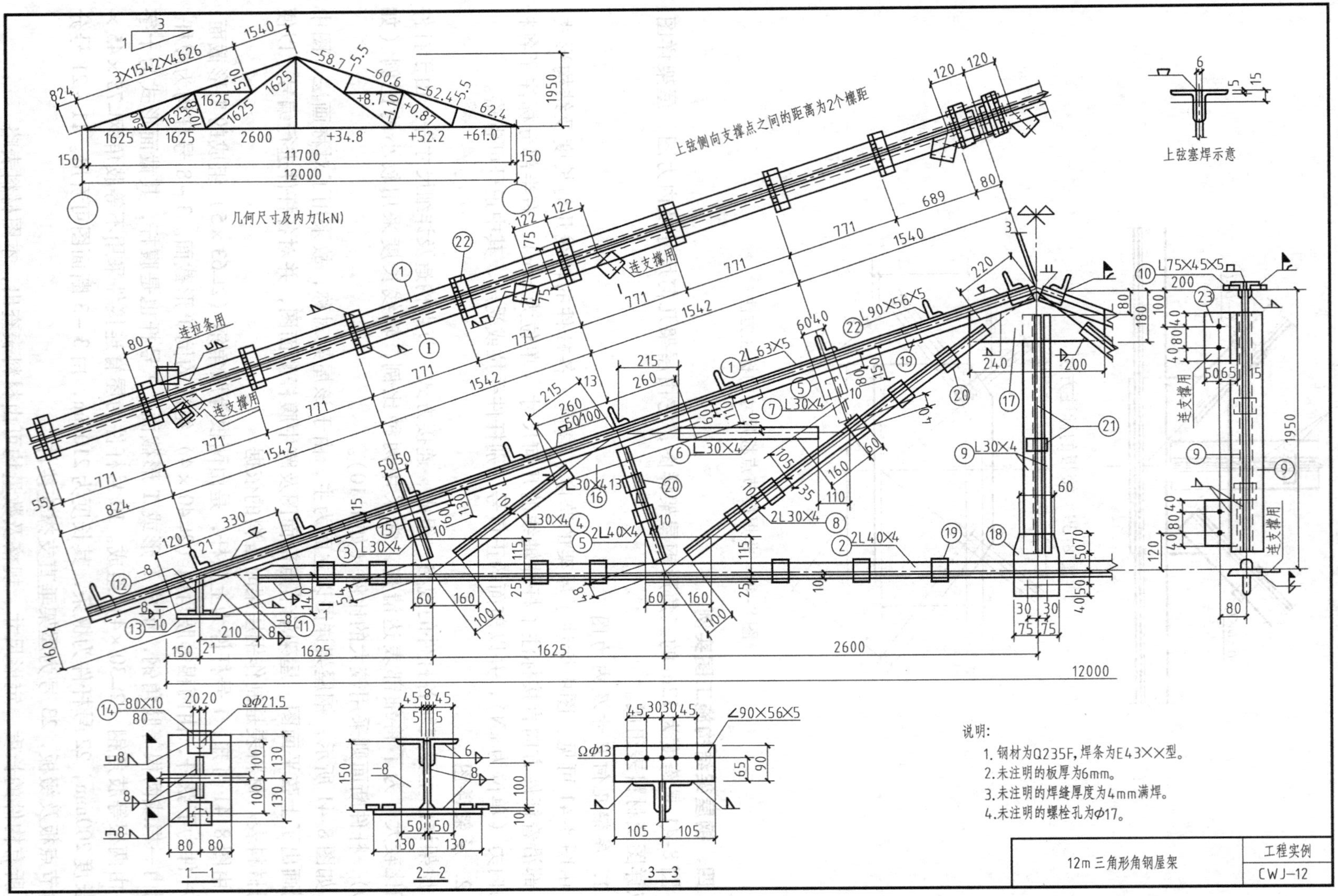

图 8-41　跨度为 12m 的三角形钢屋架详图

第九章　建筑装饰施工图

第一节　概　　述

建筑装饰施工图的绘制是建筑装饰和室内外环境设计程序中的一个重要环节，建筑装饰施工图是建筑装饰工程不可缺少的重要技术资料，是工程技术人员用来表达思想、进行交流的语言，是在施工中分析问题和解决问题的重要依据。所以建筑装饰施工图的绘制是建筑装饰设计方案进一步的细化，同时也是指导装饰施工，保障工程项目实现的前提。正确的识读和绘制建筑装饰施工图是所有学习和从事建筑装饰工程设计的人员都必须掌握的重要技能。

规范的建筑装饰施工图可以借助一系列的图样，将建筑物的艺术造型、空间构成、内部布置、材料做法等以及其他施工要求，准确而详尽地表达出来，并且规范的建筑装饰施工图可以作为装饰施工的依据。由于建筑制图是装饰制图的基础，建筑装饰施工图中主要表示室内空间的功能布局、家具和各种固定隔断的布置、各种构配件的形状大小、位置关系，以及室内空间的立面造型、材料做法等。在装饰施工图中这些内容都应该符合建筑制图的正投影原理及符合 GB/T 50001—2010 和《房屋建筑制图统一标准》 GB/T 50104—2010《建筑制图标准》的规定。

本章主要介绍装饰施工图的绘制方法，了解工程设计的基本程序，掌握施工图设计所应提供的基本图样及图表的绘制方法，熟悉图面整理与编图工作，以增强人们识读和绘制能力。

建筑装饰施工图的图样主要包括图样目录、装饰装修说明或设计说明、平面功能布置图、楼地面材料铺装图、顶棚镜面装修图、装修立面图、剖面图、细部装修的详图和节点图等。如果装饰后原建筑的部分结构或室内的功能划分有变动时，还应绘制出原建筑平面图和建筑物室内拆、砌墙图。

绘制建筑装饰施工图时，如果装饰方案没有改变原有建筑结构，往往不用画出原有建筑结构（画立面图时，可不用画出原有建筑结构，有时画平面图时也可将原有建筑结构省去不画）。由于建筑装饰施工图的有些图样要绘制得比较翔实、细腻，需要采用较小尺度绘制，所以一般绘图的比例比建筑施工图的比例要大得多，多采用 1:50、1:30、1:20、1:10、1:5 等比例。为了使绘制的装饰施工图表现力更强，常在平面图、立面图布置施工图中绘出物体的阴影，加上相关的配景，使图样具有一定的艺术感染力，便于施工人员的理解和体会。建筑装饰施工图和建筑施工图相比较，建筑装饰施工图可采用的标准图较少，大多数的详图和节点图需要设计师单独画出来加以说明，施工人员才能明白设计意图。建筑装饰施工图中绘制的家具陈设等内容往往具有很大程度的不确定性，图中所示的可移动的家具、灯具、家电、陈设等物品的摆放位置一般只是一个大概的构想，具体的实现靠房屋的使用者来定。

建筑装饰施工图是在建筑施工图的基础上绘制的，图样中绝大多数的图例和建筑施工图的相同，比如门窗、柱、墙等。

表 9-1 为室内家具、设施常见图例。

表 9-1　室内家具、设施常见图例

序号	名称	图　　例
1	双人床	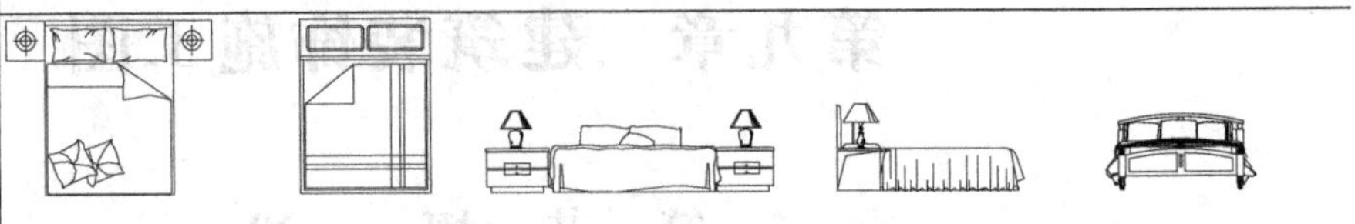 双人床的平面表示　双人床的立面表示
2	单人床	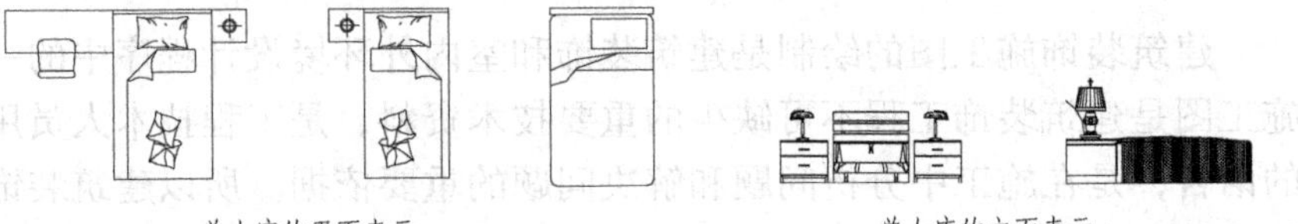 单人床的平面表示　单人床的立面表示
3	沙发的平面表示	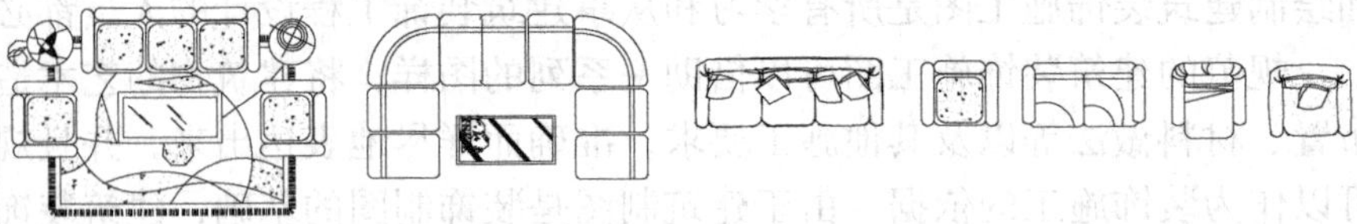
4	沙发的立面表示	
5	餐桌的平面表示	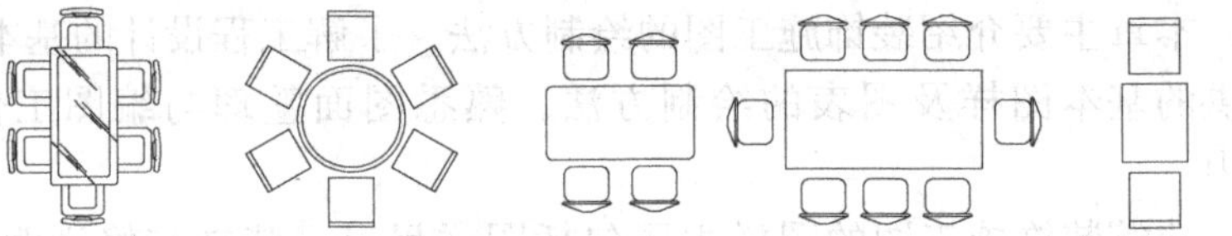
6	餐桌的立面表示	
7	柜类的平面表示	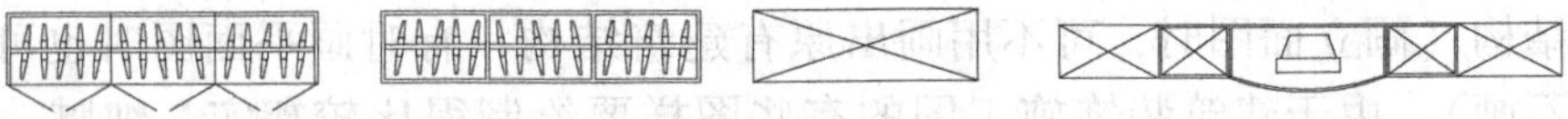
8	柜类的立面表示	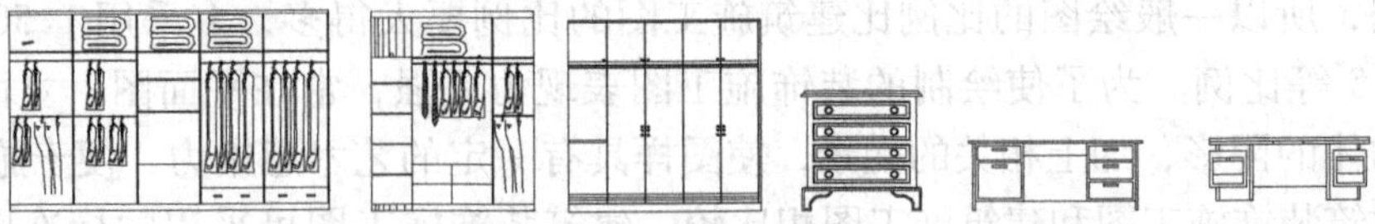
9	家用电器	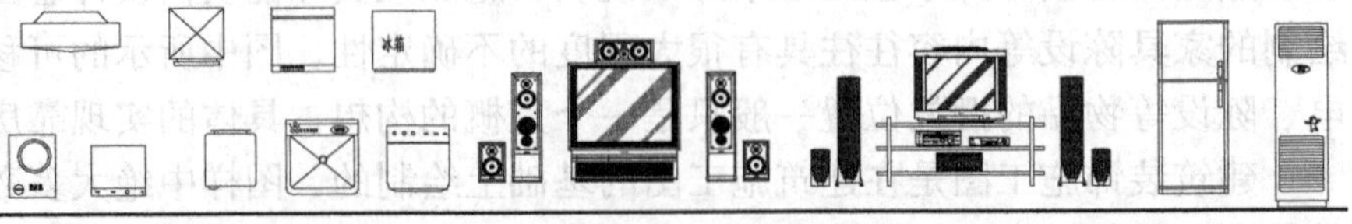

注：表中的图例画法不是唯一的，还有多种表示方式，图文有限就不在表中详细列出。

表 9-2 为室内陈设常见图例。

表 9-2　室内陈设常见图例

序号	名称	图　例
1	植物配景平面表示	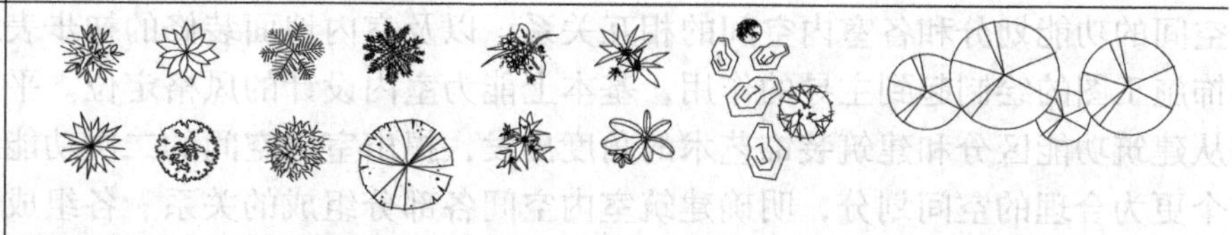
2	植物配景立面表示	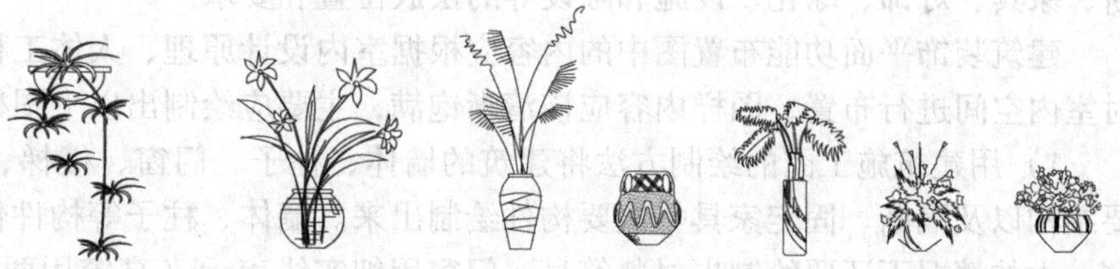
3	灯具的平面表示	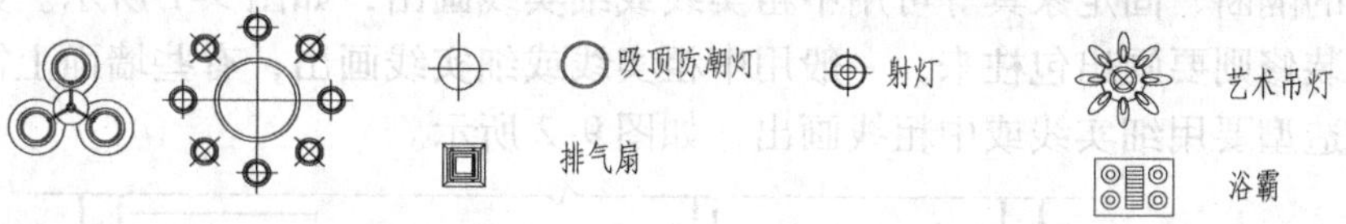
4	灯具的立面表示	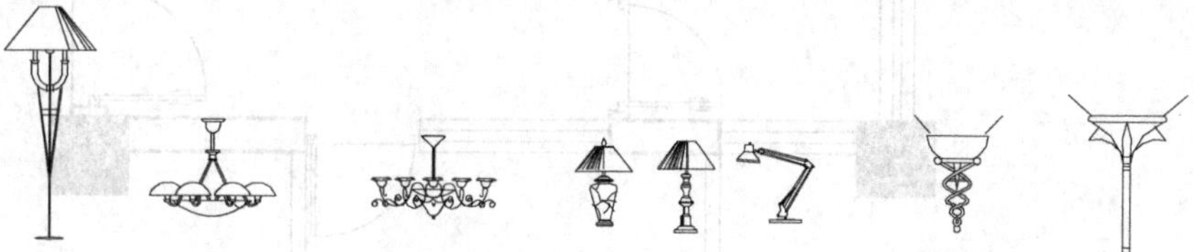
5	艺术品	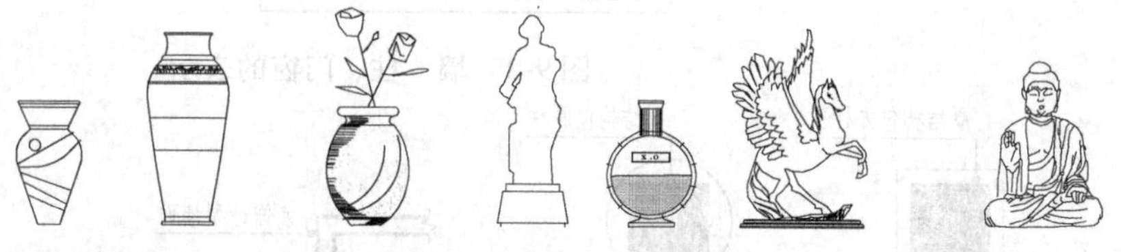

注：表中的图例画法不是唯一的，还有多种表示方式，图文有限就不在表中详细列出。

第二节　建筑装饰平面图

建筑装饰平面图主要包括平面功能布置图（简称功能布置图）、地面材料铺装图（简称地铺图）及顶棚镜面装修图（又称顶棚平面图）。当地面装修材料及装修较简单时，可以在平面功能布置图上直接绘制出地铺图的内容。

建筑装饰平面图与建筑施工平面图的形成方法完全相同，就是用一个假想的水平面，在约高于窗台的位置将房间剖切开，并将房间的上部移开，利用正投影的原理和形体的剖面图的画法和规定，由上往下投影将剩余部分的正投影图画出。它和建筑施工图不同的是在平面图内除了要画出墙体、柱、门窗等建筑构配件外，主要画出室内空间的各个要素，如空间的功能划分和布局、家具的陈设、各个界面的做法等，主要表达室内空间的内容。

一、平面功能布置图

平面功能布置图是建筑装饰设计在方案设计阶段的主要图样，它主要详尽地图示出室内空间的功能划分和各室内空间的相互关系，以及室内地面装修的初步表示，对后期的室内装饰施工图的绘制起到主导的作用，基本上能为室内设计的风格定位。平面功能布置图主要是从建筑功能区分和建筑装饰艺术的角度出发，提出室内空间的二次功能划分方案，规划出一个更为合理的空间划分，明确建筑室内空间各部分组成的关系、各组成部分的铺装、固定隔断、家具、灯饰、绿化、设施和陈设等的摆放位置和要求。

建筑装饰平面功能布置图中的内容应根据室内设计原理、人体工程学、用户使用的要求对室内空间进行布置，图样内容应该清晰饱满，主要应绘制出以下图样内容。

1）用建筑施工图的绘制方法将建筑的墙体、柱子、门窗、楼梯、电梯、室内台阶等主要结构以及隔断、固定家具等次要构件绘制出来。墙体、柱子等构件仍用粗实线表示，在比例较大的情况下还要绘制出材料符号。门窗用细实线表示（高窗用两根虚线表示），被剖切到的隔断、固定家具等可用中粗实线或细实线画出，如图 9-1 所示。如果凸出建筑的柱子做了装修则要画出包柱来，一般用中粗实线或细实线画出，有些墙面上需做造型上的装饰，则该造型要用细实线或中粗线画出，如图 9-2 所示。

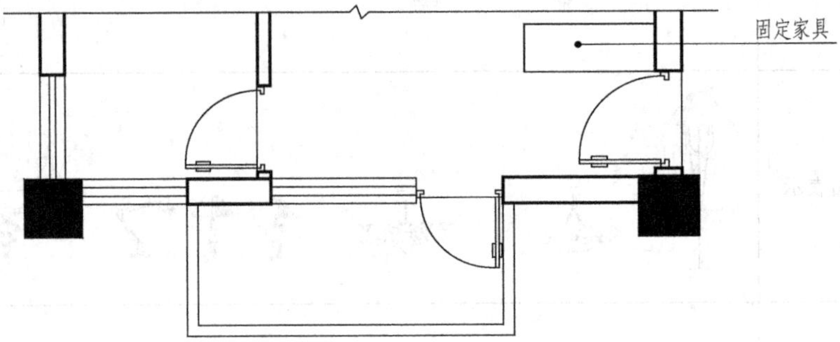

图 9-1　墙、柱、门窗的表示

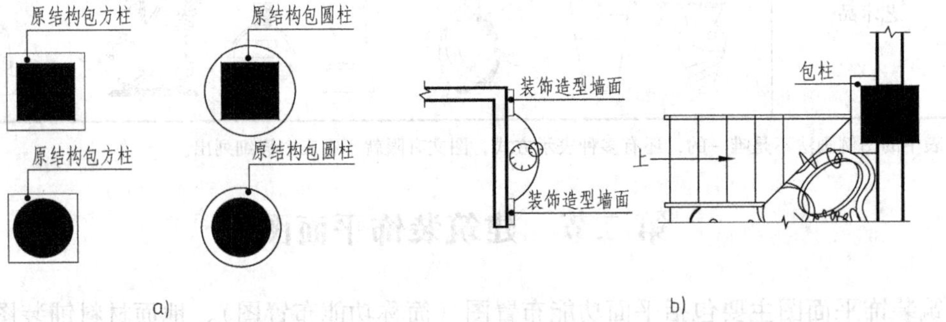

图 9-2　包柱和装饰造型墙的表示

a）包柱的表示　b）装饰造型墙面和室内包柱的表示

2）用细实线绘制出卫生洁具、陈设、可移动家具等。室内的水池、喷泉、景观绿化等的画法和建筑施工图的画法一样，如图 9-3 所示。

3）有时在图纸空间充分的情况下，在建筑装饰功能平面布置图中可画出局部的地面做法。

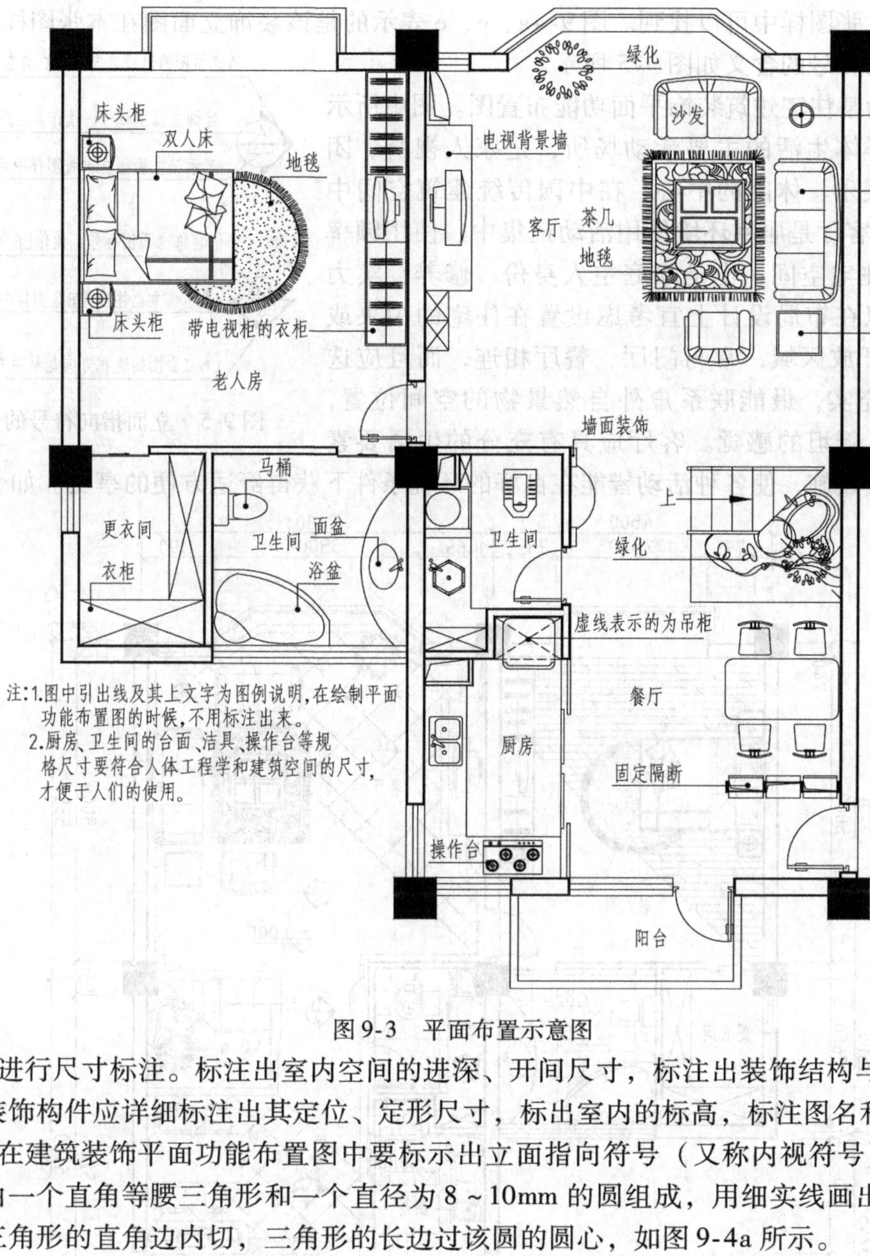

图 9-3　平面布置示意图

4）进行尺寸标注。标注出室内空间的进深、开间尺寸，标注出装饰结构与配套设施的尺寸。装饰构件应详细标注出其定位、定形尺寸，标出室内的标高，标注图名和比例。

5）在建筑装饰平面功能布置图中要标示出立面指向符号（又称内视符号）。内视符号一般是由一个直角等腰三角形和一个直径为 8～10mm 的圆组成，用细实线画出，该圆和直角等腰三角形的直角边内切，三角形的长边过该圆的圆心，如图 9-4a 所示。

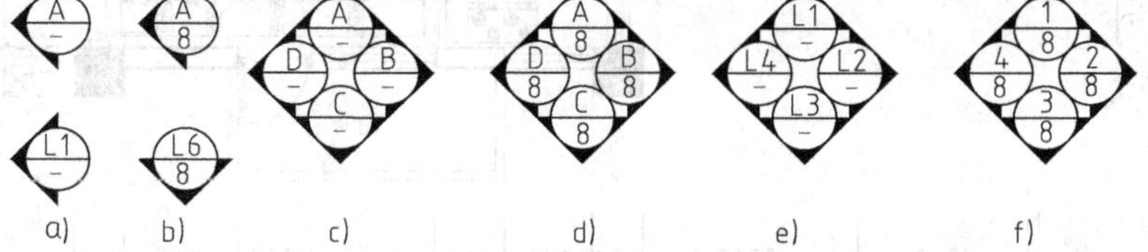

图 9-4　立面指向符号

立面指向符号中三角形的直角边所指是所绘制立面装饰图的透视方向，如图 9-4 中的字母是立面的编号，也可用阿拉伯数字表示，有时也可用大写的英文字母 L 加阿拉伯数字表示，如 L2 表示的是第二个立面图的意思。图 9-4b、d、f 表示的意思是该装饰立面图在本套图样中的第 8 张图样中可以找到。图 9-4a、c、e 表示的是该装饰立面图在本张图样中。

立面指向符号的含义如图 9-5 所示。

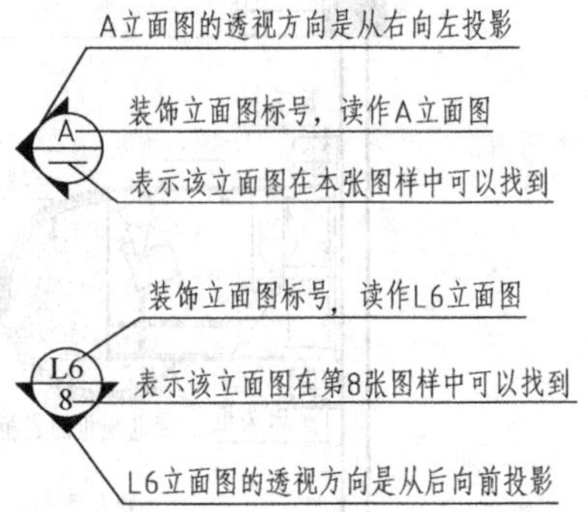

图 9-5　立面指向符号的含义

图 9-6 为某住宅建筑装饰平面功能布置图。图中所示客厅是家庭群体生活的主要活动场所，是家人视听、团聚、会客、娱乐、休闲的中心，在中国传统建筑空间中称为“堂”。客厅是居室环境使用活动最集中、使用频率最高的核心住宅空间，也是家庭主人身份、修养、实力的象征。所以在布局设计上宜考虑设置在住宅的中央或相对独立的开放区域，常与门厅、餐厅相连，而且应选择日照最为充实，最能联系户外自然景物的空间位置，以营造伸展、舒坦的感觉。客厅应具有充分的生活要素和完善的生活设施，使各种活动皆能在良好的环境条件下获得舒适方便的享受。如合理的照

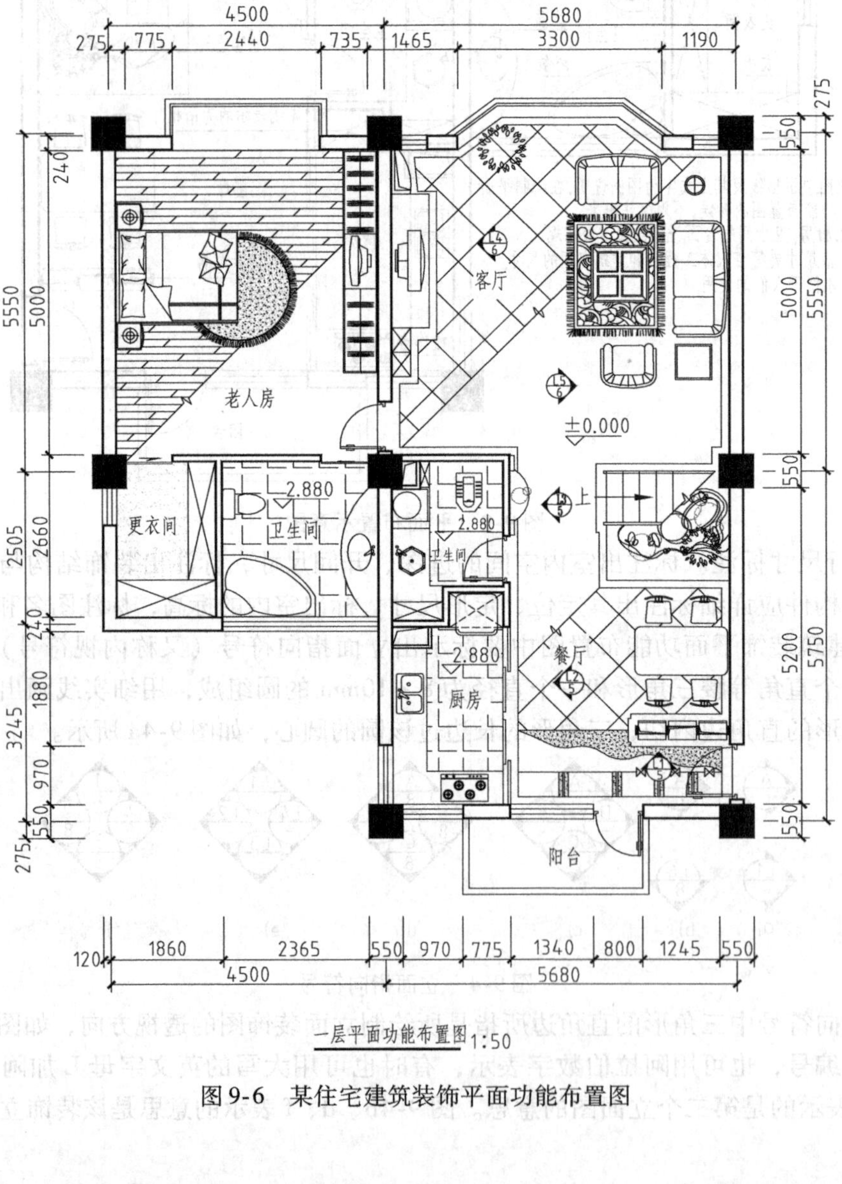

图 9-6　某住宅建筑装饰平面功能布置图

明、良好的隔声、灵活的温控、充分的贮藏和实用的家具等设备。客厅中的设备应具备发挥最佳功效的空间位置，形成流畅协调的连接关系。同时，客厅的视觉造型形式必须充分考虑家庭性格和目标追求，以展露家庭特殊性格修养为原则，采取相应的风格和表现方式，达到所谓的“家庭展览橱窗”的效果。客厅的装饰要素包括家具、地面、顶棚、墙面、灯饰、门窗、隔断、陈设品、植物等。设计时应掌握空间风格的一致性和住宅室内环境的构思一致性。所以客厅和餐厅的地面装修做法一样，尽量做到风格的统一，电视背景墙也是装饰的重点，在以后的立面图内容中再作详细介绍。

餐厅是家庭日常进餐和宴请宾客的重要活动空间。一般来说，餐厅多邻近厨房，但靠近起居室的位置最佳。在图9-6中餐厅和厨房之间是通往客厅的通道，所以将厨房的单扇平开门改为四扇的推拉门。因为老年人的行动迟缓，所以一般应将老人居住的空间设置在楼层低的地方所以在客厅的左边设置了老人房，并设置了独立的卫生间和更衣间，这和以往的只设置一个简单的就寝空间所不同的是，充分考虑到老人生活的需要，空间功能的划分也更突显人性化。

在通往二楼的主卧、书房和儿童房的楼梯下，将室外的绿化和园林的景观引到室内，让人感到是客厅和餐厅等空间的户外延伸，同时也是从餐厅到客厅的一种过渡，其设计特点是创造一种和自然亲近的环境氛围。

建筑装饰功能布置图的画法和步骤：

1）确定绘图比例，根据比例换算出图样大小以确定图幅。建筑装饰平面图的比例常采用1:100、1:50、1:30等，习惯上常用1:50的比例。采用大于1:50的比例时要画出材料符号。

2）绘制出建筑主体结构的平面图。按建筑施工图的绘制要求绘制，墙体和柱子等结构构件要用粗实线画出，门窗等建筑构配件用细实线画出。

3）画出隔断、家具、相关的厨卫设备、固定设备、陈设和绿化等，用细实线绘制。

4）要表达出地坪的变化，并标注标高（建筑装饰施工图的标高以当前楼层的主要室内空间的地面为±0.000进行计算，这样施工人员按常规做法就可以简便、准确地识读图样）。

5）如果在图纸空间允许的情况下，还要用局部详图的表达出地面的做法，如图9-6的表达方式。

6）根据图样内容表达的需要，在平面功能布置图中画出表示投影方向或剖切位置的立面指向符号（内饰符号）。在图样表达需要时还要画出详图索引符号。

7）标注出各个空间的名称。

8）尺寸标注。具体标注内容有开间、进深尺寸以及建筑各构配件的细部尺寸。

9）标注图名和比例。

二、地面材料铺装图

楼地面的装修主要功能体现在以下三个方面：一是保护建筑结构承载系统，提高建筑结构的耐久性；二是改善和提高建筑围护系统的功能，满足建筑物的使用要求；三是美化建筑物的室内、外环境，提高建筑的艺术效果。建筑楼地面的装修还应考虑经济、材料供应、施工技术条件等因素，做到既经济合理，又切实可行。

楼地面的地面材料铺装图又称地面铺装图（简称地铺图），图样要表达的内容是室内地面的材料品种、规格尺寸、风格、拼花图案的布置等，各个房间因为功能、使用条件的不同，对地面材料种类的选择、工艺要求、尺寸的大小、地面的高差等都有不同的要求。地面地铺图是施工人员施工的依据，也是地面材料采购的主要依据。所以在绘制楼地面的地面材料铺装图的时候应尽量做到以下几点：

1）尽量详尽地绘制出不同空间不同地面装饰材料的形式、规格。

2）要附有地面装饰材料的铺装方式、色彩、种类、施工工艺要求的文字说明。

3）要有不同地面的装饰材料的分格线和必要的尺寸标注，注明铺装时的铺装方向。

4）必要时要用详图说明地面铺装的做法，要标出地面做法的剖切符号、详图索引符号。

5）如果图纸空间充分，材料做法不是很复杂，建筑平面功能布置图和楼地面铺装图可合并在一起，将两张图样的内容绘制在同一图中，图名仍然称为平面功能布置图。

地面铺装图的绘制步骤有以下几点：

1）确定绘图比例，根据比例换算出图样大小以确定图幅。选用比例同前述平面功能布置图的要求。

2）绘制建筑主体结构的平面图。按建筑施工图的要求绘制，墙体和柱子等结构构件用粗实线画出，门窗等建筑构配件用细实线画出。

3）画出固定的隔断、家具、相关的厨卫设备、固定设备、陈设等，用细实线绘制。

4）绘制出不同空间的不同材料的形式、规格、尺寸、做法和铺贴的方式等，用细实线画出。如对于由块材铺装的地面，应用细实线画出块材的分格线，以表示施工时的铺贴方向（非整块时应考虑安排在周边或较隐蔽的地方）。对于拼花造型地面（如花岗岩拼花、木地板拼花地面）应该详尽地绘出造型图案的样式来，而且要标注出它们的尺寸、大小及材料、色彩的名称等。

5）标注出不同空间的不同材料的形式、规格、尺寸、颜色、做法的文字说明，如图9-7所示。当地坪有变化时，应标注出标高。

6）尺寸标注。具体标注内容有开间、进深尺寸以及建筑各构配件的细部尺寸。

7）标注图名和比例。

三、顶棚镜面装修图（又称顶棚平面图）

顶棚镜面装修图（又称顶棚平面图），它是利用镜面法成像的原理绘制出的图形。也就是说它是利用一个假想的平面，在约高于窗台的位置处将建筑物剖切开，把建筑下半部分移开后，又用一个假想的很大的镜子放在移开后的建筑物的位置处，并且镜子的正面朝上，被剖切后的建筑上半部分在镜中成像，习惯上将这个成像形成的图形称为顶棚镜面装修图（简称顶棚平面图）。这样，顶棚平面图和平面功能布置图以及地面铺装图的结构方位一致，便于相互对照观察、识读。

由于顶棚是位于楼盖和屋盖下的装饰构造，顶棚的设计与选择要考虑到建筑功能、建筑声学、建筑热工、设备安装、管线敷设、维护检修、防火安全等综合因素。顶棚是室内设计中的重要部位，其设计合理与否对建筑物的使用效果有直接的影响，对人体的生理和心理也有比较大的影响。由于顶棚在室内空间的上部，施工难度较其他部位大。按顶棚表面与结构层的关系，顶棚又分为直接式顶棚、悬吊式顶棚两种形式。直接式顶棚是利用原主体结构的楼板、梁等结构构件进行装修饰面的处理，其造型、工艺做法较简单，造价低。如图9-8中客厅和老人房等采用的就是直接式顶棚。悬吊式顶棚则是利用龙骨、吊挂件等构配件将装饰

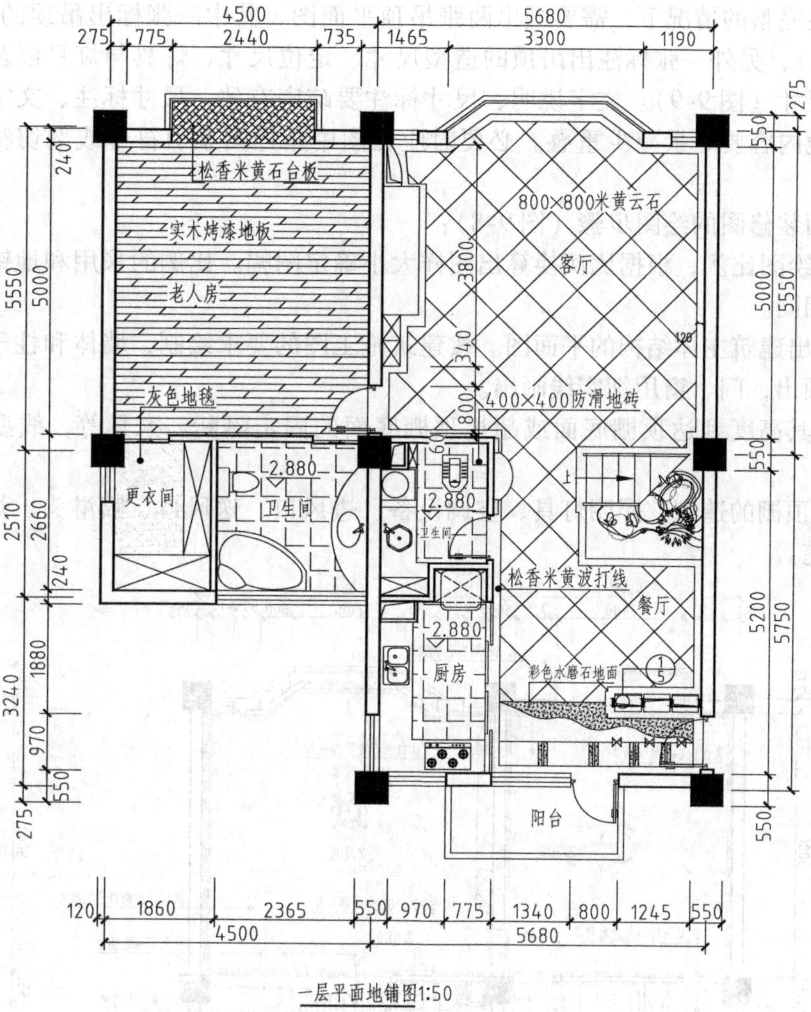

图 9-7　某住宅楼地面铺装图

饰面悬吊在原建筑主体结构楼板之下的一种吊顶形式，其造型复杂，涉及的尺寸、材料、工艺要求等的表达也较多，造价较高。如图 9-8 中楼梯间附近的装修就属于局部悬吊式顶棚，它要求所绘制的顶棚镜面装修图的内容翔实、充分、清晰、便于施工人员识读，所以在绘制顶棚镜面装修图时要注意顶棚平面的内容和画法要求。主要做到以下几点：

1）要画出被剖切平面剖切后的原建筑主体及墙体、柱子等结构构件，用粗实线画出，门、窗的表达和建筑施工图的画法是一样的，用细实线画出如图 9-8 所示。

2）要详尽地绘制出顶棚空间造型的布置形式的轮廓（如藻井的形式、是否有跌级吊顶，若有应表达出来，有装饰线的要画出装饰线），依据具体情况在图中明确表示出顶棚照明灯具、空调设备、进风口、送风口、喷淋头、烟感器、扬声器等设施和设备的具体位置。

3）要明确地标出不同造型和有高差的跌级吊顶的标高（注意建筑装饰施工图的标高以当前楼层的主要室内空间的地面为 ±0.000 进行计算）。

4）要详尽地注明吊顶的材料、色彩、做法，标注出吊顶造型与主体结构之间的定位尺寸以及吊顶造型的定形尺寸。当吊顶的做法和造型比较复杂，无法在一张吊顶平面图中将做法和尺寸标注完整的情况下，需要画出两张吊顶平面图，其中一张标出吊顶的材料、色彩、做法（图9-8），另外一张标注出吊顶的造型尺寸、定位尺寸、灯具与灯具以及灯具与主体结构之间的尺寸（图9-9）。文字说明、尺寸标注要疏密有致，尺寸标注、文字说明等内容与图中的其他内容要尽量减少重叠。必要时应在图中用详图索引符号或剖切符号另外引注说明。

顶棚镜面装修图的绘图步骤（图9-8）：

1）确定绘图比例，根据比例换算出图样大小确定图幅。比例的采用和地铺图与功能布置图的情况相同。

2）绘制出建筑主体结构的平面图。按建筑施工图的要求绘制，墙体和柱子等结构构件要用粗实线画出，门、窗用细实线画出。

3）画出其高度到达顶棚底面或超过顶棚底面的固定隔断、家具等，线型视具体情况而定。

4）画出顶棚的造型，照明灯具、空调设备、进风口、送风口、喷淋头、烟感器、扬声器等设备设施。

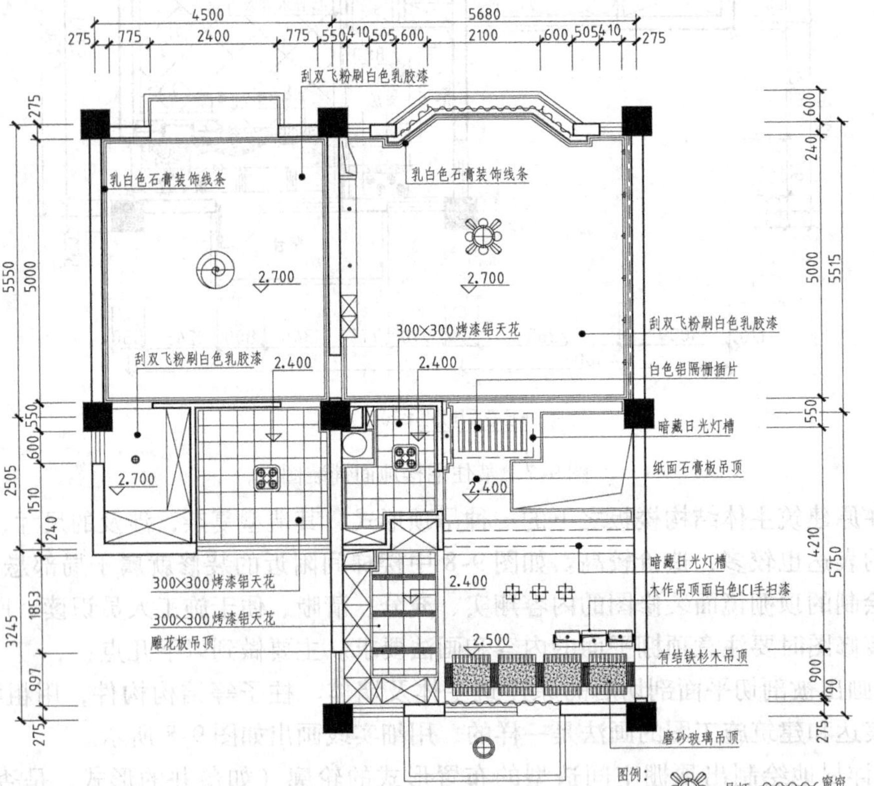

图9-8　某住宅一层顶棚镜面装修图

注：未标注出材料做法的均为原建筑楼板底面、刮双飞粉刷白色乳胶漆

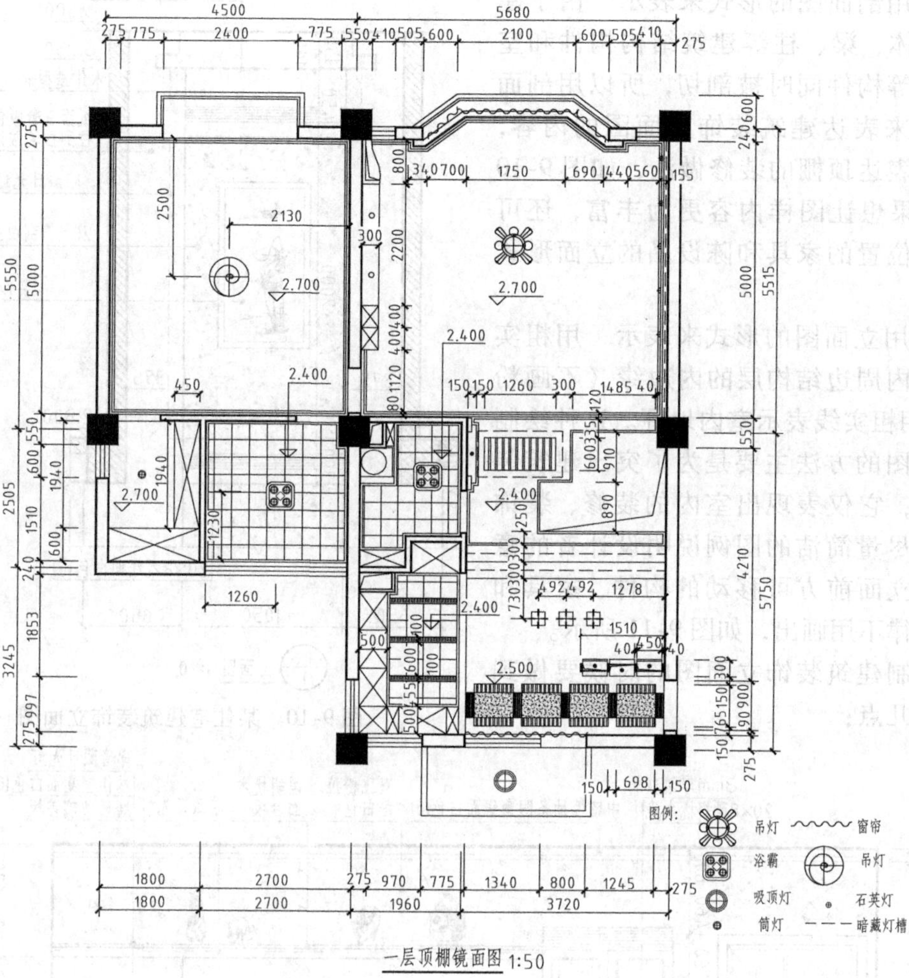

图 9-9　某住宅一层顶棚镜面装修图

注：未标注出材料做法的均为原建筑楼板底面、刮双飞粉刷白色乳胶漆

5）进行尺寸标注、文字标注、标高标注，视具体情况绘制出详图索引符号或剖切符号，进行文字说明和图例说明。

6）标注图名和比例。

第三节　建筑装饰立面图

建筑装饰立面图主要表示主体结构在竖向的立面上的装修、装饰做法，大多指的是建筑物内外墙的装饰做法。由于不同性质的建筑物具有不同的功能，同一个建筑物的不同空间也具有不同的功能，同一空间不同部位的功能也有所不同，所以其装修做法也会有所差别，装修的繁简程度会有很大的不同。所以对于不同的建筑物及不同的室内空间，它们的建筑装饰立面图也会有很大的区别。但是装饰立面图的绘制和建筑施工图的立面图、剖面图的绘制有相同之处。

常见的建筑装饰立面图的表示方法有两种：

（1）用剖面图的形式来表示　由于建筑物的墙体、梁、柱等建筑结构构件和室内的顶棚等构件同时被剖切，所以用剖面图的形式来表达建筑装饰立面图的内容，它能同时表达顶棚的装修做法，如图 9-10 所示。如果想让图样内容更为丰富，还可将位于该位置的家具和陈设品的立面形式画出。

（2）用立面图的形式来表示　用粗实线画出室内周边结构层的内边缘（不画粉刷层），用粗实线表示室内地坪。这种绘制装饰立面图的方法主要是为了突出建筑装饰的主题，它仅表现出室内的装修、装饰做法，用尽量简洁的图例说明设计者的意图。室内立面前方可移动的构件、家具和陈设品一律不用画出，如图 9-11 所示。

在绘制建筑装饰立面图的时候要做到注意以下几点：

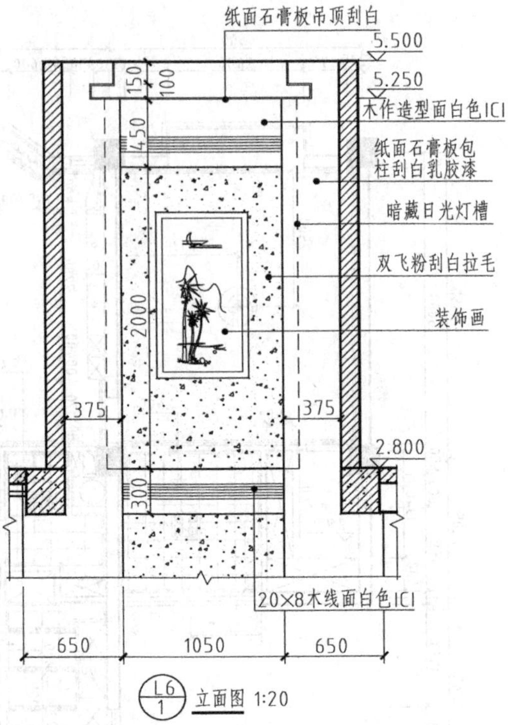

图 9-10　某住宅建筑装饰立面图

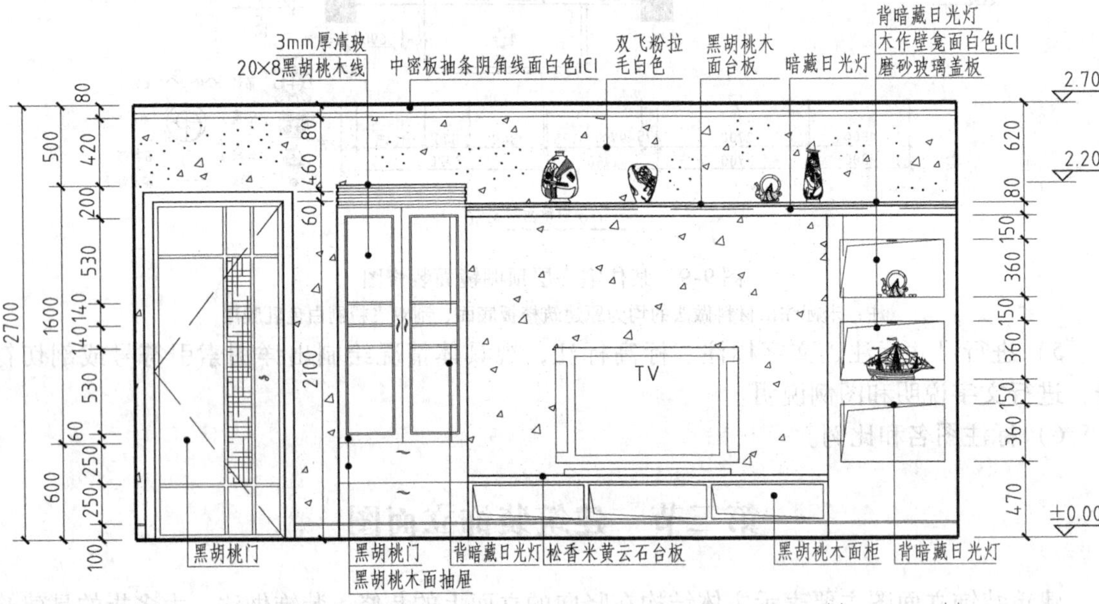

图 9-11　某住宅客厅电视背景墙立面图

1）绘制立面图的比例一般不宜小于1∶50。

2）绘图的主要内容有：墙面、柱面造型的轮廓线、壁灯装饰构件等，吊顶天花剖面形式，至于吊顶以上的主体结构（梁、楼板等）可以不用画出。以上这些内容用细实线画出。

3）标注饰面材料的名称、规格、色彩及施工工艺的文字说明。

4）尺寸标注。主要标出各个墙面、柱面等的装饰造型的定形尺寸、定位尺寸，以及地面、吊顶的标高等。

5）必要时还要画出详图索引、剖面、断面等符号。

6）标注图名。建筑装饰立面图的图名常用的有三种标注方式。如图9-12所示，其中第三种较为常用，第二种可以说明立、剖面图是从哪张图中索引而来的。

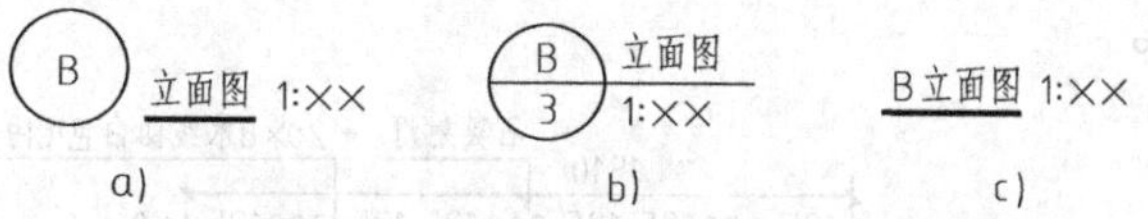

图9-12　建筑装饰立面图图名的表示

7）对于平面形状不规则的建筑物，可用展开立面图来表现室内立面的装修做法，但应在图名前加“展开”两个字。

建筑装饰立面图的画法步骤：

1）根据所要表达的图样内容确定适合的绘图的比例，一般不小于1∶50，以确定图幅的大小。

2）画出该立面图必要的一些结构构件（如墙体、柱子、梁、板等建筑结构构件），用粗实线画出，有时也可不画出这些结构构件。画出立面中投影出现的装饰构件、墙面、柱面等的装饰造型、装修的界面轮廓、分格、固定设施、灯具等的位置。

3）标注构件必要的位置尺寸、定形尺寸和定位尺寸及地面和顶棚标高。

4）标注必要的详图索引符号、剖面、断面等符号及用引出线引出文字说明等。

5）标注图名和比例。

第四节　建筑装饰详图

在建筑装饰平面图和立、剖面图中，由于它们的绘图比例不大，有些局部、装饰的部位和一些特殊的位置节点等的内容不能详细的绘制出来，还有的是由于设计的造型或做法比较特殊，没有现成的设计图样可以套用，为了不影响施工，把内容表达清楚，需要使用节点大样图的形式来绘制细节的样图，称为建筑装饰详图。

建筑装饰详图要把所绘制部位的形状、结构、材料名称、规格尺寸、工艺要求、施工做法等表示出来，同时它还能体现出设计师的新颖的设计创意，它是建筑装饰图不可缺少的部分。建筑装饰详图主要有墙面装饰详图、顶棚详图、节点详图、装饰构配件详图、地面装饰详图等，建筑装饰详图可以是平面图、立面图、剖面图、断面图的形式，也可以是轴测图、大样图、构造节点图的形式。

建筑装饰详图选用的比例比较大，一般不小于1∶30，常用的有1∶5、1∶10、1∶15、1∶20、1∶30等。

在绘制建筑装饰详图的时候应注意以下几点：

1）根据所绘制图形的内容，确定详图的比例。

2）主要绘制出装饰材料之间及其与主体结构连接方法，隙缝、边缘和角部的处理构造，尽量绘制出各种构造层次。

3）在图中要注明各构造层次的材料名称和做法、施工的工艺要求等。

4）在图中应标明各装修构件的尺寸，如果还需要将图进一步放大比例，详细地表示出做法，就要用详图索引符号引出详图。

5）在装饰装修详图中，被剖切到的建筑主体结构用粗实线画出，主要的装修构造层次，用中粗实线画出（如图9-13中黑胡桃木面立柱的截断面就用中粗实线画出），其他的轮廓线均用细实线画出。

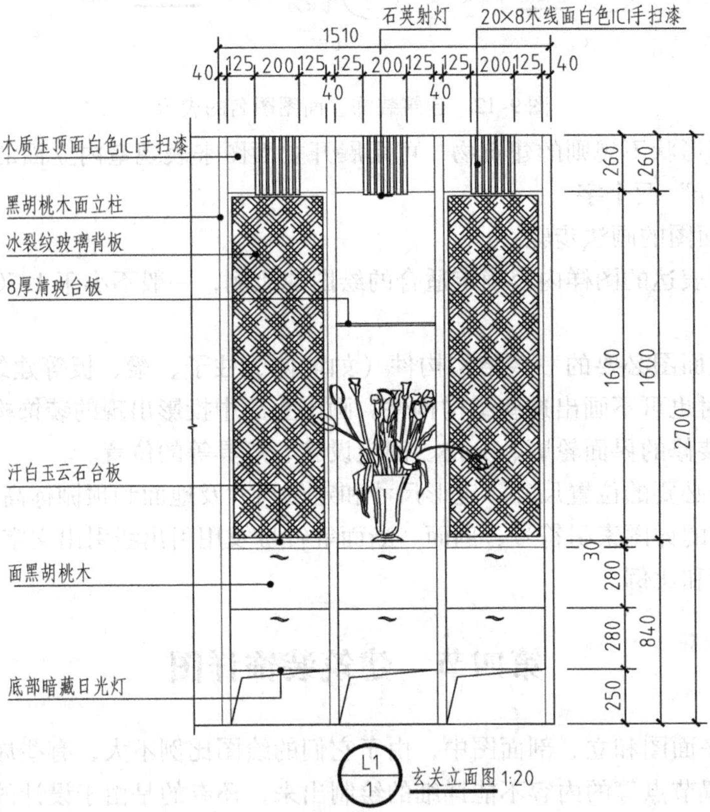

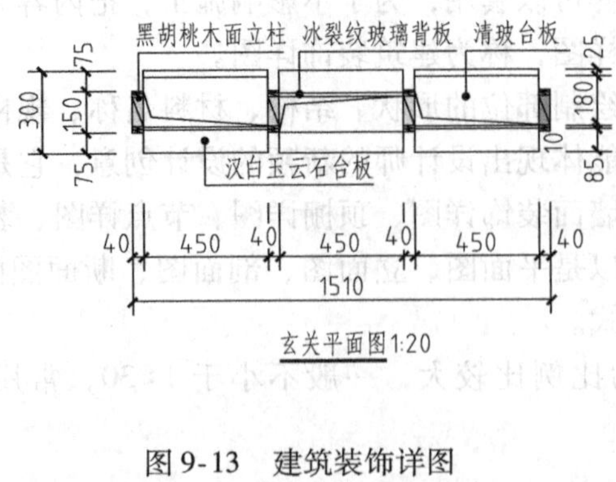

图9-13　建筑装饰详图

建筑装饰详图的绘制步骤如下：

1）根据所要表达的图样内容选用适合的绘图比例，确定图幅大小。

2）画出主要的装修结构、构件和相关的构造层次和做法。其中结构构件（如墙体、柱子、梁、板等建筑结构构件），用粗实线画出，其他的构造做法一般用细实线画出，绘出材料符号。

3）进行必要的尺寸标注、引出线引出文字说明等。

4）标注图名和比例。

第十章 给水排水施工图

第一节 概　　述

给水排水工程都是由各种管道及其配件和水处理设备、构件等组成的。它是城市或小区建设的一个重要部分，在房屋建筑工程中给水排水工程也是必不可少的。因此给水排水施工图是工程图的一个主要内容。在学习给水排水施工图时应首先掌握房屋建筑施工图、结构施工图，同时应对轴测图和展开图的画法与识读较为熟练。

当绘制某一区域给水排水管道的布置情况时，需要在该区域的总平面图上，画出各种管道的平面布置，这种图称为该区域的管网总平面布置图。有时为了表示管道的敷设深度，还配以管道纵剖面图。

具体到某幢建筑物，其中有许多房间（厨房、厕所、浴室等）需要用水，如图 10-1 所示。室内给水排水管网平面布置图能够表示管道布置形式，并以图例符号的形式在房屋平面

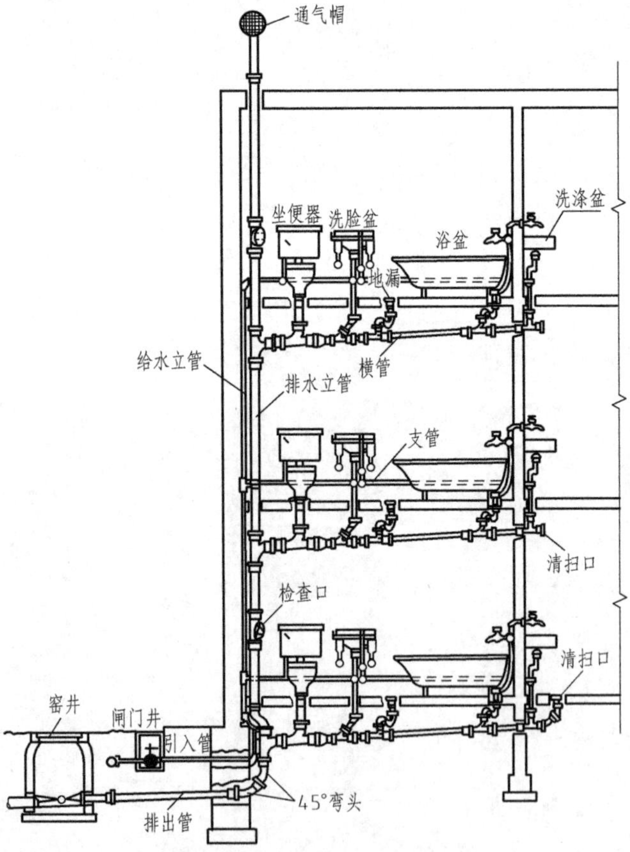

图 10-1　室内给水排水示意图

图的基础上画出卫生设备、盥洗用具和给水、排水、热水等管道及其构件的平面布置。

室内给水排水系统轴测图表示管道空间联系情况和相对位置，把室内管网画成轴测图。它与平面布置图一起表达管网及构件。

安装构造详图主要用于管道系统上的构件及配件的施工，是更详细的施工图。如阀门井、水表井、管道穿墙与排水管道相交处的检查井等；水处理工艺设备，如给水厂的各种水处理设备构筑物，如沉淀池、过滤池、曝气池、消化池等要有全套图样。

本章重点介绍室内、外给水排水施工图的内容、要求，以及画图、读图的基本方法。

第二节　室内给水施工图

室内给水排水系统由室内给水系统和室内排水系统两部分组成。用水设备连接的这两部分，形成了一个完整的室内给水排水施工图。这两个独立的管道系统，在施工图中常常分别表达。

室内给水排水施工图通常由给水排水平面布置图、管道系统图、设备及构件安装详图，施工说明等组成。图中一些构件、设施、管线均通常用图例表示。图例符号应按照 GB/T 50106—2010《建筑给水排水制图标准》绘制。给水排水施工图中常用的图例见表 10-1。

表 10-1　给水排水施工图中常用的图例

图例	名称	图例	名称
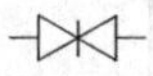	闸阀	—— J ——	给水管
	截止阀	—— R ——	热水管
	角阀	—— ZH ——	中水管
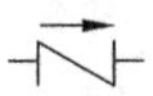	止回阀	—— T ——	通气管
 平面　系统	水嘴	—— W ——	污水管
 成品　蘑菇形	通气帽	—— F ——	废水管
 平面　系统	排水漏斗	—— Y ——	雨水管
 平面　系统	地漏	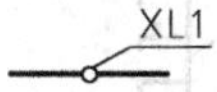 XL1	立管
 S形　P形	存水弯		固定支架
 平面　系统	清扫口		立管检查口

一、室内给水系统的组成

室内给水系统主要是管道的布置和管道上配件的布置，包括引入管、水表节点、室内配水管网、配水附件与控制附件、升压设备等。

（1）引入管　自室外给水管网引入房屋内部的一段水平管。

（2）水表节点　用以记录用水量。根据用水情况可在每个单元、每幢楼房或在一个居住小区设置一个水表。

（3）室内配水管网　包括水平干管、立管、支管及配水支管。

1）水平干管。将水从引入管沿水平方向输送到建筑内有关房间的干管。

2）立管。将水从水平干管沿垂直方向输送到各楼层的管道。

3）支管。将水从立管输送到各用水房间的管道，即向配水支管供水的管道。

4）配水支管。将水由支管输送到各配水点的供水管道。

（4）给水附件及设备　包括各种水嘴、阀门等。

（5）升压及储水设备　当用水量大、水压不足时，需要设置水箱和水泵等升压设备。

（6）消防管网及附件　对于一些公用建筑，如商场、办公楼（写字楼）、学校的教学楼等，根据 GB 50016—2006《建筑设计防火规范》的要求，需要设置室内消防给水时，还需要有消防管道及其附件。

二、室内给水系统的分类

如图 10-2 所示，室内给水系统按水平干管设在系统中的位置，可分为下行上给式和上行下给式等方式。

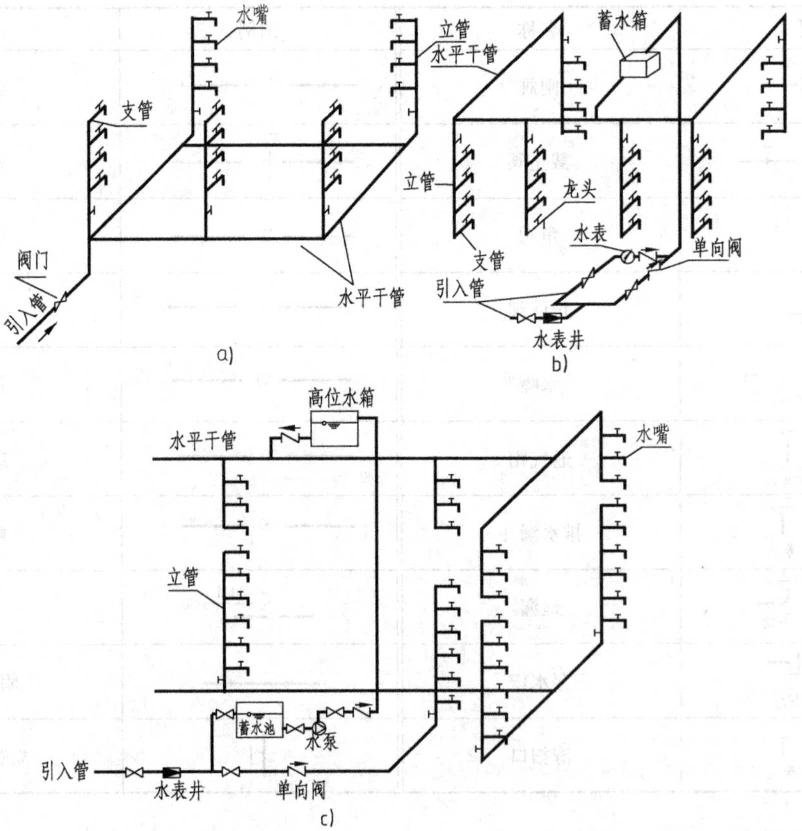

图 10-2　建筑给水系统图

a）直接供水的水平环形下行上给式布置　b）设水泵、水箱的枝状上行下给式布置　c）分区供水的枝状布置

（1）下行上给式　当城市给水管网水压、水量能满足使用要求，或者在底层设有增压设备时，可将给水干管敷设在首层地面以下或地下室，水自下而上经立管、支管，送至各用水设备，如图 10-2a 所示。

（2）上行下给式　当城市给水管网水压、水量在高峰时间不能满足使用要求时，可以在房屋的顶部设置水箱，将给水干管敷设在屋面上或顶层顶棚下，在城市管网直接供水压力不足时由水箱供水，水自上而下送至各用水设备，如图 10-2b、c 所示。

三、室内给水管网平面布置图

1. 室内给水管网平面布置图表达的内容

如图 10-3 所示，某住宅底层室内给水平面布置图。图中表达的内容有：用水房间的结构（墙体、门窗等）；用水设施有：洗手盆、坐便器、浴盆等；给水管及附件有：立管、水平管、水嘴等。另外图中的给水管件（三通、阀、水嘴等）采用图例符号表示。图中的水平管道以单线表示。而立管以小圆表示。

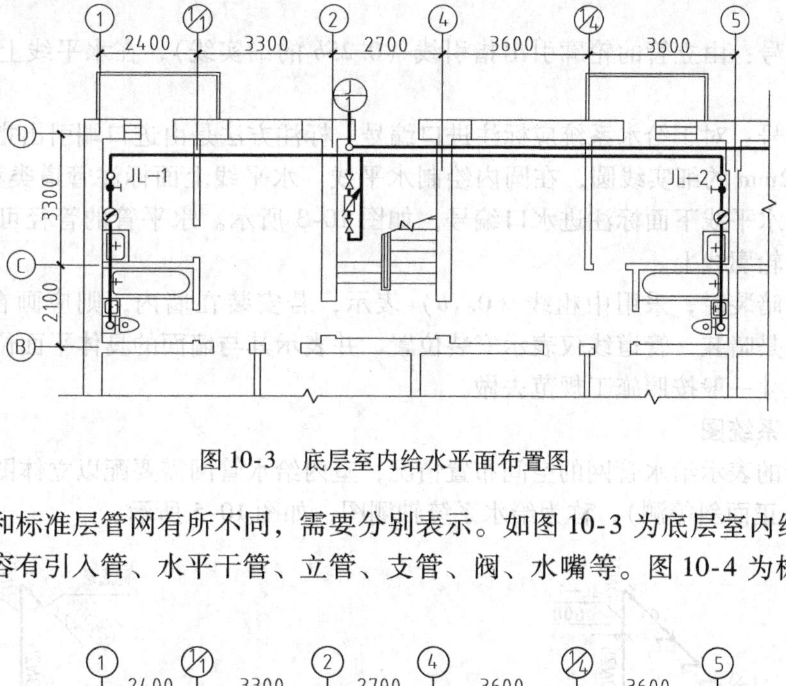

图 10-3　底层室内给水平面布置图

由于底层和标准层管网有所不同，需要分别表示。如图 10-3 为底层室内给水平面布置图，表达的内容有引入管、水平干管、立管、支管、阀、水嘴等。图 10-4 为标准层室内给水平面布置图。

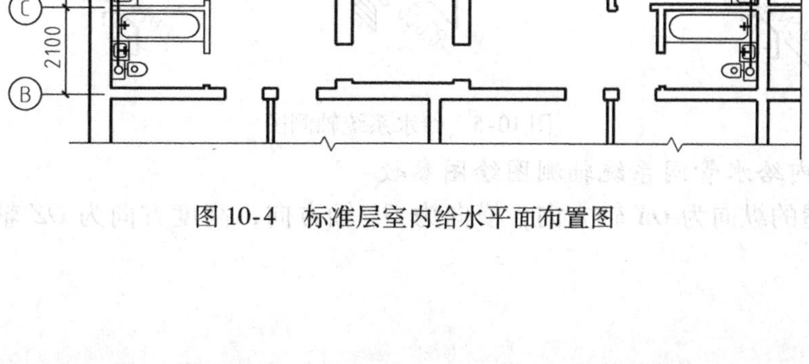

图 10-4　标准层室内给水平面布置图

2. 室内给水管网平面布置图画法

（1）比例　采用1: 50或1: 25的比例将用水房间局部放大表达。对于用水房间分散且需要全面表达时，可采用与建筑平面图相同的比例表达。

（2）线型　用中实线或细实线绘制局部或全部建筑平面图。

（3）画出卫生设备或用水设备的平面位置　卫生设备或用水设备是配合管网表达的内容，并且常配有详图或标准详图，在管网平面布置图中，用中实线或细实线绘制其轮廓。如图10-4中的洗手盆、坐便器、浴盆等，只按比例画出卫生设备的主要轮廓以表达其位置。

（4）画管道　在给水管道的平面布置图中，管道是室内管网平面布置的主要内容，采用单条中粗实线（0.7*b*）中间加管道类别符号（用汉语拼音字母）表示水平管，并且按其中心位置绘制；垂直管用中粗线圆表示；水嘴、球阀等按标准图例符号表示，如图10-3所示。底层平面布置图应画出引入管。

（5）标注管网的编号　管道编号包括立管编号、进出口编号、立管和水平管的管径，水平管的标高。

立管的编号：由立管的轮廓引出指引线（0.25*b*的细实线），在水平线上面标注立管编号，如JL－1。

进出口编号：对于给水系统应标注进口编号。标注方法是由进口端引出指引线，在另一端绘制直径12mm的细实线圆，在圆内绘制水平线。水平线上面标注管道类型，如JL表示给水立管。在水平线下面标注进水口编号，如图10-3所示。水平管的管径可直接标注在表示该水平管的轮廓线上。

当管道为暗装时，采用中粗线（0.7*b*）表示，若安装在墙内，则应画在墙体截面内。无论是明装还是暗装，管道线仅表示安装位置，并表示其与墙面的具体平面位置尺寸。其与墙面的距离尺寸一般按照施工规范去做。

四、给水系统图

为了清楚的表示给水管网的空间布置情况，室内给水管网需要配以立体图，通常画成正面斜轴测图（正面斜等测），称为给水系统轴测图，如图10-5所示。

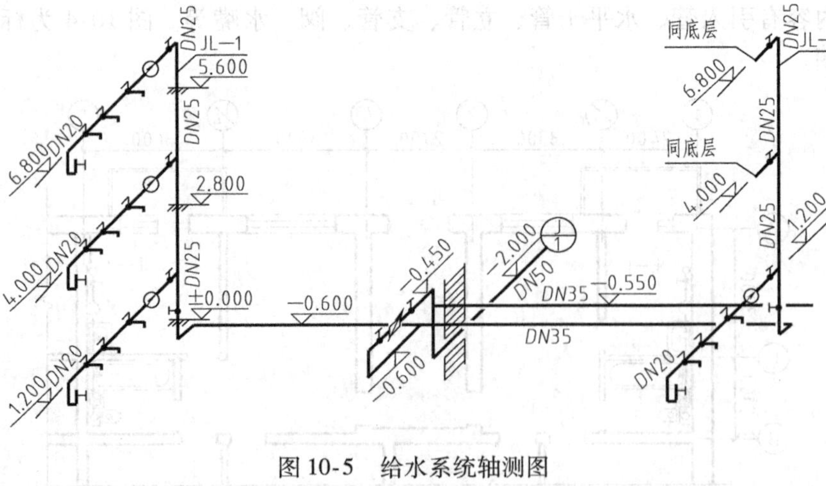

图10-5　给水系统轴测图

1. 确定室内给水管网系统轴测图绘图参数

通常以房屋的纵向为*OX*轴方向，横向为*OY*轴方向，高度方向为*OZ*轴方向。其轴测轴的方向可以两种方向绘制，*OX* 轴和 *OY* 轴的轴间角为 45°或 135°，也可灵活采用 30°或 60°方向，以避免管道过多交错重叠。轴测比例采用正面斜等测。

轴测图中管道用中粗线绘制，阀门、水嘴及用水设备参照图例符号按轴测方向绘制。水嘴、阀门等附件用粗实线绘制，一些用水设备用细线或中粗线绘制。

2. 室内给水管网系统轴测图画法

（1）画图步骤　如图 10-2 所示，首先由引入管开始绘制管道，其次绘制水平干管，再绘制各主管，再分别绘制各立管上的水平支管，最后绘制支管上的水嘴、阀门和用水设备。在绘制管道、管件和用水设备时应注意其轴测方向。

（2）墙与楼板的表示　管道穿墙部位应按照墙体方位绘制一段墙体剖面，管道穿楼板的部位用表示地面的符号表示，并标注楼层标高。

（3）管径与标高的表示及立管的编号　管径的标注应随管径的变化分段标注在相应的管道轮廓线旁。水平管和管件应标注标高，可以直接指向管道或管件轮廓线标注，也可以用水平线（细线）引出标注。立管应使用指引线引出标注立管编号和管径（同平面布置图）。

（4）图中交叉管线的画法　在系统轴测图中交叉重叠的管线应区分可见性，不可见的管线被遮挡的部分应断开，以强调其不相交。

五、室内给水系统详图

详图采用的比例较大，通常采用 1∶10、1∶20、1∶30，也可以采用 1∶5、1∶25、1∶40、1∶50 等。安装详图必须按施工的需要表达得详尽、具体、明确。常采用多面正投影图绘制，设备的外形可以简化画出。安装尺寸应注写完整、清晰，主要材料表和有关说明应注写完整。在给水工程图中，平面图和系统图只能表示管道和用水设备的布置情况，对各种卫生器具的安装和管道的连接，还要绘制具体施工的安装详图，如图 10-6 所示。

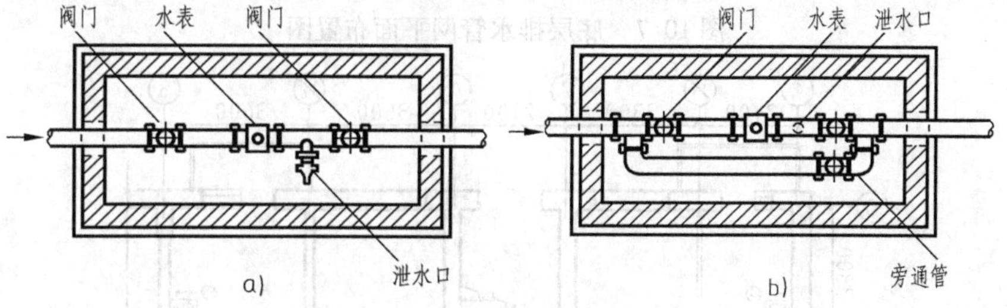

图 10-6　水表节点安装图

a）水表节点　b）有旁通管的水表节点

第三节　室内排水施工图

一、室内排水系统的组成

（1）排出管　自室内排水立管排出到室外排水管网的一段水平管。排出管应以最短的途径与室外管道连接，连接处应设检查井。

（2）排水立管　用以连接汇合各层的排水横支管。一般排水立管独立连接排出管。排水立管可以通过三通连接各楼层的水平支管。立管应通到楼顶，接到楼顶的一段称为通气管。立管在底层和顶层应接有检查口。

（3）水平排水支管　每一层水平排水支管也可以有几个分支连接卫生器具或地漏。水平排水支管应有一定的坡度。

（4）排水用具　与排水管网相关的用具有大便器、小便器（或小便池）、洗手盆（或盥洗槽）、污水池、地漏等。

二、室内排水管网平面布置图

室内排水管网平面布置图表达的内容及平面布置图画法与给水管网平面布置图相同。用细实线绘制室内用水房间的墙体门窗轮廓。用细实线绘制用水设备的平面轮廓或采用图例符号表示。用粗实线（宽度 b）表示水平排水管，用粗虚线表示管线不可见轮廓线。在线宽上，一般重力流管线较压力流管线粗一级，新设计管线较原有管线粗一级。排水立管仍然采用空心小圆来表示。图 10-7所示为底层排水管网平面布置图，图 10-8 所示为标准层排水管网平面布置图。

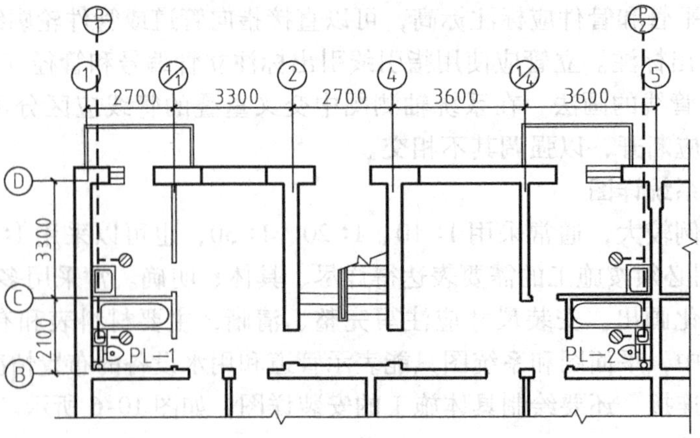

图 10-7　底层排水管网平面布置图

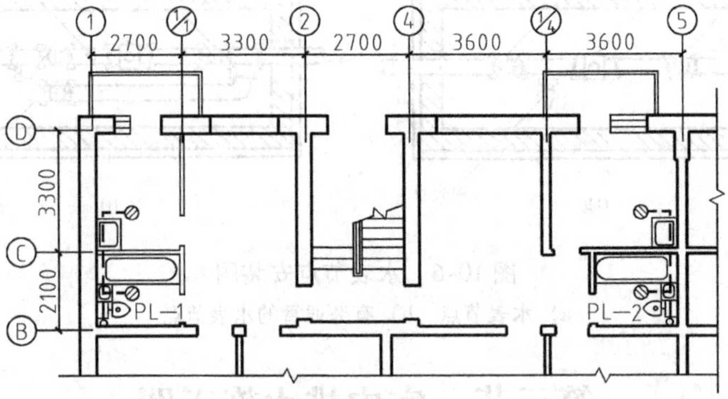

图 10-8　标准层排水管网平面布置图

室内排水管网平面布置图可以和室内给水管网平面布置图画在同一张图上。与给水管网平面布置图一样，它所表示的水平管和立管位置，只是相对墙面的大致位置，具体尺寸可按规范施工。图中不需要标出安装尺寸。但需要标注出轴线编号和轴线间的距离。

三、室内排水管网系统轴测图

室内排水管网系统轴测图绘图参数及表达方法同给水管网，常采用正面斜等轴测。室内排水管网系统轴测图画法如图 10-9 所示。图中的管网采用粗实线表示。其他构配件采用图例符号表示。图中应注明立管和排出管的编号，如图中的 PL－1 是排水立管的编号。

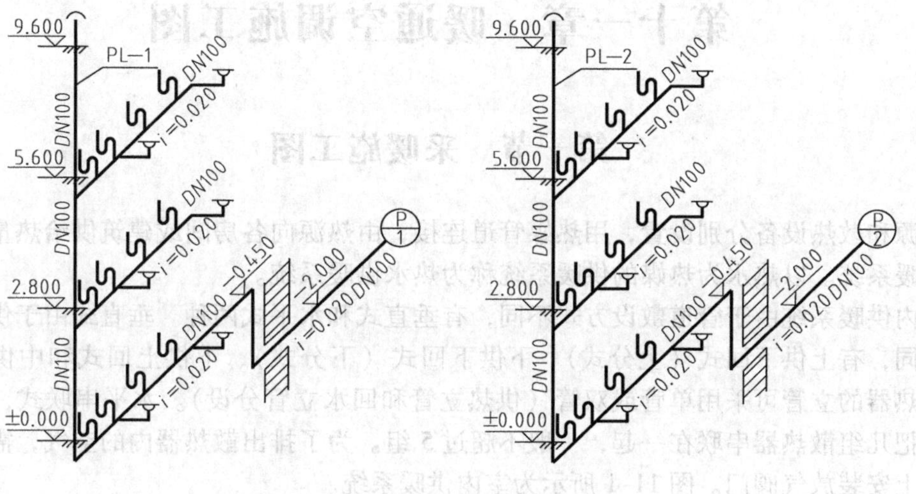

图 10-9　室内排水管网系统轴测图

四、室内排水系统详图

排水系统施工图除了以上所讲述的排水平面图和系统图外，还要画出具体施工的安装详图，图 10-10 所示是坐便器安装详图。一般常用的卫生设备多已标准化、定型化了，所以它们的安装详图可套用有关的标准图集，不必另行绘制了。

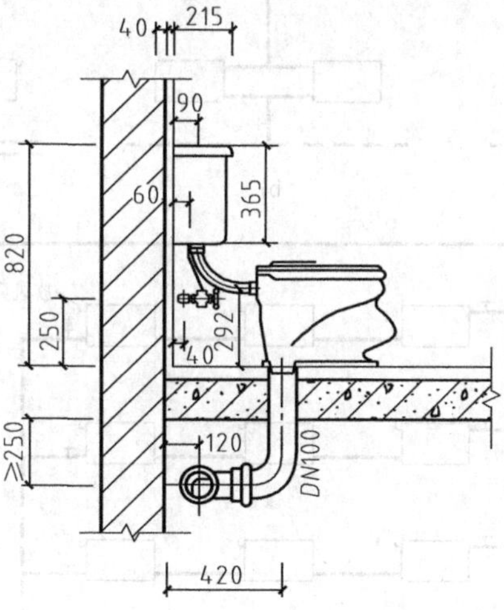

图 10-10　坐便器安装详图

第十一章　暖通空调施工图

第一节　采暖施工图

热源和散热设备分别设置，用热媒管道连接，由热源向各房间或建筑供给热量，称为集中式供暖系统。以热水为热媒的供暖系统称为热水供暖系统。

室内供暖系统由于管道敷设方式不同，有垂直式和水平式两种。垂直式由于供暖干管的位置不同，有上供下回式（上分式）、下供下回式（下分式）、下供上回式和中供式。连接每组散热器的立管可采用单管或双管（供热立管和回水立管分设）。水平串联式，是利用水平支管把几组散热器串联在一起，一般不超过5组。为了排出散热器内的空气，需要在每组散热器上安装放气阀门。图11-1所示为室内供暖系统。

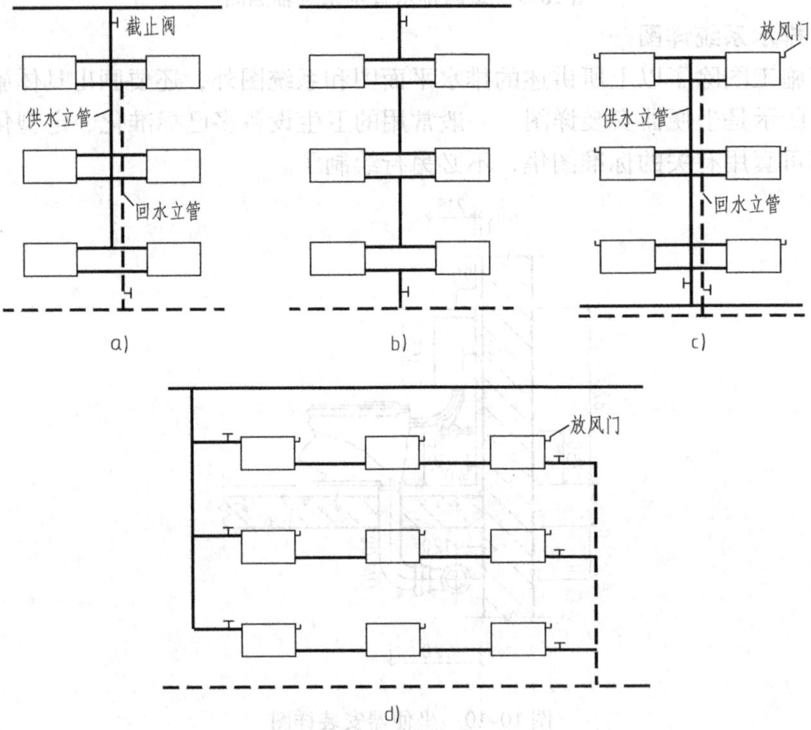

图11-1　室内供暖系统

a）垂直式上供下回（双管）　b）垂直式上供下回（单管）　c）垂直式下供下回　d）水平串联式

供暖系统施工图分室内和室外两部分。室外部分包括供暖平面图，管沟剖面图及详图。室内部分包括供暖系统平面图、轴测图和详图。此外供暖系统施工图均有设计施工说明。图中常采用单线表示管路，用图例表示散热器及其他设备。所用线型见表11-1，常用图例见表11-2。

表11-1　线型及其含义

名称		线型	线宽	一般用途
实线	粗		b	单线表示的供水管道
	中粗		$0.7b$	本专业设备轮廓、双线表示的管道轮廓
	中		$0.5b$	建筑物轮廓；尺寸、标高、角度等标注线及引出线；建筑物轮廓
	细		$0.25b$	建筑布置的家具、绿化等；非本专业设备轮廓
虚线	粗		b	回水管线及单根表示的管道被遮挡的部分
	中粗		$0.7b$	本专业设备及双线表示的管道被遮挡的部分
	中		$0.5b$	地下管沟、改造前风管的轮廓线；示意性连线
	细		$0.25b$	非本专业虚线表示的设备轮廓等
波浪线	中		$0.5b$	单线表示的软管
	细		$0.25b$	断开界限
单点长画线			$0.25b$	轴线、中心线
双点长画线			$0.25b$	假想或工艺设备轮廓线
折断线			$0.25b$	断开界限

表11-2　水、气管道阀门和附件

名　称	图　例	备　注
闸阀		
阀门（通用）、截止阀		
球阀		
角阀	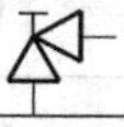	
膨胀阀		
平衡阀		
三 通 阀		
节 流 阀		
减 压 阀	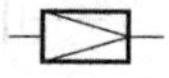	左高右低

（续）

名　称	图　例	备　注
安全阀		左图为通用，中为弹簧安全阀，右图为重锤安全阀
止回阀	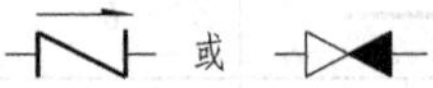	左为通用，右为升降式，流向同左
浮球阀		
补偿器	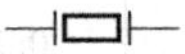	
套管补偿器		
方形补偿器		
弧形补偿器		
波纹管补偿器	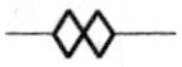	
球形补偿器		
散热器及手动放气阀	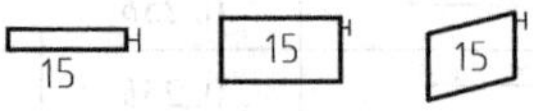	左为平面图画法，中为剖面图画法，右为系统图画法
介质流向	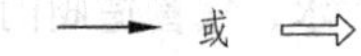	在管道断开处时，流向符号宜标注在管道中心线上，其余可同管径标注位置
坡度及坡向		坡度数值不宜与管道起、止点标高同时标注。标注位置同管径标注位置
自动排气阀		
水泵		
疏水器		
变径管（异径管）		
活接头或法兰连接	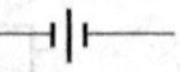	

（续）

名　称	图　例	备　注
可屈挠橡胶软接头	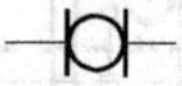	
金属软管	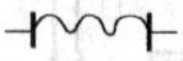	
伴热管		
保护套管		
固定支架	 	

第二节　室外供暖施工图

一、室外供暖平面图

室外供暖平面图表明一个区域供暖管网的平面布置情况。其表达方法和表达的内容与室外给水排水平面布置图（或总平面图）相类似。室外供暖平面图一般用 1∶500 或 1∶1000 的比例画出。其内容包括：

1）该区域的建筑平面坐标方格网。方格网的坐标值以米为单位，一般每 50m 或 100m 化分一个方格。

2）各建筑物的平面轮廓以及道路、围墙等。

3）自锅炉房至各供暖建筑的供暖管路和回水管路。在管路图中、用图例符号画出阀门、伸缩器、固定支架，标明检查井位置并编号。各段管路还需要标明管径大小，如 *DN*100。

4）图中只标注一些主要尺寸，长度以米为单位。

室外供暖平面图中为突出表明供暖和回水管网，供暖管路用粗实线画出，建筑物的平面轮廓用中粗实线画出，坐标方格网、道路、围墙等用细实线画出。

二、管沟剖面图

管沟剖面图是沿管沟所作的纵向剖面图，主要表明管沟的高度、坡度、地形的高低起伏变化，以及检查井的位置、标高及伸缩器的位置等。管沟剖面图与给水排水管道纵剖面图类似。图中上部绘出的是管沟剖面，中部绘出的是管沟平面图，下部为资料表，标出各段管沟长度、坡度、地面标高、沟底标高、沟底净深等。由于管沟的深度与长度相差很多，为了清楚地表达管沟剖面情况，剖面图中高度和长度用不同比例画出，一般选用的比例相差 10 倍，即管沟高度所采用的比例比管沟长度所采用的比例大 10 倍。

第三节　室内供暖施工图

一、室内供暖平面图的内容

室内供暖平面图是在建筑平面图的基础上，绘出一栋房屋的整个供暖系统管路及设备的平面布置情况。图 11-2 ～ 图 11-4 所示为一栋三层办公楼的供暖平面图。该栋楼房采用热水供暖，供暖干管设在顶层顶棚下，回水干管设在底层地沟内，为上行下回式单管垂直供暖

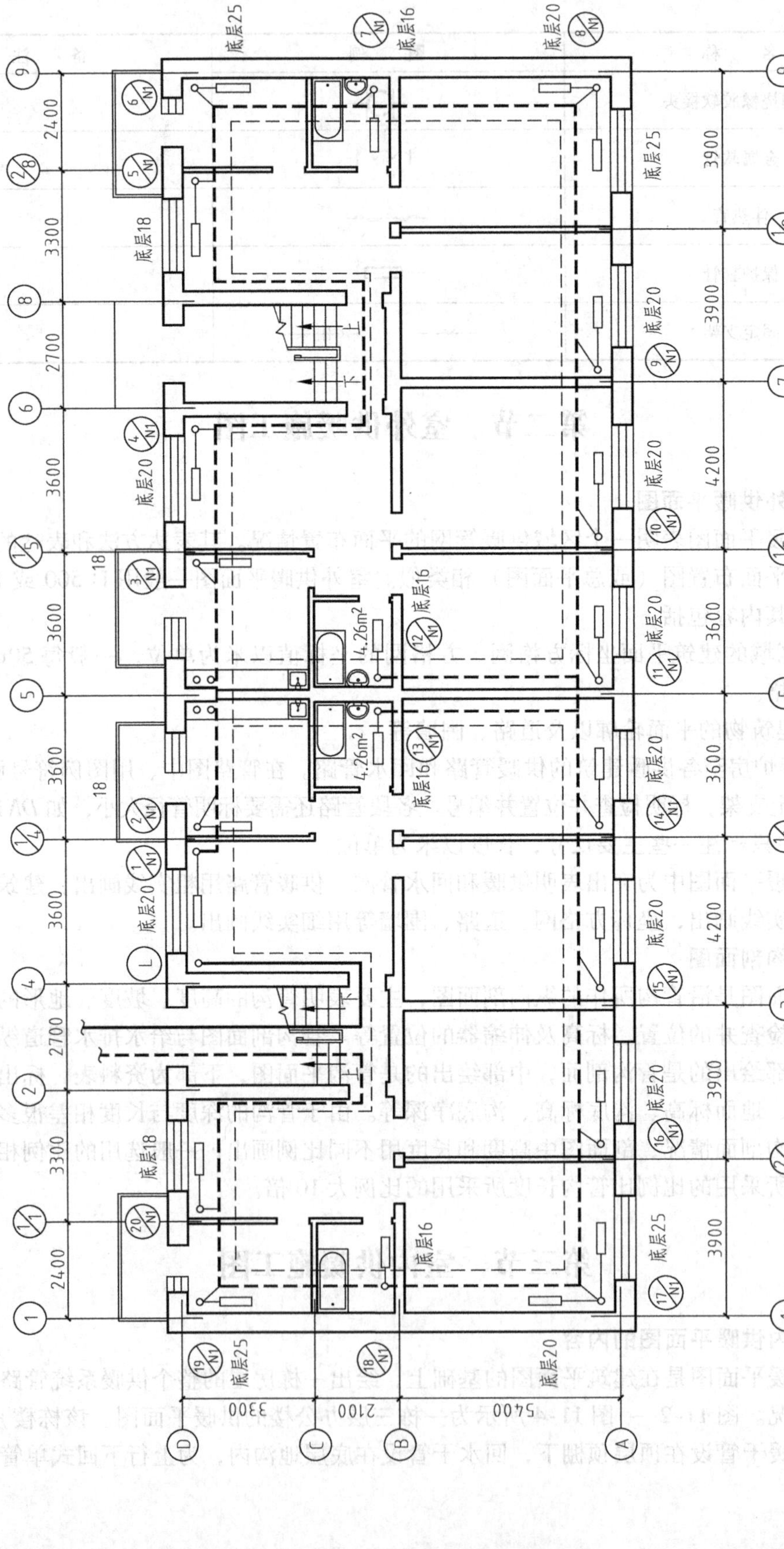

图 11-2　底层供暖平面图

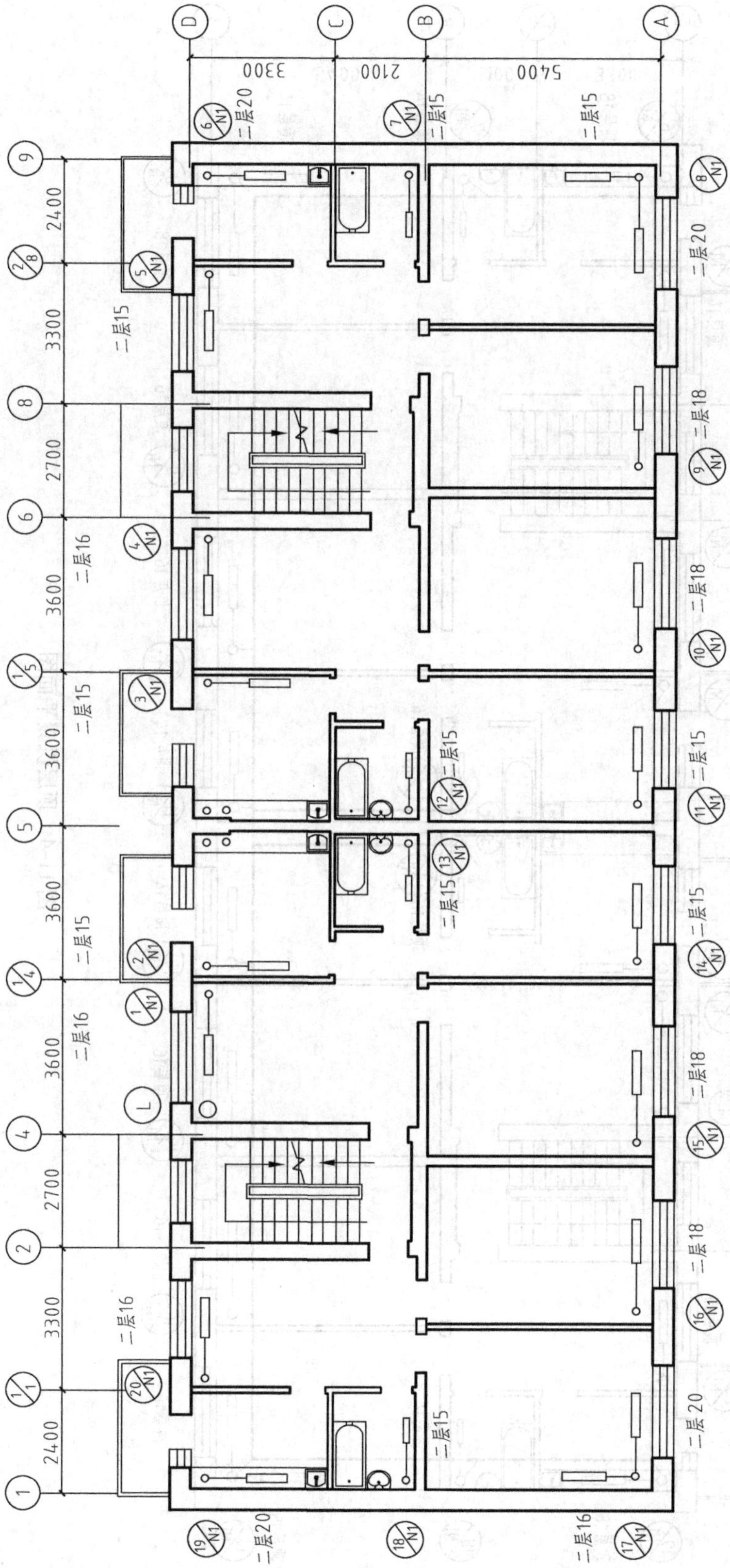

图 11-3 标准层（二层）供暖平面图

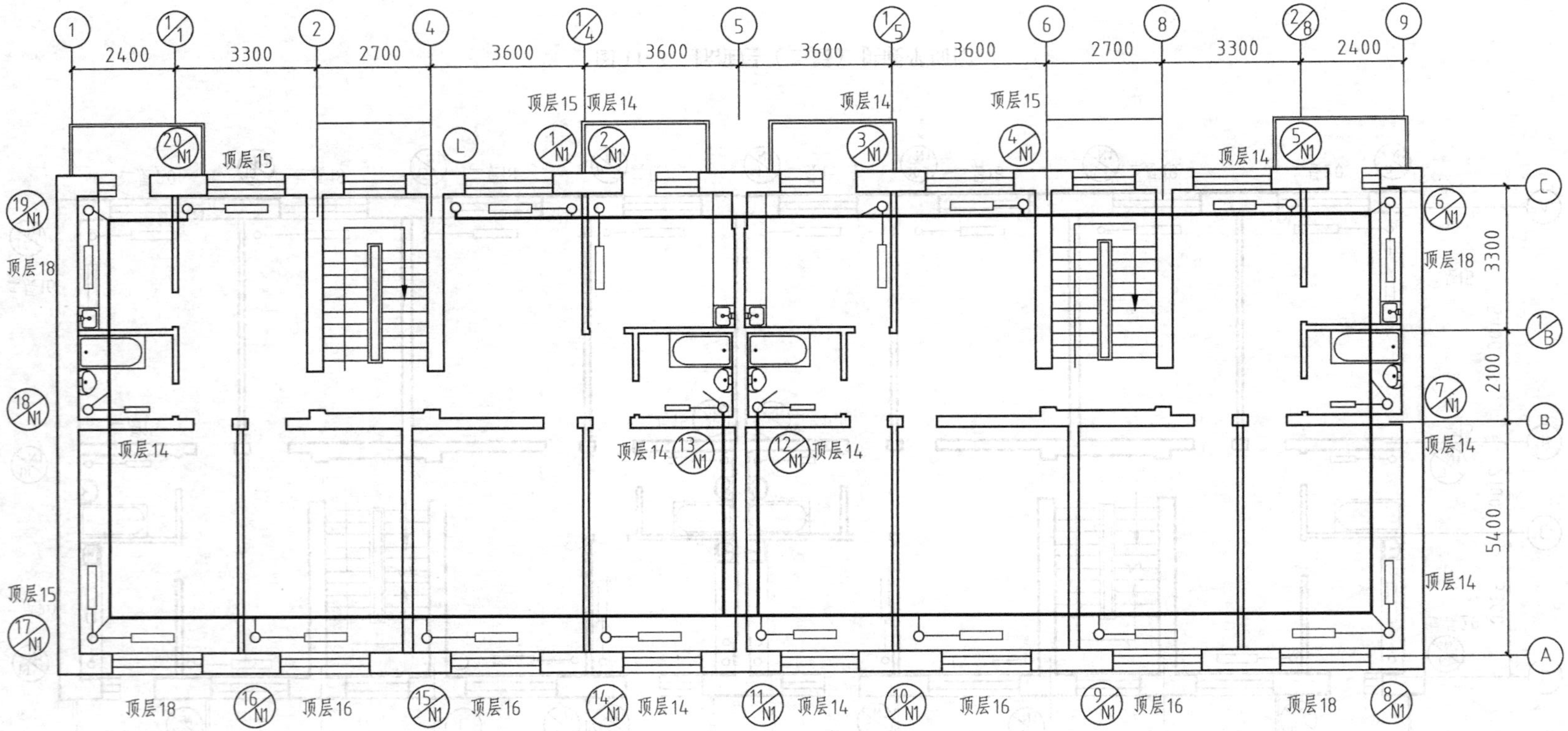

图 11-4　顶层供暖平面图

系统。办公楼各层供暖平面图有底层供暖平面图、标准层（二层）供暖平面图、顶层供暖平面图。

1. 底层供暖平面图表达的内容

1）供暖干管和回水干管的出入口。

2）回水干管的位置、走向、管路的坡度，各段管路的管径，入口处的标高，固定支架的位置等。

3）立管位置及编号。

4）散热器位置，每组散热器的片数，散热器与立管、支管的连接管。

2. 标准层（二层）供暖平面图表达的内容

1）立管的位置及编号。

2）散热器位置、每组散热器的片数，散热器与立管、支管的连接。

3. 顶层供暖平面图表达的内容

1）供暖干管的位置、走向，管路的坡度，各段管路的管径，固定支架的位置，管路最高处的集气放风装置，主要标高等。

2）立管位置及编号。

3）散热器位置，每组散热器的片数及与立管、支管的连接。

二、室内供暖平面图的绘制

室内供暖平面图的画法如下：

1）绘制房屋的建筑平面图。因为供暖平面图主要表明供暖系统，图中只需要画出建筑物平面的主要内容，如房间、走廊、门窗位置，定位轴线位置，定位轴线编号，定位轴线间的尺寸。建筑物的平面图一般用中实线画出。

2）绘出散热器的位置。散热器用图例符号绘出，图形大小与散热器片数无关。

3）绘出总立管、各个立管及阀门。供暖立管用小圆圈表示，回水立管用涂黑的小圆圈表示。

4）绘出支管连接立管与散热器。

5）绘出干管（供暖或回水干管），干管和立管的连接，补偿器及固定支架等。

6）标注尺寸：

① 标注干管的主要标高。

② 标注各段干管的管径。如 *DN*50，即管道的直径为 50mm。如果一栋房屋所用的所有立管管径相同，可在说明中写明，不必逐个标注。

③ 标注管路的坡度，如 3‰，即管路坡度为千分之三，箭头指向下坡方向。

④ 标注立管编号。编号应从总立管开始顺序标注，如④、⑤……。编号应放在建筑物平面图形外侧，以避免影响图形清晰。

⑤ 标注每组散热器的片数。一般写在各组散热器近旁。

图中为突出整个供暖系统，散热器、立管、支管用中实线画出；供热干管用粗实线画出；回水干管用粗虚线画出，回水立管、支管用中虚线画出。

供暖平面图的比例常用 1∶100。

三、室内供暖系统轴测图

供暖系统轴测图，是用正面斜等测投影法画出的整个供暖系统的立体图。图形比例与供暖系统平面图的比例相同。系统轴测图能清楚地表达整个供暖系统的空间情况。图 11-5 所

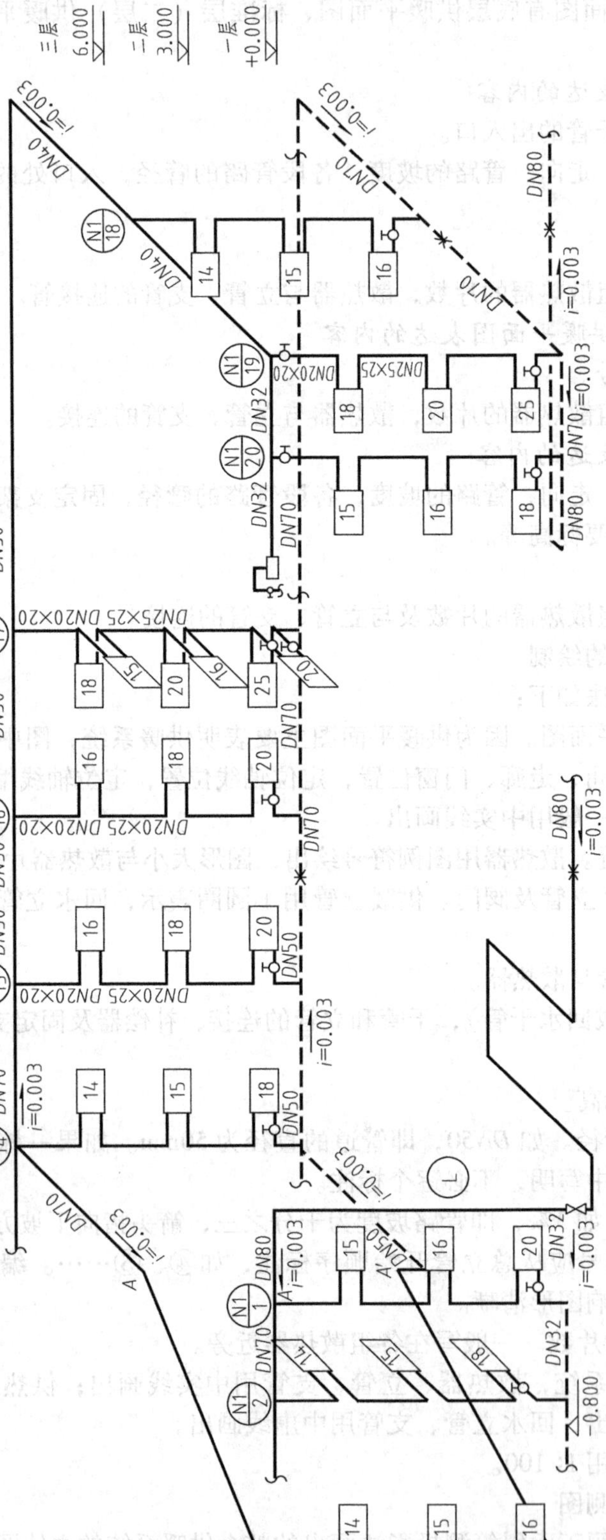

图 11-5 供暖系统轴测图

示为供暖系统轴测图。为了表达清晰，不出现前后重叠的现象，图中前后断开分别来画出。断点用字母标记。

绘制供暖系统轴测图应以供暖平面图为依据，其作图方法和步骤如下：

1）确定底层地面标高为±0.000的位置及各层楼面的标高。

2）从室外引入管处开始画起，先画总立管，顶层顶棚下的供暖干管。干管的位置、走向与供暖平面图应一致。

3）根据供暖平面图中各个立管的位置，绘出各个立管并与供暖干管连接。

4）绘出各楼层的散热器及连接散热器和立管的支管。

5）绘出回水立管和回水干管直至出口处。在管路中需画出阀门、补偿器、集气罐等设备以及固定支架的位置。

6）标注尺寸。图中需标出各层楼地面标高、干管的主要标高及干管各段的管径尺寸、坡度等。

7）标注散热器的片数及各立管的编号。

四、室内供暖详图

由于供暖平面图和系统轴测图所用的比例较小，管路及设备均用图例画出，它们本身的构造及安装情况都不能表达清楚。因此须采用较大的比例画出它们的构造及安装详图。详图比例常用1∶5、1∶10、1∶20。供暖施工图的详图有散热器的安装详图，集气罐的构造及与管路的连接详图，补偿器的构造详图等。如果采用标准详图，可用详图索引符号索引，不必画出。图11-6所示为散热器安装详图。

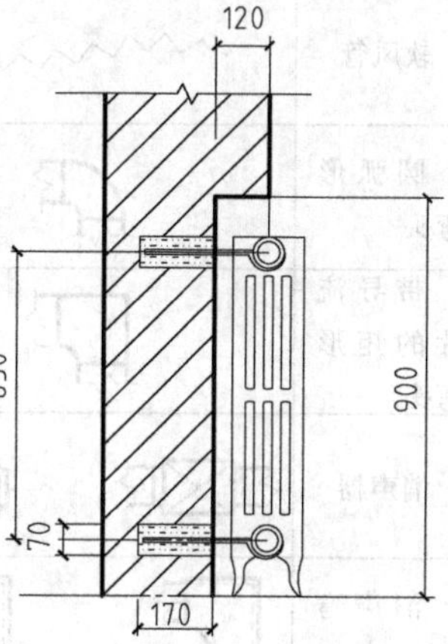

图11-6　散热器安装详图

第四节　通风空调施工图

空调系统主要是将暖风或冷风通过风管送到房间的各个部位，使室内空气循环，调节室内温度，同时还可以根据需要对空气进行处理，如加热、冷却、加湿、净化等。经过处理的空气，由送风机输入送风管道，经各空气分配装置送入室内，在室内进行空气交换后，经回风装置（或排风装置）至回风管道返回空气处理室（或排向室外）。表达整个空调系统的图样称为通风空调施工图。通风空调施工图包括：通风系统平面图、剖面图、系统轴测图、详图及文字说明等。

一、通风系统平面图

通风系统平面图中通风管道用粗实线画出，房屋平面轮廓用中粗实线画出。构配件用图例表示，构配件图例见表11-3。平面图的比例常用1∶100。

表11-3　风道、阀门及附件图例

名称	图例	备注	名称	图例	备注
矩形风管	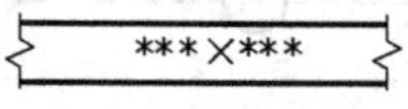	宽×高（mm）	风管向上	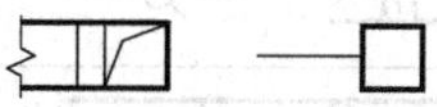	—
圆形风管		ϕ直径（mm）	风管向下	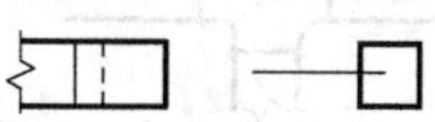	—

（续）

名称	图例	备注	名称	图例	备注
风管上升摇手弯	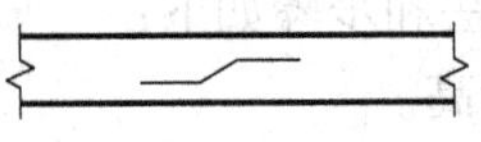	—	防烟、防火阀	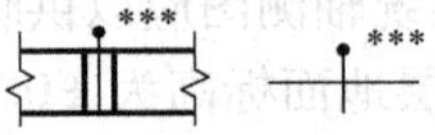	***表示防烟、防火阀名称代号
风管下降摇手弯	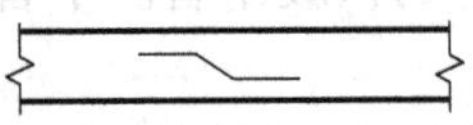	—	方形风口		—
天圆地方	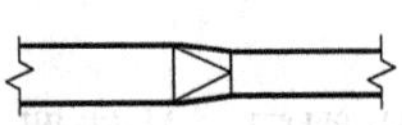	左接矩形风管，右接圆形风管	条缝形风口	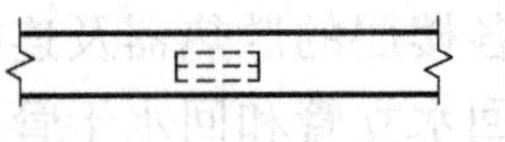	—
软风管		—	矩形风口	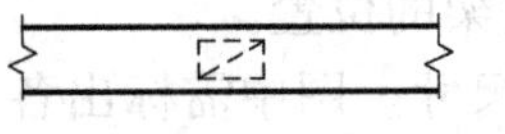	—
圆弧形弯头		—	圆形风口	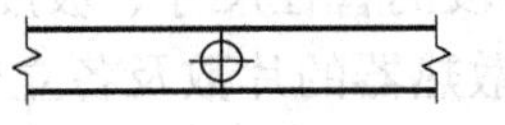	—
带导流片的矩形弯头		—	侧面风口		—
消声器	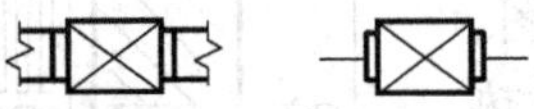	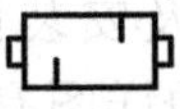	防雨百叶	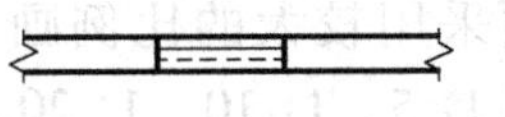	—
消声弯头		—	检修门	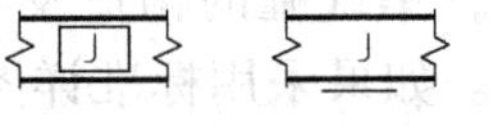	—
消声静压箱		—	气流方向		左为通用表示法，中表示送风，右表示回风
风管软接头	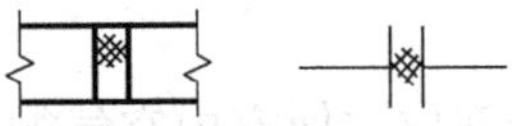	—	轴流风机	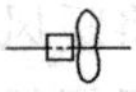	—
对开多叶调节风阀	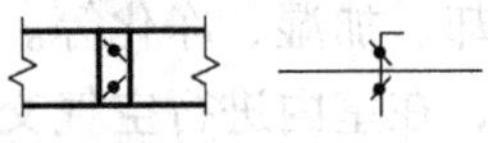	—	轴（混）流式管道风机	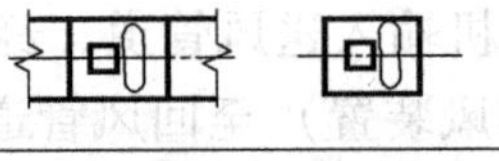	—
蝶阀	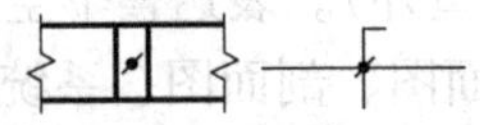	—	离心式管道风机	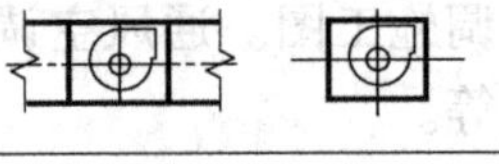	—
插板阀	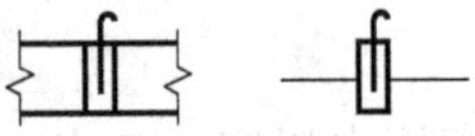	—	吊顶式排气扇	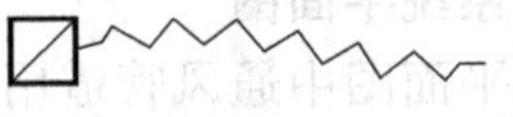	—
止回风阀	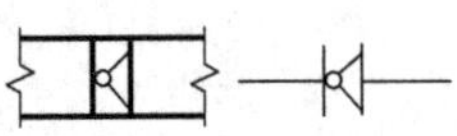	—	水泵		—
余压阀	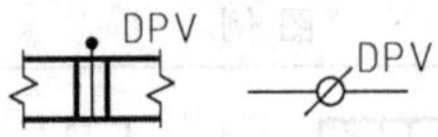	—	手摇泵		—
三通调节阀	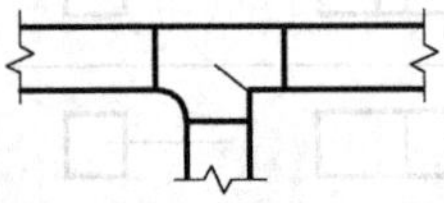	—	变风量末端	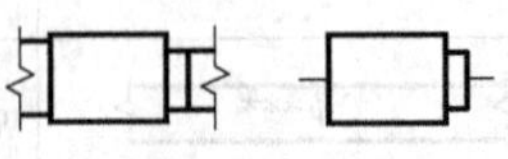	—

（续）

名称	图例	备注	名称	图例	备注
空调机组加热、冷却盘管		从左到右分别为加热、冷却及双功能盘管	立式暗装风机盘管		—
空气过滤器	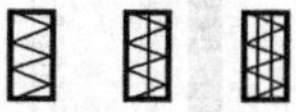	从左至右分别为粗效、中效及高效	卧式明装风机盘管	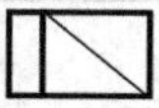	—
挡水板		—	卧式暗装风机盘管	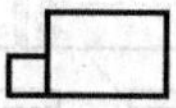	—
加湿器	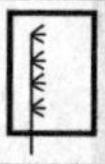	—	窗式空调器	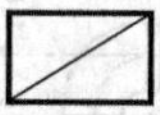	—
电加热器	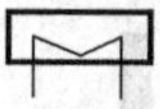	—	分体空调器	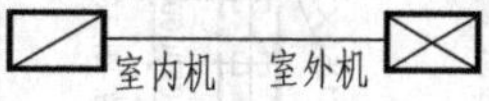	—
板式换热器	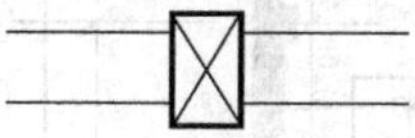	—	射流诱导风机	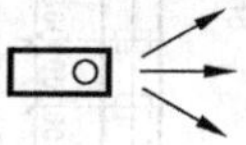	—
立式明装风机盘管	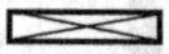	—	减振器		左为平面图画法，右为剖面图画法

1）根据通风管道的尺寸大小，在房间平面图上按比例绘出通风管道的平面位置，用图例符号绘出送风口、回风口和各种阀门的位置。

2）标明各段通风管道的详细尺寸，如管道长度和断面尺寸，送风口和回风口的定位尺寸及风管的位置、尺寸等。

3）标明通风管道的通风量、风速等。

4）平面图的定位轴线尺寸及轴线编号。

图 11-7 所示为某高层建筑送排风系统平面图。本工程的通风空调设计以净化为主要目的，由送风管路、回风管路组成。

图 11-7 中送排风管道是采用镀锌薄钢板制作的矩形风管。风管分段制作，现场装配，用法兰连接。在平面图中，管道采用图例规定的轮廓线绘制，并分段表示。图中详细标注了各段通风管道的长度、断面尺寸；绘出管道截面变化的位置以及分支方式和分支位置；采用图例表示送风口的位置和方向。

送风系统平面图画法：

1）绘制房屋平面图。绘制轴线，并标注轴线间尺寸与编号。

2）绘制送风管的轮廓。由风机箱开始，采用分段绘制的方法，逐段绘制每一段风管、弯管、分支管。

3）绘制送风口。按照图例绘制送风口。

4）标注尺寸。标注各段风管的长度和截面尺寸。

回风系统平面图画法：

图 11-7 中回风管道平面图所表达的内容与送风管道相同，回风口布置在隔墙上（距地面 600mm）。回风平面图画图步骤如下：

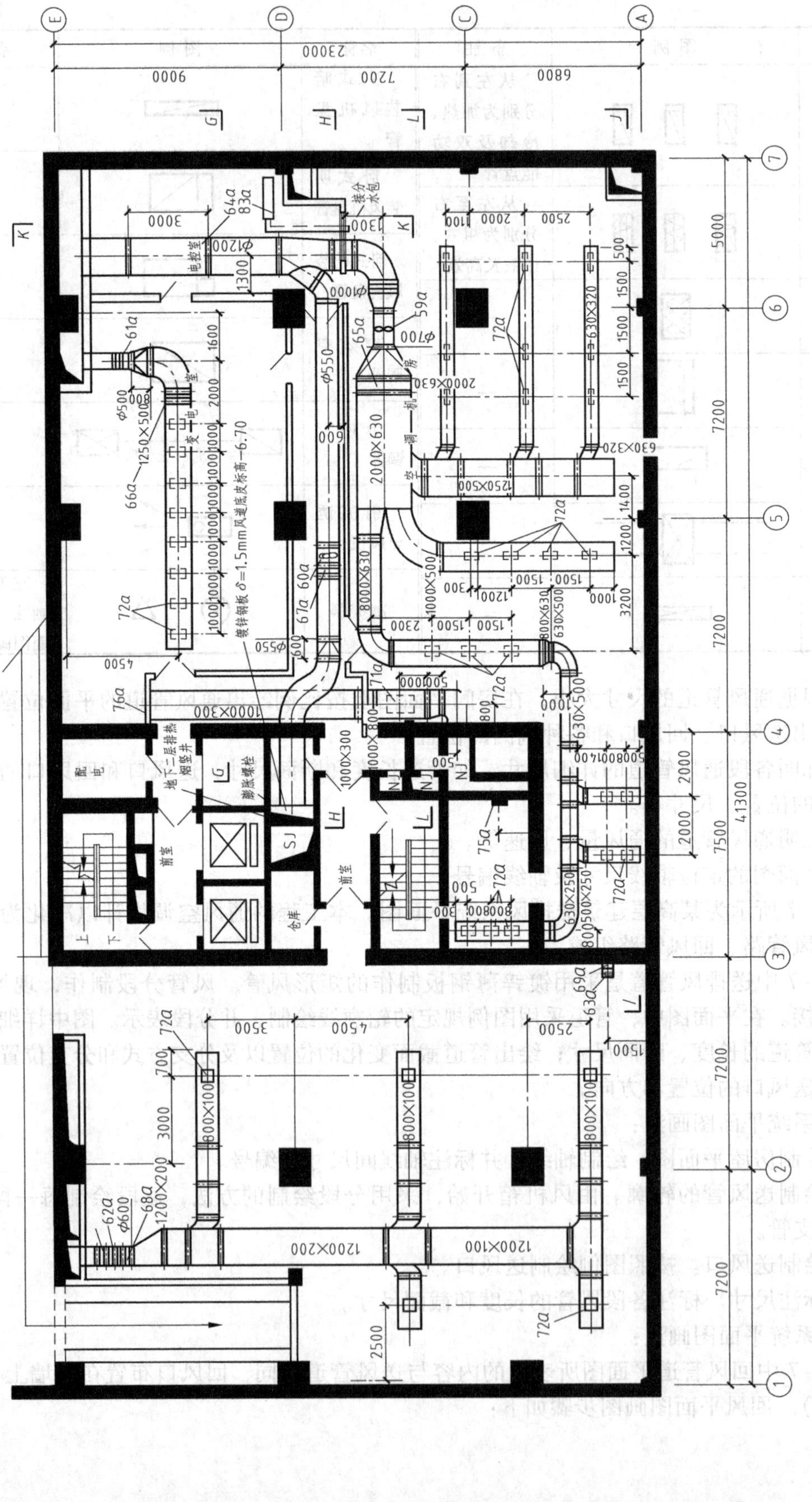

图 11-7 送排风系统平面图

1）绘制房屋平面图。绘制轴线，并标注轴线间尺寸与编号。

2）绘制回风管的轮廓。由风机箱回风口开始，采用分段绘制的方法，逐段绘制每一段风管、弯管、分支管。

3）绘制回风口。按照图例绘制回风口。

4）标注尺寸。标注各段风管的长度和截面尺寸。

二、通风系统剖面图

通风系统剖面图主要表示通风管道高度方向的位置，送风管道、回风管道、排风管道间的交叉关系。有时用来表达风机箱、空调器、过滤器的安装、布置。绘制通风系统剖面图一般采用与通风系统平面图相同的比例，如图 11-8 所示。

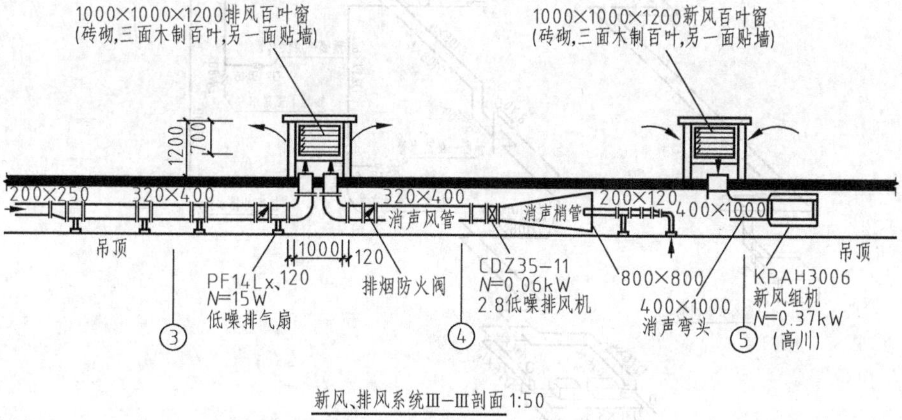

图 11-8　通风系统剖面图

图 11-9 表达空调机箱的构造与布置。该空调机箱由风机箱、换热器、过滤器、静压箱组成。图中换热器、过滤器采用图例符号表示。

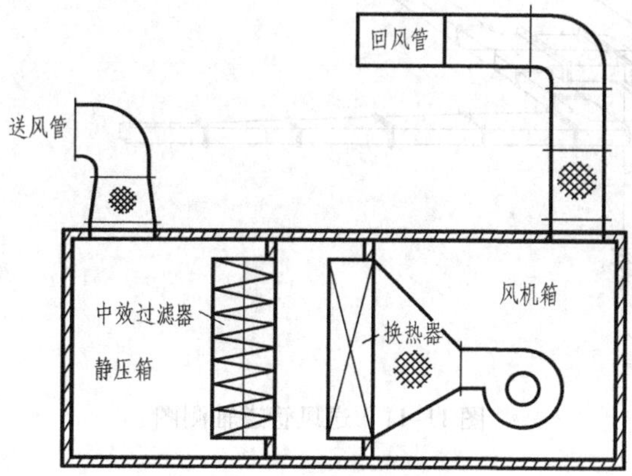

图 11-9　空调机箱剖面图

三、通风系统轴测图

通风系统轴测图是采用正面斜等测投影法绘出的立体图，它表明通风系统的空间布置情况。绘图时所用的比例与平面图相同。图 11-10 所示为空调水系统轴测图，图 11-11 所示为送风管道轴测图，其中图 11-10 所示为单线图。

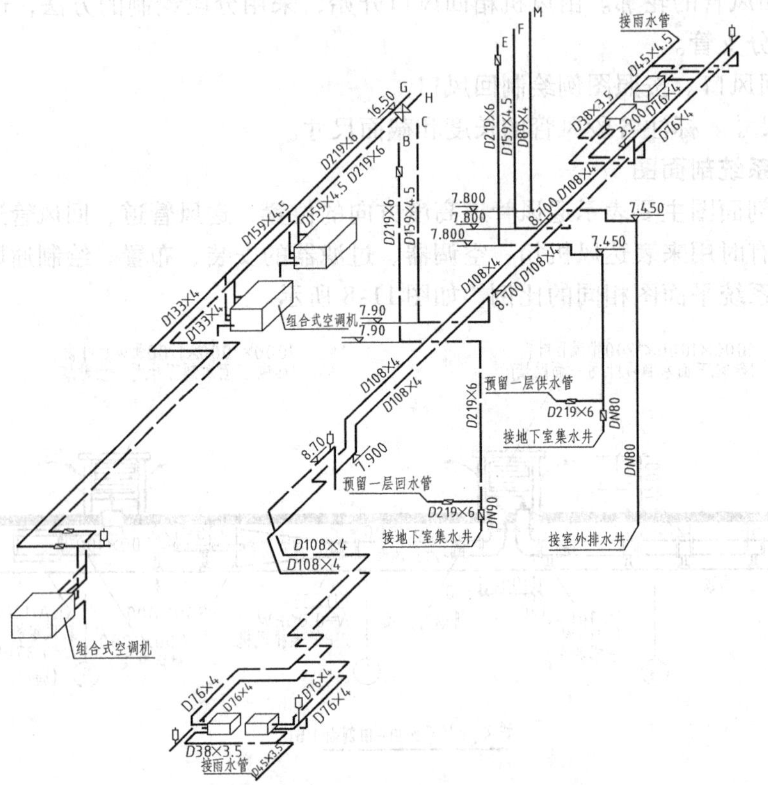

图 11-10　空调水系统轴测图

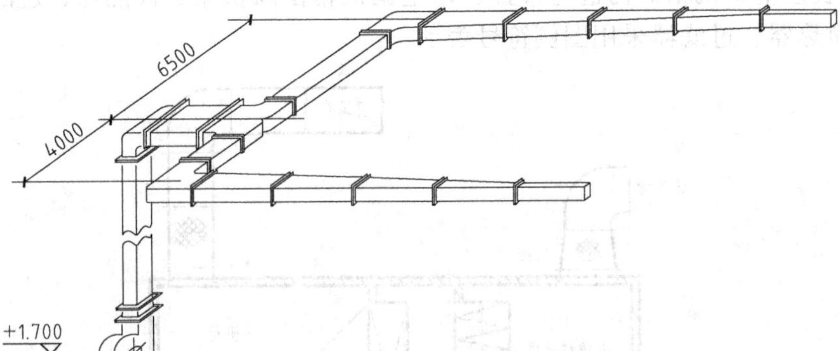

图 11-11　送风管道轴测图

四、详图及文字说明

详图是将构件或设备以及它们的制造和安装，用较大的比例绘制出来的图样。通常比例采用 1∶20、1∶10、1∶5 等。各种详图有标准详图和非标准详图。标准详图有统一的标准详图图集供选用，绘制施工图时不必再画，在图中标明详图索引符号即可。非标准详图应绘出详图并标注详细尺寸。图 11-12 所示为送风、回风管道吊架详图。

通风管道中的管件的零件图是通风系统的详图。它是制作风管的依据。风管一般是在车间预制，现场安装的。相同类型的管件可以共用一个零件图。图 11-13 所示为送回风管道弯头的详图。详图中的尺寸以符号标注，具体尺寸以列表形式说明。在加工车间按照详图上的符号对照表中尺寸制作各管件。表中的内容是：管件编号和尺寸 *A*1、*B*1、*L*1、*A*2、*B*2、*L*2、*C*、*R*1、*R*2（图 11-13）。

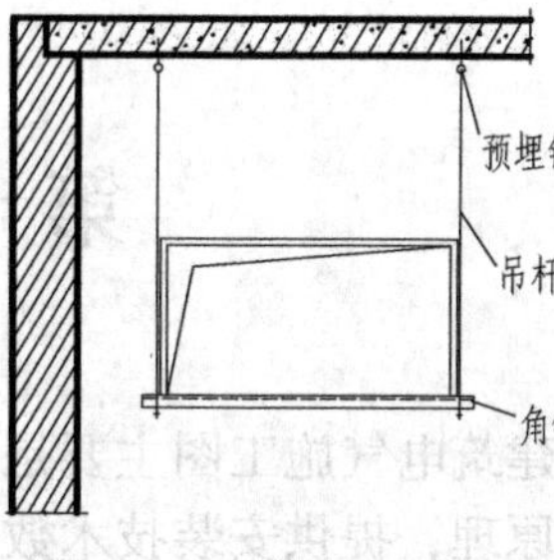

图 11-12　送风、回风管道吊架详图

文字说明，主要说明设计依据、施工和制作的技术要求，所用材料等，可统一写在图样的首页，或写在图中。如图 11-13的管道截面尺寸、法兰连接，以及连接孔的尺寸与定位尺寸等，可用文字在技术要求中说明。

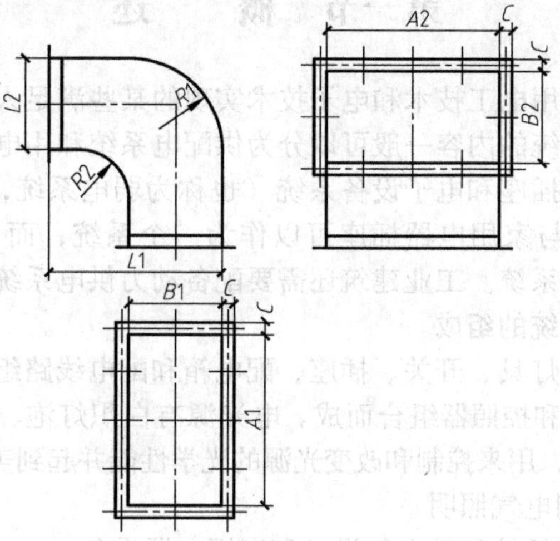

图 11-13　送回风管道弯头的详图

第十二章　建筑电气施工图

建筑电气施工图主要是用来表达建筑中电气工程的构成、布置和功能，描述电气装置的工作原理，提供安装技术数据和使用维护依据。

建筑电气施工图主要包括照明工程施工图、变配电所工程施工图、动力系统施工图，另外还有电气设备控制电路图、防雷与接地工程施工图等。本书仅介绍室内照明施工图的有关内容和表达方法。

第一节　概　　述

电气设备系统是指利用电工技术和电子技术实现的某些满足人们需求的电工、电子设备和系统。建筑电气设备系统的内容一般可以分为供配电系统和用电系统。民用建筑电气包括室内照明、家用电器设备插座和电子设备系统（也称为弱电系统，主要有电信、有线电视、自动监控等）。室内照明与家用电器插座可以作为一个系统，而自动监控、电话、有线电视、宽带则是各自独立的系统。工业建筑还需要配备动力供电系统。

一、室内电气照明系统的组成

室内电气照明系统由灯具、开关、插座、配电箱和配电线路组成。

（1）灯具　由电光源和控照器组合而成。电光源有白炽灯泡、荧光灯管等。控照器俗称灯罩，是光源的配套设备，用来控制和改变光源的光学性能并起到美化、装饰和安全的作用。

（2）开关　用来控制电气照明。

（3）插座　主要用来插接移动电气设备和家用电器设备。

（4）配电箱　主要用来非频繁地操作电气照明线路，并能对线路提供短路保护或过载保护。

（5）配电线路　在照明系统中配电线路所用的导线一般是塑料绝缘电线，按敷设方式分为明线和暗线，现代建筑室内最常用的是线管和桥架式配线。

二、室内电气照明施工图的有关规定

1. 图线

电气照明施工图对于各种图线的运用应符合表12-1中规定。

2. 安装标高

在电气施工图中，线路和电气设备的安装高度需要标注标高，通常采用与建筑施工图相统一的相对标高，或者相对本层地面的相对标高。如某建筑电气施工图中标注的总电源进线安装高度为4.5m，是指相对建筑基准标高±0.000的高度；某插座安装高度0.6m，是指相对于本层楼地面的高度，一般表示为$nF+0.6$m。

3. 指引线

在电气施工图中，为了标记和注释图样中的某些内容，需要用指引线在旁边加上简短的文字说明。指引线一般为细实线，指向被注释的部位，并且根据注释内容的不同，在指引线所指向的索引部位加上不同的标记：如指向轮廓线内，加一个圆点。

表 12-1　电气施工图中常用的线型

名称	图　形	用途说明
粗实线	━━━━━━━━	基本线、可见导线、一次线路、主要线路
细实线	————————	二次线路、一般线路
虚线	— — — — — —	辅助线、不可见轮廓线、不可见导线、屏蔽线等
点画线	——·——·——	控制线、分界线、功能围框线、分组围框线等
双点画线	——··——··——	辅助围框线、36V 以下线路等

4. 图形符号和文字符号

在建筑电气施工图中，各种电气设备、元件和线路都使用统一的图形符号和文字符号表示。应该尽量按照国家标准规定的符号绘制，一般不允许随意进行修改，否则会造成混乱，影响图样的通用性。对于标准中没有的符号可以在标准的基础上派生出新的符号，但要在图中明确加注说明。图形符号的大小一般不影响符号的含义，根据图面布置的需要也允许将符号按 90°的倍数旋转或成镜像放置，但文字和指向不能倒置。表 12-2 是一些室内电气照明系统中常用的文字符号及其含义。表 12-3 是部分室内电气照明系统中常用的图形符号。

表 12-2　室内电气照明系统中常用的文字符号及其含义

文字符号	含　义	文字符号	含　义	文字符号	含　义
电光源种类					
IN	白炽灯	FL	荧光灯	Na	钠灯
I	碘钨灯	Xe	氙灯	Hg	汞灯
线路铺设方式					
E	明敷	C	暗敷	CT	电缆桥架
SC	钢管配线	T	电线管配线	M	钢索配线
P	硬塑料管配线	MR	金属线槽配线	F	金属软管配线
线路铺设部位					
B	梁	W	墙	C	柱
F	地面（板）	SC	吊顶	CE	顶棚
导线型号					
BX（BLX）	铜（铝）芯橡胶绝缘线	BVV	铜芯塑料绝缘护套线	BV（BLV）	铜（铝）芯塑料绝缘线
BXR	铜芯橡胶绝缘软线	BVR	铜芯塑料绝缘软线	RVS	铜芯塑料绝缘绞型软线
设备型号					
XRM	嵌入式照明配电箱	KA	瞬时接触继电器	QF	断路器
XXM	悬挂式照明配电箱	FU	熔断器	QS	隔离开关
其他辅助文字符号					
E	接地	PE	保护接地	AC	交流
PEN	保护接地与中性线共用	N	中性线	DC	直流

表 12-3　室内电气照明系统中常用的图形符号

图形符号	说　明	图形符号	说　明
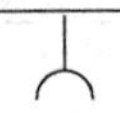	单相插座		单极开关
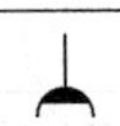	单相插座（暗装）		单极开关（暗装）
	带接地插孔单相插座		双极开关
	带接地插孔单相插座（暗装）		双极开关（暗装）
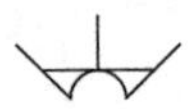	带接地插孔三相插座		三极开关
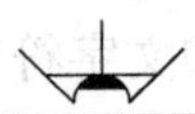	带接地插孔三相插座（暗装）		三极开关（暗装）
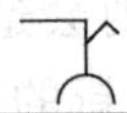	具有单极开关的插座		单极开关（暗装）
	带防溅盒的单相插座		单极拉线开关
	配电箱	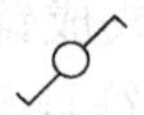	单极双控开关
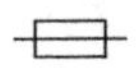	熔断器的一般符号	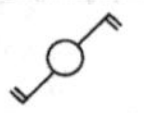	双极双控开关
	灯的一般符号		带防溅盒的单极开关
	荧光灯（三管）	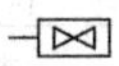	风扇的一般符号
	顶棚灯		向上配线
	壁灯		向下配线

5. *多线表示和单线表示法*

电气施工图按电路的表示方法可以分为多线表示法和单线表示法。多线表示法是指并在一起的两根或两根以上的导线，在图样中只用一条线表示，这样图样简单了，但需要深入分析其具体连接方式。在同一图样中，必要时可以将多线表示法和单线表示法组合起来使用，在需要表达复杂连接的地方使用多线表示法，在比较简单的地方使用单线表示法。在用单线表示法绘制的电气施工平面图上，一根线条表示多条走向相同的线路，而在线条上划上若干短斜线表示根数（一般用三根导线数），或者在一根短斜线旁标注数字表示导线根数（一般用于三根以上的导线数），对于两根相同走向的导线则通常不必标注根数。

6. *标注方式*

在室内电气照明施工图中，设备、元件和线路除采用图形符号绘制外，还必须在图形符号旁加文字标注，用以说明其功能和特点，如型号、规格、数量、安装方式、安装位置等。不同的设备和线路有不同的标注方式。

（1）照明灯具的文字标注方式　$a-b\dfrac{c\times d\times l}{e}f$。其中，$a$ 为灯具数量；b 为灯具的型号或编号；c 为每盏照明灯具的灯泡数；d 为每个灯泡的容量（W）；e 为安装高度（m）；f 为灯具的安装方式；l 为电光源的种类，常省略不标。

灯具安装方式有：吸壁安装（W）、线吊安装（WP）、链吊安装（C）、管吊安装（P）、嵌入式安装（R）、吸顶安装（-）等。

如 $10-YG_2-2\frac{2\times40\times FL}{2.5}C$，表示10盏型号为 YG_2-2 的荧光灯，每盏灯有2个40W灯管，安装高度为2.5m，链吊安装。

（2）开关、融断器及配电设备的文字标注方式　一般为 $a\frac{b}{c/i}$ 或 $a-b-c/i$；当需要标注引入线时，文字标注方式为 $a\frac{b-c/i}{d(e\times f)-g-h}$。其中 a、b 为设备编号；c 为额定电流（A）或设备功率（kW），对于开关，熔断器标注额定电流，对于配电设备标注功率；i 为整定电流（A），配电设备不需要标注；e 为导线根数；f 为导线截面（mm^2）；g 为配线方式和穿线管径（mm）；h 为导线敷设方式及部位。

如 $2\frac{HH_3-100/3-100/80}{BX-3\times3.5-SC40-FC}$，表示2号设备是型号为 $HH_3-100/3$ 的三极铁壳开关，额定电流为100A，开关内熔断器的额定电流为80A，开管的进线是3根截面为 $35mm^2$ 铜芯橡胶绝缘导线（BX），穿40mm的钢管（SC40），埋地（F），暗敷（C）。

（3）线路的文字标注方式及部位　$a-b-c\times d-e-f$。其中 a 为线路编号或线路用途；b 为导线型号；c 为导线根数；d 为导线截面（mm^2），不同截面要分别标注；e 为配线方式和穿线管径（mm）；f 为导线敷设方式及部位。

如 NI - BV - 2 ×2.5 + PE2.5 - T20 - SCC，表示NI回路，导线为塑料绝缘铜芯线（BV），2根截面为 $2.5mm^2$，1根截面为 $2.5mm^2$ 的接零保护线（PE），穿直径20mm的电线管（T20），吊顶内（SC），暗敷（C）。

有时为了减少图画的标注量，提高图面清晰度，在平面图上往往不详细标注各线路，而只标注线路编号，另外提供一个线路管线表，根据平面图上标注的线路编号即可找出该线路的导线型号、截面、管径、长度等。

第二节　室内电气照明施工图

室内电气照明施工图是以建筑施工图为基础（建筑平面图用细线表示），并结合电气接线原理而绘制的，具体内容包括照明配电箱的型号、安装位置、安装标高和安装方式；照明线路的配线方式、导线型号、规格和根数、导线的连接方法；灯具类型、功率、安装位置、安装高度等；开关的类型、安装位置、安装高度、控制方式等；插座及其他电气的类型、容量、安装位置、安装高度等。

一、图样目录及设计说明

图样目录表明电气照明施工图的编制顺序及每张图的图名，以便于查阅。设计说明主要说明电源来路、线路材料敷设位置、线路走向、技术参数、供货厂家等施工图中有关技术要求等。

二、室内电气照明平面图的绘制

平面图的绘图步骤：

1）绘制建筑轮廓。绘制轴线、墙线、门窗等轮廓，其中主要轮廓线一般用中实线绘出。

2）电源进户线的位置，导线规格、型号、根数，引入方法。

3）绘制灯具、开关、插座、配电箱（包括主配电箱、分配电箱）等。按照规定图形符号在其位置上绘制灯具、开关、插座和配电箱等。

4）绘制线路。用粗实线绘制线路，连接灯具、开关、插座、配电箱等。

5）标注符号。标注必要的文字符号说明，包括线路中导线的根数、型号、规格、线路走向、敷设位置、配线方式、穿线器材的名称、管径等。

6）各种用电器材、设备的平面位置、安装高度、安装方法、用电功率。

图 12-1 为某住宅的一层电气照明平面图。

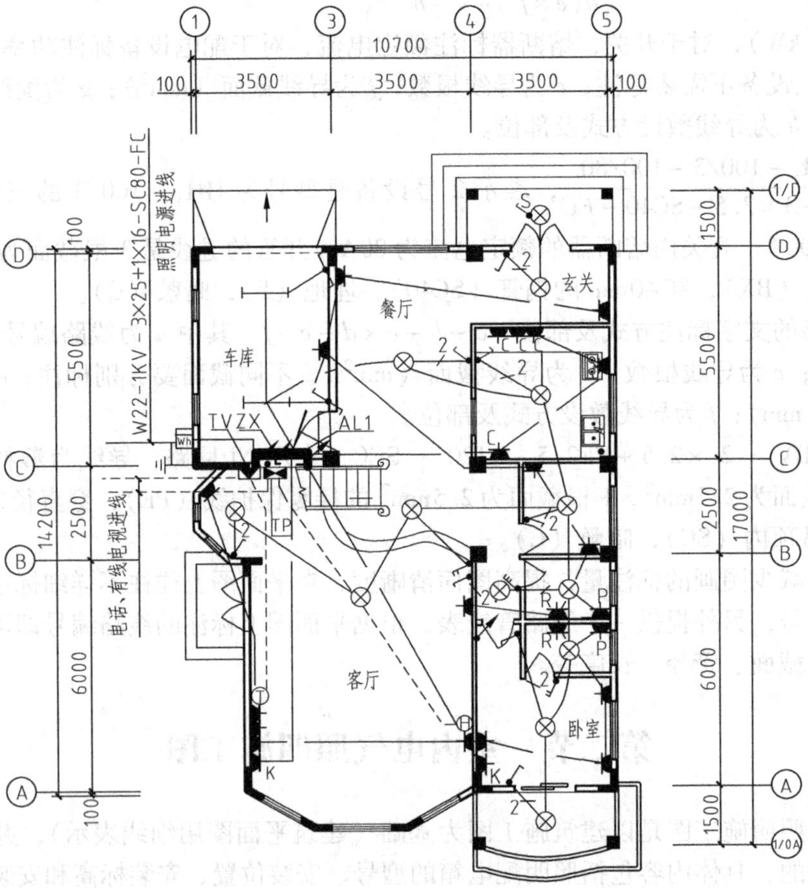

图 12-1　某住宅的一层电气照明平面图

注：进户线由电网架空引入单相二线 220V。进户线、箱间干线，至门灯线为 BLX－500V，穿钢管暗设；其他为 BLVV 铝卡钉明设。凡未标截面、根数、管径者为 2.5mm²、2 根、150mm。

三、室内电气照明系统图的绘制

电气照明系统图具有很强的原理性，其接线原理应按照电工学有关规定执行。室内电气照明系统图主要包括：建筑物内的配电系统的组成和连接原理；各回路配电装置的组成，用电容值；导线和器材的型号、规格、根数、敷设方式，穿线管的名称、管径；各回路的去向；线路种设备、器材的接地方式。

图 12-2 所示为某住宅室内电气照明系统图，它表达了以上电气照明系统的电气器件的类型与型号及安装要求；线路与配线要求等。从图中可以看出，该照明系统图采用单线图绘制，设备安装功率为 6.0kW，计算负荷为 6.0kW，计算电流为 34.0A，需要系数取 0.95。电源进线引自低压配电室，采用 3 根截面积为 $10mm^2$ 的塑料铜芯导线。配电箱总开关为 C65N－40A/2P＋VigiC65/2P 型空气开关。电源进线后经照明配电箱分成 5 条回路；其中 3 条为插座回路（2 个空调插座和 1 个厨房插座），采用 3 根截面积为 $4mm^2$ 的塑料铜芯导线穿管径为 20mm 的 PVC 塑料管在地板和墙内敷设；照明回路，分别采用 2 根截面积为 $2.5mm^2$ 的塑料铜芯绝缘导线穿管径为 20mm 的 PVC 塑料管在地板和墙内敷设。

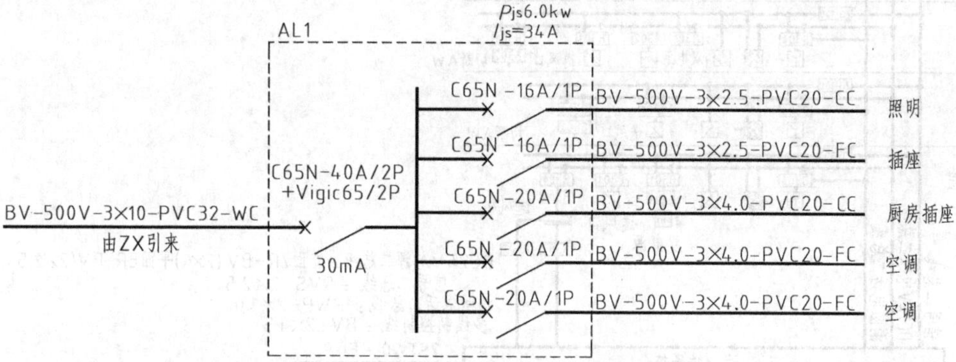

图 12-2　某住宅室内电气照明系统图

四、室内电气详图的绘制

电气详图表明电气工程中许多部位的具体安装要求和做法。一般采用标准图。如果采用非标准图，均要另绘详图。

第三节　弱电与综合布线系统施工图

弱电系统是指通过电能进行信号传递、信息交换的电气系统，相对于动力、照明等通过电能传输能量的强电系统而言，弱电系统中的电能主要用来传输信号，能量极小。弱电系统已经成为现代建筑不可缺少的组成部分，随着生活水平的提高和科学技术的发展，新的弱电系统还会不断地出现，使得建筑内的各项功能更加完善，为人们的生活生产活动提供更加良好的环境。

弱电施工图主要由弱电平面图、弱电系统图和框图等组成。弱电平面图与电气照明平面图类似，主要是用来表示装置、设备、元件和线路平面布置的图样。弱电系统图是用来表示弱电系统中设备和元件的组成、元件之间的相互连接关系的图样，对于指导安装施工和系统调试具有重要的作用。

一、几种常见的弱电系统

现代建筑中常见的弱电系统有消防自动报警系统、有线电视系统、防盗安保系统、电话通信系统等。

（1）消防自动报警系统　消防自动报警系统监测建筑物内的火灾迹象，在未形成损失和灾难之前发出火灾报警，并自动执行某些消防措施。消防自动报警系统一般由火灾探测器、手动报警按钮、自动报警控制器、联动控制器、火灾显示屏等部分组成，如图 12-3 所示。

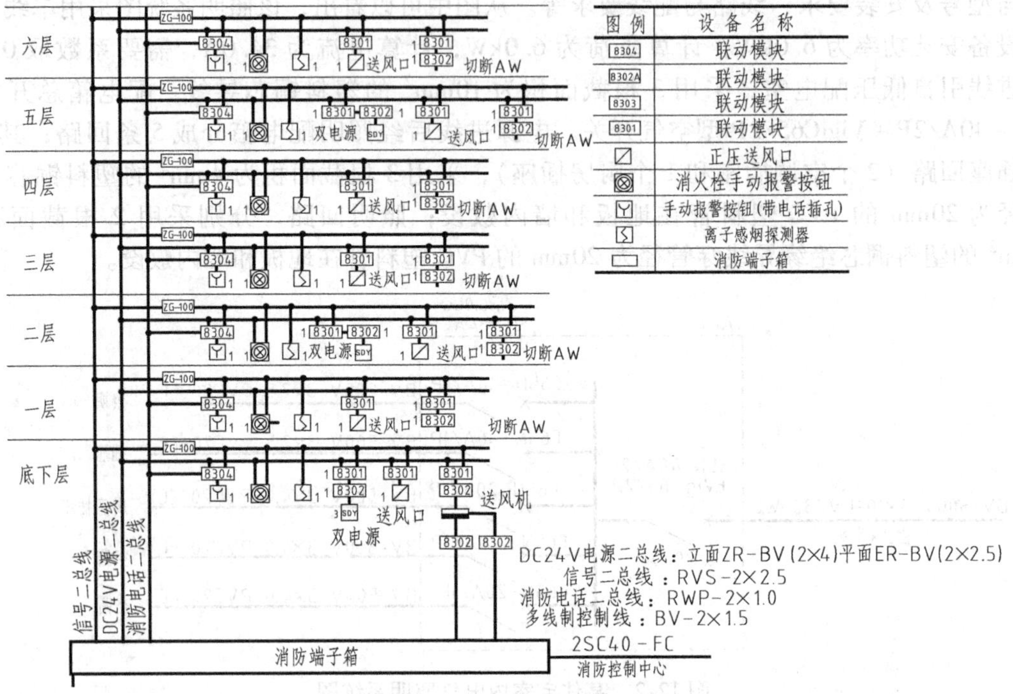

图 12-3　某住宅消防自动报警系统

（2）有线电视系统　有线电视系统又称共用天线电视系统（Community Antenna Television，缩写为 CATV），它是一种通过同轴电缆连接多台电视机，共用一套电视信号接收装置、前端装置和传输分配线路的有线网络。通过有线电视系统传输的电视信号图像质量高，不易受外界干扰。

（3）防盗安保系统　防盗安保系统能够实时监视控制安保对象，提高安保管理效率和自动化水平。防盗安保系统包括防盗报警器、电子门禁系统、电视监视系统、对讲安全系统等内容。

（4）电话通信系统　电话通信系统是现代建筑不可缺少的弱电系统，包括电话、传真、计算机联网等内容，大致可以分为终端设备、交换设备和传输线路三部分。

弱电电气施工图是一项很复杂的电气工程，它涉及电子技术、无线电技术、电声技术、电视技术、计算机技术及电力技术等多个领域，描述这些电气工程需要采用多种形式的电气图。弱电电气施工图只是这些电气图中的一类图，其基本功能是指导建筑中弱电工程的施工。

二、综合布线系统

综合布线系统是指按标准的、统一的和简单的结构化方式编制和布置各种建筑物（或建筑群）内各种系统的通信线路，包括网络系统、电话系统、监控系统、电源系统和照明系统等。

综合布线系统由 6 个子系统组成，包括工作区子系统、水平区子系统、管理间子系统、垂直干线子系统、设备子系统及建筑群主群子系统。由于采用星形结构，任何一个子系统都可以独立地接入综合布线中。因此，系统容易扩充，布线易于重新组合，也便于查找和排除故障。

附录　建筑设计总说明

一、设计依据

1）经批准的本工程设计任务书、初步设计和方案设计文件，建设方的意见。

2）建设单位提供的地形图及现状场地标高。

3）当地主管部门批准的修建性详细规划。

4）国家现行的有关法律、法规和设计规范及标准：GB 50352—2005《民用建筑设计通则》、GB 50016—2006《建筑设计防火规范》、GB 50096—1999《住宅设计规范（2003 年版）》、GB 50368—2005《住宅建筑规范》、GB 50180—1993《城市居住区规划设计规范（2002 年版）》、《西南地区通用民用建筑图集》J112 ~ J812。

二、项目概况

1）建筑名称：××小区花园别墅：建设单位：××房地产开发有限公司；建设地点：××县开发区。

2）建筑层数：双拼、联排低层住宅为三层：底商花园洋房为六层、花园会所为两层；小区综合服务楼为四层。

3）建筑分类：所有建筑均为低多层三类建筑，设计使用年限 50 年：防火等级：二级。

4）建筑结构形式：双拼住宅，砖混结构。

5）本建筑为傣族民居建筑，在坡屋面及屋脊等部位的做法上采用成品装饰构件装饰，具体做法和尺度根据当地传统做法调整。

三、设计标高

1）本工程各幢号位置详见总平面布置图，±0.000 相当于绝对标高，详见总平面布置图。

2）各幢号施工图标注标高为完成面标高（建筑面标高），屋面标高为结构标高。

3）本工程尺寸单位标高、总平面图以米为单位，其他尺寸均以毫米为单位。

四、墙体及楼地面工程

1）本工程墙体材料：砖混结构采用 240 厚黏土实心砖，卫生间及部分房间隔墙 120 厚。

2）墙身防潮层：在室内地坪下 60 处做 20 厚 1∶2 水泥砂浆内加 3% ~5% 防水剂的墙身防潮层，做法详见西南 04J112 第 39 页②③。

3）砌筑墙体和墙板预留洞口见建施和设备图。

4）地面的基层和垫层需认真施工处理，满足 GB 50037—1996《建筑地面设计规范》的要求。

5）卫生间、厨房等用水房间墙地面防水做法详见 04J517 第 34 页②③，防水层一布四涂改性沥青沿墙上翻 2000，除洞口外房间周边墙体底部翻边高 300。

6）凡用水房间需在结构面上局部粉坡 1% ~2%，坡向地漏或排水口，经试水不积水后，方可进行面层施工。

7）管道与楼板混凝土接口部位浇筑混凝土后再用密封膏做封堵处理，检查无遗漏后才能做大面积砂浆找平找坡。

五、屋面、阳台、露台工程

1）屋面工程应满足 GB 50345—2004《屋面工程技术规范》和 GB 50207—2002《屋面工程质量验收规范》，屋面防水等级二级，防水层合理使用年限 15 年。

2）屋面防水做法：坡屋面做法详见西南 03J201—2。

屋面防水做法 1（上人平屋面、露台）：
- 青石板铺地
- 20 厚 1∶2.5 水泥砂浆结合层
- 25 厚 1∶2.5 水泥砂浆保护层
- 二布六涂改性沥青涂膜防水层
- SBS 改性沥青卷材一道，同材性胶粘剂二道
- 20 厚 1∶2.5 水泥砂浆找平层
- 1∶6 水泥炉渣找坡层兼保温层，最薄处不小于 20
- 15 厚 1∶3 水泥砂浆找平层
- 结构层

屋面防水做法 2（坡屋面）：
- 英红彩瓦屋面
- 1∶3 水泥砂浆卧瓦层（最薄处 25）
- 内配Φ6@500×500 钢筋网
- 20 厚 1∶2.5 水泥砂浆找平层
- 二布六涂改性沥青涂膜防水层
- 15 厚 1∶3 水泥砂浆找平层
- 结构层

六、门窗工程

1）门窗玻璃的选用应遵照 JGJ 113—2009《建筑玻璃应用技术规程》和《建筑安全玻璃管理规定》发改运行［2003］2116 号及地方主管部门的有关规定。

2）门窗立面均表示洞口尺寸，门窗加工尺寸要按照装修厚度由承包商予以调整。

3）门窗立樘：除图中另有注明外，立樘居中布置，单向平开门立樘平开启方向。

4）门窗型材采用 70 系列灰蓝色塑钢型材，门窗及门带窗开启扇均附纱窗。

5）应委托有资质的公司对门窗进行具体设计安装施工，所采用的玻璃、框料、配件等的系列技术（如安全性、抗风压能、气密性、水密性、保温性、隔声性、防火性等）、构造做法以及制作安装等均应满足国家规范要求，设计图样应征得我院认可后方能进行下一步安装、施工。

七、装修工程

1）外墙饰面及内装修应符合 GB 50210—2001《建筑装饰装修工程质量验收规范》的要求，外装修设计和做法详见立面图，外墙及内部选用的各项材料均由施工单位提供样板，并经建设单位确认后经行封样，并据此验收。

2）内装修工程执行 GB 50222—1995《建筑内部装修设计防火规范》。

3）阳台、露台设栏杆高 1050，做法详见各栋建施。

4）各类栏杆、扶手的安装应确保连接安全、稳固，保证栏杆抵抗 1kN/m 的水平推力。

5）本工程中预埋木砖及贴邻墙体的木质面均应做防腐处理，露明铁件均做防锈处理。

八、室外工程

1）室外工程详见西南04J812，本工程暗沟宽300mm，结合周边道路及绿化景观设置，做法详见西南J812第2页②。

2）车库坡道坡长利坡度根据场地高差定，坡度小于12°，做法详见西南04J812第6页⑬。

3）室外砌砖踏步，踏步级数按室内外实际高差确定，每步踏步高控制在120～150mm，面层为防滑地砖铺贴，做法详见西南04J812第7页①。

4）室外停车场为嵌草砖地面，做法详见西南04J812第11页⑥；入户道路（人行道）做法详见西南04J812第12页⑱。

九、其他工程

1）厨房设排气道时做法详见滇05J第6页B1，卫生间设排气道时做法详见滇05J第6页A1。

2）本工程采用太阳能热水器，集热板及水箱设置于坡屋面屋脊处，放置时预埋型钢支架与混凝土结构层牢固连接并做好防水处理。

3）本工程所在地气候区划属IVB地区（夏热冬暖地区），设计上满足节能标准要求。

4）门窗开启面积满足自然通风要求，各朝向的窗墙比为：北向0.28～0.45，南向0.23～0.50，东西向0.06～0.30。

5）建筑屋顶传热系数小于0.5，外墙的传热系数小于0.7，建筑外窗的综合遮阳系数小于0.8。

6）门窗过梁详见结施，构造柱详见结施。

7）预留孔洞及预埋件，应配合水、电、通风等施工图预留，不得事后打凿。

8）二次装修不得破坏主体结构，其装修设计应满足《建筑内部装修设计防火规范》。

9）施工中应严格执行国家各项施工质量验收规范。

10）所采用的各种材料及配件均应具有认可的合格证明。

11）凡设计图样未详尽处应严格按照国家现行有关建筑施工安装工程的施工和验收规范执行。

12）本工程选用的标准图集主要有：西南03J201—1，04J312，04J412，04J515，03J113，04J516，04J517，04J611，04，812等。

参 考 文 献

[1] 王强，张小平．建筑工程制图与识图（含配套习题集）［M］．北京：机械工业出版社，2003.

[2] 何斌，陈锦昌，陈炽坤．建筑制图（含配套习题集）［M］．5 版．北京：高等教育出版社，2005.

[3] 唐人卫．画法几何土木工程制图［M］．北京：机械工业出版社，1999.

[4] 乐嘉龙．学看暖通空调施工图［M］．北京：中国电力出版社，1992.

[5] 何铭新，陈文耀，陈启梁．建筑制图［M］．北京：高等教育出版社，1994.

[6] 宋娃丽，李丽，张丽萍．画法几何及土木工程制图［M］．上海：同济大学出版社，2007.

[7] 张英，谭海洋．土木工程制图（含配套习题集）［M］．北京：人民交通出版社，2007.

[8] 卢传贤．土木工程制图［M］．北京：中国建筑工业出版社，2003.

[9] 谢步瀛，袁果．道路工程制图［M］．北京：人民交通出版社，2008.

[10] 王晓琴，庞行志．画法几何与土木工程制图［M］．武汉：华中科技大学出版社，2004.

[11] 钱晓明．画法几何习题集［M］．哈尔滨：哈尔滨地图出版社，2003.

[12] 赵景伟，宋琦．土木工程制图［M］．北京：中国建材工业出版社，2006.

[13] 谢步瀛．土木工程制图［M］．上海：同济大学出版社，2004.

[14] 肖明和．建筑工程制图［M］．北京：北京大学出版社，2008.

[15] 王彦惠，尹宁，付云松．建筑工程制图［M］．北京：中国水利水电出版社，2009.

[16] 杨月英，施国盘．建筑制图与识图（含配套习题集）［M］．北京：中国建材工业出版社，2007.

[17] 张英，郭树荣．建筑工程制图（含配套习题集）［M］．北京：中国建筑工业出版社，2005.

[18] 孙鲁，甘佩兰．建筑装饰制图与构造（含配套习题集）［M］．北京：高等教育出版社，2005.

[19] 张绮曼，郑曙旸．室内设计资料集［M］．北京：中国建筑工业出版社，1993.

[20] 霍维国．室内设计工程图画法［M］．北京：中国建筑工业出版社，2006.

[21] 高霞，杨波．室内装修施工图识读技法［M］．北京：机械工业出版社，2008.

[22] 张爽，张晓芹．土木工程制图（含配套习题集）［M］．北京：人民交通出版社，2009.